全国电力出版指导委员会出版规划重点项目

U0504793

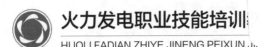

火力发电职业技能培训

HUOLI FADIAN ZHIYE JINENG PEIXUN JIAOCAI

燃料设备运行

（第二版）

《火力发电职业技能培训教材》编委会　编

中国电力出版社
CHINA ELECTRIC POWER PRESS

内 容 提 要

本套教材在 2005 年出版的《火力发电职业技能培训教材》基础上，吸收近年来国家和电力行业对火力发电职业技能培训的新要求编写而成。在修订过程中以实际操作技能为主线，将相关专业理论与生产实践紧密结合，力求反映当前我国火电技术发展的水平，符合电力生产实际的需求。

本套教材总共 15 个分册，其中的《环保设备运行》《环保设备检修》为本次新增的 2 个分册，覆盖火力发电运行与检修专业的职业技能培训需求。本套教材的作者均为长年工作在生产第一线的专家、技术人员，具有较好的理论基础、丰富的实践经验和培训经验。

本书是《燃料设备运行》分册，主要内容有：卸储煤值班员、输煤值班员和集控值班员三篇，共二十五章，分别为实用液压传动与钢丝绳传动、翻车机卸车系统、底开门自卸车系统、螺旋卸煤机和链斗卸车机、卸船机和汽车卸车机、悬臂式斗轮堆取料机、门式斗轮堆取料机及其他煤场机械、推煤机、储煤设施和冻煤处理、燃煤的特性与管理、通用机械驱动部件、皮带输送机、给煤设备、落煤装置、碎煤设备、配煤设备、除铁器、大块分离和筛煤设备、计量设备、自动采制样设备、燃料现场防尘抑尘措施、除尘器、排污系统、主要专用设备的控制、输煤设备控制与保护。

本套教材适合作为火力发电专业职业技能鉴定培训教材和火力发电现场生产技术培训教材，也可供火电类技术人员及职业技术学校教学使用。

图书在版编目（CIP）数据

燃料设备运行/《火力发电职业技能培训教材》编委会编 . —2 版 . —北京：中国电力出版社，2020. 5

火力发电职业技能培训教材

ISBN 978 - 7 - 5198 - 3979 - 6

Ⅰ. ①燃⋯　Ⅱ. ①火⋯　Ⅲ. ①火电厂 - 电厂燃料系统 - 运行 - 技术培训 - 教材　Ⅳ. ①TM621. 2

中国版本图书馆 CIP 数据核字（2019）第 254149 号

出版发行：中国电力出版社
地　　址：北京市东城区北京站西街 19 号（邮政编码 100005）
网　　址：http://www.cepp.sgcc.com.cn
责任编辑：孙建英（010-63412369）
责任校对：王小鹏
装帧设计：赵姗姗
责任印制：吴 迪

印　　刷：三河市万龙印装有限公司
版　　次：2005 年 1 月第一版　2020 年 5 月第二版
印　　次：2020 年 5 月北京第九次印刷
开　　本：880 毫米×1230 毫米　32 开本
印　　张：16. 375
字　　数：560 千字
印　　数：0001—2000 册
定　　价：88. 00 元

《火力发电职业技能培训教材
燃料设备运行》(第二版)

编 写 人 员

主　编：贺晋年

参　编（按姓氏笔画排列）：

　　任奇伟　郑书海　姜　栋　郭君卫

　　魏　霞

《火力发电职业技能培训教材》(第一版)

编 委 会

第二版前言

2004 年，中国国电集团公司、中国大唐集团公司与中国电力出版社共同组织编写了《火力发电职业技能培训教材》。教材出版发行后，深受广大读者好评，主要分册重印 10 余次，对提高火力发电员工职业技能水平发挥了重要的作用。

近年来，随着我国经济的发展，电力工业取得显著进步，截至 2018 年底，我国火力发电装机总规模已达 11.4 亿 kW，燃煤发电 600MW、1000MW 机组已经成为主力机组。当前，我国火力发电技术正向着大机组、高参数、高度自动化方向迅猛发展，新技术、新设备、新工艺、新材料逐年更新，有关生产管理、质量监督和专业技术发展也是日新月异，现代火力发电厂对员工知识的深度与广度，对运用技能的熟练程度，对变革创新的能力，对掌握新技术、新设备、新工艺的能力，以及对多种岗位上工作的适应能力、协作能力、综合能力等提出了更高、更新的要求。

为适应火力发电技术快速发展、超临界和超超临界机组大规模应用的现状，使火力发电员工职业技能培训和技能鉴定工作与生产形势相匹配，提高火力发电员工职业技能水平，在广泛收集原教材的使用意见和建议的基础上，2018 年 8 月，中国电力出版社有限公司、中国大唐集团有限公司山西分公司启动了《火力发电职业技能培训教材》修订工作。100 多位发电企业技术专家和技术人员以高度的责任心和使命感，精心策划、精雕细刻、精益求精，高质量地完成了本次修订工作。

《火力发电职业技能培训教材》（第二版）具有以下突出特点：

（1）针对性。教材内容要紧扣《中华人民共和国职业技能鉴定规范·电力行业》（简称《规范》）的要求，体现《规范》对火力发电有关工种鉴定的要求，以培训大纲中的"职业技能模块"及生产实际的工作程序设章、节，每一个技能模块相对独立，均有非常具体的学习目标和学习内容，教材能满足职业技能培训和技能鉴定工作的需要。

（2）规范性。教材修订过程中，引用了最新的国家标准、电力行业规程规范，更新、升级一些老标准，确保内容符合企业实际生产规程规范的要求。教材采用了规范的物理量符号及计量单位，更新了相关设备的图形符号、文字符号，注意了名词术语的规范性。

（3）系统性。教材注重专业理论知识体系的搭建，通过对培训人员分析能力、理解能力、学习方法等的培养，达到知其然又知其所以然的目的，从而打下坚实的专业理论基础，提高自学本领。

（4）时代性。教材修订过程中，充分吸收了新技术、新设备、新工艺、新材料以及有关生产管理、质量监督和专业技术发展动态等内容，删除了第一版中包含的已经淘汰的设备、工艺等相关内容。2004年出版的《火力发电职业技能培训教材》共15个分册，考虑到从业人员、专业技术发展等因素，没有对《电测仪表》《电气试验》两个分册进行修订；针对火电厂脱硫、除尘、脱硝设备运行检修的实际情况，新增了《环保设备运行》《环保设备检修》两个分册。

（5）实用性。教材修订工作遵循为企业培训服务的原则，面向生产、面向实际，以提高岗位技能为导向，强调了"缺什么补什么，干什么学什么"的原则，在内容编排上以实际操作技能为主线，知识为掌握技能服务，知识内容以相应的工种必需的专业知识为起点，不再重复已经掌握的理论知识。突出理论和实践相结合，将相关的专业理论知识与实际操作技能有机地融为一体。

（6）完整性。教材在分册划分上没有按工种划分，而采取按专业方式分册，主要是考虑知识体系的完整，专业相对稳定而工种则可能随着时间和设备变化调整，同时这样安排便于各工种人员全面学习了解本专业相关工种知识技能，能适应轮岗、调岗的需要。

（7）通用性。教材突出对实际操作技能的要求，增加了现场实践性教学的内容，不再人为地划分初、中、高技术等级。不同技术等级的培训可根据大纲要求，从教材中选取相应的章节内容。每一章后均有关于各技术等级应掌握本章节相应内容的提示。每一册均有关本册涵盖职业技能鉴定专业及工种的提示，方便培训时选择合适的内容。

（8）可读性。教材力求开门见山，重点突出，图文并茂，便于理解，便于记忆，适用于职业培训，也可供广大工程技术人员自学参考。

希望《火力发电职业技能培训教材》（第二版）的出版，能为推进火力发电企业职业技能培训工作发挥积极作用，进而提升火力发电员工职业能力水平，为电力安全生产添砖加瓦。恳请各单位在使用过程中对教材多提宝贵意见，以期再版时修订完善。

本套教材修订工作得到中国大唐集团有限公司山西分公司、大唐太原第二热电厂和阳城国际发电有限责任公司各级领导的大力支持，在此谨向为教材修订做出贡献的各位专家和支持这项工作的领导表示衷心感谢。

《火力发电职业技能培训教材》（第二版）编委会

2020年1月

第一版前言

近年来，我国电力工业正向着大机组、高参数、大电网、高电压、高度自动化方向迅猛发展。随着电力工业体制改革的深化，现代火力发电厂对职工所掌握知识与能力的深度、广度要求，对运用技能的熟练程度，以及对革新的能力，掌握新技术、新设备、新工艺的能力，监督管理能力，多种岗位上工作的适应能力，协作能力，综合能力等提出了更高、更新的要求。这都急切地需要通过培训来提高职工队伍的职业技能，以适应新形势的需要。

当前，随着《中华人民共和国职业技能鉴定规范》（简称《规范》）在电力行业的正式施行，电力行业职业技能标准的水平有了明显的提高。为了满足《规范》对火力发电有关工种鉴定的要求，做好职业技能培训工作，中国国电集团公司、中国大唐集团公司与中国电力出版社共同组织编写了这套《火力发电职业技能培训教材》，并邀请一批有良好电力职业培训基础和经验、并热心于职业教育培训的专家进行审稿把关。此次组织开发的新教材，汲取了以往教材建设的成功经验，认真研究和借鉴了国际劳工组织开发的 MES 技能培训模式，按照 MES 教材开发的原则和方法，按照《规范》对火力发电职业技能鉴定培训的要求编写。教材在设计思想上，以实际操作技能为主线，更加突出了理论和实践相结合，将相关的专业理论知识与实际操作技能有机地融为一体，形成了本套技能培训教材的新特色。

《火力发电职业技能培训教材》共 15 分册，同时配套有 15 分册的《复习题与题解》，以帮助学员巩固所学到的知识和技能。

《火力发电职业技能培训教材》主要具有以下突出特点：

（1）教材体现了《规范》对培训的新要求，教材以培训大纲中的"职业技能模块"及生产实际的工作程序设章、节，每一个技能模块相对独立，均有非常具体的学习目标和学习内容。

（2）对教材的体系和内容进行了必要的改革，更加科学合理。在内容编排上以实际操作技能为主线，知识为掌握技能服务，知识内容以相应的职业必需的专业知识为起点，不再重复已经掌握的理论知识，以达到再培训，再提高，满足技能的需要。

凡属已出版的《全国电力工人公用类培训教材》涉及的内容，如识绘图、热工、机械、力学、钳工等基础理论均未重复编入本教材。

（3）教材突出了对实际操作技能的要求，增加了现场实践性教学的内容，不再人为地划分初、中、高技术等级。不同技术等级的培训可根据大纲要求，从教材中选取相应的章节内容。每一章后，均有关于各技术等级应掌握本章节相应内容的提示。

（4）教材更加体现了培训为企业服务的原则，面向生产，面向实际，以提高岗位技能为导向，强调了"缺什么补什么，干什么学什么"的原则，内容符合企业实际生产规程、规范的要求。

（5）教材反映了当前新技术、新设备、新工艺、新材料以及有关生产管理、质量监督和专业技术发展动态等内容。

（6）教材力求简明实用，内容叙述开门见山，重点突出，克服了偏深、偏难、内容繁杂等弊端，坚持少而精、学则得的原则，便于培训教学和自学。

（7）教材不仅满足了《规范》对职业技能鉴定培训的要求，同时还融入了对分析能力、理解能力、学习方法等的培养，使学员既学会一定的理论知识和技能，又掌握学习的方法，从而提高自学本领。

（8）教材图文并茂，便于理解，便于记忆，适应于企业培训，也可供广大工程技术人员参考，还可以用于职业技术教学。

《火力发电职业技能培训教材》的出版，是深化教材改革的成果，为创建新的培训教材体系迈进了一步，这将为推进火力发电厂的培训工作，为提高培训效果发挥积极作用。希望各单位在使用过程中对教材提出宝贵建议，以使不断改进，日臻完善。

在此谨向为编审教材做出贡献的各位专家和支持这项工作的领导们深表谢意。

《火力发电职业技能培训教材》编委会

2005 年 1 月

第二版编者的话

燃煤输送的生产任务主要是卸煤、储煤、输煤、配煤、碎煤和清除煤中杂质，保证及时足量供应合格的燃煤。对于目前日耗煤量万吨以上的大中型火电厂，在资源稀缺和煤质标准降低的情况下要完成合格清洁的供煤任务，对运行技术管理和设备的可靠性要求必然更高。运煤设备在不停地磨损、碰撞、修理或更换，整个输煤过程表现为资金量、劳动力和技术性高度集中的紧张状态，说明燃料运行在电力生产过程中是不可低估的咽喉环节。如何保证设备运行的可靠性、减少燃料运行人员和维护人员劳动强度、提高经济效益，成为一个象征火电企业进步的标志。

本书面向装机容量1000MW以上的大中型火电厂编写，多实际应用，少理论计算，从燃料运行一线工人的技术实用性出发，以图多字少的形式力求全面地介绍行业技术内容精华，本书按照输煤流程相关设备的顺序，从结构原理到使用维护和故障排除进行讲解，由系统到局部新旧对比、点面结合。

和前一版相比，本次修编主要对输煤专业的新设备、新技术、新工艺进行了介绍，对逐渐淘汰的小出力设备进行了删减，未按照工种与等级细分小节。读者可以按照由浅入深的思路顺序对相应的专业知识系统掌握。适合基层工人在技术深度和广度上兼顾学习，工种级别越高，涵盖的设备专业应越细越广。

各章将同类设备中应用较广、代表性较强的设备放在前节，同时在其中介绍这类设备的公用技术知识，后面章节中的同类型设备只介绍个别特性。

本书主编为贺晋年，参编为任奇伟、郑书海、姜栋、郭君卫、魏霞。

由于水平有限，书中难免多有不妥之处，敬请读者批评指正。

2020年1月

第一版编者的话

1997 年 2 月本社出版的全国火力发电厂工人通用培训教材《燃料设备运行》（初级工、中级工、高级工），在火电厂输煤行业得到了广泛的应用，随着全国大中型火电厂输煤系统的发展，燃料运输新技术不断提高。燃煤输送的生产任务主要是卸煤、储煤、输煤、配煤、碎煤和清除煤中杂质，保证及时足量供应合格的燃煤。对于目前日耗煤量 10000t 以上的大中型火电厂，在资源稀缺和煤质标准降低的情况下要完成合格清洁的供煤任务，对运行技术管理和设备的可靠性要求必然更高。运煤设备在不停地磨损、碰撞、修理或更换，整个输煤过程表现为资金量、劳动力和技术性高度集中的紧张状态，说明燃料运行在电力生产过程中是不可低估的咽喉环节。如何保证设备运行的可靠性、减少燃料运行人员与维护人员劳动强度、提高经济效益，成为一个象征火电企业进步的标志。

本书面向装机容量为 1000MW 左右的大中型火电厂编写，多实际应用，少理论计算，从燃料车间一线工人的技术实用性出发，以图多字少的形式力求全面地介绍行业技术内容精华，本书按专业知识结构体系分类，从结构原理到使用维护和故障排除进行讲解，由系统到局部。

根据工种按设备类型划分章节，每一章节内容的基本顺序是结构和工作原理→运行与故障判断→试运验收与经验总结，以使读者对设备可以有一个全面的了解与掌握，对于通用基础知识在各篇中分类出现、避免重复，但不同工种都应该对此有所掌握。

本书适合于基层工人在技术深度和广度上兼顾学习，工种级别越高，涵盖的设备专业应越细越广。

各章将同类设备中应用较广代表性较强的设备放在前节，同时在其中介绍这类设备的公用技术知识，后面章节中的同类型的设备只介绍个别特性。全书编写人员如下：

主编：邓金福

主审：李恒煌

参编：刘茹娜　丁彩珍　任效君　郭翠莲　康蕊峰　史忠裕　曹万华

由于水平有限，书中难免多有不妥之处，敬请读者批评指正。

2004 年 3 月

目　录

第二篇　输煤值班员

第三篇　集控值班员

火电厂燃料卸储运系统概况

　　火电厂是将动力燃煤的化学能生产转变为电能的工厂，煤是地球上储量最丰富的化石燃料，总量在十万亿吨以上。按世界目前的耗煤量推知，还可用数百年之久，但煤的开采、运输与使用过程也将变得更为困难复杂。

　　燃煤通过火车、大型卡车、驳船或带式输煤机等厂外运输工具由煤矿运到火电厂，火电厂燃料专业主要负责的是厂内运输，即如何将到厂的车船等运输工具上的燃煤送往主厂房的煤仓间或储煤场。

　　随着我国近二十多年来电力工业的迅速发展，大中型火电厂遍及各地，百万千瓦以上的大容量火电厂也不少，普通火电厂所用燃煤从日耗数百吨猛增到万吨以上，如此集中的用煤量不是靠简单的人力就可以完成的，没有现代化的重型机械输送设备是不可能实现的。唯有高度机械化、自动化的输煤系统才能很好地满足现代火电厂的锅炉用煤。国内外事实已经充分证明，高度机械化、自动化的输煤系统不仅可以解放劳动力，减轻工人的劳动强度、消除空气污染，改善劳动条件，而且还可以缩小占地面积，提高设备利用率，减少投资，增加效益。

　　一座装机容量为 600MW 的火电厂，每天需要 5500t 左右的标准煤，相当于其标准煤耗是 382g/（kWh）。煤耗是火电生产的一项重要经济指标，是指每发 1kWh 电所耗用的煤量，为了便于统计和比较，一般都以标准煤耗来表示火电厂的耗煤率。低位发热量为 29.26MJ/kg 的煤定义为标准煤，如果某 600MW 火电厂实际上用的是发热量为 16.72MJ/kg 的煤，则其实际日耗煤量将达到 9625t。随着电力生产的扩大和燃煤资源的紧缺，供需矛盾将越来越突出，燃料系统的出力和可靠性要求也将越来越高。一个容量为 1200MW 的百万电厂如果然用这种煤时，日耗煤量将在 20000t 以上，相当于每日进 7 列车煤（每列 48 节，每节 60t）336 节，但一般火电厂都应燃用 20.9MJ/kg 的中热值煤，这样日耗煤量也在 16000t 以上。可见火电厂燃煤运输任务是十分艰巨的。

目前，我国好多火电厂输煤系统已基本实现了自动化，将电子计算机应用于输煤系统，采用集中程序控制，在厂内连续运输与储存方面，输送如此大量的电力燃煤已经形成了一整套全电脑控制下的高度自动化的大型燃煤接卸、运输和粗加工工艺生产系统。作为电力生产公用系统的咽喉要道，对几十套重型机械化设备的使用与维护，更是一个具有一定深度与广度的专业知识结构体系。

火电厂煤场存煤既要保证数量，又要保证煤质，不降低发热量。因为煤在储存过程中要风化和自燃，煤场的煤储存原则是烧旧存新，也就是每日来的煤先储存起来，每日耗用的煤从煤场的存煤中取送。这样存煤就能保证煤的质量不受影响。煤场周边的煤因堆取料机取不到，需要用推煤机定期推向堆取料机工作区域，防止煤因长期不用而热值降低和自燃。储存的煤暂时或短期不用，最好用推煤机压实，尽量隔绝空气，保证煤质不会因储存期过长而热值大幅度降低。

一般火电厂的煤场储存量要求在满负荷下储存 7 ~ 15 天的燃煤，以防止因运输的中断（如因气候影响，铁路中断、水路中断、公路中断）的情况下，电厂仍能够安全生产。煤场容量与煤场机械的运行管理及整个运煤设施的布置和运行条件都有密切的关系。一般煤场多为条形煤场，常见的煤场机械有装卸桥（5t × 40m），DQ3025、DQ5030、DQ8030、DQ4022、DQ2400/3000·35 型斗轮堆取料机及 MDQl5050 型门式滚轮机等。处于山凹地区的多为圆形煤场，相应采用圆型煤场斗轮堆取料机（如 DQ4022 型）。另外也采用筒仓（也称为储煤罐）作为缓冲储煤仓，也可作为混煤仓。

在多雨的地区，发电厂要防止雨季因煤湿影响安全生产，需设置干煤棚。干煤棚可根据锅炉磨煤机和煤场设备的形式确定，其储存量为电厂日最大耗煤量的 3 ~ 5 倍。

厂内运输可分为两部分，一是及时将车船等运输工具上的燃煤全都卸下并运往主厂房的煤仓间或煤场的卸储煤部分；二是将车船或煤场等处的燃煤运送到煤仓间的输煤部分。由于各电厂情况有别，所使用的设备和流程也就各不相同，下面简要介绍几种燃料系统布局的典型结构。

某厂 2 × 300MW 机组的以翻车机接卸火车煤的燃料供应系统如图 0-1 所示，这种布局共有 4 个煤场，2 台斗轮机，2 套翻车机系统，8 段共 16 条皮带机。斗轮机可以堆料又可以取料，煤场有汽车可以辅助卸煤。

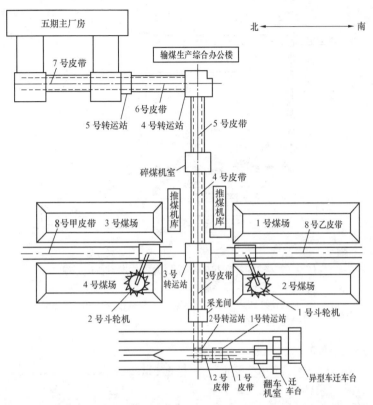

图 0 - 1 翻车机和悬臂式斗轮机组成的燃料供应系统

某厂一、二、三期机组以螺旋卸车机和斗轮机为主的燃料供应系统如图 0 - 2 所示。这种布局上煤比较灵活,有 2 台斗轮堆取料机既可堆料又可以取料,有 4 个筒仓可以混配煤,推煤机还可以对螺旋卸车机下的卸煤沟进行应急上煤。

某厂 2 台机组以底开车和圆形储煤场斗轮机为主的燃料供应系统如图 0 - 3 所示。这种布局适应于边山煤场,固定车辆供应燃煤的电厂。

某厂 2 台机组是以底开车和 2 台门式斗轮机为主的燃料供应系统如图 0 - 4 所示。门式斗轮机是比较高效经济的煤场设备,这种布局也是简单可靠的。

某厂由 4 台门式卸船机、6 台悬臂式斗轮机和 28 段皮带机组成的大型水路卸储运煤燃料供应系统如图 0 - 5 所示,可完成 3600t/h 的卸煤任

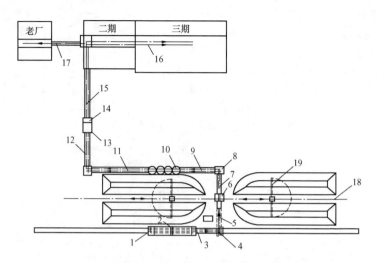

图 0 − 2　螺旋卸车机和斗轮机为主的燃料供应系统
1—双线缝式煤槽；2—螺旋卸车机；3、5、7、9、11、12、
15～18—带式输送机；4—地下转运站；6、8—转运站；10—混煤罐；
13—碎煤机室；14—除尘间；19—斗轮堆取料机

务和 1800t/h 的上煤任务。

全书第一篇将介绍翻车机、卸煤机和斗轮机等卸煤部分和储煤部分的设备。将燃煤送往煤仓间的过程还要经过几百米甚至上千米的多条皮带机多级提升后才能到达三十多米高的配煤间，输送中还要对燃煤进行各种必要的加工处理，筛分、破碎、清除燃煤中的铁木石三大块，以及除尘、自动计量、在线化验和自动混配燃煤等，这一输煤过程也是比较复杂的，将在本书第二篇做详细介绍。

耗煤量如此大、设备如此多的大型运煤系统没有高度的自动化技术装备仅靠人力是难以完成生产任务的，高度机械化的输煤技术是现代火电厂具备先进生产力的进步标志。实现火电厂燃料输送系统自动化是电力工业建设中的一个重要环节，随着电子技术的发展，很多高性能传感、检测元件和可编程序控制器（PLC）在输煤系统中得到推广、应用，为实现燃料输送系统的远距离程序控制创造了条件，我国有很多大型火电厂的输煤系统已实现了微机程序控制、工业电视监视系统。在燃料输送现场几乎看不到人力操作，完全实现了燃料输送系统的自动控制。一座装机容量为

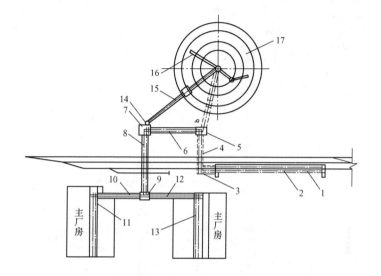

图 0 - 3　底开车和圆形储煤场斗轮机为主的燃料供应系统

1—单线缝式煤槽；2—带式输送机；3—转运站；4—带式输送机；5—转运站；
6—带式输送机；7—碎煤机室；8—带式输送机；9—转运站；10 ~ 15—带式
输送机；16—圆形斗轮堆取料机；17—储煤场

600MW 的现代化电厂，输煤设备遍布火电厂的大半个生产厂区，整个输煤系统的工作人员不到 30 名，平均每个班组的值班人员才 6 人左右，工作人员多在集控室内通过电视屏幕观察输煤系统的运行情况，对设备自动与保护性能的可靠性要求是不言而喻的，一旦某个部位出现故障，报警器应能立即发出信号，然后前往处理。本书将在第三篇中详细介绍有关电气与自动控制部分的内容。

在未来的发展中，管道水力输煤将被认为是火电厂输煤技术的发展方向，所谓管道输煤是将要运输的燃煤破碎后加入一定量的水后磨碎成 3mm 以下的粒度，再加水制成适于泵送的煤浆（固液比 1:1）。以 7MPa 的压力注入管道，中间根据需要适当设置加压泵站，将煤浆输送到发电厂。煤浆在终点站必须脱水，在脱水厂采用离心分离机和加压过滤器去掉大部水分，使水分降到 10% 以下达到储存和使用的要求，必要时还应增加烘干方法。管道输煤的优点是运行费用低，可靠性高，并能够满足环境保护的要求，成本只相当于铁路运输的一半。管道输煤的主要缺点是脱水工艺

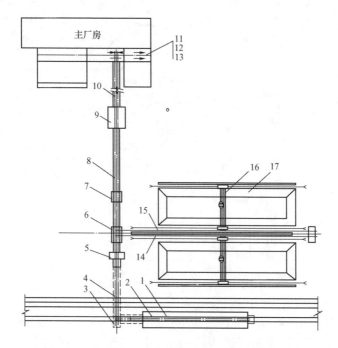

图0-4 底开车和门式斗轮机为主的燃料供应系统

1—双线缝式煤槽；2—带式输送机；3—转运站；4—带式输送机；5—输送机传动站；
6—转运站；7—集中控制室；8—带式输送机；9—碎煤机室；10~15—带式
输送机；16—门式滚轮堆取料机；17—储煤场

复杂，费用较高，使管道输煤的发展受到了限制。燃用洗中煤的矿区电厂可以考虑把当地洗煤厂的后半段中煤脱水工艺迁入电厂，中间用管道将中煤泥浆输送过来。降低了脱水费用后，管道输煤将变得更为环保经济实用。

提示 以上概括介绍了燃料系统的结构和组成，实用于卸储煤值班员、输煤值班员和集控值班员的初级工了解掌握。

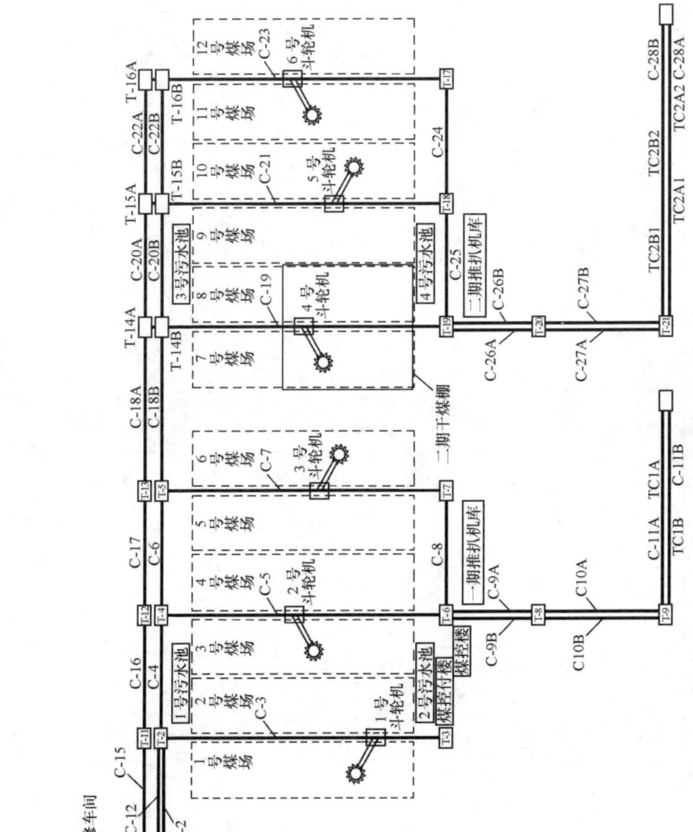

图 0-5 卸船机和斗轮机为主的卸储煤布置图

火电厂燃料卸储运系统概况

第一篇

卸储煤值班员

实用液压传动与钢丝绳传动

在卸储煤机械中广泛使用有液压传动和钢丝绳传动，本章主要对这两种机械传动的使用情况进行简要的介绍。

第一节 液压系统概述

液压技术是实现现代机械传动与控制的关键技术之一。与其他传动技术相比较，具有结构紧凑、反应灵敏、易实现操作自动化等特点，因而被广泛地应用。

液压系统工作时，液压泵把电动机传来的回转式机械能转变成油液的压力能，油液被输送到液压缸（或液压马达）后即把此压力能转变为直线式（或回转式）的机械能输出。使用中控制液体介质的压力、流量和流动方向，便可使工作机械获得所需要的运动特性。

液压系统中的油液是在受调节、控制的状态下进行工作的，因此液压传动和液压控制在这个意义上是难以截然分开的。液压系统必须满足其执行元件在力和速度方面的要求。液压系统工作时，系统压力的大小取决于外界负载，负载越大，所需油液的压力也越大，反之亦然。活塞或工作机的运动速度（简称系统速度）取决于单位时间通过节流阀进入液压缸中油液的流量。流量越大（在有效承压面积一定、压力和外界负载一定的条件下）系统的速度越快，反之亦然。液压系统的压力与负载、速度与流量的这两种关系称作液压传动的两个工作特性。

液压传动与齿轮、链条、皮带等机械传动相比具有如下优点：

（1）元件体积小、重量轻、组成系统可获得较大的力和力矩。

（2）容易实现较大范围的无级变速。

（3）容易实现过载保护和大功率传动。

（4）惯量小，运行平稳，可减少变速时的功率损失。

（5）液压马达与同等功率速比的电动机传动相比，重量可减轻30% ~ 50%左右。

（6）在油液中工作，元件有自润滑作用，使用寿命长。

（7）元件易于实现标准化、系列化和通用化，有利于专业批量生产，提高产品质量和降低成本。

液压传动的缺点是：液压元件和设备存在内部泄漏；对液压油的清洁程度有很高要求；对液压件的加工精度要求较高。随着制造工艺水平和使用技术水平的提高，这些不足都将得到有效的改善。

液压系统的工作压力分为以下五个等级：①低压，0～2.5MPa；②中压，2.5～8.0MPa；③中高压，8.0～16.0MPa；④高压，16.0～32.0MPa；⑤超高压，大于32.0MPa。

一个完整的液压系统，由以下五部分组成：①动力部分——电动机和油泵等；②执行部分——油缸和液压马达等；③控制部分——各种控制阀；④工作介质——油液；⑤辅助部分——油箱、滤油器、管路、接口等。油液是液压系统可靠运行的关键所在，因为使用中油质最容易受到污染和破坏，进而堵塞油路或损坏部件。所以在使用中要对液压用油进行过滤防污，除了采取油管安装前酸洗及液压元件装拆过程中防止脏物带入等措施外，由于在运转过程中运动副的磨损和空气中的灰尘等均会沾污油液，在主油路上应安装 20～40μm 的过滤精度的滤油装置。

一般燃料设备工作油液推荐选用运动黏度（2～4）× 10^{-5} m^2/s（在50℃）的工作油如 68 号或 46 号低凝液压油、30 号机械油、22 号或 30 号汽轮机油、30 号精密机床液压油、上稠 40 号稠化液压油等。

液压系统油路有开式油路和闭式油路两种。

在开式油路系统中，油泵从油箱吸油，供液动机做功后，再排回油箱。其优点是结构简单，散热良好，油液可在油箱内澄清。其缺点是油箱体积较大，空气与油液的接触机会较多，容易渗入。

闭式油路中，油泵的出油管直接和液动机的进油管相通，而液动机的出油口又直接和油泵的进油管相通，从而组成一个闭式油路，使油液在系统中循环。为了补偿系统的泄漏损失，需附设一只小型的辅助油泵（即补油泵）和油箱，而辅助油泵的进油管与油箱相连，出油管与系统中油泵的进油管相连，这种油路被称为闭式油路。闭式油路的优点是油箱体积小，结构紧凑；空气进入油液的机会少，工作平稳；油泵可以直接控制油流方向，并能允许能量反馈。其缺点是结构较复杂，散热条件较差；过滤精度要求较高。

第二节　液　压　油

液压油是液压技术的一个重要组成部分，在液压系统中起着能量传递、系统润滑、防腐防锈、冷却等作用。常用液压油的黏度等级如表 1－1 所示。

不同的工作压力对液压油品质的要求是有一定差异的。一般随工作压力的增加，要求液压油的抗磨性、抗氧化性、抗泡性以及抗乳化和水解安定等性能要提高。另外，为防止随压力的增加而引起泄漏，其黏度也应相应的增加；工作条件较恶劣或工作环境温度较高，对油液的黏温特性、热稳定性、润滑性及防锈蚀等性能有严格的要求。一般情况下环境温度高（＞40℃）或靠近热源的机械，为保证系统的安全可靠，应优先选用难燃性及黏温性较高的油品，环境条件恶劣或温差变化大时，应选用黏温特性好及润滑性能优良的油品。

由于液压系统最繁重的元件是液压泵与液压马达，故一般液压油黏度的选用主要也根据液压泵的类型及液压系统工作部件的运动速度与压力合理选择。液压泵用的最佳黏度应当在满足轴承和其他相对运动零件的润滑所要求的最小黏度基础上，使液压泵的效率最高；一般说来，润滑性的顺序为叶片泵＞柱塞泵＞齿轮泵。工作部件低速运动的液压系统应选用黏度较高的油液。反之，应选用黏度较低的油液。

表 1－1　　　　液压油新旧黏度等级（牌号）对照

黏度等级	40℃运动黏度 （$10^{-6}\text{m}^2/\text{s}$）	相当于旧牌号 （50℃运动黏度）	ISO 黏度等级
10	9.0～11.0	7	VG10
15	13.5～16.5	10	VG15
22	19.8～24.2	15	VG22
32	28.8～35.2	20	VG32
46	41.4～50.6	30	VG46
68	61.2～74.8	40～50 号	VG68
100	90.0～110.0	50～70 号	VG100
150	136.0～165.0	90	VG150

使用液压油需注意的事项有：

（1）液压油的品种，质量和黏度要符合说明书的要求，不同品种、牌号的液压油是严禁混用的，甚至同一品种牌号但不同厂家的油品也不能混用。

（2）要严格控制污染，在补充新油时，要充分过滤。更换新油时要尽量将旧油放净，并要彻底清洗油箱及各部件。

（3）当油质下降，如发黑、发臭、黏度降低等，应及时换油。

（4）如用国产油代替进口油时，代替的原则是以高质油代低质油。

第三节 液 压 元 件

一、油泵

油泵是一个使机械能变为液体压力能的能量转换装置，其流量取决于工作空间的可变容积的大小，与压力无关。泵的主要参数是额定流量和额定压力。油泵在压力为零时的流量为理论流量，在工作压力下的流量称为实际流量。泵的额定压力则主要取决于工作空间的密封性能及有关零部件承受载荷的能力。其工作压力取决于负载的大小。油泵的功率等于压力和流量的乘积。

燃料设备常用的油泵有齿轮泵、叶片泵、柱塞泵。按泵的流量特性，油泵可分为定量泵和变量泵两种类型。定量泵指当油泵转速不变时，不能调节流量。变量泵指当油泵转速不变时，通过变量机构的调节，可使泵具有不同的流量。一般调节油泵流量的方式有手动、电动、液动、随动和压力补偿变量等形式。此外，对变量泵，按输油方向又可分为单向变量泵和双向变量泵。单向变量泵工作时，输油方向是不可变的；双向变量泵工作时，通过调节可以改变输出油流的方向。

油泵传动轴与电动机传动轴之间，一般采用弹性联轴器连接。

（一）齿轮泵

齿轮泵和其他容积式液力机械有一个共同的特征，都靠密封的工作容积变化而进行工作，其结构如图 1 - 1 所示。齿轮泵的结构主要由泵体、一对齿轮、端盖、传动轴等组成。齿轮泵在工作过程中，有吸油腔和压油腔，这两个腔就是密封的工作腔。吸油腔和压油腔分别用 a 腔和 b 腔来表示。

吸油腔的形成：当电动机带动两齿轮按图示方向旋转时，在 a 腔由于啮合着的齿按顺序退出啮合，退出啮合的齿间部分便构成了自由的小空间，使 a 腔容积增大，形成局部真空。此时 a 腔压力小于一个大气压，因此油池中的油液在外界大气压的作用下便进入 a 腔，填满齿间部分的自由

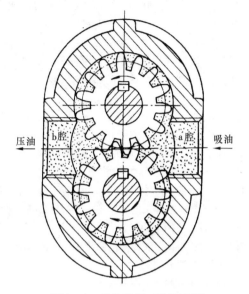

图 1-1　齿轮油泵工作原理图

小空间，这样 a 腔就成了吸油腔。随着齿轮的旋转，各个齿间便将油液送到了 b 腔。

压油腔的形成：齿轮的各齿在 b 腔按顺序进入啮合，油腔逐渐减小，轮齿间内的液体被挤出来，油液在齿的挤压中获得压力而形成油压，并从压油腔 b 压出。这样，齿轮泵就完成了整个吸压油过程。

由此可见，齿轮泵的特点是结构简单、价格便宜、工作可靠、维护方便、旋转部分惯性小、对于冲击负荷适应性好，所以应用极为广泛。为了提高泵的流量均匀性和运转稳定性，可采用螺旋齿轮或人字齿轮。但齿轮泵漏油较多，轴承负荷较大，磨损较剧烈；与叶片泵、柱塞泵相比，齿轮泵效率最低，吸油高度一般不大于 500mm，压力不太高，流量不大，因而多用于速度中等、作用力不大的简单液压系统中，有时也用来作辅助油泵。

（二）叶片泵

叶片泵分单作用非卸荷式（即转子转一圈，只有一次吸油与压油过程）和双作用卸荷式（即转子转一圈有两次吸油与压油过程）两种。前者转子和轴受单向力，承受较大弯矩，故称非卸荷式。后者吸油孔与压油孔都是径向相对的，轴只受扭矩，故称卸荷式。

叶片泵主要由转子、定子、叶片、配油盘、端盖等组成。两相邻叶片、配油盘、定子和转子间形成一个个密封的工作腔，密封工作腔容积增大，产生真空，将油吸入。反之，则将油压出。

单作用叶片泵，可以通过改变定子与转子间偏心距的方法来调节流量，故一般适宜做成变量泵。但相对运动部件多，泄漏较大，调节不便，不适用于高压。

双作用叶片泵，只能做成定量泵。压力较高，输油较均匀，应用广泛。定量叶片泵可以做成单级的、双级的（两个泵的油路串联，压力为单级泵的两倍）、双联的（两泵的油路并联，采用共同轴传动，可获得多种流量）、复合叶片泵（双联叶片泵加上控制阀组合而成）。

叶片泵的特点是结构紧凑，外形尺寸小，运转平稳，输油量均匀，脉动及噪声较小，耐久性好；叶片泵的效率一般比齿轮泵高，吸油高度一般不大于500mm；叶片泵一般用于中、快速度，作用力中等的液压系统中。中、小流量的叶片泵，常用在节流调节的系统中；大流量的叶片泵，为避免过大的损失，只用在非调节的液压系统中。

叶片泵运行中噪声严重的原因有：

（1）定子曲线表面拉毛。

（2）配油盘端面与内孔不垂直造成叶片本身垂直不好。

（3）配油盘压油节流槽太短。

（4）主轴密封圈过紧。

（5）叶片导角太小。

（6）叶片高度尺寸不一致。

（7）吸油口密封不严空气侵入，吸油不畅通。

（8）联轴器安装不同心。

（三）轴向柱塞泵

1. 轴向柱塞泵的工作原理和特点

轴向柱塞泵结构如图 1－2 所示。其结构主要由斜盘、柱塞、缸体、配油盘等主要零件组成。柱塞、缸体孔及配流盘构成密封的工作容积，后泵体和缸体相对球窝盘有一倾角。在带动球窝盘的主轴旋转时，活塞杆及活塞就带动缸体同时转动。因此在旋转时，柱塞相对缸体孔就要产生相对的轴向往复运动，这就引起工作容积的变化。泵依靠柱塞在缸体孔内往复运动时密封工作腔的容积变化实现吸压油。

以 ZB_{740} 轴向柱塞泵（ZB—轴向柱塞泵，7—7 个柱塞，40—柱塞直径为 40mm）为例，其工作原理是：主轴由两个径向轴承及一个推力轴承支

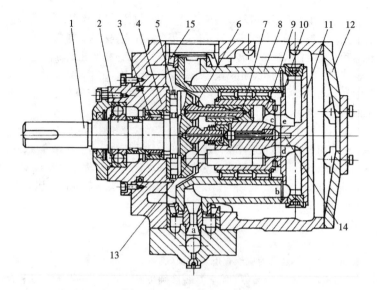

图 1－2　ZB₇₄₀ 轴向柱塞泵

1—主轴；2—向心球轴承；3—滚针轴承；4—轴承箱体；5—推力轴承；6—连杆；
7—柱塞；8—后缸体；9—旋转缸体；10—配流盘；11—后泵盖；12—端盖；
13—蝶形弹簧；14—调节螺杆；15—圆锥滚子轴承

撑，在主轴平面上有 7 个圆周均布的内球面和一个中心内球面，8 个内球面分别同 7 个连杆及 1 个芯轴的天球头相研配并用压圈压板固定于轴上，连杆副是由连杆的小球头与柱塞的内球面相研配，用卡瓦和销钉卡住，中芯轴的右端支撑在球面配流盘的轴套上，油缸体由球承支撑在中芯轴上，依靠弹簧把油缸体紧贴于球面配流盘上，配流盘用螺母紧固于后泵体，配流盘球面上有两个对称的腰形孔，此腰形孔与后泵体二进出油通道相通，实现油泵的配油。

当在后泵体及缸体未偏摆时（即变量摆角为 0°时），因为活塞与缸孔没有相对的轴向往复运动，此时油泵处于空运转状态。当后泵体的倾斜角度被固定不变即 $\gamma = 25°$ 时，称之为定量泵（液压马达）。而后泵体的二耳轴承支承于壳体上，此时后泵体可绕二耳轴的中心线偏摆，其偏摆角为 ±25°，从而油泵的排量随摆角大小而变化，称为变量泵。当后泵体及缸体偏摆越大时（即变量摆角越大，但不大于 25°），因为活塞与缸体孔的相对轴向往复运动的距离越大，容积的变化也就越大。因此，油泵的流量越大。

油泵的主轴在原动机驱动而旋转时，由于缸体之间轴线在后泵体偏摆后形成与主轴的轴线斜交成等一角度，因此缸体在连杆副的带动下也做旋转运动，此时柱塞除做旋转运动外还要相对于缸体柱塞孔做轴向往复运动，其中往复运动的相对距离决定于斜交角的大小。由于柱塞相对柱塞孔的往复运动，就造成柱塞孔中封闭容积变化，每周期的容积变化就形成油泵的吸油和排油过程。

由上述原理知，当主轴通过连杆强制带动柱塞相对柱塞孔做往复运动时，全部的机械力矩靠连杆来传递，其中有效力矩由连杆受压来完成，而摩擦力矩依靠连杆表面和柱塞内壁轮流交替接触来完成。

轴向柱塞泵的特性是结构紧凑，有较小的惯性矩，转速高，压力大，功率较高，泵的径向作用力小，变量调节方便。其缺点是轴向尺寸大，轴向作用力大，使推力轴承构造复杂化，加工工艺复杂，制造精度高。

2. 轴向柱塞泵的运行与维护

（1）在开始运转前应检查下列几项内容：

1）液压泵、液压马达的安装是否准确可靠，螺钉是否拧紧，联轴器的安装是否符合要求。

2）壳体内是否已灌满了工作油液。

3）液压泵的转向是否与进出口方向符合。

4）液压元件的安装和连接是否正确可靠。

5）液压系统中的安全阀是否调整到规定值，各类阀件的启闭是否准确可靠。

（2）在运转使用过程中应注意以下几方面的内容：

1）初次运转及长期停放后使用应在无负荷工况下跑合 1h 左右观察液压元件工作是否正常。

2）工作压力和使用转速应符合产品规定的额定值。

3）在运转过程中如发生异常的温升、泄漏、振动及噪声时应立即停车，进行检查，寻找原因。

4）一般的油液其工作油温以 25～55℃ 为佳，最高不超过 60℃，若使用上稠 40 号乳化液压油，则可使用到 75℃ 左右，最低启动油温为 15℃，若低于 15℃ 时应设法将油温升高。

5）对于工作在 0℃ 以下的地区，为了保证液压泵、液压马达的正常工作，在液压泵、液压马达未启动前，应在液压泵和液压马达的壳体内通入 15℃ 以上的循环油流，待液压泵、液压马达各部分温度上升到 15℃ 左右，再启动液压泵、液压马达。

6）要经常检查液压泵、液压马达壳体温度，壳体外露面的最高温度一般不得超过80℃。

（3）轴向柱塞泵的定期维护项目有：

1）要定期检查工作油液的水分、机械杂质、黏度和酸值等，若超过规定值时应更换新油。

2）定期检查和清洗管路中滤油器，以免堵塞和损坏。

3）主机进行定期检修时，液压泵和液压马达等主要液压件一般不要轻易拆开，当确准液压泵、液压马达发生故障时，务必注意拆装工具等的清洁，拆下的主要运动部件要严防划伤、碰毛，装配时用汽油冲洗，再加油润滑，并要注意零件的安装部位，不要搞错。

4）如液压泵、液压马达长期不用时，应将原腔体内存油倒出后再灌满含酸值较低的油液，外露加工面涂上防锈油，各油口须用堵头等封好。

3. 轴向柱塞泵的常见故障及原因

柱塞泵排油压力低或流量不足的原因有：

（1）油泵的电动机转向错误时无压力。

（2）补油泵未启动或供油不足，油生泡沫，油泵吸空。

（3）油箱内油面过低。

（4）吸油管滤油器堵塞。

（5）油的黏度过高，冬季油太冷。

（6）传动轴联轴器销子切断。

（7）变量柱塞泵斜盘偏转角太小。

（8）变量机构单向阀密封面接合不好。

（9）转速过低。

（10）油泵内磨损严重。

（11）溢流阀不起作用。

（12）从高压侧到低压侧漏损大。

4. 轴向柱塞泵的安装与使用注意事项

（1）油路：斜轴式轴向柱塞泵在额定或超过额定转速使用时，泵的进油口均须压力注油，保证油泵进油口的压力为0.2～0.5MPa，此时注油的流量为主泵流量的120%以上。在降速使用的场合，允许自吸进油，此时油箱的液面应高于液压泵入口0.5m以上。以防出现吸油不足现象。液压泵的外壳上均有二个泄油孔，其作用有泄油作用和冷却作用。使用前将高处的一个漏油孔接上油管，使壳体内的内漏油能畅通泄回油箱，对于手动伺服变量结构的液压泵其壳体内油压不应超过0.15MPa，否则将对伺服

第一章 实用液压传动与钢丝绳传动

机构的灵敏度有影响，务请使用时注意。把两个泄漏口均接上油管，低处输入冷却油高处回油箱，可以起到冷却作用。在闭式油路中，管路最高处应装有排气孔，用以排出管路中的空气，避免产生噪声及振动。液压管路安装前必须进行酸洗，高压管路应进过耐压试验，试验压力推荐用2倍工作压力。安装液压管路和液压元件时，须严格保持清洁，管路内不得有任意游离状的杂物，特别防止有一定硬度的颗粒状杂物，若系统中管道过长，应装支架加固，以防振动。液压马达允许在满负荷工况下启动，但在液压系统中应设有安全阀，其调定压力不应超过液压马达的最高压力。

（2）安装工艺：液压泵、液压马达的支架，机组均须有足够的刚度，与驱动机连接的液压泵及与被驱动机连接的液压马达均以弹性联轴节为宜其不同心度不得大于0.1mm。联轴器与输出轴的配合尺寸应选择合理，安装时不得使用铁锤敲击。如必须用皮带轮等传动时，应设托架支承，以免液压泵或液压马达的传动轴承受径向力。

二、液压马达

液压马达（也称油马达）是一个使液压能转换为机械能的能量转换装置，其动力来源是液体压力和输入的油量，给出的能量是液压马达的扭矩和转速，其大小取决于液压马达的工作容积、压力及流量。工作容积越大和压力越高，则扭矩越大；工作容积越小和输入流量越大，则转速越高。和液压泵一样，液压马达也有齿轮式、叶片式和柱塞式三种。常用的柱塞液压马达又分为轴向柱塞液压马达、径向柱塞液压马达和内曲线多作用径向柱塞液压马达。一般轴向柱塞液压马达适用于低扭矩、高转速的工作场合，燃料设备中用的较小。径向柱塞液压马达适用于低转速、大扭矩的工作场合，尤其是内曲线多作用径向柱塞液压马达更具有这种低转速、大扭矩的特点。

径向柱塞式液压马达的工作原理简图如图1-3所示。

当油泵输出的高压油经进油口、配流阀和孔分别进入活塞缸时，缸内活塞在高压油的作用下产生一个压力，此压力通过连杆作用在偏心轴上，由于曲轴中心与传动轴中心有一个偏心距 e。合力作用线不通过传动轴中心，因此产生一个力矩，使曲轴转动，其旋转方向为合力作用线绕传动轴转动的方向。与此同时，靠十字接头带动配流阀同步转动，使高压柱塞永远作用在曲轴的一个方向上，产生恒定的扭矩，而另一侧排油。当改变系统的流量时，马达的转速也随着改变，当改变供给马达的进出油口的方向时，由于高压柱塞作用在曲轴的另一个方向上，即可改变马达的转向。如图1-3所示，曲轴在图示位置按图示方向旋转时，1号缸为过渡缸（由

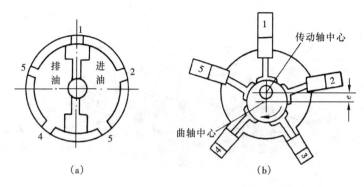

图 1-3 径向柱塞液压马达工作原理图

（a）配流阀示意图；（b）工作原理

进油向排油过渡），2 号、3 号缸中，进入的高压油作用活塞，使活塞向内（向传动轴中心）移动，推动偏心轴转动，4 号、5 号缸内活塞在曲轴的作用下向外运动，进行排油。由此可见传动轴转一圈时，对于每一个活塞来讲，往复运动一次。因此，此种液压马达称为单作用径向柱塞液压马达，多用于悬臂式斗轮机上，经减速机减速后一起作为取料斗轮旋转的驱动。

JMD 型内曲线径向柱塞液压马达内部结构如图 1-4 和图 1-5 所示。这种液压马达工作时速度更低，每分钟几转至十几转，扭矩更大，可直接驱动斗轮大轴旋转。

三、油缸

油缸是液动机的一种形式，是将液体压力能变为直线运动的能量转换装置。油缸分为移动油缸和摆动油缸，移动油缸又可分为单作用油缸、双作用油缸和组合油缸。根据生产使用情况，在此只将单作用油缸和双作用油缸作一介绍。

单作用油缸，是指液体压力只作用在活塞的一端，使活塞只往一个方向运动，另一个方向的运行是靠重力或外力来实现的。当油液进入油缸底部时，活塞端面受压力的作用，使活塞向上运动，活塞上部气体由放气装置排出。当油口和油箱连通时，活塞靠外力作用而向下运动。单作用油缸活塞的运动速度是由液体作用在活塞上有效面积而定。

双作用油缸，是作用在活塞两侧的油压力，使活塞产生双向运动。油缸的往复运动是靠作用在油缸两腔活塞上的压力油来实现的。假设油缸左腔通压力油，活塞在液压力的作用下向右运动。反之，向左运动。如果以

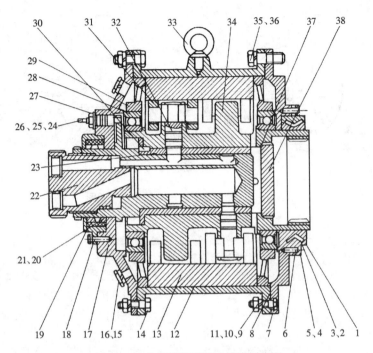

图1-4　内曲线液压马达轴线剖面图

1—小端盖；2、3—迷宫垫；4、5—油封垫；6—定位螺钉；7—右端盖；8—密封圈；
9、10、11—螺栓、垫、螺母；12—壳体；13—定子圈；14 紧固螺栓；15、16—
放油螺钉；17—左端盖；18—定位螺钉；19—小端盖；20、21—油封垫；22—
配流栓；23—内套；24、25、26—调相螺钉组；27—密封垫；28—轴承；
29、38—内壳体；30—定位键；31—滚轮组；32—柱塞；33—吊环；
34—转子；35—螺栓；36—垫片；37—轴承

同样的流量输入左、右腔，则往复运动的速度随活塞两边的有效面积而
定，而活塞的运行速度又与单位时间内流进油缸的液体有关。假设两腔分
别输入相同的流量，则由于左侧活塞杆腔的活塞有效面积较小，因此活塞
向右运动速度要比活塞向左运动速度快，即利用输油率较小的油泵而得到
快速返回运动。

　　四、液压控制阀

　　液压控制阀是用来控制和调节液压系统中液体的压力、速度和方向的
液压元件，以保证机器各机构得到所要求的平稳而又协调的运动循环。

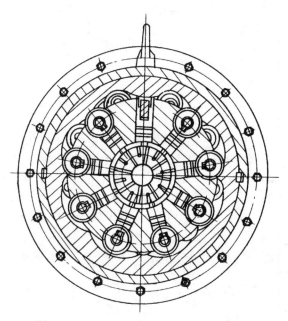

图 1-5 内曲线液压马达立面周向剖面图

各种类型的高中压、中低压液压控制阀品种很多，根据阀的用途和工作特点分为三大类：

（1）控制液体压力所用的压力控制阀，如溢流阀、减压阀、顺序阀等。

（2）控制流体流量所用的流量控制阀，如节流阀、流量控制阀等。

（3）控制液流方向所用的方向控制阀，如换向阀、单向阀等。

按照阀产生动作的动力源，可分为手动、电动、气动、液动、电液动、机械动等。

对各类阀的基本要求是：

（1）阀的动作灵敏性要高，工作平稳，无冲击、振动现象。

（2）阀的密封性好。

（3）阀的结构要单间，工作要可靠，通用性要好。

下面着重介绍几种常用的控制阀。

（一）溢流阀

1. 溢流阀的作用

（1）防止液压系统过载。

（2）使液压系统中的压力保持恒定。

（3）远程调压。

（4）作卸荷阀。

（5）高低压多级控制。

2. 溢流阀的使用与维修注意事项

（1）溢流阀动作时要产生一定的噪声，安装要牢固可靠，以减小噪声，避免接头松动漏油。

（2）溢流阀的回油管背压应尽量减小，一般应小于0.2MPa。

（3）油系统检修后初次启动时，溢流阀应先处于卸荷位置，空载运转正常后再逐渐调至规定压力，调好后将手轮固定。

（4）溢流阀调定值的确定：溢流阀作纯溢流时（如补油系统），系统工作压力即为调定压力。溢流阀作安全阀用时，其调定值一般按说明书规定。

（5）溢流阀拆开后，应检查导阀和主阀的锥形阀口是否漏油，并做压力试验，如有泄漏，必须进行研磨处理。

（6）溢流阀的质量标准为：动作灵敏可靠，外表无泄漏，无异常噪声和振动。

（二）单向节流阀

单向节流阀是简易式流量控制阀门。其结构特点是油流反向时，阀门能起单向调节作用，使反向油流不受节流阀的限制而自由通过，这在往复式油路是十分重要的。阀门的主要用途是接在压力油路中，调节通过的流量，以改变油缸的工作速度。由于单向节流阀只在一个方向起作用，故只能调节一个方向的速度，若要求反向速度调节，则要另接入一个单向节流阀，通过分别调节，可以得到不同的往复速度。但这种阀门没有压力和温度补偿装置，不能自动补偿负载及油黏度变化时所造成速度的不稳定，适用于油温变化不大的地方。

单向节流阀结构。当油从一次入口进入，二次出口流出时，单向节流阀起节流作用，当油从二次出口进入，一次出口流出时，压力油推动滑阀并压缩弹簧，此时，单向阀节流不起节流作用。

（三）换向阀

1. 分类

（1）按其运动方式分，有滑阀式和转阀式。

（2）按滑阀的通路数量分，有二通、三通、四通、五通。

（3）按滑阀的可变位置分，有二位三通、二位四通、三位四通、三位五通。

（4）按操作方式分，有手动、电动、液动、电液动、机械动。

2. 用途

（1）换向阀用途极广，现代的液压传动方向是采用电气控制，通过电气系统实现液压机械的手动、半自动和全自动的循环，提高现代机器的完善性及自动化程度。

（2）连接电气控制系统和液压工作系统的是电磁操纵阀门，即电磁换向阀及电液换向阀。

电磁换向阀（简称电磁阀）是用电磁铁操纵的小型四通换向阀，一般通径较小，适用于流量小的液压系统，也可作先导阀，利用电气信号进行动作，以通过溢流阀或顺序阀进行油路卸载或顺序动作。电液换向阀由电磁阀起先导控制作用，通过液压操纵阀，以改变油流方向，从而改变油缸的运动方向和液压马达的旋转方向，也可用于压力卸载和顺序动作。

五、油箱

油箱在液压传动中是比较重要的辅助设备，分固定设备用油箱、行走车辆用油箱和压力油箱三种。油箱设计结构是否合理，对系统正常运动起重要作用，不仅是储油的容器，还具有多种功能。这里主要介绍固定油箱。

固定式机械设备的油箱，两端各有两个地脚螺栓孔，油箱底为斜坡结构，回油区离地面近，在侧面焊接有短管便于放油排污，油箱内焊接三块隔板，每块隔板均通过滤网窗口，两块隔板构成八字形，将油箱内分为回油区、两个过渡区及吸油区四个区段，从回油到吸油形成曲线流动，有利于流体稳定、澄清后再进入吸油区。油箱的容积应为泵流量的 5～10 倍。检查窗口和油箱盖采用 3～4mm 耐油橡胶板密封。同时须考虑足够散热面积，使油温在规定范围之内，必要时采取冷却油温措施。

吸油管和回油管在油箱内不要相离过近，回油及泄油均须插入油面以下，同时在油箱内设置隔板和消除气泡的装置。

六、滤油器

滤油器种类有网式、线隙式、烧结式、纸质式和磁性滤油器等各种结构。

按使用型式，可分为吸油滤油器、回油管路滤油器和压力管路滤油器三类。

滤油器一般安装在液压泵的吸油口、输出口和回油路。

七、管路和附件

连接件在液压传动系统中是不可缺少的附件之一，其中有焊接式管接头、液压块换接头、扩口式管接头和卡套式管接头及高压胶管总成。

1. 油管道

油管道的安装与检修注意事项如下：

（1）液压系统的油管一般选用 10～20 号冷拔无缝钢管，冷拔无缝钢管尺寸精确，质地均匀，强度高。吸油管和回油管等低压管道，允许采用焊接钢管，其最高工作压力应小于 1MPa。

（2）某些部位还装有高压橡胶软管，这种管主要用于有相对运动的部件之间的连接。能吸收液压系统的冲击和振动，装配方便。液压缸及液压马达的进出油管多采用高压橡胶软管连接。高压软管用夹有钢丝的耐油橡胶制成，钢丝有交叉编织和缠绕编织两种，一般有 2～3 层，钢丝层数越多，管径越粗，耐压力越高，最高使用压力可达 35～40MPa。

（3）油管内径应符合设计要求。内径过小，油液在管道中产生紊流，压力损失增加，油温升高，甚至产生振动和噪声；内径过大，不但安装困难，而且管道布置所需空间增大，费用增大。

（4）油管道的安装要符合工艺要求，管道应尽量短，布置整齐，转弯少，避免过大的弯曲，保证必要的伸缩变形。钢管的弯曲半径至少大于其外径的 3 倍以上。管径越大，其弯曲半径相应的也越大。油管弯曲后应避免截面有大的变形，圆柱度不大于 10%。弯曲部分的内外侧不应有明显的波浪形及其他缺陷。油管道跨距较长时，要有支架。在布置活接头时，应考虑拆装方便。系统中的主要油管道应能单独拆装，而不影响其他元件。

（5）油管道最好平行布置，少交叉。平行或交叉的油管道之间至少应有 10mm 的间隙，以防接触和振动。水平管应注意安装坡度，以便检修时能将油全部放净。管道安装前要清洗，一般用 20% 的硫酸或盐酸进行，清洗后用 10% 的苏打水中和，再用蒸汽及热水洗净后，待水分全部蒸发完进行干燥涂油，并做预压力试验。安装时不允许有任污物留在管道内。

（6）软管安装应注意弯曲半径不小于胶管外径的 7 倍，弯曲处距离接头的距离不小于外径的 6 倍。如果结构要求必须采用小的弯曲半径时，则应选择耐压性能更高的胶管。

（7）软管安装和工作时不允许有扭转现象。接头之间软管长度应有余量，使其比较松弛，因为软管在充压时长度一般有 2%～4% 的变化。

（8）检修拆下的油管，应首先将接头处擦拭干净。拆下的管子两头及时用干净的白布拉管子内壁，直至管子内壁干净为止。再用高压蒸汽吹净。

（9）管接头使用的紫铜垫，在每次拆开回装时必须进行软化处理。

2. 密封件

密封件的国家标准既有旧标准也有新标准，如关于 O 形橡胶密封圈的 GB 1235—1976 标准与 GB 3452.1—1982 不同，前者习惯以外径 "D" 称呼，后者以内径 "d_1" 为标记，两者的断面尺寸也不同。但 GB 1235—1976 标准在液压件老产品与维修时使用量很大，新产品应采用 GB 3452.1—1982 标准。

液压系统常用的密封圈有：

（1）骨架油封用于回转轴的密封。

（2）"O" 形密封圈多用于静密封，也可用于相对运动连接密封。

（3）"Y" 形密封圈和 "V" 形密封圈多用于液压缸的密封。

（4）组合垫或铜垫用于管接头密封。

第四节　钢丝绳传动

钢丝绳传动的优点有：①质量轻、强度高，弹性好，能承受冲击负荷。②挠性较好，使用灵活。③在高速运行时，运转稳定，没有噪声。④钢丝绳磨损后，外表会产生许多毛刺，易于检查。断前有断丝的预兆，且整根钢丝绳不会立即断裂。

钢丝绳按捻绕方法可分为顺绕、绞绕两种。顺绕钢丝绳就是绳股的捻绕方向和由股捻成绳的方向一致。这种钢丝绳的优点是钢丝绳为线接触，耐磨性能好；缺点是当单根钢丝绳悬吊重物时，重物会随钢丝绳松散的方向扭转。

绞绕钢丝绳的绳股捻绕方向与股绕成绳的方向相反，起吊重物中不会扭转和松散。其缺点是绞绕钢丝绳的钢丝间为点接触，因而容易磨损，使用寿命较短。

根据钢丝断面结构，钢丝绳又可分为普通型和复合型两种。

一、钢丝绳的安全使用和维护注意事项

（1）禁止将钢丝绳和电焊机的导线或其他电线相接触，电气焊操作要远离钢丝绳。

（2）通过滑轮或滚筒的钢丝绳不准有接头，往滑轮上缠绳时应注意松紧，同时不使其扭卷。

（3）所用的钢丝绳多有麻芯，具有较高的挠性和弹性，并能储存一定的润滑油脂，钢丝绳受力时，润滑油被挤到钢丝绳之间，起润滑的作用。为了防止钢丝绳生锈，减少钢丝间或钢丝绳与滑轮间的磨损，应定期加油脂润滑，一般每 15～30 天加 1 次，冬季加油时，应将油脂加热到 180℃ 或掺入少量机油，以便能使润滑油浸到绳芯中去。钢丝绳上的污垢及干涸的油脂应用抹布和煤油清除，不准使用钢丝刷及其他锐利的工具清除。

（4）钢丝绳在卷筒上应排列整齐，绳头压板不可松动，以免抽绳，钢丝绳到最远限位放尽时，卷筒上还应保留 3～5 圈。新更换的钢丝绳要及时张紧以免钢丝绳受拉伸后造成乱绳并绞伤钢丝绳。

（5）钢丝绳在更换和使用当中不允许绳呈锐角折曲，以及因被夹、被卡或被砸而发生扁平和松断股现象。

（6）钢丝绳在工作中严禁与其他部件发生摩擦，尤其不应与穿过构筑物的孔洞边缘直接接触，防止钢丝绳的损坏与断股。

钢丝绳的安全使用寿命在很大程度上取决于良好的维护、定期的检验和按规定使用。钢丝绳的常见故障有断股、断丝、打结、磨损等，断股数在捻节距内超过总数 10% 和钢丝绳径向磨损 40% 的应更换新绳。

二、钢丝绳传动张紧装置的维护要求

（1）张紧轮和导向轮轮辐无裂纹，绳槽应完整无损，绳槽的磨损深度应小于 10mm。铜套与轴的磨损，最大间隙应小于 0.5mm。轴的定位挡板应牢固可靠，地脚螺栓无松动。张紧小车车架无明显变形，各焊缝无开裂。车轮的局部磨损量小于 5mm。轴的直线度误差应小于 0.5‰。

（2）配重装置的配重架无明显变形及开焊，地脚螺栓无松动。张紧绳和保险绳完好，每个固定绳头的绳卡子不少于 3 个。满载工作时，张紧绳放绳长度应保证配重底面离基础地面的距离大于 100mm；保险绳的长度应能保证张紧绳卡子在进入张紧导向轮绳槽前 100mm 时，保险绳必须吃力。

提示 本章主要介绍了机械设备的通用液压部件和有关重要部件的结构与使用，适用于卸储煤值班员初级工掌握。第二节和第三节中的前半部分多适用于卸储煤值班员中级工掌握。另外又介绍了机械设备上钢丝绳传动的使用要点，适用于卸储煤值班员初级工和中级工掌握。

第二章

翻车机卸车系统

第一节 翻车机系统概述

翻车机卸车系统是一种采用机械的力量将车辆翻转卸出物料的安全、高效的现代化大型卸车设备，广泛用于火电厂、港口、矿山、钢铁厂列车装载的散装物料的翻卸，其综合卸车能力可达1200t/h（合20～25节/h），环保性能好，适用于铁路敞车（主要是C60、C61、C62、C65型车辆）作业，整个作业过程可实现全自动，并有可靠的监控及故障诊断功能和综合管理功能。

翻车机系统按车辆流程分为贯通式布置或折返式布置两种形式，系统中的核心设备是翻车机本体，其结构型式可分为转子式翻车机和侧倾式翻车机两种类型，其中转子式翻车机又分为"C"形转子式翻车机和"O"形转子式翻车机两种。另外按本体的驱动方式又可分为钢丝绳传动和齿轮传动两种，按压车形式可分为液压压车式和机械压车式两种，按翻卸能力又可分为"双翻"和"三翻"等多种类型。但目前习惯上采用按翻卸型式分类。下面主要介绍转子式翻车机和侧倾式翻车机及其配套设备，各自的情况比较如表2-1所示。

表2-1　　　　　　翻车机设备情况比较表

参数	"O"形转子式	侧倾式	"C"形转子式
最大翻转质量	100t	110t	110t
最大翻转角度	175°	175°	175°
翻转周期	≤60s	≤60s	≤60s
电动机功率	2台×75kW	2台×110kW	2台×37kW

参数	"O"形转子式	侧倾式	"C"形转子式
调速方式	直流、双速电动机或变频调速	直流、双速电动机或变频调速	直流、双速电动机或变频调速
传动方式	销齿传动或齿轮传动	销齿传动或齿轮传动	销齿传动或齿轮传动
压车方式	液压压车或机械压车	机械压车	液压压车
靠车方式	平台移动靠车	平台移动靠车	液压靠车
设备重量	149t	141t	109t

翻车机系统以翻车机本体为主机，配有重车调车机（或重车铁牛）、空车调车机（或空车铁牛）、迁车台、夹轮器（或定位器），推车器、摘钩平台、单向止挡器和地面安全止挡器等设备。

一、折返式翻车机卸车线的工艺过程

当厂区平面布置受限时，常采用折翻车机返式卸车线，这种布局结构紧凑，也是一种用得比较多的翻车机卸车线，折返式卸车线需由迁车台将翻卸后的空车平移到与重车线平行的空车线上，再通过空车铁牛将空车一节一节地推送出去。

由前牵地沟式重牛、摘钩台、重车推车器、"O"形转子式翻车机、迁车台和空车铁牛等组成的折返式翻车机卸车线布置形式如图 2-1 所示。这种作业线的工艺流程是：重车铁牛将整列重车牵引到摘钩台上就位后，摘钩台后端抬起，第一二节车钩脱开后第一节重车靠斜坡自溜或重车推车器将其推入翻车机定位，由翻车机将车辆夹持定位整体翻转 165°~175°，物料卸入料斗内，并回翻至 0°，卸完煤的空车由翻车机平台上的推车器推入迁车台，启动迁车台使之平移到与空车线对位后，迁车台上的推车器又将空车推到空车线上，空车溜过空牛牛坑后，空牛出坑，将空车一节一节地推送出去。如果遇有异型车或翻车机本体发生故障时，可以将重车推过甲或乙迁车台，经丙迁车台迁到异型车卸车线的备用车道上由斗链卸车机完成卸车作用，将煤直接卸到煤场或地沟，随着电煤运输车辆与设备的统一规范，这种备用车道已不再实用，而且其卸车效率很低，有的电厂将此道作为人工清理车底之用。这种卸车系统详细情况将在后文介绍。

早期的折返式卸车线也有用后推式重车铁牛或前牵式重牛而不设摘钩台的，重车靠人工摘钩、坡道溜入翻车机进行翻卸。待卸的煤车在翻车机进车端前就位停稳后，机车退出重车停车线，运行人员做好解风管、排余

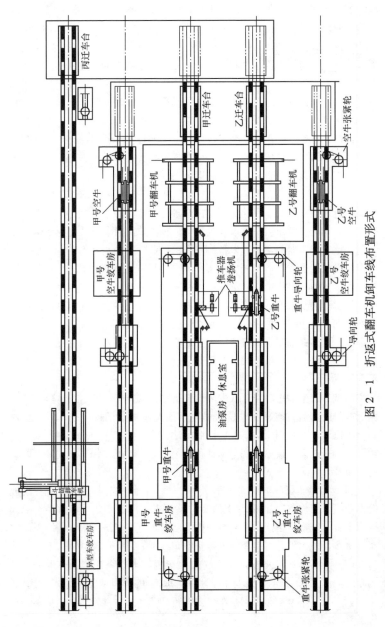

图 2 – 1 折返式翻车机卸车线布置形式

风缓解煤车制动闸瓦等工作后，重车铁牛开始工作。当翻车机在零位，定位器升起时，重牛驶出牛槽，牛臂上的车钩与列车接触，铁牛以0.5m/s的速度推动或拉动列车向翻车机前进。当第一辆车进入坡道时，操作人员提起第一辆车与第二辆车之间车钩的钩提，铁牛的驱动装置制动，使第二辆车及以后的车辆停止前进，第一辆车依靠惯性沿坡道溜进翻车机，当第一辆车的最前面的一组轮碰到翻车机活动平台上制动靴时，车辆停止，翻车机翻转卸煤，翻车机返回零位时，制动铁靴落下，活动平台上进车端的推车器将空车推出翻车机。卸完煤后的空车通过推车器、迁车台和空车铁牛送到空车线上集结成列，这些结构布局因为有过多的人力劳动和车辆自行溜放工序难以实现自动化控制已逐渐被淘汰。

由"C"形转子式翻车机、重车调车机、迁车台和空车调车机等设备组成的折返式作业线是目前比较先进合理的翻车机卸车系统，这种系统中的重车调车机和空车调车机取代了"O"形转子式翻车机系统的重牛、摘钩台、重车推车器和空牛等设备，使全部作业过程中车辆不存在自行溜放的失控现象。当重车调车机牵引整列重车到位后，重车靠人工或自动摘钩，由重车调车机将第一节重车牵入翻车机，翻卸完毕后，由牵引第二节重车的重车调车机的前钩将第一辆车皮推送至迁车平台上并定位，当迁车台移动到与空车线对位后，由空车调车机将空车推到空车线上。

二、贯通式翻车机卸车线的工艺过程

贯通式翻车机与折返式翻车机运行过程基本相同，区别是在翻车机后没有布置迁台，而是将翻卸后的空车通过铁牛（当空车推出翻车机溜过空车铁牛的牛槽后，空车铁牛驶出牛槽，推动空车向空车线运行一节车厢长度的距离后，空车铁牛返回牛槽）或调车机直接推向空车线。贯通式翻车机卸车线适用于翻车机出口后场地较广、距离较长的环境，空车车辆可不经折返而直接返回到空车铁路专用线上。贯通式卸车线主要有以下两种布置形式。

（1）由翻车机、前牵式重车铁牛、摘钩平台和空车铁牛等设备组成的作业线。结构布局如图2-2所示，整列重车由前牵式重车铁牛牵引到摘钩平台上，重车由摘钩平台自动摘钩后溜入翻车机进行翻卸，卸完的空车由推车器推出，并由空车铁牛推到空车线上。

（2）由翻车机、重车调车机（或拨车机）等设备组成的作业线。结构布局如图2-3所示，整列重车由重车调车机牵引到位，靠人工摘钩，重车调车机将单节重车牵到翻车机内进行卸车，卸完的空车再由重车调车机送到空车线上。

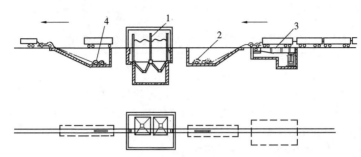

图 2 - 2 贯通式卸车线（一）

1—翻车机；2—重车铁牛；3—摘钩平台；4—空车铁牛

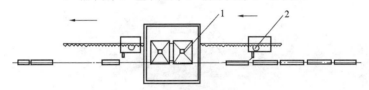

图 2 - 3 贯通式卸车线（二）

1—翻车机；2—重车调车机（或拨车机）

三、综述

FZ2 - 1C 型双车翻车机主要用于大型火电厂和码头，翻车机本体可同时翻两节车辆，系统配置与上述类型基本一样，只是各部分设备容量有所增加。其工作过程是：当重车进入翻车机指定位置停止后，靠板在油缸的作用下伸出，消除靠板与车辆间的间隙，当靠板与车辆接触并发出指令时，夹紧横梁在其油缸的作用下压紧车辆，当翻车机接到回转指令时，驱动装置电动机启动，翻车机开始回转，在翻车机转到 70°之前，夹紧装置必须全部夹紧。当翻车机转到 150°时，振动器开始振动，振动过程为 150°~160°（正转），160°~150°（反转），将车辆内壁的积料振落。

当翻车机从 165°反转回到 150°时，振动器停止振动。在继续反转过程中，夹紧装置逐渐松开，当反转到 70°时，夹紧装置回到原始位置。

当翻车机返回到 20°左右时，涡流制动投入，使翻车机转动趋于缓慢回转，最后制动。当翻车机返回到零位后，空车由调车机拨出（或由推车器推出），翻车机完成一个工作循环。

提示 本节介绍了火电厂翻车机系统的种类组成与卸车作业工艺过程，适用于卸储煤值班员初级工掌握。

第二节 "C"形转子式翻车机系统

一、"C"形转子式翻车机概况

转子式翻车机是指被翻卸的车辆中心基本与翻车机转子回转中心重合，车辆同转子一起回转175°，将煤卸到翻车机的正下方的受料斗中。其优点是卸车效率高、耗电量少、回转角度大。缺点是土方施工量大。"C"形转子式翻车机系统的外形如图2-4所示。

图2-4 "C"形转子式翻车机

"C"形转子式翻车机是由"C"形端盘、靠车梁、托车梁、压车机构、靠车机构、托辊装置、驱动装置和液压系统组成。其特点是机构轻巧合理，通过固定平台，液压压车和靠车，以消除动态压靠车对车辆和设备的冲击和损伤，降低了压车力。翻车机靠车梁采用两块靠车板且互成一定角度，较好地迎合了车辆涨帮的工况，受力合理，大大降低了损车率。通过平衡油缸及其特有的控制方式，使重车翻卸后压力控制在标准范围内，允许车辆弹簧压力得以释放，从而有效地保护了车辆和设备。在转子结构设计上使翻车机的旋转中心与车辆中心更加接近，降低了驱动转矩，减少了驱动功率，达到了节能降耗的目的，提高了运行的经济性。"C"形端盘结构适合配备重车调车系统作业。使车辆完全在可控状态下运行。以下是C2（FZl5-100）型转子式翻车机及其部配套设备的技术规范。

1. 翻车机本体

型号 FZl5-100

第一篇 卸储煤值班员

额定翻转质量　100t

最大翻转质量　110t

最大翻转角度　175°

翻转周期　≤60s

轨道型号　50kg/m

电动机功率　45×2kW（双速电动机或定子调压、直流、变频调速）

传动方式　齿轮传动

压车方式　液压压车

压车力　≤78.4kN/cm^2

靠车方式　液压靠车

内倾总弯矩　≤235kN·m（仅对车辆而言）

振动器激振力　≤20~18kN

液压系统功率　18.5kW

设备质量　109.2t

2. 振动斜算

型式　斜算

电动机功率　3×2kW

激振力　50000N

设备质量　32.4t

二、重车调车机

（一）概述

重车调车机的功能是将整列重车牵向翻车机，将单节重车在翻车机平台上定位，并将卸料后的空车推出翻车机平台。设备由车体、调车臂、行走结构、导向轮装置、驱动装置、液压系统、电缆装置、地面驱动齿条和导向块组成。重车调车机在习惯上又称拨车机或定位机，其结构类型较多，功能基本一样，根据驱动方式的不同可分为钢丝绳卷扬传动和齿条传动两种；根据供电方式不同可分为交流驱动和直流驱动两种；根据牵引力不同又可分为单联翻车机配套的 30t 调车机，和双联翻车机配套的 45t 调车机。

驱动装置各单元均采用摩擦离合器和液压制动器，以保证负载均衡，制动可靠，防止个别传动单元过载造成设备损坏。调车臂液压系统采用平衡油缸和摆动油缸双作用方式，起落平稳。调车机位置控制采用光电编码器技术，避免了因行程开关损坏而引起的误动作。整机通过调速，能以低于 0.3m/s 的速度挂钩和启停，而高速返回，这样既减少了冲击，且非常平稳可靠。导向轮的间隙有级可调，弥补了因安装或设备磨损而产生的误差。通用齿轮齿条传动的重车调车机技术参数如表 2-2 所示。

表 2-2　　　　　　　重车调车机技术参数

指　　标	参　　数	指　　标	参　　数
型　　式	齿轮齿条传动	驱动电动机功率	$4 \times 45kW$
牵引吨位	4500t	调速方式	直流、变频调速
牵引速度	0.6m/s	摘钩方式	液压摘钩
挂钩速度	≤0.2m/s	制动方式	液压制动
返回速度	1.2m/s	供电方式	挂缆滑车
行走轨距	1600mm	设备质量	90t

重车调车机是一种新型的重车调车设备，从抬臂摘钩、落臂牵引、进行后退等动作，都能实现自动作业。其特点如下：

（1）只适用于"C"形转子式翻车机或侧倾式翻车机，"O"形转子式翻车机不能使用。

（2）设备简单，调车方便，不需要设置重车铁牛和摘钩平台等设备。

（3）容易控制重车车辆进入翻车机的速度，重车在翻车机内定位准确。

（4）对于贯通式卸车线还可以减少空车铁牛等调车设备。

（二）重车调车机的结构

齿条传动的重车调车机外形如图 2-5 所示，在平行于重车线的轨道上往复运动，既能牵引整列重车，也可将单节重车在翻车机平台上定位，

图 2-5　齿条传动的重车调车机外形

同时可将空车推出，其返回时可与翻车机作业同时进行，可以缩短时间，提高生产率。

车体由一个有足够强度的大型结构钢件组成，其上装有传动部件、行走部件、臂架及操作室和液压系统等。

行走传动装置由立式直流电动机、安全联轴器、液压多盘制动器、立式行星减速器、驱动齿轮组成，通过驱动齿轮和固定在地面上的齿条啮合，便可驱动整个调车机前进。立式直流电动机驱动单元结构如图 2–6 所示。

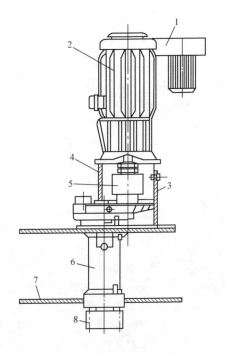

图 2–6　重车调车机直流驱动电动机
1—风机；2—电动机；3、4—支承座；5—安全摩擦离合器；
6—减速机；7—车体；8—传动小齿轮

行走轮装置共有四个导向轮装置支持在车体轨道上行走，其中有一个为弹性走行轮装置，这样保证了四个车轮同时和平共处轨道接触。调车机共有四个导向轮装置，导向轮的踏面作用在中央导轨两侧踏面上，保证调车机在轨道上行驶，并承受调车机因牵引车辆而产生的水平面内的回转力距。

拨车臂是焊接构件，其头部两端装有车钩用来牵引或推送车辆，头部内部腔内装有橡胶缓冲器，在调车机与车辆接钩时起减震和缓冲作用，头部还装有提销装置及钩舌检测装置，用来实现与车辆的自动脱钩和检测钩舌的开闭位置。拨车臂通过液压机构可向上回转至与地面垂直，向下回转至与地面平行。

液压系统由一个液压站、若干个油缸及管道组成，用于制动器能源、调车臂的起降和摘钩台的开合等。

位置检测装置由光码盘、检测齿轮组成、用来检测调车机走行位置，实现电气控制。

拖缆臂用于拖动电缆小车并将电缆引到车体上，为方便调车机的操作和维修，在调车机上设有操作室。

钢丝绳传动的重车调车机结构如图2-7所示，这种方式的定位精度和工作稳定性都不如齿条传动的性能好。

调车机与铁牛相比，具有翻车效率高（调车机返回与翻车机作业可同时进行），调车速度平稳（避免了溜车不到位或对翻车机定位器的冲击），省去摘钩台等优点。缺点是造价高、能耗大、只适合于"C"形翻车机使用。

（三）重车调车机的工作过程

重车调车机的工作过程是：当整列重车停放于自动卸车线货位标后，重车调车机启动并挂钩，将整列车牵引移动一个车位的距离，使第二节重车的前轮被夹轮器夹紧，人工将第一节与第二节车的车钩摘开，重车调车机将第一节重车牵到翻车机平台上定位，同时自动摘钩并抬臂返回，返回同时翻车机开始翻车。返回后重车调车机与第二节重车挂钩，同时夹轮器松开，重车调车机又将整列重车向前牵动一个车位，当第三节重车到达原来第二节重车的位置时又被夹轮器夹紧前轮，人工摘钩，重车调车机将第二节重车牵到翻车机平台上（此时翻车机已卸完第一节重车并返回到零位），同时车臂机构动作将停放在翻车机平台上的第一辆空车推送到迁车台上。而后摘钩抬臂退出翻车机返回到原始位置，如此循环，直至卸完最后一节车厢为止。

三、迁车台

迁车台在折返式布置的翻车机系统中用于将翻卸后的空车车辆横移到空车线路上。迁车台端部采用液压插销装置，能保证迁车台对轨准确和在

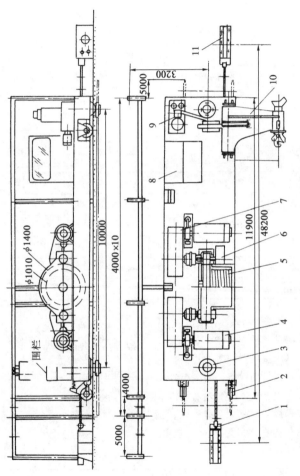

图 2 - 7　钢丝绳传动重车调车机

1—张紧装置；2—行走轮；3—导向轮；4—电动机；5—卷扬装置；6—主令控制器；7—减速机；
8—操作室；9—液压控制站；10—调车臂及抬臂装置；11—张紧铰车

空车调车机推车过程中不因受侧向力影响而发生错位，避免了车辆掉轨的可能性。迁车台上设有液压涨轮器，使车辆在台架上可靠地定位。迁车台侧面设有缓冲器，能使迁车台撞基础时起到缓冲作用。行走机构驱动采用摩擦传动或销齿传动方式，多采用变频调速，能确保精确对轨，同时也提高了设备运行的平稳性。通用迁车台技术参数如表2-3所示。

表 2-3 迁车台技术参数

指 标	参 数	指 标	参 数
型 式	自驱动或销齿驱动	平台轨距	1435mm
额定迁车质量	100t	行走电动机功率	2×7.5kW
行走速度	0.6m/s	调速方式	变频调速
对轨速度	<0.2m/s（变频调速）	供电方式	挂缆滑车
行走轨距	13000mm	设备质量	25t
液压缓冲器行程	180mm	液压缓冲器接受速度	0.6m/s
外形尺寸	16300m×3550m		
与空牛配套作业的迁车台			
推车装置电动机功率	11kW	推车速度	0.75m/s
推车距离	12m		

（一）行走轮驱动式迁车台

行走轮驱动式迁车台的结构如图2-8所示，由车架、推车装置、行走装置、车辆定位装置和缓冲止挡装置等组成，这种迁车台与空车铁牛配套使用，属于较早期设备，与空车调车机配套使用的迁车台，不需要推车装置和缓冲止挡装置，由夹轮器取代单双向定位装置。

车架以焊接工字钢为主梁，以型钢为横梁焊接而成。其上铺设钢轨，承受被迁移车辆的全部负荷。

推车装置结构组成和作用与翻车机活动平台上的推车装置完全相同。

双向定位器又称止挡器，安装在迁车台靠近翻车机的一端。车辆从翻车机中被活动平台上的推车器推出溜进迁车台时，可以顺利通过双向定位器而阻止车辆反向移动。在迁车台驶到空车线时，基础上的挡柱将双向定位器的挡臂旋转了一个角度，从而双向定位器与轨道脱离，迁车台上的推车器又可将空车推出迁车台。

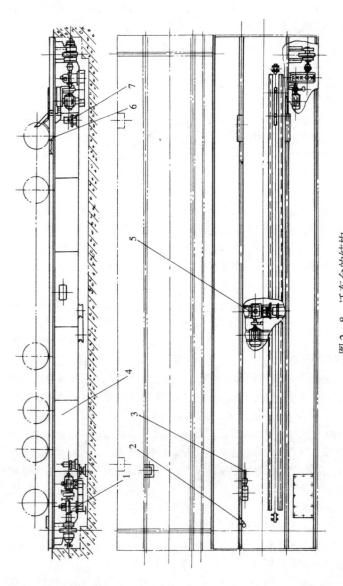

图 2-8 迁车台的结构

1—行走部分；2—双向定位器；3—限位装置；4—车架；5—推车装置；6—车辆定位装置；7—液压缓冲器

台体液压缓冲器分别装在支架的两侧，用以减轻迁车台移到空车线停止和返回重车线终止时的惯性冲撞。液压缓冲器和定位钩销共同作用使迁车台与空车线或重车线准确对轨。这种定位结构在雨雪天气的对轨，会因为车轮打滑难以准确定位，此时应注意涡流制动行程开关及抱闸间隙的调整，必要时可在终端道轨上撒点细砂子以提高车轮的摩擦力。迁车台行走驱动进行变频器改造后，可取代台体液压缓冲器、定位钩销、涡流制动器和抱闸的功能，使对轨情况稳而准。

限位装置由安装在迁车台一侧主梁上的电磁铁、杠杆、上挡座和安装在基础上的下挡座和方销（重车线和空车线各一组）组成。当迁车台由重车线驶向空车线处，液压缓冲器被压缩、迁车台的速度已趋于零时，下挡座上的方销嵌入上挡座的柄中，使迁车台钢轨与基础上的钢轨对，当迁车台由空车线驶向重车线时也是如此。

迁车台的行走部分由两套电动机、减速机分别驱动两个主动轮对。行走电动机由一个电源线供给，以保证其同步运行。

液压缓冲定位器的作用是使溜入翻车机或迁车台上的车辆缓冲减速并停止，防止列车在惯性的作用下冲出迁车台。定位器是由液压缓冲器、铁靴、导轨、复位弹簧、偏心盘和电动机驱动部分等组成。其中液压缓冲器的作用是减缓重车定位时对翻车机的冲击，重车车辆在惯性作用下慢速溜进翻车机，当车辆第一根轴的车轮碰到制动铁靴时，撞击液压缓冲器使车辆缓冲，减速至停止。液压缓冲器是通过多孔管节流小孔的阻力作用，将机械能转变为热能而散发掉，起到使车辆缓冲减速并停止的作用。

液压缓冲器的结构如图 2－9 所示，是利用油液在高压冲击力的作用下流过小孔或环状间隙时把运动物体的动能吸收并转变为热能，来达到缓冲的目的。液压缓冲器由主油缸和副油缸两部分组成，油缸中装有活塞多孔管，当液压缓冲器受到冲击后，主油缸中活塞向内压缩，使油经多孔管的小孔和端盖油槽流入副油缸，继续压缩副油缸活塞向后移；在冲击力解除后，主、副缸的弹簧推动活塞返回原位，此时副油缸中的油经中间球阀和端盖油槽回到主油缸内。液压缓冲器的优点是在受压缓冲后没有剧烈的反弹现象，较为平稳。液压缓冲器目前主要应用于翻车机卸车线系统中，如翻车机平台复位及缓冲，迁车台定位，重车定位等。翻车机定位器的液压缓冲器接受车辆的速度应小于 1.2m/s，否则车辆可能越位，并把摆动导轨或制动靴撞坏。

这种液压缓冲器储油室容积小，瞬时油压高，致使缓冲器的密封件频繁损坏，泄漏严重，使止挡装置起不到缓冲作用。且维护检修工作量也较

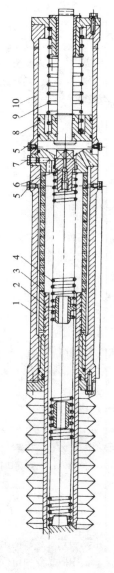

图 2-9　液压缓冲器的结构

1—主油缸；2—活塞；3—多孔管；4—弹簧；5—排气螺塞；6—球阀；7—加油螺塞；8—活塞；9—弹簧；10—副油缸

大。有的电厂在改进中采用了缓冲器与外接的储能器混合工作的办法，如图 2 – 10 所示，缓冲器内加满液压油，用管子将其储油室与储能器连起来，当缓冲器受到外力作用快速收缩时，液压油通过连接管流到储能器内，储能器内的气体受到压缩，压力升高，车辆的滑行动能被转化为压力能储存起来，当缓冲器的外界作用力消失后，缓冲器又在储能器内气体压力的作用下回复到原来位置，储能器内的压力能又得到了释放。较好地解决了缓冲器超压泄漏的问题。储能器内液压油的油位要淹没进油口，达到其容积的 1/2 ~ 3/5，储能器内氮气充气压力为 0.1 ~ 0.2MPa，缓冲器的行程可通过改变储能器内的氮气压力来调节。

图 2 – 10　缓冲器与外接的储能器混合工作

在翻车机出口与迁车台坑前的地面过渡段加装了"人"型地面安全止挡器，这种止挡由止动靴、弹簧及推杆等组成。迁车台对准重车线时，焊于迁车台上的斜面挡铁推动杠杆、压缩弹簧使止动靴离开轨面，使车辆得已通过。当迁车台离开重车线时，靠弹簧作用使制动靴复位，阻止车辆通过，防止翻车机误动作而推出空车掉入坑内，这样达到安全止挡的作用。在迁车台出口也同样装有安全止挡器。

夹轮器为浅坑式，液压驱动，机构简单适用，主要特点是基坑浅，便于检修和维护，动作可靠。常用夹轮器的技术规范如下：

型式　浅坑式

夹紧力　600kN

动作时间　3s

夹轮板开口长度　3160mm

允许进车速度　0.7m/s

液压系统工作压力　6.0MPa

电动机功率　4kW

设备质量　3.8t

迁车台的工作要求有：行走轮驱动式迁车台的工作过程是当空车车辆进入迁车台时，车辆在运动过程中首先撞击双向定位器，并将其打开通过（在一组车轮过后，双向定位器会在弹簧的作用下马上复位），当车辆第一对车轮碰撞到单向定位器止挡铁靴并缓冲时，车辆有向后移动的趋势，此时车辆的第四组轮对也驶过双向定位器，并被已打开的双向定位器止挡，这样空车车辆就被夹在单向定位器与双向定位器之间而停稳；启动台体定位装置的电磁铁，利用杠杆作用将钩销压下；迁车台的两台行走电动机同时接通电源，迁车台开始由重车线移向空车线，到位后缓冲减速的同时电磁铁挂钩定位，平台上的轨道与空车线轨道对准，双向定位器下部的限位连杆碰触基道旁的挡铁，将双向定位器打开，迁车台上的推车器就将空车车辆以1.07m/s的速度推出迁车台而进入空车线。当空车车辆全部离开迁车台时，迁车台可返回到重车线上，推车器返回，双向定位器复位，准备接第二节空车车辆进入迁车台。

迁车台从重车线到空车线移动时的安全必要条件是：必须等到空车的四对轮子全部进入平台上定位，电磁定位装置的钩销压杆应压下，才可启动行走电动机。

迁车台推空车的安全必要条件是：①迁车台已与空车线对位准确；②空车铁牛在牛槽内；③空车线上空车铁牛推送范围内无车；④双向定位器已打开。没有推车器的迁车台，与空车调车机一同使用，空车调车机启动前，必须将迁车台与空车线对准，液压夹轮器放松，方销到位。

迁车台由空车线返回重车线时的安全必要条件是：必须等到空车的最后一对轮组离开迁车台后，才可启动行走电动机。

（二）钢丝绳驱动式迁车台

钢丝绳传动式迁车台与行走轮驱动式迁车台的整体结构基本一样，主要区别就是行走轮的驱动部分是由钢丝绳传动来完成的。钢丝绳传动的迁车台的使用及维护要点是：

（1）钢丝绳使用一段时间后需调整张力，使之满足运行要求。

（2）迁车台的定位是靠过流定位，当迁车台运行到空车线后，缓冲器作用并顶死，此时迁车台上钢轨与基础上空车线钢轨对准，延时断电，制动轮制动。

（3）减速机及各转动部位，要按规定的要求加注润滑油或润滑脂。

（三）迁车台的操作与维护

1. 迁车台的机旁操作顺序

（1）将主台上（翻车机出口处的迁车台空牛控制台）的迁车台万能转换开关打到机旁位置，机旁指示灯亮，然后去迁车台机旁操作箱上操作。

（2）将迁车台机旁操作箱上的钥匙开关打到"开"的位置，控制电源指示灯亮，迁车台光电管亮时，方允许迁车。

（3）按下迁车台带灯按钮，迁车按钮闪亮，定位钩脱钩，钩开指示灯亮后迁车台向空车线移动，到位后自停，定位钩闭灯亮，迁车带灯按钮常亮，空车线对准灯亮。

（4）迁车台与空车线对准，止挡器脱离轨道，空车在牛坑内，溜放段无车时，按下推车器前进带灯按钮，推车器推车，到位自停，带灯按钮常亮。

（5）按下推车器返回带灯按钮，前进按钮灯灭，返回带灯按钮闪亮，返回到位后自停，带灯按钮常亮。

（6）车辆四对轮全部离开迁车台后，按下迁车台返回带灯按钮，定位钩脱钩，钩开指示灯亮后，迁车台向重车线移动，到位后自停，定位钩闭灯亮，返回带灯按钮常亮。

（7）操作过程中监视各指示灯正常。

2. 迁车台的集中手动操作顺序

迁车台的手动操作顺序是：

（1）将操作台上迁车台操作的万能转换开关打到"手动"位置，"系统手动"指示灯亮。

（2）车辆在迁车台上就位后停稳方允许迁车台迁车。

（3）按下"迁车"按钮，迁车按钮闪亮，定位钩脱钩，钩开指示灯亮后，迁车台向空车线移动，到位后自停，定位钩闭灯亮，空车线对准灯亮。

（4）迁车台与空车线对准，止挡器脱离轨道，空车在牛坑内，溜放段无车时，按下推车器前进按钮，推车器推车，到位自停。

（5）按下推车器返回按钮，返回到位自停。

（6）车辆四轮对全部离开迁车台后，按下迁车台返回按钮，定位钩脱钩，迁车台向重车线移动，到位后自停。

（7）操作过程中监视各指示灯指示正常。

3. 迁车台的检查维护内容

迁车台的检查维护内容有：

（1）迁车台平台结构的检查和维护。

（2）驱动装置的检查，行走轮轴的检查、维护、加油。

（3）推车电动机、驱动电动机的检查，开关及滑线、信号、照明等电气设备的检查。

（4）推车器与定位器的检查、维护、加油。

（5）缓冲器、定位销、双向定位装置的检查、维护、加油。

（6）工具、用具及防火设施的检查、维护。

（7）轨道的检查。

四、空车调车设备及其他

空车调车机用于将迁车台上的空车车辆推出送到规定位置。和重车调车机一样，也多用齿轮齿条传动，位置控制采用光电编码器技术，避免了因行程开关损坏而引起的误动作，导向轮间隙的调整和摩擦离合器的传递扭矩值的整定均与重车调车机相同，也可有调速运行方式。空车调车机车臂固定，常用空车调车机的技术参数如表 2 - 4 所示。

表 2 - 4 常用空车调车机的技术参数

指 标	参 数	指 标	参 数
型 式	齿轮齿条传动	行走轨中心与铁路中心距离	2800mm
额定推送吨位	1200t	驱动电动机功率	2×45kW
工作速度	0.6m/s	供电方式	挂缆滑车挂缆滑车
行走轨距	1600mm	设备质量	59t

齿条传动的空车调车机的结构如图 2 - 11 所示，其工作过程是当空车车辆由迁车台送至与空车线对位后，空车调车机启动，将空车车辆推送到空车线上，空车车辆全部离开迁车台后，迁车台返回到重车线。空车调车机运行一段距离后，在限位开关的作用下停止运行，然后电动机反转，空车调车机返回到起始位置。当迁车台运送第二节空车到空车线对位后，空

图 2 - 11 空车调车机外形图

车调车机便开始推送第二节空车，以此程序进行循环作业，直至推送完最后一节空车为止。

多年来，翻车机系统的组成已更为完备合理。所有的减速器齿轮均采用硬齿面；各设备相互之间有可靠的机械或电气安全联锁措施。并且在露天工作或外露的电动机、制动器、电气元件、设备等均有防水、防晒、防尘、防潮等防护装置，并且其防雨罩等应便于拆卸。

提示 本节介绍了"C"形转子式翻车机系统的主要部件的组成与使用要求，适用于卸储煤值班员初级工和中级工掌握。

第三节 "O"形转子式翻车机系统

一、"O"形转子式翻车机本体

（一）结构组成

"O"形转子式翻车机是较早期的转子式翻车机产品，设备结构较复杂，整体刚性好，驱动功率较大，适合配备钢丝绳牵引的重车铁牛调车系统。

"O"形转子式翻车机的转子是由两个转子圆盘用箱形低梁和管件结构将其联系起来的一个整体。转子是翻车机的骨骼，支撑着平台及压车机构和满载货物的车辆，驱动装置通过固定在圆盘上的齿块转动，从而使车辆翻转0°～175°。

目前，火电厂常用的转子式翻车机主要有 M2 型、KFJ－2A 型、KFJ－3 型、ZFJ－100 型及 ZFJY－100 型等几种，其基本特征都是相同的，只是在压车机构或支承结构上稍有差别，KFJ－2（A）型是三支座、四连杆压车机构、齿轮传动，KFJ－3 型是两支座、齿轮传动、四连杆机构，M2 型转子式翻车机是钢丝绳传动，锁钩式压车机构。下面以 KFJ－3 型转子式翻车机为例介绍。

KFJ－3 型转子式翻车机结构如图 2－12 所示，由转子、托辊、平台、压车装置、传动装置、定位和推车器等组成。

转子是由底梁、压车梁和管子型构件连接起来的，两端圆盘上装有齿圈和滚圈，两个圆盘分别放置在四组支承托辊上，嵌在圆盘上的大齿圈通过安装在传动装置的传动轴上的小齿轮并借助于滚动圈在支承托辊上滚动，使转子旋转。

压车机构采用四联杆摇臂机构，如图 2－13 所示，共两组。每组机构

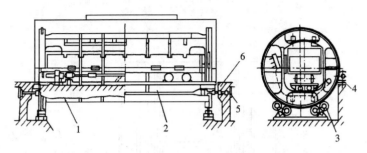

图 2 – 12　转子翻车机结构图

1—转子；2—平台及压车机构；3—支承托辊；4—驱动装置；

5—平台挡铁；6—滚动止挡

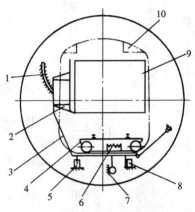

图 2 – 13　翻车机四联杆机构

1—月牙形导向槽；2—托车梁；3—摇臂机构；4—平台；5—液压缓冲器；

6—限位弹簧；7—平台挡铁；8—底梁；9—被翻卸的车辆；10—压车梁

由连杆、导向装置组成。连杆摇臂机构的一端铰接在转子上的管子型联系梁上，另一端装有悬臂轴和导向辊子，导向辊子被放入转子圆盘上的月牙导向槽内，并且能在槽内滚动。每段转子内的两组连杆摇臂机构均由托车梁联系在一起。

定位器的作用是使溜入翻车机平台上的车辆减速并使之停止，由液压缓冲器、铁靴、偏心盘和电动机等组成，其安装图如图 2 – 14 所示。推车装置是用来将翻卸后的空车推出平台，由驱动机构带动钢丝绳上固定的推车器组成。定位器安装在翻车机平台的出车端，推车装置安装在平台的进车端，其工作结构如图 2 – 15 所示。

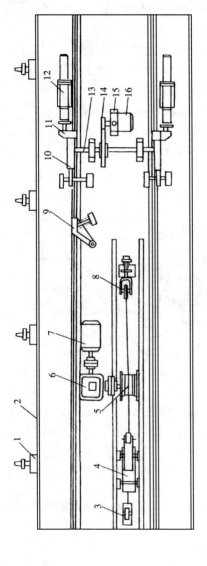

图 2－14 定位器和推车装置（安装图）

1—弹簧机构；2—平台；3—导向轮；4—推车器；5—卷筒；6—减速机；7—电动机；8—张紧轮；9—单向定位器；
10—摆动导轨；11—制动靴；12—液压缓冲器；13—偏心轮轴；14—齿轮；15—减速机；16—电动机

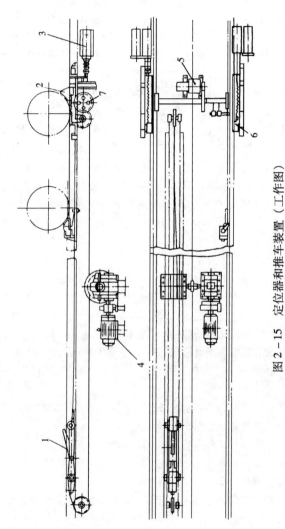

图 2－15 定位器和推车装置（工作图）

1—推车器；2—定位铁靴；3—液压缓冲器；4—推车驱动机构；5—定传动机构；6—方钢；7—偏心轮

平台位于翻车机的转子内，供车辆停止和通过使用。平台下面装有托辊，可使平台相对于转子有横向移动。

驱动装置是翻车机的动力来源，驱动装置是由两台 45kW 的电动机用涡流制动器、两台减速机和制动器组成，这两套驱动系统分别位于转子两端，并用一根同步轴相连。需要翻卸车辆时，松开制动器，接通电源，电动机带动减速机转动，减速机低速轴随之转动，安装在低速轴上的小齿轮带动与其啮合的转子上的齿圈，使转子转动。

（二）"O"形转子式翻车机的工作过程与启动条件

车辆进入翻车机时，平台上有液压缓冲器定位装置，使车辆停于规定的位置，两台同一型号的绕线式电动机同时经减速机和主传动同步轴驱动转子旋转，平台在四连杆的带动下逐渐产生位移，转到 3°~5° 时，平台与车辆在自重及弹簧装置的作用下，向托车梁移动，并靠于其上；继续转动到 54° 时平台与车辆摇臂机构等同转子一起脱离底梁，沿月牙槽相对于转子做平行移动；转动上移到 85°，车辆的上沿与压车梁接触将车压紧，继续转动至 175° 时，翻车机正转工作行程到位自停；然后操作驱动电动机返回，在返回至 15° 时，1 号电动机先停止，到零位时，2 号电动机停止，摇臂机构曲连杆下面先与底梁上的液压缓冲器接触，以减少冲击，平台两端的辊子与基础上的平台挡铁相碰，同时压缩弹簧装置以使平台上钢轨与基础上的钢轨对准；定位器自动落下，操作推车器将空车推出翻车机。

翻车机本体正转的动作条件是：①重车车辆已在翻车机内就位；②本体推车器在零位；③前后光电管亮（不挡）；④车轮记四开关已动作。

翻车机本体反转的动作条件是：正转到 170° 或 175° 后停止正转并延时。

定位器升起的动作条件是：空车进入迁车台或迁车台移动（即迁车台从重车线向空车线移动）时定位器升起。

定位器落下的动作条件是：翻车机反转到 0° 时。

推车器前进的动作条件是：①翻车机在零位；②定位器已落下；③迁车台已与重车线对位准确。

推车器返回的动作条件是：当迁车台从重车线向空车线移动时，推车器返回。

（三）转子式翻车机系统运行检查与操作维护

1. 翻车机启动前机械部分的检查内容

（1）检查翻车机月牙槽内应无杂物，润滑良好。

（2）检查开式齿轮无严重磨损，有足够的润滑油。

（3）检查底梁、压车梁等钢结构无开焊、断裂现象。

（4）推车器不卡轮，推车器完整无变形，钢丝绳绳卡牢固，松紧合适，无断股、跳槽等，滑轮转动灵活。

（5）检查减速机不漏油，油位应不低于标尺的1/2处。

（6）检查翻车机定位升降灵活，止档器定位可靠，摆动灵活。

（7）检查制动器灵活可靠，制动轮上无油污和煤粉，闸皮无严重磨损（磨损不要超过原厚的1/3）。

（8）检查翻车机轨道对位误差不得超过3mm，轨道附近无积煤，无杂物。轨头间隙不得超过8mm。

（9）检查翻车机支座托辊不得有积煤、杂物、保证托辊运转灵活。

（10）检查煤斗篦子无大块堆积物，无开焊、断裂等损坏现象。

（11）检查轴承瓦座完好，润滑良好。

（12）检查翻车机周围栏杆完好。

（13）各处螺栓无松动，脱落，断裂等现象。

（14）检查各设备的液压缸应不漏油，所有液压表计及油管路，管接头都不应有漏油现象。

（15）检查油泵应不抽空，不漏油，外壳温度和声音正常，油压稳定。

（16）检查油箱油位，应不低于标尺的2/3。

2. 翻车机启动前现场电气部分的检查内容

（1）检查电动机地脚螺栓无松动，外壳、风叶护罩完好，周围无杂物、无积水。

（2）检查翻车机动力电缆无犯卡、无断股；重牛、迁车台拖缆无犯卡、无拉断。

（3）各限位开关应完好，位置正确，动作可靠。

（4）操作室各电流、电压表计正常，各指示灯明亮，操作开关、按钮、警铃、电话等均应齐全、无损坏。

（5）各处的照明齐全、光线充足。

（6）检查控制方式转换开关应在断开位置。

（7）在翻车机入口处的主操作台和翻车机出口处的操作台指示灯检查。

（8）按"灯检"按钮，检查台面上所有指示灯和故障报警器应完好。

（9）台面上所有的"电动机的电源"指示灯应全亮。

（10）检查操作台及各机旁操作箱上的所有急停按钮全部复位，按灯检按钮，各指示灯亮。

（11）按"系统复位"按钮，"系统复位"指示灯亮，才允许操作。

（12）检查"系统准备好了"指示灯亮，若"系统准备好了"指示灯不亮，应检查各设备是否在原位。

（13）检查各限位开关，光电管上无污泥。

3. 翻车机集中手动操作顺序

（1）煤斗不满时，允许翻车机翻车。

（2）重车在翻车机内就位。

（3）将万能转换开关打到"手动"位置，"手动"指示灯亮，然后按下警告电铃按钮，持续10s。

（4）翻车机内推车器在原位，定位器升起，翻车机的入口和出口光电管亮其相应的指示灯时，方允许翻车。

（5）按下翻车机倾翻按钮，翻车机正向倾翻，到位后自停，倾翻过程中按下翻车机停止按钮，则翻车机随时停止。

（6）按下翻车机返回按钮，翻车机开始反向回转，翻车机返回到零位时自停。按下翻车机停止按钮，回转随时停止。

（7）按下定位器落下按钮，定位器到位自停。

（8）当迁车台与重车线对准，迁车台定位器在升起位置，迁车台上无车，光电管亮后，按下本体推车器前进按钮，推车器将空车推出，到位自停。按下本体推车器返回按钮，推车器返回原位后自停。

（9）按下定位器升起钮，定位器升起到位自停。

（10）操作过程中要注意监视各信号、指示灯指示正常。

4. 翻车机系统自动启动前的各单机就绪状态

（1）重车铁牛油泵启动，重牛在原位，牛头低下，牛钩打开。

（2）摘钩平台在原位，摘钩平台上无车，摘钩平台油泵启动。

（3）翻车机在原位，本体内无车，推车器在原位，定位器升起，光电管（入口处和出口处）亮。

（4）迁车台与重车线对轨，迁车台上推车器在原位，光电管（不挡）亮。

（5）空车铁牛在原位，空牛油泵启动。

满足以上条件后，"系统准备好"指示灯亮，此时允许自动工作。

5. 翻车机的手动操作的步骤

（1）合好动力电源和开关。

（2）转换开关扳向手动位置并发出启动长铃。

（3）按下翻车机正转倾翻按钮，翻车机启动正转运行，转到175°时限位开关动作，翻车机自停。

（4）按下翻车机返回按钮，翻车机反转至零位时限位开关动作翻车机自停。

（5）按下定位器落下按钮，定位器落下到零位自停。

（6）按下推车器按钮，推车器前进，到前限后自停。

（7）按下推车返回按钮，推车器启动返回，下行至后限位自停。

（8）按下定位器升起按钮，定位器升起到位自停，可继续进车。

6. 翻车机的安全注意事项

翻车机的进车安全条件是：①翻车机平台在零位；②推车器在零位；③定位器升起；④牵车台对准重车线。

安全操作时的注意事项有：①允许进车时必须发出进车信号，确保翻车机内无车；②对于平板车等不能翻卸的异型车，可放下定位器溜放迁入空车线；③车辆全部进入翻车机平台停稳以后，才可发出启动信号进行翻车。

翻车机内往外推空车时的安全要点是：①车辆卸煤后正确回到零位，平台轨道与基础轨道对准误差不超过5mm；②液压缓冲定位器落下到位；③迁车台已对准重车线轨道；④推车器位于零位；⑤发出"出空车"警铃。

翻车机遇下列情况不准翻卸：①车辆在平台上没停稳；②车辆在平台上停留位置不当；③车辆头部探出平台；④车辆尾部未进入平台；⑤车辆厢体或行走部分有严重损坏；⑥压钩压不着的异型车；⑦翻车机有损坏车辆现象未消除；⑧液压系统故障；⑨翻车机本体或车厢内有人。

7. 翻车机的检查维护内容

翻车机的检查维护内容有：①翻车机回转盘、平衡块等结构部件的检查、加油；②活动平台及结构部件的检查、维护、加油；③驱动装置的检查、维护、加油；④压车装置的检查、维护、加油；⑤托车装置的检查、维护、加油；⑥煤斗粘煤的处理，煤算和风机的检查、维护、加油；⑦液压系统的检查、维护、加油；⑧电气设备外部的检查；⑨工具、用具及防火设施的检查、维护；⑩限位开关、信号、照明、事故按钮的检查、维护；⑪暖气及轨道的检查；⑫一般螺栓松动紧固。

在整个翻车机卸车线中，运行中检查各转动部分轴承、电动机及减速机等的温度、声音及振动情况，检查制动装置的灵活情况。滚动轴承最大温升不超过 65℃，滑动轴承最大温升不超过 45℃。

8. 翻车机常见故障

翻车机回零位轨道对不准的原因有：①抱闸抱紧程度不合适；②托车梁下有杂物；③定位托及撞块损坏；④主令控制器或限位开关位置不对。

9. 防堵措施

振动斜算设备由振动电动机、平算、斜算、弹簧装置等组成。由于物料中水分过多或夹有大块杂物等原因，料斗平筐上经常发生堵塞现象。物料被翻卸到振动斜算上，如果产生堵料，通过振动，较小的落入料斗，大块及杂物滚落到平算上，定期清理。这种设备结构简单，非常适用而且维护方便。

二、重车铁牛

重车铁牛是翻车机卸车线中推送（或牵引）重车到位的主要设备。可用以代替自备机车。一些老厂大都使用重车铁牛作为调车工具，但随着设备的不断更新，新的翻车机卸车线已采用不同形式的调车机代替重车铁牛。按照 ISO 国家标准规定，设备必须在控制状态下运行，因此铁牛系统已逐渐被调车机取代，克服铁牛牵引采用"溜放"的操作方式。根据牵引力的大小和布置形式重车铁牛可分为四种规格，其技术性能如表 2 - 5 所示。

表 2 - 5　　　　　几种重车铁牛的技术性能

型　　号	6116	6122	6120	6126
工作方式	后推式	前牵式	前牵地沟式	前牵式
最大牵动力（t）	15	15	30	30
工作行程（m）	380	40	40	40
工作速度（m/s）	0.5	0.5	0.5	0.5
返回速度（m/s）	1.25	1.25	1.25	1.25
铁牛轨距（mm）	900	900	900	900
铁牛轮距（mm）	700	700	700	700
铁牛轴距（mm）	2500	2500	2500	2500
工作电动机功率（kW）	125	125	125 × 2	125 × 2
回绳电动机功率（kW）	30	30	30 × 2	30 × 2
设备质量（t）	49.7	45.67	65	56

重车铁牛的种类特性比较：

（1）前牵地面式。重车线前端可以设道岔，重车线允许布置弯道，但其往返次数较多，钢丝绳等配件易磨损。这种前牵式重牛有短颈和长颈，短颈的又有机械脱钩和液压脱钩两种，可制动整列车，车辆定位准确，可与摘沟台和重车推车器配合作用；长颈地面前牵式（机械脱钩）的车辆溜入翻车机的距离较短，但其不能制动整列车，增加了牛头的起落动作次数，实现自动控制较复杂，适用于固定坡道的溜车，车辆速度不易控制。

（2）前牵地沟式。可制动整列车，车辆定位准确，液压脱钩，车辆溜入翻车机的距离较短，可与摘钩平台配合达到自动摘钩，重车线前端可设道岔，重车线可布置成弯道，往返时间较短，每节车往返启停一次，增加了牛头的起落动作。

（3）后推地面式（整列）。启动次数较少，制动列车时前端车辆位置不准，不便于用摘钩平台摘钩，需靠人工摘钩，实现自动控制较困难，重车线必须为直线，钢丝绳距离较长，维护工作量大。有断续后推式和慢速连续后推式两种，断续后推式控制比较简单，适用配置重车推车器或重车调车机；慢速连续后推式可连续后推整列车辆，推送每一节车时间较短，正常情况下不需制动列车，要设专人摘钩，不便实现自动控制。

（4）后推地沟式（单节）。需人工操作逐个溜放重车，工作条件较差，用人多，安全性差，铁路线布置较复杂，驼峰溜放土方工程较大，机械化程度低，难以实现卸车自动化。这种重牛包括长颈式和短颈式两种。长颈式设备较少，系统简单，运行时间短；短颈式采用直流电动机驱动，速度可随工作过程变化，运行平稳。

（一）前牵式重车铁牛

前牵地沟式重车铁牛工作图如图 2-16 所示，在列车前部牵引整列前进。将列车牵至翻车机前一定距离时，铁牛脱钩回槽，第一辆车与第二辆车的脱钩以及车辆进入翻车机的工作都由其他设备来完成。

前牵式重车铁牛由卷扬驱动装置、铁牛牛体及液压系统、绳轮、托轮、钢丝绳等组成。牛体有地沟式和地面式两种方式，前牵地沟式重车铁牛的牛体在地沟内，牛臂靠油缸控制其抬起和下降，在牛臂头部装有车钩和摘钩用的油缸，牛臂抬起时与车辆相连挂，牵引车辆前进，牛臂降下时使车辆在其上方通过，由液压换向阀控制牛头抬落和车钩开闭；前牵地面式重车铁牛接车作业时把牛体从牛槽拉到轨道上与车辆连挂，完成牵引作业后再回牛槽，使车辆从其上方通过。前牵式重车铁牛是在整列重车车辆

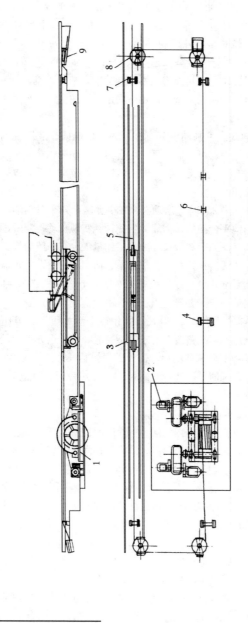

图 2-16 前牵地沟式重车铁牛工作图

1—卷扬驱动装置；2—电气部分；3—铁牛；4—长托轮；5—钢丝绳；6、7—托辊；8—导向轮；9—张紧轮

前部牵引，将其牵到翻车机前一定距离时，铁牛脱钩回槽或牛臂落下。前牵式重车铁牛具有运行距离短（一般为40~50m）、检修维护方便等优点，但车辆不能马上摘钩，需等到待铁牛回槽或牛头落下后，利用摘钩平台或调车机进行摘钩。150kN前牵式重车铁牛采用一套驱动装置，可牵引25辆左右的重车；300kN前牵式重车铁牛采用两套相同的驱动装置，通过两台同步电动机驱动绞车实现牛体的前进与后退，可牵引50辆重车。作业时通过减速机液压系统实现离合器的开闭，使其接车时小电动机快速空载前进，牵车返回时大电动机慢速重载返回。总体工作过程如下：

首先前牵地沟式重车铁牛的牛臂先台起，接通减速机上的油泵电动机和小电动机轴上的制动器电源，制动器松闸，启动小电动机，卷扬机通过钢丝绳带动铁牛前行（地面式的牛体驶出牛槽）与列车挂钩，挂钩后钩销开关发出信号，小电动机停止运转并制动，在换向阀的作用下制动器松开，大电动机启动，带动铁牛牵引重车向翻车机方向运行，当车辆最后一对车轮越过推车器位置时，轨道电路（记四开关）发出信号，大电动机停止，大小电动机抱闸制动，牛臂落下即完成牵车作业（地面式的减速机上的换向阀动作，小电动机制动器松开，同时铁牛臂上的摘钩机构动作，使铁牛与第一车辆的车钩摘开，小电动机再次启动后，带动铁牛返回牛槽完成牵车作业）。

前牵式重车铁牛卷扬驱动减速机大电动机通过带制动轮的联轴器与减速机高速轴相联，小电动机通过另一带制动轮的联轴器与减速机第二级主动齿轮轴相联。在减速机高速轴上装有摩擦片式离合器，用以保证大小电动机同时启动时，一个带负荷工作，而另一个无负荷空转。当大电动机工作时，减速机高速轴上的摩擦式离合器主从动摩擦片闭合，小电动机空转；当小电动机工作时，离合器的主从动摩擦片分离，大电动机处于制动状态。

重车铁牛减速机离合器主从动摩擦片的离合是由液压系统控制的，其控制原理如图2－17和图2－18所示，启动电动机1时油泵2开始工作，油液经换向阀5和单向阀6淋到摩擦片和齿轮上后进入油箱；当重牛

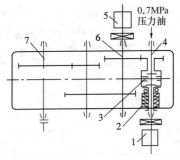

图2－17　重车铁牛减速机示意图
1—大电动机；2—油缸；3—摩擦片；4—高速轴；5—小电动机；6—齿轮轴；7—输出轴

开始牵车时接通换向阀 5 和减速机上的两台液压制动器的电源，油泵输出的压力油通过两位四通换向阀 5 进入油缸 7，压紧摩擦片，即离合器的主从动摩擦片闭合，同时两个制动器松闸，此时传动装置的大电动机启动工作，重车铁牛开始牵引重车车辆前进。在重牛牵引过程中，当液压系统的油压达到 0.7MPa 时，溢流阀 3 打开，油经溢流阀 3 又淋到摩擦片和减速机齿轮上后进入油箱，起到润滑和冷却的作用。为保证传送电动机的输出转矩，油缸内的压力应保持在 0.7MPa 以上，用以确保牵引重车车辆行驶。当牵引车辆到位时，换向阀 5 复位，摩擦片在弹簧的作用下迅速脱开，并切断大电动机电源，完成牵车工作。

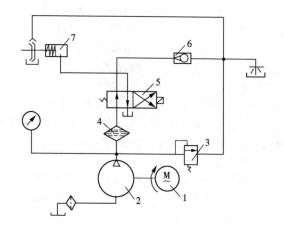

图 2 – 18　重车铁牛减速机液压系统控制图

1—电动机；2—油泵；3—溢流阀；4—滤油器；

5—二位四通阀；6—单向阀；7—油缸

　　重车铁牛牛头结构形式有多种，常用的 30t 前牵地沟式重车铁牛如图 2 – 19 所示。

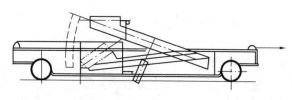

图 2 – 19　重车铁牛牛头结构形式

30t 前牵地沟式铁牛与 15t 前牵式重车铁牛的结构基本相同。只是牵引力大，铁牛行走在地沟里，而且铁牛本体构造特殊。与对开式摘钩平台配合，完成牵引和溜送车辆进入翻车机的任务。

前牵重车铁牛系统主要由卷扬装置、铁牛牛头、推车装置、滑轮、托辊及钢丝绳等组成。

铁牛牛头由铁牛体、牛臂、轮对、液压系统及电缆卷筒（拖缆或滑线）等组成。铁牛用钢丝绳带动牵引车辆。牛臂上装有液压推动器和信号开关组成的摘钩装置。牛臂能抬起和降下，牛臂抬起时与车辆连挂，牵引车辆前进；牛臂下降时，使车辆在其上方通过。牛臂的抬起和降下借助起升油缸。

卷扬装置由卷扬机驱动装置和直径为 1800mm 的有极绳卷筒组成。

推车装置是用来推送已由铁牛牵引到预定位置并已与后面车列脱钩的车辆进入翻车机的设备系统。其组成与翻车机平台上的推车装置相同，只是电动机功率大一些。

30t 前牵地面式重车铁牛与 30t 前牵地沟式重车铁牛相比，卷扬装置相同，牵引力均为 30t，但无地沟，只有一个小地坑，停放重牛牛头，工作时牛头从坑里出来上了轨道地面接车，上下坑方式与空牛的类似。牛头构造与前牵地沟式重车铁牛相同，其组成、工作过程与前牵重车铁牛相同。牵重车进翻车机的方式，既可与推车装置配套，又可与摘钩平台配套使用。

（二）后推式重车铁牛

后推式重车铁牛由卷扬装置、张紧装置、铁牛本体、滑轮、托辊及钢丝绳组成。

卷扬装置。卷扬装置由驱动装置和直径为 1800mm 的无极绳卷筒组成。驱动装置包括大小电动机各一台和三级渐开线齿轮减速机。

张紧装置。后推式重车铁牛的运行距离很长，钢丝绳相应也很长，所以采用无极绳卷筒。为了保证卷筒与钢丝绳之间有足够的正压力，钢丝绳必须具有相应的张紧力，以保证钢丝绳子与卷筒之间不发生打滑现象。钢丝绳的张力是通过张紧装置和配重来保证的。

铁牛本体由牛体、牛臂和轮对组成。牛臂上装有上开式车钩和缓冲器，用来连挂、推送和制动车辆。

后推式重车铁牛的工作过程是：重车送至重车线后，机车脱钩退出重车线，铁牛开始工作。大电动机启动，通过卷扬装置带动铁牛驶出牛槽与车列连挂，并推动车列向翻车机前进，当第一辆车进入铁路坡道时，人工摘开第一辆与第二辆车的车钩。此时大电动机断电，制动器断电抱闸制动，使第二辆车以后的车辆停止前进，而第一辆车靠惯性继续前进，在坡道上徐徐溜入翻车机。第一辆车卸完推出翻车机后，大小电动机轴上制动器电源再次接通，大电动机启动、重复上述过程、直到全部车辆翻卸完毕。当推送最后一辆车时，铁牛碰限位开关，由开关控制液压系统，致使摩擦片由于弹簧的作用，迅速脱开，启动小电动机，使铁牛迅速返回牛槽，铁牛碰行程开关，停止运行，等待下次工作。

（三）重车铁牛的运行

1. 重牛和空牛启动前机械部分的检查内容

启动前机械部分的检查内容主要有：

（1）检查卷扬机轴承润滑良好。

（2）卷扬机制动器制动可靠，闸皮无严重磨损（磨损不应超过1/3厚），弹簧无变形，推动器油位在油位标内。

（3）检查卷扬机钢丝绳无串槽、无断股、无弯曲、无压扁、无严重磨损，卷扬机上下无杂物，卷筒无严重磨损，最少应在卷筒上留有2~3圈钢丝绳。

（4）牛槽内和轨道附近无杂物。

（5）滑轮、导向轮润滑良好，转动灵活，托轮不短缺、无损坏，转动灵活。

（6）检查开式齿轮润滑良好，不干磨，齿轮护罩不刮不磨无变形。

（7）检查各处地脚螺栓无松动、无脱落。

2. 重车铁牛的动作条件

重车铁牛下行（前进）的动作条件是：重车铁牛在牛槽中；重车车辆未越过牛槽；摘钩平台上无车；摘钩平台已落下。

重车铁牛上行（后退）的动作条件是：重车铁牛已与重车车辆挂钩，过电流继电器动作，延时后电动机反转，重车铁牛第一次上行。重车车辆进入摘钩平台后，铁牛制动整列重车，延时后铁牛第二次启动上行，返回牛槽。

3. 前牵地沟式重车铁牛的集中手动操作顺序

重车铁牛的集中手动操作顺序是：

（1）将主操作重牛的控制方式转换开关扳到"手动"位置，手动工作指示灯亮。

（2）按下油泵启动按钮，油泵工作指示灯亮，三台油泵同时启动。

（3）待油循环正常，摘钩平台在原位后，操作手控抬头低头转换开关至抬头位置，重牛抬到位后自停。

（4）按下重牛提销按钮，重牛提销带灯按钮闪亮，提销到位后常亮。

（5）满足重牛钩打开、摘钩平台原位、重牛抬头到位条件后，按下大电动机接车带灯按钮，带灯按钮闪亮，与重车挂钩后自停，重牛钩闭指示灯亮，无车时靠重牛前限自停。

（6）重牛与车辆挂好钩后，按下大电动机牵车带灯按钮，带灯按钮闪亮，大电动机开始牵车，到后限位后，重牛"后限"指示灯亮，重牛大电动机牵车停。

（7）重车在摘钩平台上就位停稳后，按下重牛低头带灯闪亮按钮，重牛头落下，到位自停，重牛低头带灯按钮常亮。

4. 前牵地沟式重牛的安全工作要点

（1）重车铁牛牛头未进入牛窝时，不准联系火车推送重车皮。

（2）重牛接车前，摘钩台必须在落下位置。

（3）重牛抬头到位后，再启动小电动机接车，这两个动作不能同时进行操作，防止损坏沿线设备或车辆。

（4）重牛牵车时，摘钩台和推车器必须都在零位，承载钢丝绳沿线不能站人。

5. 重车铁牛的检查维护内容

重车铁牛的检查维护内容有：①空、重车铁牛体及卷扬机的检查、维护、加油；②各滑轮的加油，地辊脱落的恢复及维护；③钢丝绳的检查、加油、维护；④轨道的检查；⑤工具、用具及防火设施的检查、维护；⑥限位开关、联系信号、照明的检查、维护；⑦电气设备的外部检查；⑧一般螺栓的紧固。

6. 重车铁牛常见故障及原因

（1）重车铁牛接车时电流太高拉不动作的原因有：①机械部分犯卡；②车辆有的抱闸未打开；③电动机抱闸未打开；④大电动机离合器有故障。

（2）重车铁牛接车时电流不大牵引没力的原因有：大电动机离合器部分工作不正常，油温太低或因其他故障使油压达不到 0.7MPa。

三、摘钩平台

摘钩平台的作用是使停在其上面的车辆与其他车辆脱钩，并使车辆溜入翻车机内。摘钩平台结构如图 2 - 20 所示，主要由平台、单向定位器、液压装置等组成。

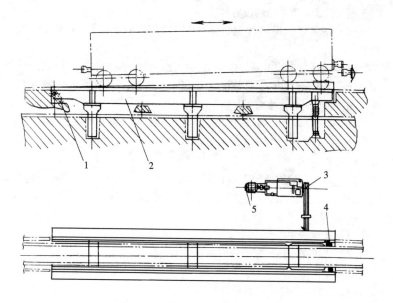

图 2 - 20　摘钩平台结构图

1—轴承装置；2—平台；3—液压装置；4—单向定位器；5—电气设备

常用 Z - 100 型摘钩平台的技术参数如下：

载重	100l
平台升高最大高度	400mm
平台升到最大高度所需时间	14s
平台尺寸（长×宽）	1500mm×2650mm
液压装置油缸最大压力	6MPa
电动机功率	30kW

与前牵式地沟铁牛配套使用的平台是由焊接成箱形的纵向梁和三根焊成"U"字形的箱式横梁构成；与前牵式地面重车铁牛相配套的平台由"工"字形焊接梁构成。平台上除铺设钢轨外，还设有护轨，以防止车辆越过定位器时脱轨掉道。平台前端与混凝土基座预埋销轴座铰接，另后端与油缸用销轴连接。后端升起时形成一定的坡道，同时使其上的车辆与第二辆车之间的车钩钩舌完全错开，平台上的车辆在下滑力的作用下沿倾斜的平台溜动。

摘钩平台的抬起和降落都是靠油缸和液压站来完成的。两个 $\phi 250 \times$

450 的带有上下支座的油缸，油缸的上支座用销轴与平台进车端连接，下支座用销轴与混凝土基础上的销轴座相接。液压站由电动机、油泵、油箱、阀组等组成。阀组采用组合块，以简化油路。油箱为焊接容器。泵和电动机装在一个底座上。油箱正面装有管状加热器，供冬季加热油箱使用。

摘钩平台的工作过程是：当一节重车完全进入摘钩平台（即重车的四对车轮全部在平台上）时，翻车机发出进车信号后，摘钩平台开始工作，通过液压系统高压油作用于入车端一侧的两台单作用油缸下部，顶起摘钩台入车端一车钩的高度，使第一节重车与第二节重车之间的车钩脱开，第一节重车在重力的作用下，自动向翻车机间溜行，当溜至一定距离，车轮压住电气测速信号限位开关，这时电液换向阀动作换位，摘钩平台随之下降，直到平台回到零位，自停，这样摘钩平台完成一个工作循环。

摘钩平台的液压系统原理如图 2-21 所示，其工作过程如下：

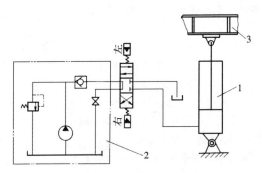

图 2-21　摘钩平台的液压系统原理图
1—油缸；2—液压站；3—平台

（1）油泵启动后，三位四通换向阀尚未动作（即阀芯在中间位置）时，液压油经过溢流阀、单向阀及三位四通换向阀的中间位置直接返回到油箱。此时，油缸里未充油，平台不动作。

（2）当油泵启动后，三位四通换向阀左侧的电磁铁动作（阀芯在左侧位置）时，液压油经过溢流阀、单向阀和三位四通换向阀的左侧位置进入油缸底部，油缸充油，平台升起。当平台上升到终点时，限位开关发出信号，换向阀电磁铁动作，使阀芯回到中间位置。此时，泵打出的油通过溢流阀回到油箱，平台保持在升起状态。

（3）油泵仍然启动，但三位四通换向阀右侧电磁铁动作（阀芯在右侧位置）时，液压油经溢流阀、单向阀和三位四通换向阀直接返回到油箱，不给油缸充油。此时，油缸在平台自重的作用下，将油缸内原来充满的油，通过三位四通换向阀、截止阀压回到油箱，平台下降。当平台复位后，又发出信号，使换向阀动作，阀芯回到中间位置，等待下一次工作。在翻卸重车的整个过程中，电动机和泵始终是在工作状态。

（一）摘钩平台的动作条件

摘钩平台的升起条件是：①重车铁牛在牛槽中；②翻车机在零位；③翻车机内定位器已升起；④翻车机内无车；⑤重车车辆已在摘钩平台上就位；⑥迁车台在始端（即已与重车线对位准确）；⑦本体推车器在零位；⑧摘钩台推车器在零位。

摘钩平台的下降条件是：①重车车辆已由摘钩平台摘开车钩；②重车车辆溜到一定位置。

（二）摘钩平台的集中手动操作顺序

（1）主台重牛操作的万能转换开关打到"手动"位置，手动指示灯亮。

（2）按下摘钩平台油泵工作按钮，摘钩平台油泵工作。

（3）重牛低头，翻车机在零位，推车器在原位，定位器升起，迁车台在重车线对准，翻车机内无车时方允许摘钩平台升起。

（4）按下摘钩平台升起按钮，摘钩平台升起，当第一节车与第二节车钩脱开后，车辆向前溜放，根据经验间隔时间及时按下摘钩平台停止按钮，摘钩平台停止升起，带灯按钮灭。

（5）根据经验间隔时间按下摘钩台落下按钮，摘钩平台落下，到位后自停。

（6）操作过程中应监视各信号指示灯。

（三）摘钩平台的安全工作条件

①翻车机在零位；②翻车机平台上的制动铁靴处于升起位置；③重车四对车轮停在摘钩平台上；④第二节重车车轮未上摘钩平台；⑤重车推车器在零位；⑥迁车台与重车线对准；⑦发出进车警铃后。

四、空车铁牛

空车铁牛是翻车机系统用来集结空车的一种调车设备，由钢丝绳卷筒装置驱动。

常用空车铁牛装置的技术性能如下：

正常工作时的推车力   78.45kN

正常工作时的推车行程	25~40m
速度：推车速度	0.75m/s
返回速度	1.5m/s
电动机功率：大电动机	80kW
小电动机	22kW
铁牛：轨距	900mm
轴距	2500mm
行走轮直径	700mm
总质量	28.26t

空车铁牛的结构如图2－22所示。

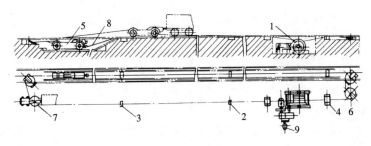

图2－22　空车铁牛装置

1—卷扬装置；2、3、4—托辊；5—铁牛；6—导向轮；

7—张紧轮；8—钢丝绳；9—电气装置

卷扬装置的传动部分有大小电动机、制动器和一台两级渐开线齿轮减速机，以及一对开式齿轮和直径为1400mm的卷筒设备。

铁牛由牛体、牛臂、轮对组成。铁牛臂内装有车辆用的缓冲器，以减缓铁牛与车辆的硬性碰撞，防止铁牛轮对脱离轨道。

铁牛张紧装置是由张紧轮、滑轮杠架和导轨组成。滑轮与杠架为一体，可在导轨上移动。张紧装置的作用是保证钢丝绳的张紧度。

空车铁牛采用D－6×19＋1－30－150型的钢丝绳。由六股钢丝绳绞成，钢丝直径为0.4~0.6mm。在钢丝绳中心有一根麻绳，可以增加钢丝绳的韧性，还能吸收一部分润滑油，防止钢丝绳锈蚀。

空车铁牛的工作过程是：当空车的最后一组轮对溜过牛槽前面的限位开关时，限位开关动作，接通卷扬装置，大、小电动机的制动器打开，减速机液压系统的电磁换向阀换向，大电动机启动，这样卷扬装置钢丝绳拖动铁牛出槽，推送空车到前限后，限位开关动作大电动机断电，同时制动器抱闸，电磁换向阀换向，摩擦离合器分离，然后小电动机制动器松闸，小电动机启动，卷扬机卷筒快速反转，带动钢丝绳将铁牛拉回牛槽。铁牛入槽到终点，在限位开关的作用下、切断小电动机电源，制动器抱闸。这样就完成了一个工作的全过程。

（一）空车铁牛的动作条件

上行（前进）：当空车车辆已越过牛槽时，空车铁牛即可上行（前进）推车。

下行（后退）：当空车车辆被推出空车铁牛的推车范围时，空车铁牛即可下行（返回）。

（二）空牛部分的集中手动操作顺序

空牛部分的集中手动操作顺序是：

（1）在操作台上将空牛操作的万能转换开关打到"手动"位置，"手动"指示灯亮。按下空牛油泵启动按钮，空牛油泵启动，指示灯亮。

（2）空牛在牛坑内，空车越过牛槽，按下大电动机推车按钮，空牛大电动机推车前进到位自停，空牛前限灯亮。

（3）按下空牛大电动机返回按钮，空牛返回，到位自停，空牛后限和空牛回槽灯亮。

（4）操作过程中应监视各指示灯指示正常。

（三）空牛的机旁操作顺序

空牛的机旁操作顺序是：

（1）将主台上的空牛操作万能转换开关打到机旁位置，天气选择开关打到正常位置，机旁指示灯应亮，然后去空牛机旁操作箱上去操作。

（2）将就地箱上钥匙开关打到"开"的位置。按下空牛油泵工作带灯按钮，空牛油泵启动，带灯按钮常亮。

（3）空牛回槽在牛坑内，按下大电动机推车带灯按钮，空牛大电动机推车前进，到位自停，灯常亮。

（4）按下大电动机返回带灯按钮，返回碰限位开关后自停，空牛回槽和空牛后限灯亮。

（5）操作过程中应监视各指示灯指示正常。

五、翻车机系统的卸车过程与操作

（一）前牵地沟折返式翻车机系统的自动卸车流程

当载煤车由机车顶送到铁牛作业货位标摘钩离去后，翻车机卸煤线开始按以下顺序工作：

首先启动重车铁牛以1.25m/s的速度前进同时抬头与车辆挂钩，挂钩后以0.5m/s的速度拉动列车向翻方向前进，当第一节车完全进入摘钩台后，重牛在限位开关作用下自动摘钩，而后摘钩平台后端抬起400mm，第一节车和整列车脱钩并向翻车机方向溜进，同时推车器启动以0.75m/s速度推车进入翻车机室，车辆在定位器作用下，将车辆定位后，翻车机启动将煤车翻卸。翻车机复位后，推车器将空车辆推出，到达迁车台并定位。位于重车线上的迁车台连同空车辆一并移至空车线定位，由推车器将空车辆推到空车线（迁车台返回原位置等待下一节空车）。当空车溜过空牛牛槽后，空牛爬出牛槽将空车推送至25m以外后，空车铁牛返回牛槽等待下一节空车。

在翻车机翻卸第一节重车过程中，重牛再次启动拉动第二节重车，以下顺序是重复以前的作业过程，直至卸完所有的重车为止。所有的车卸完后由机车将空车皮拉走。

整套卸车系统的电气控制集中在控制室内完成，一般有单机手动控制和自动控制方式。

自动控制方式下操作，将操作台上的万能转换开关打到"自动"位置，然后按"系统自动启动"按钮，翻车机系统开始按下列流程自动运行：

（1）重牛抬头到位自停（过3s后）→大电动机前行接车与列车连挂后自停（5s后）→重牛牵车到摘钩平台就位后自停（6s后）→重牛低头到位自停→重牛提销。

（2）当重车完全就位于摘钩平台上，重牛低头到零位，摘钩台记四开关动作（3s后）→摘钩平台升起到位自停，车列脱钩（5s后）→摘钩平台落下到位自停。

（3）车溜进翻车机内定位，翻车机内车轮记四开关动作（3s后）→翻车机倾翻175°到位自停（8s后）→翻车机返回0°到位自停，轨道对准→定位器落下到位自停→推车器推车到"前限"自停（3s后）→推车器返回原位到位自停→定位器升起到位自停。

（4）车溜进迁车台，台上车轮记四开关动作（3s后）→脱定位钩→迁车至空车线对轨停→推车器推车到"前限"停（3s后）→返回到"后限"停→迁车台脱定位钩→迁车台返回到重车线对轨自停。

（5）在车辆溜出牛坑后，空牛坑前的车轮记四开关动作→空车铁牛出坑推车到"前限"自停（3s后）→返回原位自停。

（6）第二次循环，当车辆溜进翻车机内后，重车铁牛又开始重复抬头接车的程序，以此循环下去。停止系统。

（7）整列车全部卸完后，退出程控，停止系统各油泵，并将所有操作手柄扳回断（或停止）开位置，各原位指示灯及电源指示灯亮，其余指示灯灭。

如果中途运行中，一旦某单机停止不动，可把该单机所在的转换开关转至"手动"位置，进行手动操作或检查原因，将车送出去后，恢复至自动运行前的准备状态，然后再打到自动位置，此时，其他各单机仍在自动运行状态，将继续进行自动工作。

在遇到死车皮时，应将该系统的转换开关打到"停止"位置或压下"急停"按钮，待推车到位时，再进行恢复。在系统未退出自动程序前，严禁工作人员在就地机旁对机械设备进行任何手动操作，严防设备自启伤人。

以上流程动作当中的待机时间值可以根据实际情况进行调整。

（二）后推折返式翻车机系统的卸车流程

待卸的煤车在翻车机进车端前就位停稳后，机车退出重车停车线。运行人员做好解风管、排余风缓解煤车制动闸瓦等工作后，重车铁牛开始工作。铁牛驶出牛槽，牛臂上的车钩与车列连接。当翻车机在零位时，铁牛以 0.5m/s 的速度推动车列向翻车机前进。当第一辆车进入一定坡度的坡道时，操作人员将第一辆车与第二辆车之间的车钩的钩舌提出，铁牛的制动装置制动，使第二辆车及以后的车辆停止前进。第一辆车以 0.5m/s 初速度依靠惯性沿坡道溜进翻车机。当第一辆车的最前面的一组轮对碰到翻车机活动平台上制动铁靴时，车辆停止。翻车机翻卸煤车，翻车机返回零位时，制动铁靴落下，活动平台上进车端的推车器将空车推出翻车机。重车线外面的迁车台，将空车从重车线移到空车线，待迁车台上的铁轨与空车线铁轨对中后，迁车台上的推车器将空车推出迁车台。空车溜过空车铁牛牛柄后，空车铁牛出牛槽将空车送出一节车辆长度的距离后，返回牛槽。

（三）翻车机系统操作时的安全注意事项

翻车机系统操作的注意事项有：

（1）接到集控室启动命令并确认具备启动条件时发出启动警告，持续 10s。

（2）机旁手动操作时要严格按规定的流程和条件进行操作检查，特别检查摘钩平台，迁车台及翻车机平台轨道应与基础轨道对准。

（3）天气寒冷时应提前启动并循环室外液压系统。

（4）车辆进入翻车机、迁车台，与定位器的接触速度要适中，以免撞坏定位器，或车辆越过定位器，可以根据实际经验调整摘钩台抬起时的保持时间。

（5）重车在摘钩台上停稳后，方可操作重牛低头。如重车在摘钩台上摆动停不稳，应检查重牛抱闸和钢丝绳，松紧不合适要进行调整。

（6）迁车台从重车线向空车线行驶时，必须在车辆最后一对轮进入止挡器后方可启动；从空车线向重车线行驶时，必须在车辆最后一个轮对离开迁车台方可启动。

（7）在操作台及各机旁箱上均安装有紧急停机按钮，当系统发生危急情况时，随时按下急停按钮，则整个操作系统停止运行。

（8）翻车机每次翻完车后，煤斗中的煤一般情况下不能走空。在煤斗卸车时，必须在停止给煤机的情况下翻第一节车，以免下煤过大，压住皮带。

（9）严禁卸车期间在下部箅子上捅煤或清理煤斗箅子上的大块杂物，严禁在翻车机内清扫卸过的车辆。

（10）在自动卸车的过程中，要用工业电视随时监视翻车线的工作状态和工作流程，发现问题要采取紧急措施。

（11）在自动卸车过程中，若发现某一环节不能自动时，必须将此环节的转换开关打到"停止"位置，方可处理故障，以防故障处理过程中设备自动启动，危及人身设备安全。

（12）系统全部跳闸后，值班员应将操作台上的转换开关全部打到"停止"位置，以防送电后设备自动启动。

（13）运行时非工作人员禁止进入生产现场，禁止他人操作设备。巡查时要注意来往车辆。不准在轨道上停留或休息。

（14）高度小于2.45m的重车或结冻的车辆不准翻卸。

（15）重车铁牛停运时，必须与列车车辆脱钩，返回牛槽中。重、空车铁牛运行时，钢丝绳附近严禁站人。

（四）翻车机系统运行时巡回检查的主要内容

（1）检查所有转动部件，应转动灵活，无杂声，振动不超过规定值，温度不超过70°。

（2）检查所有电器设备及线路应完好，各开关动作正确，无杂声。

（3）检查翻车机的主要控制器接线，无松动现象，护罩完好，动作准确。

（4）检查托辊，各开式齿轮，应无粘煤等现象，各轴承瓦座完好，润滑良好。

（5）检查各液压缓冲器，应无严重漏油现象，动作正常，回位完好，活塞密封圈应定期检查更换。

（6）检查翻车机转子上的月牙槽内，应无杂物，平台对轨准确。

（7）检查各钢丝绳，应松紧合适，无严重断股现象，一般断股不应超过10%。

（8）检查制动器动作应灵活可靠。

（9）检查翻车机内定位装置动作应灵活，铁靴无损坏现象。

（10）检查各行程开关应完好灵活，动作可靠。

（11）检查液压系统的各种阀，动作正常，管路接头无漏油现象，油泵运转正常。

（12）检查所有电动机、减速机、液压油泵等的地脚螺栓无松动、脱落现象。

（13）检查各减速箱、液压系统油箱的油位，应不低于规定标记。

（14）监视设备的电流、电压和系统油压变化及电动机的声音、振动等情况。

（15）检查道轨无裂纹、松动、悬空或错位现象。

（16）定期给回转设备加油，经常清扫卫生，保证设备健康运行。

提示 本节介绍了"O"形转子式翻车机系统的主要设备的组成与使用要求，适用于卸储煤值班员初级工和中级工掌握。

第四节 侧倾式翻车机

侧倾式翻车机卸车时车辆中心远离回转中心，将物料倾翻到车的一侧。按其传动方式分两类：一是以 M6271 型为代表的钢丝绳传动，双回转点，夹钳压车。二是以 KFJ—1A 型为代表的齿轮传动，液压锁紧压车。

一、钢丝绳传动侧倾式翻车机

钢丝绳传动侧倾式翻车机设备结构如图 2－23 所示，由端盘、托车梁、活动平台、驱动装置、压车机构构成，结构简捷，刚性强，采用机械压车、机械锁紧，平台移动靠车。无液压系统，转动部件少，可靠性高，维护简单。适合配备重车调车机系统。平台与设备本体在零位时分离，与地面锥形定位装置啮合定位，对轨准确。优点是土方施工量小；缺点是提升高度大，耗电量大，回转角度小。

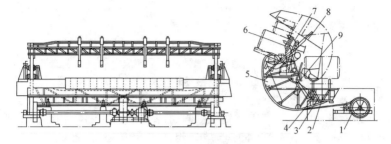

图 2 - 23　钢丝绳传动侧倾式翻车
1—驱动装置；2—活动平台；3—活动平台转动导轨；4—活动平台转动辊子；
5—大钳臂；6—小钳臂；7—压车梁；8—压车爪；9—托车梁

M6271 型钢丝绳驱动的侧倾式翻车机的工作过程是：

车辆在翻车机上，电动机启动，驱动装置通过钢丝绳拖着大钳臂，并带着活动平台和车辆一起，绕第一回转点转动。安装在活动平台下部的辊子沿着固定在基础上的活动平台转动导轨滚动，与此同时，活动平台绕销轴转动，车辆便靠在托车梁上；继续转动，则活动平台离开轨道，活动平台和车辆以及煤的重量都由托车梁和铰接销轴来支撑，当转动到车辆上边梁与压车爪子接触后，大钳臂、小钳臂、活动平台、车辆、压车梁以及压车爪子连成一体，绕第二回转点转动，直至翻转到终点，物料卸至侧面的受料槽内，翻车机从终点返回零位，按上述逆过程进行。至此，就完成了一个工作循环。

机械式压车机构是以摇臂机构为核心，其曲连杆为箱形，为避免应力集中拐角制成大圆角，力求等强度，其连杆一端固定在联系梁的支撑座上，辊子在转子圆盘上的月形槽内滚动，以达到固定车辆的目的。

压车梁平衡块的作用是减少电动机功率的消耗。

二、齿轮传动式侧倾式翻车机

齿轮传动式翻车机驱动装置的结构特点是：由两套电动机、减速机、制动器、小齿轮等驱动部用低速同步轴连接起来共同组成齿轮传动式翻车机的驱动装置。用齿形联轴器连接翻车机的十几米长的低速同步轴来保证两台电动机同步工作，这种结构传递扭矩大，允许误差大，便于现场安装使用。采用绕线式电动机启动性能较好，具有较高的过载能力和较小的飞轮质量。

齿轮传动式侧倾式翻车机由回转盘、压车梁、活动平台、压车机构、驱动装置等组成。

回转盘是由半圆部和尾部组成。是用钢板焊接成的箱形结构，外侧镶有传动大齿圈，两回转盘通过托车梁、底梁连成一体。大齿圈的回转中心安装有一心轴，心轴两端装有滚动轴承。

压车梁由主梁、端梁、小横梁和外通梁组成。主梁为箱形鱼腹梁，与端梁用螺栓连接，另一端用销轴与液压缸的活塞杆端头铰接。小横梁用销轴与主梁铰接，小横梁内外侧同时与车辆的上边梁接触。外通梁将五个小横梁的外侧连成一体，以减少压车梁对车辆上边梁的压力。压车梁可绕端梁支点转动，压车梁靠安装在端梁的支腿支承在回转盘外侧轴承上，使压车小横梁保持在确定的位置。

平衡块共62t，每侧放置31t，以螺栓固定在回转盘上。平衡块的作用是减少电动机功率的消耗。

活动平台由两根焊接主梁组成，其下部的六对托辊将平台支承在底梁上。活动平台承受车辆的全部重，平台上装有定位器和推车装置。

定位器的作用是溜入翻车机活动平台的车辆停止在指定位置。推车装置的用途是将空车推出翻车机。

两组独立的压车机构分别装在两个回转盘的外侧。每组压车机构均由液压站、储能器、开闭阀、油泵和油箱组成。油缸的下端销轴铰接在回转盘上，上端用销轴将油缸活塞杆与压车端梁尾部连接。

每组传动装置由电动机、减速机、制动器、小齿轮组成。小齿轮带动回转盘上的大齿圈，使回转盘转动。两台电动机的同步是靠机体及电气回路的同步控制来实现的。

托车梁是由两根"工"字形断面的鱼腹梁焊接而成的，两端焊接在回转盘底部。托车梁的作用是连接两回转盘和支承车辆。托车梁上焊有挡煤板，使翻卸的物料能流入料斗中。在托车梁上装有四组附着式振动器，使附着在车辆内侧壁的煤抖动振下。底梁除连接两回转盘外，还有支撑活动平台的作用。两组弹簧缓冲器分别装在两回转盘的下部与活动平台之间，平台的另一侧装有定位杆。当翻车机返回零位时，压缩弹簧缓冲器用以减少冲击。定位杆的作用可使平台轨道与基础轨道对准。为保证安装和检修安全，在松开制动器时不致由于重量偏心而使翻车机失去平衡，在回转盘尾部与基础间插上一个销轴。

齿轮传动式侧倾式翻车机的工作过程是：

当翻车机在零位时，平台上的定位装置的制动铁靴在升起状态。然后在重车推车器的作用下，将重车沿着活动平台的轨道溜入翻车机，当前轮对与制动铁靴接触后开始制动，在液压缓冲器的作用下，车辆停止。车辆停止后，启动油泵，输出的高压油通过油管路、单向阀、开闭阀（处于全开位置）进入储能器油缸和液压缸上腔。储能器管路末端和油箱连接处装有低压溢流阀（限压至 2.5×10^5 Pa），储能器缸内压力超过 2.5×10^5 Pa 时，经低压溢流阀回到油箱，当储能器内压力逐渐升高时，储能器活塞开始压缩弹簧，使活塞向下移动，储能器内充满液压油，当油压升到 3×10^5 Pa 时，储能器顶端的接点压力表将发出信号，停止油泵。按动翻车按钮（此时油泵电动机同时转动），翻车机驱动电动机通过减速机及小齿轮带动回转盘转动，活动平台与重车在自重与弹簧的作用下，沿导向杆向托车梁移动，靠在托车梁上。当回转盘在 0°~45° 范围内旋转时，由于机械作用将车厢夹紧，当回转盘转动至 45° 以后，通过液压机械将车牢牢夹住。从而保证了车辆不致脱轨。当翻车机转到 160° 时，停留 3~5s，使物料卸空后，电动机换向，回转盘反向旋转，逆向执行上述动作，当翻车机在零位停止后，电动机断电，制动器抱死，定位铁靴落下，推车器将空车推出翻车机。推车器返回原位，止挡器的定位铁靴重新升起到位，等待下一辆重车的溜进。这样就完成了一个工作循环。

三、侧倾式翻车机系统运行与维护

运行中注意监视设备仪表所指示的电流、电压是否正常，注视各种灯光，注意各种联系信号，电动机、减速机及其他转动机械的振动、声音有无异常变化。

液压系统不漏油、各压力表指针在允许范围内。油箱经常保持规定油位，不应有抽空现象，油内无泡沫。一般油温应为 35~60℃，不能超过 60℃，如超过，必须停机检查。

制动器工作应灵活可靠。液压推动器不缺油，抬起时无磨损冒烟现象，落下时无偏斜和有间隙现象。翻车机回零时，活动平台轨道对位应良好。

各限位开关应灵活好用、可靠，无误动作现象。推车器灵活好用，无卡阻现象。钢丝绳无断裂、打滑、跳槽现象。滑轮、托辊转动灵活。翻车机回零后无撞击现象，并与轨道对齐。确保每个翻车循环畅通无阻，安全可靠地进行工作。

检查减速机，应油位适中，不漏油，无异常响声。

油缸和储能器活塞用密封圈应定期检查更换。

提示 本节介绍了侧倾式翻车机系统的组成和使用要点，前半部分适用于卸储煤值班员初级工掌握，后半部分适用于卸储煤值班员中级工掌握。

第三章

底开门自卸车系统

第一节 底开门自卸车结构

底开门自卸车（以下简称底开车）又称煤漏斗底开车，是一种能自卸散料的铁路运输专用货车，对于运量大、运距短的大中型坑口火电厂尤为适用。具有卸车速度快，操作方便，劳动生产率高等优点。煤漏斗底开车结构如图 3-1 所示，由一个车体、两个转向架、两组车钩、一套空气制动和手制动装置、一套风动和手动开门传动装置以及一套风动开门控制管路等组成。风动、手动传动装置装在车辆一端，而空气制动和手制动装置装在车辆另一端。

煤漏斗底开车卸车方法有手动卸车、风控风动卸车、风控风动边走边卸等。其特点有：

（1）卸车速度快、时间短，卸一列车只需 2.5h 左右。

（2）操作简单，使用方便。如手动操作，卸车人员只需转动卸车手轮，漏斗底门便可同时打开，煤便迅速自动流出。

（3）作业人员少，省时、省力。每列底开车只需 1~2 人便可操作，开闭底门灵活、迅速、省力。

（4）卸车干净，余煤极少，清车工作量小。

（5）适用于固定编组专列运行、定点装卸、循环使用，车皮周转快，设备利用率高。

KM70 底开车的主要技术参数如下：

载重：70t

自重：≤23.8t

自重系数：≤0.34

容积：75m^3

比容：1.07m^3/t

每延米重：≤6.5t/m

轴重：23t$^{+2\%}_{-1\%}$

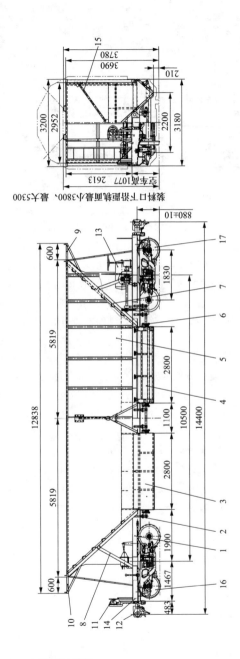

图 3－1 煤漏斗底开车

1—底架；2—底架附属件；3—漏斗组成；4—底门组成；5—侧墙组成；6—底门开闭机构；7—端墙组成（1 位）；
8—端墙组成（2 位）；9—檐板及扶梯组成（1 位）；10—檐板及扶梯组成（2 位）；11—风手制动装置；
12—车钩缓冲装置；13—风动管路装置；14—标记；15—拉杆组成；16—转 K6 型转向架

传动形式：两级传动、顶锁机构

装卸方式：上装下卸、两侧卸货

商业运营速度：120km/h

车辆最大宽度：3200mm

车辆最大高度（空车）：3780mm

制动距离（重车、紧急）：≤1400m

通过最小曲线半径：145m

全车制动倍率：7.8

全车制动率（常用制动位）：空车　22.6%

重车　16.8%

一、底门开闭机构的组成和特性

（一）机械传动装置

KM70型煤炭漏斗车采用顶锁式开闭机构开关两侧 4 个底门，具有两级锁闭装置（见图 3-2、图 3-3），可确保车辆在行走时底门闭锁的可靠性。锁体承受底门销作用力的圆弧面是以锁体转动中心为圆心的圆弧，作用于锁体上的底门压力通过锁体的转动中心，因此底门销压在圆弧面的任意点上，锁体与底门销均呈平衡状态，锁体不会因底门销作用力的增大或减小而转动（见图 3-4）。此外，为防止锁体在空车运行时振动自开，在两级传动的上、下部传动轴之间，设计了一个双曲形偏心连杆（图 3-5），其偏心距为 15_0^{+2} mm，该连杆只有在转过死点时才可以开启，将下部传动轴锁定在指定的转动位置，从而使锁体被锁在指定位置，形成二级锁闭状态。在开启底门、连杆通过死点时，仅引起锁体的微量转动。因锁体与底门销接触面为一固定半径的圆弧，所以锁体不压缩底门即可转出，机构仅克服底门销与锁体间的摩擦力和各传动零件间的阻尼，使开启底门所需的作用力较小。当使用风控开关门系统时，在开启过程中，连杆过死点只需约 50kPa 的风压，空车状态 150kPa 的风压即可灵活开启底门，重车卸货一般仅需 190kPa 左右。上部传动轴的前后支承采用了自动调心滚动轴承，可避免因前后支承不同心造成别劲、费力的不良现象。风动或手动开关底门时，启闭装置传动平稳、轻便、灵活。

为了防止底门在锁闭状态解除后使货物对底门的压力传递到下部传动轴上，造成对下部传动轴不断增大的扭矩，顶锁式开闭机构采用了带空行程的两齿离合器，设计的自由转动角为 146°。这就使得手动卸货时，只要一解锁，底门就被货物的作用压力迅速压开，同时带动下部轴转动，上部传动轴和离合器被动端也迅速转动，并与离合器主动端脱开，使货物对底门的压力不会传递到下部传动轴上。

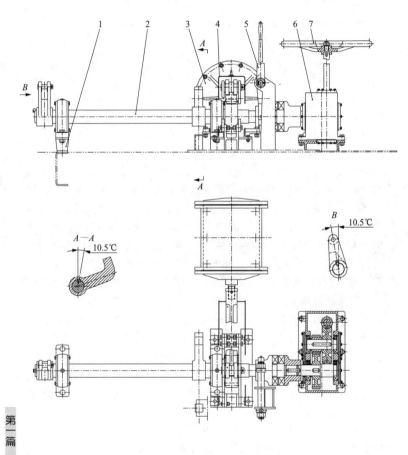

图 3－2　闭锁机构上传动装置示意图

1—底座组成；2—上部传动轴组成；3—356×280 旋压式双向风缸；
4—齿轮罩；5—离合器传动轴组成；6—减速器组成；7—滚轮

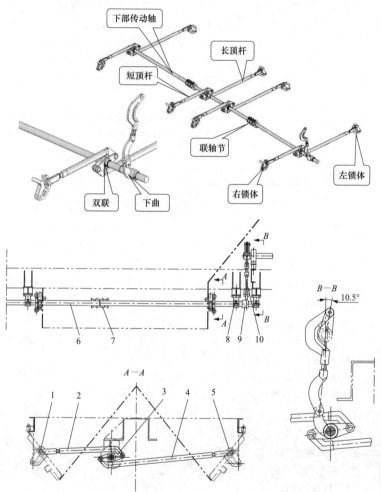

图 3 - 3 闭锁机构下传动装置示意图

1—右锁体；2—短顶杆；3—双联杠杆；4—长顶杆；5—左锁体；6—下部
传动轴；7—联轴节；8—下部轴承；9—下曲拐；10—连杆组成

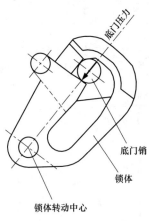

底门压力

底门销

锁体

锁体转动中心

图3-4 锁体与底门销的
平衡锁闭原理图

风动时，双向风缸鞲鞴杆上的齿条移动，带动上部传动轴上的齿轮转动，齿轮的转动带动上部传动轴和其端部的上曲拐旋转，上曲拐的旋转通过连杆带动下曲拐旋转，又带动下部传动轴和其上的双联杠杆旋转，双联杠杆通过长短顶杆作用于底门两侧的左右锁体上，从而带动底门的开闭。

手动时，旋转减速箱上的手轮，使减速箱输出轴旋转，通过牙嵌式离合器带动上部传动轴和其端部的上曲拐旋转，从而实现底门的开闭。

（二）风动管路装置

风动管路装置由一个 $\phi356 \times 280$ 旋压式双向作用风缸控制两侧四个底门的开闭，风源来自列车主管，经截断塞门、给风调整阀充入储风缸内，作为风动开启底门时的动力源，方便了现场无风压设备条件下风动卸货。

为了保证风动管路装置与风制动装置互不干扰地独立工作，设置了给风调整阀，用来控制列车管向储风缸内充风的速度，并把列车管向储风缸充风的开启压力控制在 420kPa，使之不会引起列车的自然制动，也不会影响列车制动后的缓解波速。此外给风调整阀还具有逆流截止作用，即当列车管压力低于储风缸时，风动系统的压力空气不会逆流至列车管内，避免引起自然缓解或制动不灵。

操纵台设在车体一位端的底架上，操纵阀采用旋转式，有开门、关门、中立、手动四个位置，操作简便、作用可靠，用来控制双向作用风缸内

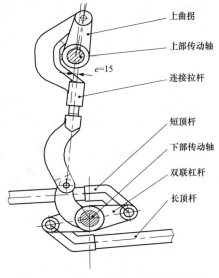

上曲拐

上部传动轴

$e=15$

连接拉杆

短顶杆

下部传动轴

双联杠杆

长顶杆

图3-5 连接拉杆的偏心锁闭原理图

压缩空气的充、排，达到开、关底门的目的。给风调整阀和操纵阀均设有防盗装置。风动卸车的基本原理是通过操纵阀来变换由储风缸向双向作用风缸充气的气路以开启或关闭底门。操纵阀的内部构造如图 3－6 所示。

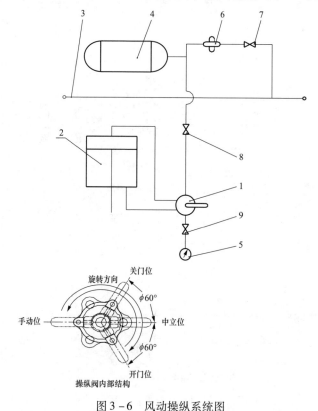

图 3－6　风动操纵系统图

1—操纵阀；2—双向风缸；3—列车主管；4—储风筒；5—空气压力表；
6—给风调整阀；7、8、9—截断塞门

当列车主管的压力等于或高于 420kPa 时，在截断塞门 7 开通的情况下，给风调整阀开始进风，当低于 420kPa 时，即停止进风。在列车主管定压 500kPa 时，储风缸内压力空气由 0 上升至 420kPa 的时间在 20min 以内。当需要开关底门时，将操纵阀下面的截断塞门 8 开通，左右扳动操纵阀手把，即可推动旋压式双向风缸的鞲鞴前后移动，从而打开或关闭底门。操作手柄和离合器示意如图 3－7 所示。

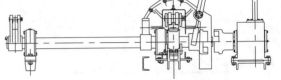

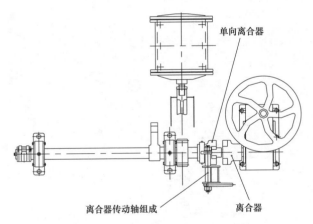

图 3-7 操作手柄和离合器示意图

二、风动卸煤操纵说明

（一）准备工作

（1）将操纵阀 1 的手柄旋转至中立位（见图 3-6）。

（2）将离合器手把扳至风动位。此时单向离合器与离合器脱开（见图 3-7）。

（3）用手向外侧拨动防误转动装置的棘爪，再向上扳动转臂，将拉环从限位器上转出。

（4）依次打开截断塞门 7、截断塞门 8、截断塞门 9，此时通过给风调整阀 6 开始往储风筒 4 充风，等空气压力表 5 指示的风压达到 400kPa 以上即可进行风动操纵。

（二）开启底门

将操纵阀 1 手柄转至开门位，两侧底门即可同时打开。

（三）关闭底门

（1）待煤炭卸尽之后，将操纵阀 1 手柄转至关门位，两侧底门将自动关闭。当上曲拐转过死点位置形成自锁时，连杆与上曲拐贴严并发出"咚"的声响，说明底门已完全关闭。

（2）底门关闭后，将操纵阀 1 手柄转至手动位。此时双向作用风缸活塞两侧均与大气相通，底门不会因操纵系统发生泄漏而产生意外开启。

（3）依次关闭截断塞门 9、截断塞门 8 与截断塞门 7，并将离合器手把置于手动位。

（4）将防误转动装置的拉环套入限位器上，并使转臂落于支座上，处于锁闭状态。

三、手动卸煤操纵说明

（一）准备工作

（1）将操纵阀 1 的手柄转至手动位（见图 3－6）。

（2）将离合器手把扳至手动位（见图 3－7）。此时，单向离合器与减速器离合器啮合。

（3）用手向外侧拨动防误转动装置的棘爪，再向上扳动转臂，将拉环从限位器上转出。

（二）开启底门

手动逆时针旋转手轮即可同时打开两侧底门（见图 3－7）。

（三）关闭底门

（1）卸完煤之后，顺时针旋转手轮，直至上曲拐转过极限位置产生自锁（上曲拐与连杆贴严，可听到"咚"的声响），此时两侧底门同时关闭。在关闭底门时应对照端上的极限标记，如上曲拐的投影与标记线重合，说明底门完全关闭。

（2）底门关闭后，应及时将牙嵌离合器与减速器轴端离合器脱开，并确认操纵阀手柄置于手动位。

（3）将防误转动装置的拉环套入限位器上，并使转臂落于支座上，处于锁闭状态。

第三章 底开门自卸车系统

第二节　底开车的使用与维护

一、底开车的使用操作内容

（一）专列编发准备

（1）按通用货车做列检准备。

（2）严禁通过机械化驼峰。

（3）在正线运行期间必须将列车主管至储风缸的 7 号截断塞门与储风缸至操纵阀的 8 号截断塞门关闭。

（4）因该车底门打开时超限，所以在编发前底门必须锁闭且锁体处于落锁位置，否则不得发车。

（5）车辆在运行前必须将防误转动装置的拉环套入限位器上，并使转臂落于支座上，处于锁闭状态。

（二）装车注意事项

（1）四个底门必须关严。

（2）八个锁体都处于落锁位置。

（3）连杆应冲过"死点"，与上曲拐贴严，到达自锁位置。

（4）防误转动装置的拉环套入限位器上，并处于锁闭状态。

（5）严格按照货车标记载重及铁道部有关规定装车，货物装载应均匀分布，装车时严禁高空坠落货物或向车内抛掷货物，以免砸坏车辆。车内不准装入长大的杂物，煤块应小于 10cm×10cm×10cm，以免堵塞底门或卸煤沟篦子孔。

（三）卸车注意事项

（1）卸车点必须具有能供两侧同时卸货的卸煤沟或高栈台低货位，货位应有足够的容量，在 7m 长度范围内至少能容纳 60t 以上的煤。

（2）卸车地点一切设施均不得侵入机车车辆限界。

（3）卸车时离合器手把必须按卸车方式置于相应的位置。

（4）在卸车前应将防误转动装置的拉环从限位器上摘除。

（5）采用风卸时须将各车列车主管至储风缸的 7 号截断塞门与储风缸至操纵阀的 8 号截断塞门打开。各车离合器手把置于风动位，各车操纵阀手把置于中立位。重车开门时储风缸内的额定风压为 400kPa，但储风缸内最高风压不得超过 500kPa。

（6）在关门后应及时将操纵阀的手柄置于手动位，离合器手把置于手动位，并关闭 7、8 号截断塞门。采用手动卸货时，底门关闭后应及时将离合器与减速箱脱开。

（7）在底门关闭后必须将防误转动装置的拉环套入限位器上，并使转臂落于支座上，处于锁闭状态。

（8）编发车辆以及在厂、矿、站内移动车辆时底门必须处于关闭状态。

（9）车内若有余煤需要清理时，人员不准由底门门孔处出入。

二、日常维护及保养

（一）该车为专用车辆，须由专人操作，专人维护保养

（1）风控管路系统（包括旋压式双向作用风缸、操纵阀、给风调整阀、截断塞门、风管等）应与制动装置的检修同步进行。其检修方法及技术要求与制动装置检修相同。

（2）各轴承、销轴应保持良好润滑，经常向油嘴、油杯内注入软干油。

（3）齿轮、齿条应经常清除污垢，并用软干油润滑。

（4）每半年向减速器内注一次软干油，以保持良好润滑。

（5）旋压式双向风缸鞲鞴杆套外表面应保持清洁，润滑良好。每三个月卸下导向套将润滑圈（泡沫塑料圈）清洗后，浸透油再装回旋压式双向风缸上。

（6）旋压式双向风缸鞲鞴套与导向套间如果有漏气现象，应卸下导向套，检查密封圈是否磨损。如果已损坏，应更换密封圈。

（7）底门开闭机构每两年全面检查、维修一次，与段修同时进行。

（二）调整

（1）每三个月应检查一次底门锁体的落锁情况。若八个锁体不能同时落锁，应及时调整相应顶杆的长度。

（2）底门落锁后，上曲拐应在极限位置，否则应调整连杆长度。

（3）给风调整阀按以下要求进行调整。

（4）充风时间试验：当列车管风压为500kPa时，储风筒的压力由0升至420kPa应在20min以内。

（5）给风调整阀调定压力为400～420kPa。当列车管压力达到400～420kPa时，给风阀开启，向储风缸缓慢充风；当列车主管风压低于400～420kPa时，给风阀关闭，停止充风。给风调整阀压力的调整是通过旋转调整螺丝来实现的，其操作在试验台上进行，出厂时压力已调定并在阀体与阀帽结合处涂白铅油做定位标记。

（6）给风调整阀下方的止回阀与阀座间不得产生泄漏，即给风调整

阀应具有可靠的逆流截止性能。如有泄漏，应更换止回阀垫。

三、一般故障处理

底开门常见故障及处理方法如表 3 − 1 所示。

表 3 − 1　　　　　　　　底开门常见故障及处理方法

故障现象	故障原因	处理方法
手轮空转不灵活	减速器阻力大	检修减速器
底门落锁后，上曲拐未转至极限位置	连杆长度不合适	调整连杆长度
底门八个锁体不能同时落锁	顶杆长度不合适	调整顶杆长度
离合器不灵活	离合器太脏	清洗、润滑离合器
储风缸充至额定风压打不开底门	风缸、作用阀、操纵阀、截断塞门或管路等泄漏	检修风缸、作用阀、操纵阀、截断塞门或管路等
	离合器未处于风动位	扳动离合器手把将双向离合器置于风动位
	操纵阀及各塞门手把位置放置不正确	将操纵阀及各塞门手把置于规定位置
	各传动零部件或底门等卡住	检查齿轮、齿条的啮合状况或底门、锁体等是否卡住
储风缸不进风或进风压力不足	截断塞门未开通、管路泄漏或集尘器等堵塞	开通截断塞门、检修管路、集尘器等

提示　本章介绍了底开门车辆的结构与使用要点，各级前半部分适用于卸储煤值班员初级工掌握，后半部分适用于卸储煤值班员中级工和高级工掌握。

第四章

螺旋卸煤机和链斗卸车机

第一节　螺旋卸煤机

一、螺旋卸的结构

（一）概述

螺旋卸车机是一种高效的机械化卸料装置，主要用于卸煤、焦炭、碎石、砂、矿粉等散装物料，具有较高的卸车效率，可大大降低工人的劳动强度。它被广泛用于大中型火力发电厂、冶金、化工、码头、车站、货场的卸料作业。螺旋卸车机是非自卸载煤敞车进行卸车作业的理想设备。

螺旋卸车机虽然形式多样，但其工作原理是相同的。它利用正、反螺旋旋转产生推动力，物料在此推力作用下沿螺旋通道由车厢中间向两侧运动，从而达到将物料卸出车皮的目的。同时大车沿车厢纵向往复移动，螺旋升降，大车移动与螺旋升降协同作用，将物料不断地卸出车厢。同时，可通过移动小车找正卸车位置。

当重车在重车线就位后，人工将车厢侧门全部打开。操作人员在操作室启动大车行走，将螺旋卸车机开至车厢的末端，按大车行走停止按钮，大车停止运动；启动螺旋升降机构和螺旋回转机构，螺旋开始旋转卸下物料；启动大车行走机构，大车沿车厢纵向移动。螺旋升降机构有上下限位，在下降过程中不会"啃"车厢底部，一般留100mm左右的底料，以保护车底，这部分剩余物料由人工清理。当卸完一节车厢时，启动螺旋升降机构，将螺旋提起，越过车厢，开动大车，同样进行其他车厢的卸车作业。

螺旋卸车机卸煤，需要人工开、关车门，清理车底余料等作业。因此，螺旋卸车机只能在一定程度上提高劳动生产效率和降低工人的劳动强度。

（二）种类

螺旋卸车机的型式按金属架构和行走机构分为桥式、门式、r式三种。

第四章　螺旋卸煤机和链斗卸车机

1. 桥式螺旋卸车机

桥式螺旋卸车机的工作机构布置在桥上，桥架可在架空的轨道上往复行走。其特点是铁路两侧比较宽敞，人员行走方便，机构设计较为紧凑。

2. 门式螺旋卸车机

门式螺旋卸车机的特点是工作机构安装在门架上，门架可以沿地面轨道往复行走。

3. r 式螺旋卸车机

r 式螺旋卸车机是门式卸车机的一种演变形式，通常用于场地有限、条件特殊的工作场所。

螺旋卸车机按螺旋旋转方向可分为单向螺旋卸车机和双向螺旋卸车机两种。

目前国内使用的大多是双向螺旋卸车机，火力发电厂一般选用桥式螺旋卸车机。

（三）技术参数

桥式螺旋卸车机的型号按其跨度可分为 6.7、8、13.5m 三种，以螺旋卸车机的升、降臂来分有链条传动和钢丝绳传动两种。表 4－1 为 LX 系列螺旋卸车机技术参数。

（四）结构

螺旋卸车机由螺旋回转机构、螺旋升降机构、行走机构、金属架构和司机室等组成，设备各部件的操作集中在司机室内完成。图 4－1 为桥式螺旋卸车机结构图。

表 4－1　　　　　　LX 系列螺旋卸车机技术参数

参 数		LX－6.7	LX－8	LX－13.5
大车运行机构	综合卸车能力（t/h）	350～400	350～400	350～400
	运行速度（推荐）（m/min）	13.4	13.4	14.44
	车轮直径（mm）	350	350	500
	最大轮压（kN）	58.0	61.5	89.0
	轨道类型（推荐）（kg/m）	24	24	38
小车运行机构	运行速度（推荐）（m/min）			13.3～14
	车轮直径（mm）			350
	最大轮压（kN）	37	37	62
	轨道类型（推荐）（kg/m）			24

参　　　数		LX-6.7	LX-8	LX-13.5
螺旋旋转机构	螺旋速度（推荐）（r/min）	100	100	100
	螺旋直径（推荐）（mm）	900	900	900
	螺旋长度（推荐）（mm）	2000	2000	2000
	螺旋头数	3	3	3
螺旋升降机构	升降速度（推荐）（r/min）	7.84	7.84	7.84
	升降高度（m）	4.5	4.5	4.5
	卷筒直径（推荐）（mm）			400
	卷筒长度（推荐）（mm）			800
	卷筒头数			2
外形尺寸（mm×mm×mm）		7120×5900 ×4100	8351×5900 ×4100	14000×5272 ×4600
质量（t）		17	19	23

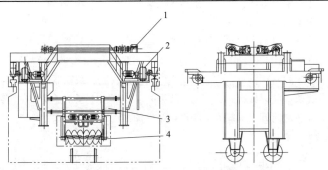

图 4-1　桥式螺旋卸车机结构

1—螺旋升降机构；2—大车行走机构；3—金属构架；4—螺旋回转机构

1. 螺旋回转机构

螺旋回转机构由螺旋本体、螺旋机架和传动装置等组成，螺旋本体包括叶片、主轴和两端的轴承座、轴承及链轮。

螺旋叶片有单向和双向制粉，长度 1900～2000mm，常用设备长度为 2000mm；螺旋直径一般在 600mm 至 1000mm 之间，常用的为 900mm；叶片的螺距 200mm 至 350mm 之间，螺旋角一般为 20°，螺旋头数一般为 3 头。

螺旋叶片由钢板冲压而成，焊接在主轴上。螺旋本体两端的轴承座用螺栓固定在支架上。因工作条件较差，轴承座与轴之间的密封要求使用较可靠的密封方式。

螺旋机架一般包括横轴、摆臂、横梁和传动装置底座等，其升降方式有混合升降和圆弧升降两种。混合升降是沿一定形状的轨道升降，圆弧升降式沿固定的轨道做圆弧摆动。

螺旋回转机构的传动装置主要由电动机、联轴器、链轮和套筒滚子链等组成。传动装置有两套，分别独立操纵两个螺旋，两个螺旋可以同高，也可以一高一低垂直升降。

为了防止螺旋在卸料过程中因卡涩而出现过载，造成驱动装置或电动机损坏，一般采用摩擦过载式联轴器。

链条传动方式有单侧传动、双侧传动和中间传动三种形式。中间传动可以增加螺旋的有效工作长度，以尽量减少车底余煤。如果两套螺旋单侧传动，若采用中心不对称布置，可达到增加有效工作长度、减少车底余煤的目的。工作时，电动机通过减速器把扭矩传递给链轮，链轮通过链条把扭矩传递给螺旋本体，实现螺旋传动，从而达到卸下物料的目的。

2. 螺旋升降机构

螺旋升降机构安装在金属构架的升降平台上，由两套独立的传动装置组成。升降机构的驱动部分由电动机、减速器、齿轮联轴器、链轮、传动轴、轴承座和制动器等组成。电动机输出扭矩，通过减速器链轮传递给链条，由链条带动螺旋臂架，实现螺旋升降。螺旋由上至下运动时，可将敞车中的煤从侧门卸出。螺旋升降机构结构图如图4-2所示。

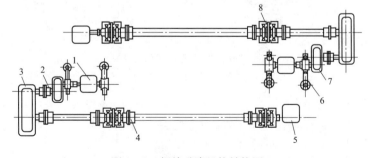

图4-2　螺旋升降机构结构图

1—电动机；2、4—齿轮联轴器；3、7—减速器；5—限位开关；

6—液压推杆制动器；8—链轮

按照螺旋支架行走轨迹来分，升降方式可分为圆弧升降、垂直升降和混合升降三种。

（1）绕固定轴摆动圆弧升降，一般采用钢丝绳提升，这种升降方式较少使用。

（2）沿垂直轨道升降，可采用钢丝绳或链条传动。

（3）由以上两种形式组合使用实现升降，这是较为普遍的一种。螺旋机构在链条的传动下，沿垂直圆弧轨道上升和下降。工作时，螺旋大都是垂直升降，螺旋臂是垂直的，当到达圆弧轨道后，螺旋机构的运动轨迹则变为曲线，上升到轨道最顶部时，螺旋臂处于水平位置。当卸料结束，螺旋臂应提升至最顶部并处于水平位置，停机备用。

升降机构可将螺旋下降到车厢中的某一高度，逐层卸下物料，根据物料的振实程度、水分大小等情况调整合适的吃料深度。在一个卸车位作业完毕后，该机构将螺旋装置升起到超过车厢的高度，然后大车行走装置启动，将整机运行到下一个卸车位置。

3. 大车行走机构

行走机构包括大车行走机构和小车行走机构，目前除 13.5m 跨度桥式卸车机上安装有小车行走机构外，其余均只有大车行走机构。

（1）大车行走机构。

1）组成。主要由电动机、减速机、联轴器、制动器、轴承箱、行走轮等组成。采用分别驱动方式，即布置在两侧的主动车轮各有一套驱动装置。大车行走机构结构图如图 4 - 3 所示。

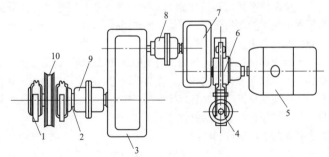

图 4 - 3　大车行走机构结构图

1—轴承箱；2—行走轴；3、7—减速机；4—液压推杆制动器；
5—电动机；6—制动轮；8、9—联轴器；10—行走轮

行走机构还包括金属构架、大车平台，其主要由两根主梁、两根端梁

及主梁两侧的走台组成，每根主梁的端部与端梁焊接在一起，在主梁的上盖板上设置有小车行走轨道；大车行走传动装置固定在端梁上，安装在平台上，平台为各机构的检修提供方便，保证人员安全。

2）工作原理。

大车行走机构采用四轮双驱动，主动轮与减速机低速轴相连，电动机通过液压推杆制动器、联轴器与减速机高速轴相连。当螺旋卸车机移动时，启动两套驱动装置电动机，制动器联锁打开，驱动主动轮转动；当卸车机大车行走停止时，电动机电源切断，同时制动器电动机失电，抱闸片抱住制动轮，从而制动大车机构。

（2）小车行走机构。

1）结构。小车行走机构由电动机、减速机、制动器和车轮组等组成。

2）用途。由于13.5m跨度桥式螺旋卸车机多用于双线缝隙煤槽上，煤槽上方可并排停放两列重车，小车行走机构将螺旋臂做水平移动，使螺旋由一条重车线移动到另一条重车线上进行作业。

用于单线缝隙煤槽上的螺旋卸车机则不需要布置小车行走机构。

3）工作原理。电动机通过减速机驱动主动轮转动，使螺旋活动臂架和小车机构整体沿主梁做水平运动，同时也使螺旋臂架沿圆弧轨道做上、下移动。

4. 金属架构

桥式螺旋卸车机主桥梁由钢板焊接而成的箱形主梁和两根梁组成。端梁与主梁焊接方式连接在一起。

每根主梁两侧腹板用连接角钢与端梁腹板焊接，以增加连接处的强度。两根箱形端梁为倒马鞍形，端梁端部焊接有直角弯板，行走轮组的角形轴承箱用螺栓固定在端梁端部。

起重平台为焊接框架结构，用于安装螺旋升降机构及检修维护使用。

螺旋支承立柱上装有直线导轨，作为螺旋运动的支承导向架，它与升降平台的下部用螺栓固定，并且焊接加固。侧向支承板是用于加强螺旋支承立柱，提高螺旋在运动中的稳定性。

二、螺旋卸煤机运行和维护

当重车在重车线对位后，人工将敞车侧门全部打开。作业人员在操作室启动大车电源，将螺旋卸煤机开进敞车的末端，切断大车电源，大车停止运动；启动螺旋升降机构和螺旋回转机构电动机，螺旋开始旋转卸煤；启动大车行走机构电动机，大车沿车厢纵向移动。螺旋在下降过程中不能"啃"敞车车底，一般需要留100mm左右的煤层，以保护车底，这部分余留的煤最后由人工清扫。当卸完第一节车厢的煤时，启动螺旋升降机构电动机，将螺旋提起，越过敞车，开动大车，同样进行第二节车厢的卸车作业。两套螺旋可以垂直升降，也可以一高一低，以增加吃煤厚度，提高出力。

（一）螺旋卸煤机运行前的检查内容

（1）各种结构的连接及固定螺栓不应有任何松动，对松动的螺栓应及时拧紧。架构不应有开焊、变形及损坏现象。

（2）检查套筒滚子链应完整，链销无串动，链片无损坏。润滑是影响链传动能力和寿命的重要因素，润滑油膜能缓冲冲击，减少磨损，所以应定期由人工往链子上滴润滑油。

（3）行车车轮、上下挡轮轨道不应有严重磨损及歪斜，车轮与挡轮应传动灵活，螺旋支架提升自如，限位开关良好。

（4）液压推杆制动器应注意以下几个问题：

1）铰链关节处应无卡住、漏油和渗油现象，应定期观察油缸的油量和油质。

2）制动带应正确地靠贴在制动轮上，其间隙为 0.8～1mm。

3）制动带中部厚度磨损减少到原来的 1/2，边缘部分减少到原来的 1/3 时，应及时更换。

4）制动轮必须定期用煤油清洗，达到摩擦表面光滑、无油腻。

5）螺旋卸煤机润滑油油质及加油时间应严格按规定执行。

（二）螺旋卸煤机的操作注意事项

（1）司机在操作前应首先查看各操作把手是否在零位，而且各按钮应无卡涩现象。

（2）螺旋在进入煤车前，车厢门必须已经打开，而且两侧无人。

（3）螺旋接触煤层前，应先转动螺旋，注意不要超出车帮、顶车底，最好留 100mm 的煤的保护层。

（4）注意煤种变化和螺旋吃煤深度，避免超负荷作业损坏机件。

（5）螺旋吃上煤层时应慢速下降，不能使用快速行走速度卸车。

（6）螺旋在煤中发生蹦跳现象时，立即停止行走，提高螺旋，检查煤中是否有大块煤、木块、铁块等杂物。

（7）提升或大车行走不得依赖限位开关，卸完车后提高螺旋至最高处，将卸煤机开到指定地点。

（三）螺旋卸煤机各部件加油润滑的周期

螺旋卸煤机各部件加油润滑的周期如表 4-2 所示。

表 4-2　　　　　　　　螺旋卸煤机各部件加油润滑的周期

润滑部位	油　质	加油周期
升降机构瓦座	68 号机械油	1 个月
螺旋体瓦座	黄油	1 周
传动套筒滚子链	68 号机械油	1 周
行车轴承箱	黄油	1 个月
液压推杆制动器	黄油	1 个月
U 形滑道	68 号机械油	1 周
U 形滑道活动轮	黄油	1 周
减速机	8 号机械油	3 个月

三、螺旋卸煤机常见故障及处理

螺旋卸煤机常见故障及处理见表 4-3。

表 4-3　　　　　　　　螺旋卸煤机常见故障及处理

零部件	故障现象	故障原因	处理方法
螺旋	（1）过分磨损及卷边； （2）螺旋不转动； （3）升降不灵活	（1）螺旋损坏； （2）轴承损坏或链条断； （3）制动器过紧，上下挡轮轴承损坏	（1）更换螺旋； （2）更换轴承或连接链条； （3）调整制动器抱闸，更换轴承
减速机	（1）外壳特别是轴承处发热； （2）润滑油沿剖分面流出； （3）减速机在架上振动	（1）轴承发生故障、轴颈卡住、齿轮减速磨损齿轮及轴承缺少润滑油； （2）机构磨损； （3）螺栓松动	（1）更换脏油，注满新油检查是否正确及轴承情况； （2）拧紧螺栓或更换涂料。用醋酸乙脂和汽油各 50% 洗涮原涂料洗净后重涂液态密封胶，若机壳变形则重新刮平； （3）拧紧螺栓

零部件	故障现象	故障原因	处理方法
联轴器	（1）在半联轴器体内有裂缝； （2）连接螺栓孔磨损； （3）齿形联轴器磨损	（1）联轴器损坏； （2）开动机器时跳行，切断螺栓； （3）齿磨坏，螺旋脱落或进走机构停止前进	（1）更换； （2）加工孔，更换螺栓如孔磨损很大时则补焊后重新加工； （3）在磨损超过15%～25%原齿厚度时更换新的起升机构取用小值
滚动轴承	由轴承发热，工作时轴承响声大	（1）缺乏润滑油； （2）轴承中有污垢； （3）装配不良而使轴承部件卡住轴承部件发生损坏	（1）检查轴承中的润滑油量，使其达到标准规定； （2）用汽油清洗轴承，并注入新润滑脂； （3）检查装配是否正确并进行调整，更换轴承
车轮	行走不稳及发生歪斜	（1）主轮的轮缘发生过渡的磨损； （2）由于不均匀的磨损，车轮直径具有很大差别； （3）钢轨不平直	（1）轮缘磨尺寸超过原尺寸的50%时，应更换车轮； （2）重新加工车轮或者换新车轮； （3）校直钢轨
液压推杆制动器	（1）制动器失灵； （2）抱不住闸； （3）溜车； （4）制动器抱闸失灵； （5）制动器打不开闸； （6）通电后推杆不动作；	（1）推杆或弹簧有疲劳裂纹； （2）小轴或芯轴磨损量达公称直径的3%～6%； （3）制动轮磨损1～2mm； （4）退矩和弹簧调整不当滚子被油腻堵住，失去自调能力制动轮上有油，自动轮磨损，主弹簧损坏，推杆松动；	（1）更换； （2）更换； （3）重新车制； （4）清除油腻调整限矩、除油，更换抱闸； （5）更换； （6）清除卡涩、提高电压、补充油液修理密封；

第四章 螺旋卸煤机和链斗卸车机

零部件	故障现象	故障原因	处理方法
液压推杆制动器	（7）电动机工作时发出不正常噪声；（8）刹车闸磨损过度，发出焦味制动垫片很易磨损	（5）滑道和方轴严重磨损；（6）推杆卡住，网路电压低于额定电压的85%，严重漏油；（7）定子中有错接的项，定子配合下紧密，轴承磨损，过载工作；（8）制动器失灵，闸块在松弛状态，没有和制动轮离开	（7）检查接线系统并改正，更换轴承，改变工作状态测量电压（电压低于额定电压10%，应停止工作）；（8）更换制动器，调整闸瓦与制动轮间隙

第二节　链斗卸车机

　　链斗卸车机是一种将散料从铁路敞车上卸下的专用设备，利用上下回转的链斗，将煤从车厢内提升到一定高度卸在水平皮带机上，而后转卸至倾斜皮带机上，由倾斜皮带机将物料抛致轨道的一侧或两侧。通过大车行走和倾斜皮带机回转或变幅，使卸车机作业于较大的场地。

　　适用于中小型火电厂的卸煤或一般电厂的辅助卸煤设备，其结构如图4-4所示，主要由钢架结构、起升机构、斗式提升机构、水平皮带机、倾斜皮带机、皮带变幅卷扬机机构、大车行走机构、电气控制及电缆卷绕装置、操作室等组成。倾斜皮带机具有水平回转90°和垂直变幅40°的功能，扩大了链斗卸车机的适应性和作业范围。按跨铁路线的情况可分为单跨、双跨、三跨三种，对粒度较小松散性好的原煤，有较高的作业效率。5.2m轨距液压链斗卸车机的综合出力一般为250~300t/h。

　　链斗卸车机卸煤的过程是：重车车辆就位后，开动链斗卸车机的大车行走机构使链斗对准敞车的一端，先启动抛料皮带机，再启动翻斗的升降机构和旋转机构，链斗插入煤中将煤舀取上来，抛至导料斗中，煤通过导料斗流入抛料皮带，抛料皮带运转把煤卸入煤场。抛料皮带的变幅机构随煤堆高度的变化而变幅。旋转机构带动皮带机在煤场旋转，被撒卸成弧形煤堆。

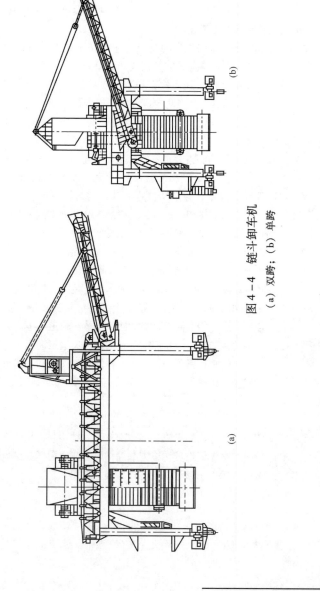

图 4 - 4　链斗卸车机

(a) 双跨；(b) 单跨

链斗既可以在车中分层取煤，也可以逐点取煤。链斗取煤时要留100mm左右的煤层，以保护敞车车底不受损伤。剩余的煤层由人工清理。

链斗卸车机运行与维护的主要内容有：

（1）链斗卸车机在带负荷工作前，应进行空载运转，在空载运转中，检查各运动及转动部位是否正常。

（2）在作业顺序上也要先启动皮带运输机和斗式提升机，最后再开动大车行走机构，一切正常后，方可正式带负荷工作。

（3）运行中工作人员应经常检查和监视皮带运输机有无跑偏或其他卡、划、刮、砸等现象，一旦发现，应及时停机进行处理。

（4）设备运行中防止链条被绳索和杂物等阻卡，避免损坏链条或链轮等转动部件。

（5）所有转动部位的润滑要求良好，温度不超标，不漏油。

（6）电动机、减速机及其他转动机械应平稳、无振动，声音正常。

（7）制动器动作灵敏，并定期检查制动带的磨损情况，当制动带磨损过限或铆钉凸露与制动轮相摩擦时，应更换制动带（即闸瓦）。

（8）传动钢丝绳无断股、跳槽现象，滑轮转动灵活。

（9）在卸车过程中要注意不要损坏车体，防止链斗刮伤车底板。

单梁斗链卸车机又是一种结构更为简单的卸车机，其结构如图4-5所示，主要由链斗本体、链斗提升装置、大车行走装置、集载胶带机、钢结构所组成。这种卸车机链斗固定在链板上，由链轮拖动链斗做回转运动，链斗本体升降采用专用滚筒组，拖动链斗本体沿轨道上下升降，滚筒组采用双绳，双制动，即使一绳断掉或一制动器失灵，滚筒组也可运行。

大车走行采用挂轴减速机驱动，安装、检修较方便。卸车机集载胶带机采用可移动式或固定式两种。卸车机钢结构采用钢板焊制的箱体结构，安装方便。

提示 本章介绍了螺旋卸煤机和链斗卸车机的结构与使用要点，其中第一、四节适用于卸储煤值班员初级工掌握；第二节适用于卸储煤值班员中级工掌握；第三节适用于卸储煤值班员高级工掌握。

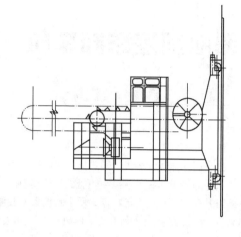

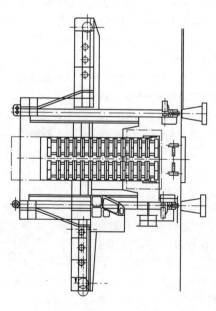

图 4 - 5 单梁斗链卸车机结构图

第五章

卸船机和汽车卸车机

第一节　原煤卸船机

卸船机是卸输大宗散料的港口机械，卸船机按工作性质分为周期性工作卸船机和连续性工作卸船机两类。

周期性工作卸船机有门式抓斗卸船机、锤式抓斗卸船机、固定旋转式抓斗卸船机、浮船式抓斗卸船机和履带式抓斗卸船机等。其中门式抓斗卸船机具有悬臂长、提出升高、起重量大等特点，便于卸较大型驳船；锤式抓斗卸船机因结构简单、维修方便，适用于长条形码头，可卸大型驳船；固定式旋转抓斗卸船机，常用于小型电厂作为小型驳船卸船使用，特点是卸船机固定不动，在其悬臂范围内作业时，依靠驳船调挡，故使用不便；浮船式抓斗卸船机，适用于装置在囤船上抓卸驳船上的物料，这种机械重心较低，同时允许倾斜一定角度，运行安全可靠。

连续性工作卸船机是链斗门式卸船机，采用柔性链斗机构，连续取料方式，与抓斗式卸船机比较具有效率高、投资省、能耗低、维修量小、清仓工作量小、环境保护好、操作简便的特点。卸船方式可以是定机移船式或定船移机式，接卸船型为 1000~3000t 驳船，可变频调速，额定生产力为 200~800t/h。

以下主要介绍门式抓斗卸船机，这种卸船机出力合适，在各水路运煤的火电厂应用较广。

门式抓斗卸船机结构如图 5-1 所示，卸船机由抓斗起升开闭机构、小车运行机构、大车行走机构、浮动臂变幅机构、出料系统、金属结构、动力驱动装置、配重部分、机电操纵控制设备以及辅助性的防煤落海挡板起升机构等组成。多数门式卸船机的前悬臂梁是水平固定的，有的卸船机为了保证大型海轮安全靠停，或便于卸船机进出船舶作业区，前臂梁就采用钢丝绳传动的变幅机构，其各主要部分的安全工作要点如下：

（1）抓斗起升开闭机构是卸船机最主要的机构，由驱动装置（卷

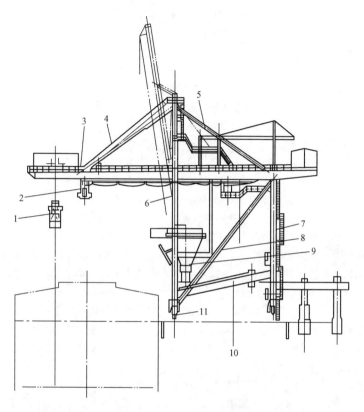

图 5-1　门式抓斗卸船机

1—抓斗；2—司机室；3—桥架；4—钢丝绳；5—斜撑杆；6—海侧门架；

7—陆侧门架；8—支撑杆；9—落煤斗；10—机内皮带；11—大车行走轮

筒）、钢绳、滑轮组、安全检测装置等组成。司机室有起重量检测装置的事故信号显示和声响报警，当起升吊荷超过安全工作负荷的某定值时，相关机构停止运行，能使卸船机恢复到安全工作状态的操作可以进行。起重量检测装置的误差不大于 5%。

（2）小车运行机构是水平移动取物装置，实现搬移物料、返回取物装置，使起升机构周期性循环工作。卸船机小车设有以下安全装置：①缓冲器，当小车撞击轨道末端车挡时，起缓和冲击、降低噪声的作用；②小车车架设有防止跑偏装置和当车架或车轴断裂时防止小车坠落的安全装置；③小车架上设置维修和更换车轮的通道、平台和栏杆，小车架缺口处装有钢板网。

（3）卸船机臂架变幅机构设有以下保护和控制开关：

1）臂架起升到正常位置时自动减速的限位开关、自动停止的限位开关和紧急停止的限位开关。

2）臂架变幅速度超过额定值15%时紧急制动的超速保护开关。

3）臂架下降到正常下限位置时自动减速限位开关和自动停车限位开关。

4）臂架升降的钢绳垂度限位开关。

5）臂架液压安全钩和臂架变幅机构间实行联锁，以确保脱钩前变幅机构不能通电启动。

6）臂架变幅机构与小车运行机构以及与司机室之间实行联锁，以确保小车和司机室位于规定位置（桥架内）时变幅机构才能通电。

（4）卸船机的出料系统由落煤斗、给煤机、出料皮带机、出料漏斗、喷淋装置、计量装置、除铁器等组成。

卸船机落煤斗上方有落煤挡风墙和挡风门，卸煤时挡风门关闭，与挡风墙形成半封闭的落煤空间，具有挡风作用，减少煤尘外散。不卸煤时，当抓斗需要移到桥架内侧（以减小臂架的倾斜力矩）时，挡风门打开，以便抓斗通过。

卸船机的一个工作循环包括：抓斗从船舱抓取物料并起升，然后水平移到存料漏斗上方卸料；接着作反方向运动，抓斗返回船舱，进行下一个工作循环。因此，卸船机在工作中，各机构总是处于频繁地启动、制动及正反向交替运动状态。

提示 本节介绍了卸船机的结构组成与使用要点，适用于卸储煤值班员中级工掌握。

第二节 汽车卸车机

汽车卸车机是用来接卸平板汽车或拖挂车运来的煤、砂、矿石等散料的专用机械，可以将煤快速卸到固定的地下煤斗内，汽车卸车机提高了汽车卸料的效率，减轻了工人的劳动强度，节省了大量的劳动力。

虽然目前随着大型自卸汽车的大量推广与使用，取代了汽车卸车机应用与发展，但汽车卸车机自1975年开始试制以来，相继更新换代，种类较多，还有一定的实用范围。汽车卸车机的种类有插铲刮板式、螺旋卸车式和液压台式卸车机等。

目前多数采用垂直升降插铲刮板式，这种卸车机克服了弧线升降所形成的刮料死角，有效地减少了余料量，提高了作业效率。

螺旋汽车卸车机集螺旋与刮板于一体，采用垂直升降和液压恒定浮动补偿技术，卸车效率较高。综合出力 250t/h，每辆车卸车时间约 60s，螺旋直径 800mm，大车机构跨度 13.5m。

液压台式卸车机结构简单，在煤斗算子旁做有一个液压平台，靠近算子的一侧用销轴固定，远离算子的一侧用液压油缸来升降。使用时将汽车背靠算子停放在液压平台上并固定止挡，然后打开汽车的后马槽即可起升液压油缸后汽车头部随平台升高，煤自动流出直到卸空为止。

一、刮板式汽车卸车机

本节主要以 QXZ-1050 系列刮板式汽车卸车机为例进行介绍。

刮板式汽车卸车机主要由大车机构、小车机构、液压系统、电气系统、插铲装置、除尘系统组成，其结构如图 5-2 所示。

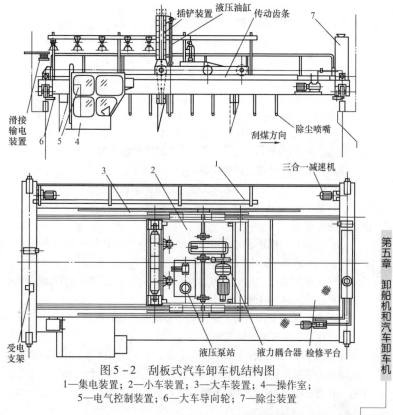

图 5-2　刮板式汽车卸车机结构图
1—集电装置；2—小车装置；3—大车装置；4—操作室；
5—电气控制装置；6—大车导向轮；7—除尘装置

大车机构主要由两纵两横四节箱形梁组成。端梁固定连接四套行走机构的走轮，一侧为两套主动轮，由两台三合一减速机分别驱动，另一侧为两套从动轮。大车纵梁上固定有小车行走轨道和传动齿条。

小车机构由四横梁、两纵梁组成固定杠架，上面用钢板铺成小平台，一边钢架装有插铲装置和两台液压推杆的固定端头，另一边平台上装有小车驱动装置和液压站。小车下装有前后四个行走轮，小车中间装有小车行走的主动齿轮，由一台带有液力耦合器的驱动装置完成驱动。

插铲机构是卸料的主要机构，由插铲刮板、插铲架、液压缸、液压回路、液压站组成。通过液压缸活塞上下移动，带动插铲架及插铲刮板上下移动。插铲升降装置采用液压驱动，运行平稳，并采用恒压浮动补偿装置，以消除在卸料过程中由于汽车弹簧钢板、轮胎的能量释放而产生的插铲对车厢底板的过大压力，消除了刮板对车厢底板的损坏，保证了刮板与车厢底板的接触力。

二、螺旋式汽车卸车机

螺旋式汽车卸车机结构如图 5 - 3 所示，主要由螺旋本体、起升装置、大车走行、小车走行、钢结构、喷淋系统、控制司机室组成。其结构特点是：

（1）正反螺旋体呈对称布置，由中间支撑并驱动，螺旋体悬伸在两侧，使卸车更流畅。

（2）螺旋传动由一个特制的密封传动箱传动，传动机构与物料无接触，轴承隐藏在螺旋体内，从而延长了传动结构的使用寿命。

（3）螺旋机构设有力矩臂保护装置，当螺旋工作力矩超过允许值时，力矩臂动作，停止电动机转动，从而达到保护螺旋体的目的。

（4）螺旋体传动采用摆线减速机，呈立式布置，从而使结构紧凑，便于检修与安装。

（5）小车采用摆轮摆销传动，由小车自身的驱动装置拖动小车沿轨道走行，从而避免了卸车阻力大、小车运行打滑的现象。

（6）为使卸车更干净，在螺旋体后面装有随螺旋体一起移动的浮动刮板，将螺旋卸剩下的煤一次性刮掉。

（7）机架采用箱体结构，该结构造型美观、制造安装方便。

三、汽车卸车机的使用与维护

卸车机工作时，定位于被卸汽车上方，小车机构通过带有液力耦合器的驱动装置依靠齿轮齿条传动将小车移动到工作位置，此时插铲位于车厢顶端，开启液压装置，使插铲下降，插入物料中，待插铲刮板接触车厢底

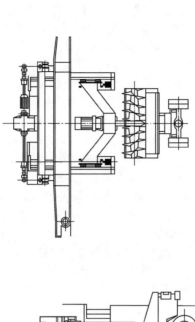

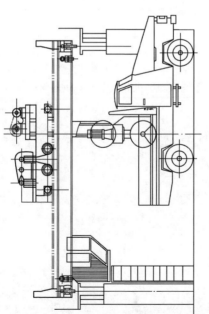

图 5 - 3　螺旋式汽车卸车机结构

板后，压力升至调定压力，恒压补偿系统工作，保持恒压，小车向车尾方向翕动，物料卸下，升起插铲，大车行走至另一车位即可再次卸料；水除尘系统在刮板刮料过程中同时喷雾除尘。

卸车机的运行与维护要点如下：

（1）汽车卸车机在正常使用时，必须对机电设备及各运转部件经常进行检查，注意异常声音，传动机构的轴承温升不得超过周围介质的35℃，最高温度不得超过65℃。

（2）各电动机电流稳定、无异常波动，空载电流小于额定电流。

（3）大、小行车速度，小车行程符合技术参数规定。

（4）各级限位开关、继电保护装置及有关开关工作可靠。

（5）液压系统无泄漏冲击现象，油温在25～45℃范围内。对系统压力、浮压状态每班都应检查记录。液压系统用油要定期更换（运行500h更换一次）。并清洗油箱及油路。

（6）动力柜、操作柜、液压站应保持清洁。各润滑部位应定期润滑。

（7）插铲下降时如遇过大阻力，压力继电器动作，插铲停止下降，应升起插铲排除或避开障碍后继续工作。

（8）液压浮压系统在小车前进状态自动投入（联锁），此时插铲升降和小车向后行走不能动作。

提示 本章介绍了原煤卸船机和汽车卸车机的结构组成与使用要点，适用于卸储煤值班员中级工掌握。

第六章

悬臂式斗轮堆取料机

第一节 悬臂式斗轮堆取料机的结构

一、概述

悬臂式斗轮堆取料机是高效连续堆取散装物料的大型设备，广泛适用于火电厂、港口、焦化、矿山及大型工矿企业的料场。根据结构的不同，可分别实现取料折返、取料通过、直通、分流等功能。

取料通过式斗轮堆取料机结构如图6-1所示，主要部件有：门架、门柱、悬架和平衡机构等金属结构，进料皮带机、尾车、悬臂皮带机、斗轮及斗轮驱动装置、悬臂俯仰机构、回转机构、大车行走机构、斗轮装置，操作室、夹轨自动装置、受电装置、液压系统。

悬臂皮带输送机装在悬臂板梁架构上，是斗轮堆取料机堆料和取料的重要组成部分。在位于斗轮的一侧后部，布置一条向斗轮中心斜向的带式输送机通过落料筒转运到悬臂皮带机堆放到料场。悬臂皮带输送机正转时，将进料皮带输送机运来的煤通过其头部抛洒到煤场，完成堆料作业。当斗轮从煤场中取煤时，悬臂皮带输送机反向运转，将斗轮取到的煤经其尾部的落煤筒（中心落煤筒）落到煤场地面主皮带机上，完成其取料作业。

取料折返式斗轮堆取料机结构如图6-2所示，在斗轮尾车之上布置一条地面输送机依靠尾车上两组液压缸的作用，完成俯仰动作使物料转运到悬臂皮带上堆放到料场。

二、斗轮取料部分的主要的结构

（一）轮体

斗轮堆取料机的取料任务主要由连续运转的斗轮（带挖煤斗子的轮体）来完成，轮体大盘周围均匀布置有8~9个挖煤斗，斗轮通过自身的回转从煤场连续取煤，斗子的边缘均焊有耐磨的斗齿，斗子与轮体连接方式是铰接。可以在冬季破碎煤堆表面10cm以下的冻层煤，对于冻层较厚和卸煤汽车压实的硬煤层，应提前和推煤机配合取料。斗齿部位磨损或凹

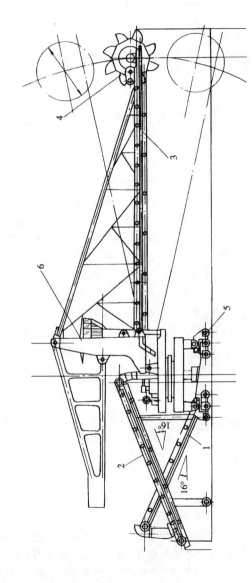

图 6-1 DQ5030 悬臂式堆取料机

1—主皮带机；2—进料皮带机；3—悬臂皮带机；4—斗轮及斗轮装置；5—驱动台车；6—门架

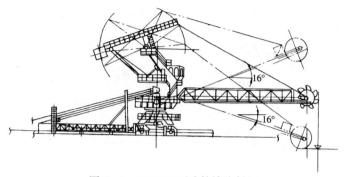

图 6 - 2　DQ3025 型斗轮堆取料机

回时，要及时修理更换，否则会加大挖煤阻力，使驱动部件负荷加大，出力下降。斗轮与驱动部件分别位于悬臂梁头部的两侧，结构组成如图 6 - 3 所示，安装时轮体圆平面与悬臂皮带中心线的夹角是 4°~6°，轮体圆平面与垂直立面的夹角是 7°~8°，安装形式如图 6 - 4 所示，使其向悬臂皮带内侧斜，这样提高了卸料速度，减少了洒煤。在取料过程中，借助于溜煤板将斗轮取的煤连续不断地供给悬臂皮带输送机，以达到运行平稳，效率高、卸料快的目的。

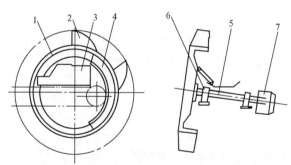

图 6 - 3　斗轮与驱动部件示意图
1—轮体；2—斗子；3—溜料板；4—圆弧挡板；
5—斗轮轴；6—轴承座；7—驱动装置

挖煤取料部件只在斗轮机取料时工作，在斗轮机堆料时处于停止状态。

斗轮是斗轮机的主要工作部件，按轮体结构形式可分为无格式（开式斗轮）、有格式（闭式斗轮）和半格式三种。如图 6 - 5 所示。其主要区别如下：

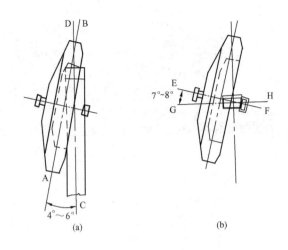

图 6-4 斗轮体安装位置图

（a）斗轮与臂架安装角度；（b）斗轮体倾斜角度

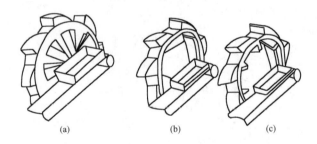

图 6-5 轮体结构形式

（a）有格式；（b）无格式；（c）半格式

（1）无格式（开式）斗轮的斗子之间在轮辐方向不分格，靠侧挡板和导煤槽卸料。其特点是：

1）结构简单，重量轻，但刚度较差，由于侧挡板和导煤槽的附加摩擦，驱动功率增大。

2）开式斗轮可以采取较高的转速，提高取料出力。

3）卸煤区间大，可达130°，比较容易卸黏结性高的煤。

4）便于斗轮相对于臂架作倾斜布置，使斗轮卸煤、取煤条件和臂架受力条件得到改善。

（2）有格式（闭式）斗轮与开式斗轮相反，结构较复杂，斗子之间在轮辐方向分成扇形格斗，到接近轴心点向皮带上排料，重量大，但刚度大；卸料区间小，要求转速较低，不宜于卸黏结性高的煤，不便于作倾斜配置。

（3）半格式斗轮比较适中，斗子之间在轮辐方向的扇形格斗靠近轮盘圆周边沿，还靠侧挡板和导料槽卸料，既增加了斗容，又减轻了轮体重量，较好地综合了前两种结构的优点。

电厂燃料系统多采用无格式和半格式斗轮比较适用，因为电厂的煤一般较松散，水分较大，对斗轮的刚度要求较小。这两种斗轮都有溜料板和圆弧挡板，溜料板与圆弧挡板轮体、皮带输送机相接，其作用是将斗子取上来的物料平滑地落到悬臂皮带机上。溜料板的溜料面与臂架水平面成 $55°\sim60°$ 角，溜料板用钢板制成，需要时对应装耐磨衬板。圆弧挡板是安装在臂架上的一个挡料装置，其功用就是保证斗子在挖料至卸料前，物料不漏出。

有格闭式斗轮多用于矿山机械，矿山物料密度大，需要的挖掘力大，要求斗轮刚度大。

（二）斗子

斗子是直接挖取物料的装置，并将其中的物料运到卸料区。斗子要有合理的形状，以减小挖掘阻力，卸料迅速且无残留物。斗子还要有足够的强度、刚度及耐磨性，保证在工作中不撕裂、不变形。斗子由斗齿、斗刃、斗体等部分组成。按挖取物料的不同，可分为前倾型、后倾型和标准型三种类型的斗子，如图 6—6 所示。前倾型斗子多用于取煤，具有卸料快、满斗率高的特点。后倾型斗子多用于挖取密度大的物料，强度大，但满斗率低。标准型斗子介于二者之间。斗子的前部斗刃部分堆焊有耐磨层。斗齿焊接或采用机械安装于斗刃上，改善挖掘效果。减小斗刃的磨损。

为防止因煤湿或挖取混煤粘住斗底减少斗容，可在斗底安装链条结构装置。底部为整料铁板结构的轮斗，容易粘煤使斗子有效容积下降，底部改用铁链拼接结构的轮斗，无粘煤现象，适应于水分较大的煤种。

为了满足斗轮臂架回转取料的要求，斗体侧面要有一定的后角 β，见图中 A—A 剖面。

（三）斗轮的驱动方式

斗轮的驱动方式有液压驱动、机械驱动和机械液压联合驱动三种

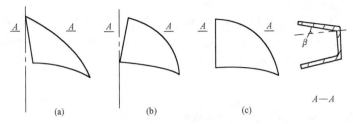

图 6-6 斗子类型图

（a）前倾型斗子；（b）后倾型斗子；（c）标准型斗子

方式。

（1）液压驱动方式的组成如图 6-7 所示，液压马达与斗轮大轴用花键连接，拆装比较简单，斗轮转速可实现无级调速、具有结构紧凑、质量轻和过载自保护等优点。斗轮液压驱动由专用的轴向柱塞液压泵驱动，斗轮机液压马达驱动油路如图 6-8 所示。有的液压马达驱动系统轴封容易漏油，给维护和检修带来很大的工作量。产生轴封漏油的主要原因有：一是液压马达本身内泄量大；二是所用的骨架油封质量不好；三是泄油管路长而且细，斗轮驱动马达布在悬臂皮带上的泄油管路长 30m 多，在油泵房将所有液压件的回油管汇到一起后经一根总管进到油箱底部，而且要随悬臂上下俯仰甚至在低于油箱 8m 处的低煤位状态运转，这就给马达的轴封增加了回油阻力使其发生泄漏。解决此轴封容易漏油的办法有：一是检修时注重提高液压马达和骨架油封的质量；二是增加一道骨架油封改成双密封；三是在液压马达的泄油管始端加装一台小型管道泵强制回油，减轻轴封压力。

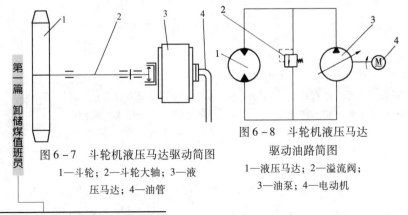

图 6-7 斗轮机液压马达驱动简图

1—斗轮；2—斗轮大轴；3—液压马达；4—油管

图 6-8 斗轮机液压马达驱动油路简图

1—液压马达；2—溢流阀；3—油泵；4—电动机

（2）机械液压联合驱动。机械液压联合驱动的组成如图 6－9 所示，这种传动不仅具有液压传动的优点，而且传动效率较高。缺点就是结构复杂，维修困难。

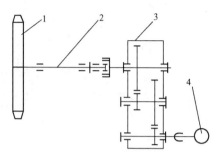

图 6－9　斗轮机械液压联合驱动简图

1—斗轮；2—斗轮轴；3—减速机；4—液压马达

（3）机械驱动。是由电动机、液力耦合器、减速机进行驱动的方式。其中减速机按结构形式又分为行星减速机和平行轴减速机两种，这两种结构的第一级均采用直角传动，使电动机、液力耦合器平行臂架布置。同时改善臂架受力状况，增大斗轮自由切削角。行星齿轮机械驱动的组成如图 6－10 所示。

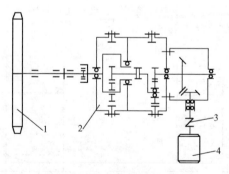

图 6－10　行星齿轮机械驱动图

1—斗轮；2—行星减速机；3—液力
耦合器；4—电动机

机械驱动装有过载杆保护装置，减速机工作时产生的反力矩由杠杆及减速机壳体承受，在杠杆的端部设有限矩弹簧装置，当反力矩 M 超过额定数值的 1.5 倍时,通过弹簧变形,触动行程开关断电,使电动机停机,起到过载保护作用,限位开关应保证灵活有效,如图 6-11 所示。

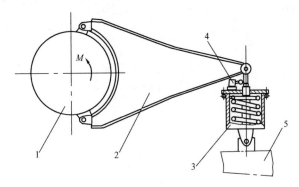

图 6-11　杠杆式过载保护装置

1—减速机;2—杠杆;3—弹簧装置;4—限位开关;5—臂架

斗轮传动大轴与减速机之间的连接,多采用涨环或压缩盘连接,其优点是,装拆方便,具有机械过载保护作用。

涨环结构由内环、外环、前压环、后压环、高强度螺栓组成。其结构如图 6-12 所示,其中内外环上布有 3~5mm 宽的缺口缝隙。作用原理是用高强度螺栓将前、后压环收紧,通过压环的圆锥面将轴向力分解成径向力,使内外环变形靠摩擦力传递扭矩,这样使斗轮轴、轮体(或减速机输出轴套)、涨环装置连接成一体。

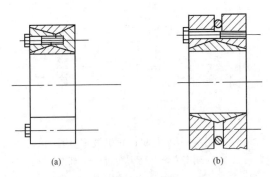

(a)　　　　　　　　　(b)

图 6-12　涨环和压缩盘结构原理图

(a)涨环结构;(b)压缩盘结构

压缩盘用于减速器空心轴与从动机轴的连接，其结构如图 6 – 13 所示，其中空心轴和内环均带有 3 ~ 5mm 宽的缺口缝隙，以备压缩收紧。压缩盘实际使用中发生打滑现象，为解决这一问题，在内环上按圆周均布开宽度为 3mm、长度 100mm 的几条长槽，增加内环的变形量，达到增大摩擦力的目的。

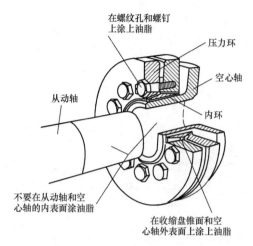

图 6 – 13　压缩盘结构安装图

三、回转机构

（一）回转机构的组成及驱动方式

回转驱动有液压传动和机械传动两种方式。

液压传动的回转机构结构如图 6 – 14 所示，主要由大转盘齿轮、回转蜗轮减速箱、内曲线油马达及液压系统各部件组成，靠变量油泵实现回转速度的无级调速，具有过载自保护功能，液压系统中缓冲阀可避免由于换向时机械设备的冲击，保持机械的安全使用。但对使用维护人员的技术水平要求较高。

机械传动可分为行星轮传动和定轴传动，行星轮减速机传动结构如图 6 – 15 所示，主要由电动机、制动轮联轴器、行星减速机等构成。定轴传动结构如图 6 – 16 所示，由电动机、制动轮联轴器、圆齿轮减速机、蜗轮减速机和传动轴套构成。定轴传动结构庞大、但易于检查及更换零部件。只有堆料功能的斗轮机不要求回转速度可调，而具有取料功能的斗轮机要求回转速度的可调性，保证取料作业中稳定的取料要求。

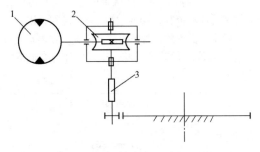

图 6 – 14　回转液压驱动原理图

1—液压马达；2—蜗轮减速机；3—传动轴套

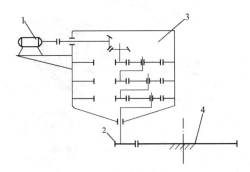

图 6 – 15　行星轮减速机传动原理图

1—电动机；2—小齿轮；3—立式减速器；4—大齿轮

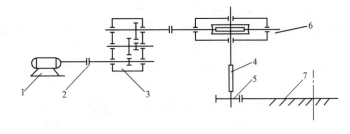

图 6 – 16　回转驱动定轴传动原理图

1—电动机；2—联轴器；3—圆柱齿轮减速机；4—传动轴套
5—小齿轮；6—回转蜗轮减速机；7—大齿轮

机械传动电动机调速主要有交流调速电动机、交流调频调速、直流电动机调速三种方式。

（二）支承装置的种类结构

回转支承装置主要是承受垂直力、水平力和倾覆力矩。根据结构型式，回转支承装置可分为滚动轴承式和台车式两类。

（1）滚动轴承式回转支承装置主要由滚动轴承和座圈组成，滚动轴承内圈套与回转部分固定在一起，外圈与不回转部分固定。按轴承滚动体的几何形状可分为滚珠轴承和滚柱轴承（也称滚子轴承），其结构如图 6－17 和图 6－18 所示。滚珠轴承主要用于生产能力较小的堆取料机上。交叉滚子轴承结构紧凑，相邻滚子的轴线互相垂直，滚子长度比直径小 1mm。回转轴承的润滑，润滑脂通过轴承上的润滑孔注入滚动体与滚道的空隙中。滚动轴承式回转支承装置应用较多，优点是结构紧凑、空间尺寸小、整机质量较轻，且允许回转部分的重心超出滚动体滚道直径，安全可靠；缺点是轴承的加工精度较高及维修更换困难较大。

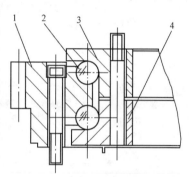

图 6－17　滚珠轴承结构示意图
1—大齿圈；2—滚珠；3—内
上圈；4—内下圈

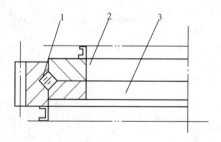

图 6－18　交叉滚子轴承结构示意图
1—滚柱；2—内上圈；3—内下圈

（2）台车式回转支承装置主要由垂直支承和水平支承装置两大部分组成。按水平支承装置的结构型式不同又可分为水平导轮式台车回转支承装置和转柱式台车回转支承装置，其结构如图 6－19 和图 6－20 所示。

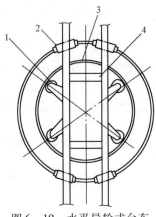

图 6 – 19　水平导轮式台车
回转支承装置

1—水平导轮；2—台车；3—轨
道；4—回转平台

台车式回转支承装置的优点是易于维修、便于更换；缺点是占有空间尺寸较大，结构笨重、整机行走跨度大。水平导轮式台车回转支承装置的垂直支承装置是由固定在转盘上的四组台车和固定在门座架上的圆弧形轨道组成。该装置的水平支承装置是由固定在转盘上的四个水平导轮和固定在门座架上水平圆弧轨道组成。转柱式台车回转支承装置的垂直支承装置与水平导轮式台车回转支承装置相同。其水平支承装置由固定在转盘上的转轴和固定在门座架上的轴套组成。这种装置只能用于堆料机，因为堆料机在门座架中心没有中心落料管。

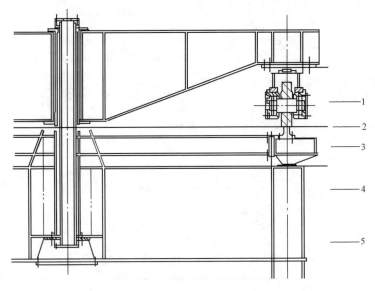

图 6 – 20　转柱式台车结构示意图

1—台车；2—滚道；3—回转座圈；4—销轮；5—门座

四、俯仰机构

斗轮机俯仰机构由悬臂梁、配重架、变幅机构组成。俯仰变幅机构分为液压传动和机械传动两种，其结构如图 6 - 21 和图 6 - 22 所示。

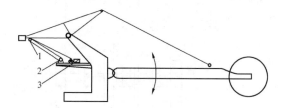

图 6 - 21　机械式变幅机构示意图
1—动滑轮组；2—定滑轮组；3—卷扬机构

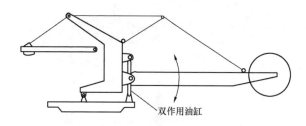

双作用油缸

图 6 - 22　液压变幅机构构成原理图

液压传动由油缸、柱塞泵及其他液压元件组成，悬臂梁的俯仰动作靠装于转盘上的两个双作用油缸推动门柱并带动其上整个机构同时变幅，由电动机、柱塞泵、换向阀等组成的动力机构作用于油缸来完成俯仰动作。

机械传动由钢丝绳、卷扬机构、滑轮组等组成，斗轮堆取料机的悬臂梁以门柱的支撑点为轴心，通过卷扬机构、钢丝绳牵引平衡架尾部的动滑轮组带动前臂架一起实现变幅动作。

五、大车行走装置

大车行走装置由电动机和减速机、行走车轮组、制动器、夹轨器、钢轨组成，驱动部分如图 6 - 23 所示。驱动装置由电动机、带制动刹车的联轴器、立式三级减速机、开式齿轮、驱动车轮等组成，为了减少走车时间，驱动电动机用双速电动机，快速为调车速度，慢速为工作速度。其中立式减速机采用油泵润滑，其油路原理如图 6 - 24 所示。

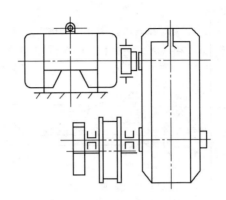

图 6 - 23　行走驱动装置图

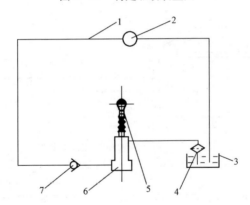

图 6 - 24　行走减速机润滑原理图

1—输油管；2—齿轮；3—油池；4—过滤器；

5—凸轮机构；6—柱塞泵；7—单向阀

　　大车行走轮组的结构为组合式，如图 6 - 25 所示。以驱动轮组、从动轮组为单元通过平衡梁进行组合，根据轮压大小选用相应车轮数量的台车数，平衡梁与基本轮组都是铰轴连接，使每个车轮的受力基本相同，平衡梁采用箱形结构，驱动轮数一般不少于总轮数的 50%。

　　六、尾车的种类与结构

　　尾车是斗轮堆取料机堆料作业时连接地面皮带的桥梁，按功能分为固定式、通过式和折返式三大类型尾车。

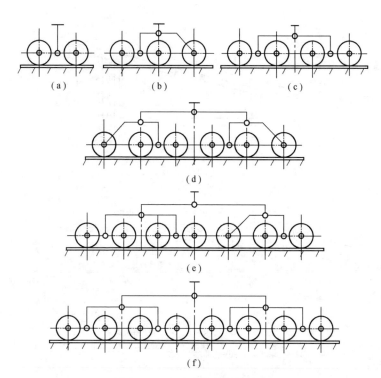

图 6 – 25　行走机构结构示意图

（a）双轮台车组；（b）三轮台车组；（c）四轮台车组；
（d）六轮台车组；（e）七轮台车组；（f）八轮台车组

1. 固定式尾车

固定式尾车速度方向为单向运行，与地面共用一条皮带。皮带驱动装置设在地面皮带机上。堆料时地面皮带运来的物料经尾车落到主机悬臂机上，由悬臂皮带机抛洒到料场上，如图 6 – 26（b）所示。取料时斗轮取上来的物料经悬臂皮带机、中心落料管落到地面皮带机上，且只能向前方输送，如图 6 – 26（c）所示。

2. 通过式尾车

通过式尾车分为单向通过式和双向通过式两种，单向通过式如图 6 – 27 所示，双向通过式如图 6 – 28 所示。

3. 折返式尾车

折返式尾车是指堆料时物料从何方来，取料时原路返回的尾车装置。

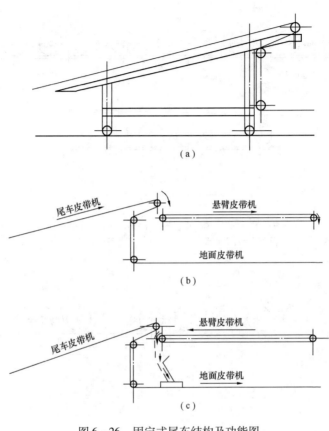

（a）

（b）

（c）

图 6－26　固定式尾车结构及功能图

（a）固定式尾车结构；（b）堆料作业；（c）取料作业

折返式尾车按结构型式可分为变幅式和交叉式两种。

（1）变幅折返式尾车主要由可变幅的皮带机、机架、行走轮、变幅机构、挂钩等组成。折返变幅式尾车按尾车皮带机参与变幅范围的程度又可分为半趴式和全趴式两种。半趴式仅是一部分尾车皮带变幅，另一部分为固定，其结构如图 6－29 所示。变幅机构结构型式可分为机械和液压两种方式。全趴式是全部尾车皮带机变幅，其结构如图 6－30 所示。全趴式和半趴式尾车工作原理相同，堆料时尾车皮带机头部滚筒处于最高位置，由地面皮带机输送上来的物料落到悬臂皮带机上，由悬臂皮带将物料抛撒到料场。取料时尾车皮带头部改向滚筒处于最低位置，斗轮挖取的物

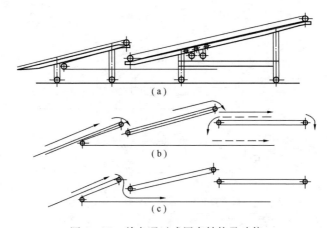

图 6 - 27　单向通过式尾车结构及功能

（a）结构；（b）堆取料原理图；（c）通过原理图

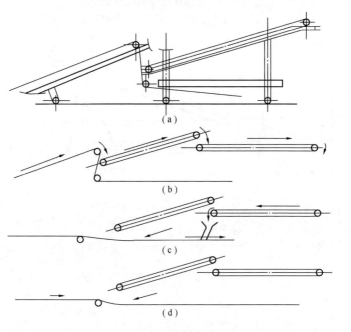

图 6 - 28　双向通过式尾车结构及工作原理

（a）结构；（b）堆料原理；（c）取料原理；（d）通过原理

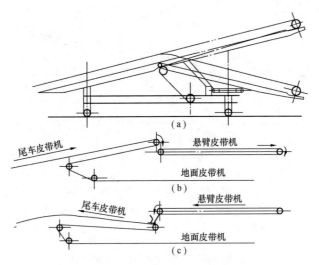

图 6-29　半趴式尾车结构及功能图

（a）结构图；（b）堆料图；（c）取料图

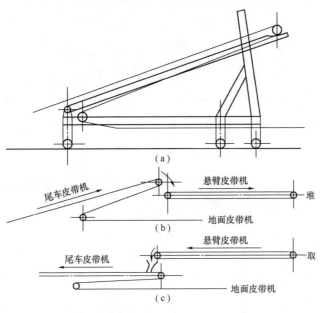

图 6-30　全趴式尾车结构及功能图

（a）结构图；（b）堆料图；（c）取料图

第一篇　卸储煤值班员

料经悬臂皮带机、中心落料管落到尾车皮带（即地面皮带机）上，物料输向设备的后方。斗轮机变幅折返式尾车通过调整尾车的位置来完成堆料和取料二种工作状态的切换，堆料位置时尾车上升抬高到斗轮机中心料斗上，取料时尾车下降到斗轮机中心落料管底下。尾车皮带机变换位置时，尾车与主车之间脱开挂钩、主车前进，尾车皮带机变幅、然后主车后退合上挂钩与尾车连接在一起，其操作过程可自动也可手动，从取料到堆料的操作顺序是：

1）启动尾车油泵。

2）尾车挂钩拔销。

3）大车向前行5m碰限位开关自停。

4）尾车上升，到位后碰限位开关自停。

5）大车后退，大车向后退5m碰限位开关停下，大车与尾车自动挂紧。

6）钩销复位，到此整个尾车上升调整结束。

取料位置时尾车下降，逆向进行上述步骤。

（2）交叉折返式尾车。其结构简图如图6-31所示。交叉折返式尾车主要由与地面皮带机共用的提升皮带机、落料管、具有独立驱动装置的斜升皮带机、机架和行走轮等组成，堆料时，地面皮带机输送来的物料经提升皮带机及落料管落到斜升皮带机上，再经斜升皮带机和主机的悬臂皮带机将物料抛洒到料场上；取料时斗轮挖取的物料经悬臂皮带机和中心落料管落到地面皮带机上，由地面皮带机运往主机的前方。

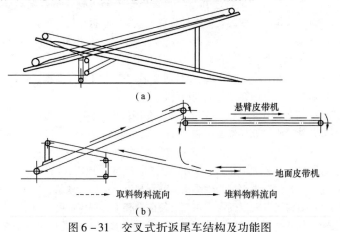

（a）

（b）

图6-31　交叉式折返尾车结构及功能图

（a）结构示意图；（b）工作原理功能图

第二节　悬臂式斗轮机的运行与维护

一、斗轮机的堆料作业工艺

1. 堆料工艺方法

堆料作业包括回转堆料法、定点堆料法和行走堆料法三种作业方式。

（1）回转堆料法是指斗轮机停在轨道上的某一点，转动臂架将煤抛到煤场上，转到端点时大车向前或向后移动一定的距离，继续回转堆料，直至达到所需要的距离后，前臂架再升高一个高度，进行第二层，第三层堆料，直至堆到要求。有必要均匀混配煤时，可用此法。这种方法优点是煤堆形状整齐，煤场利用系数高。缺点是回转始终动作，不够经济。

（2）定点堆料法是指斗轮机在堆料时悬臂的仰角和水平角度不变，待煤堆到一定高度时，前臂架回转某一角度，或前臂不动，大车行走一段距离。这种方法优点是：动作少，较为经济，为推荐使用方式。缺点是：煤堆外形不规整，煤场利用系数低。

（3）行走堆料法是指斗轮机前臂架定于某一角度和高度，大车边走边堆料，待大车走到煤场终端时，退回，再行走堆料，同时前臂架转动一角度。这种方法缺点是：行走电动机始终动作，很不经济，而且机器振动较大。

2. 堆料操作步骤

（1）接到集控室堆料通知后，检查尾车或挡板是否符合堆料要求，否则应首先操作尾车使其处于堆料位置，或将挡板扳到堆料位置。

（2）将"堆料"开关打到启动位置，悬臂皮带作堆料运转。

（3）根据实际情况选择堆料方式进行堆料作业。

（4）司机接到集控室停止堆料通知后，待地面皮带停止，悬臂皮带上无煤后，将机器回转和行走到应停位置。

（5）将各操作手柄扳回零位，按下总停按钮，切断设备总电源。

二、斗轮机的取料作业工艺

1. 旋转分层取料法（斜坡多层切削法）

这种取料工艺如图 6－32 所示，大车不行走，前臂架回转某一角度，取料完毕后，大车再前进一段距离，前臂架反方向回转取料，依次取完第一层，然后将大车后退到煤堆头部，使前臂架下降一定高度，再回转第二层取料，如此循环。根据料堆高度又可分为分段和不分段两种作业方式。如选用分层分段自动取料作业，首先由司机手动操作斗轮机行走、旋转、俯仰把斗轮置于料堆顶层作业开始点位置上（手动定位运转），然后靠旋转控制开始取料，每达到旋转范围时行走机构微动一个设定距离（进给量），按照设定的供料段的长度（或设定的旋转次数）取完第一层后，进行换层操作，每层的旋转角度由物料安息角及层数决定；俯仰高度按层数设定，行走距离由进给量决定，当取完最下一层后进行空段操作，把斗轮置于第二段最顶层的作业开始点上，重复进行取料，供料段的长度设定以臂架不碰及料堆为原则。旋转分层不分段取料工艺，作业效率最高，可以避免作业过程中由于料堆塌方而造成斗轮和臂架过载的危险。适用于较低、较短的料堆，在作业中臂架不会碰及料堆。

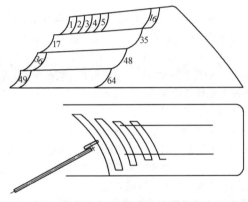

图 6－32　旋转分层取料法

2. 定点斜坡取料（斜坡层次取料法）

这种取料工艺如图 6－33 所示，大车不行走，前臂架回转一个工作角度，斗轮沿料堆的自然堆积角由上至下地挖取物料，大车向后退一段距离，前臂架下降一定高度，再向反方向回转进行第二层取料，如此循环，煤堆成台阶坡形状。这是一种"先堆先取"间断操作的作业工艺，作业效率较低，在作业过程中斜堆容易塌方，造成斗轮过载。

图 6－33　定点斜坡取料法

3. 取料操作步骤

（1）接到集控室取料通知后，应检查尾车架或挡板是否符合取料要求，否则应先操作尾车使其处于取料位置，或将挡板扳至取料位置。

（2）尾车调整后与集控室联系，待集控室启动地面皮带后，并观察运转正常后，将堆取料油泵启动，待油压正常后，可进行回转俯仰工作，悬臂皮带作取料运转。

（3）根据具体情况选择取料方式，然后通过上升、下降开关和左转、右转按钮，进行调整位置，将斗轮逐渐切入物料（以切入斗深一半为佳）。

（4）司机接到集控室停止取料的通知后，先将斗轮升起离开取料点，待煤走空后，停斗轮，停悬臂皮带。将斗轮靠边水平停放，不能阻碍运煤汽车通行。

（5）各操作手柄扳至零位。按下总停按钮，切断设备总电源。

三、斗轮机的运行与检查

1. 斗轮机启动前的检查项目

（1）轨道上应无障碍物，积煤要低于行走减速器底部 200mm，应保证大车行走畅通。上下悬梯和立式减速机不应有碰挂和摩擦的地方，主动轮组和从动轮组下不应有杂物和异常现象，大车刹车完好，松紧合适。轨道内侧面的电缆和水泥地面无摩擦现象。

（2）机器工作地点的正常温度应在 +40℃ 至 −30℃ 之间，非正常工作的最大风压为 800Pa（相当于七级风力），正常工作风压小于 250Pa。

（3）夹轨器就位良好。禁止在轨道连接处停夹。行走轨道两端挡铁应牢固可靠。

（4）皮带的中心下煤筒内不应有积煤、杂物堵塞，无漏煤现象，分煤挡板应完好可靠，其他各活动处，不应有被物料卡住现象，输煤槽无栏、裂、跑出现象。

（5）悬臂皮带后挡板应符合堆取料要求。

（6）皮带不应有破裂，脱胶和严重跑偏现象，胶接头应完好，上下应无积煤和杂物，拉紧装置应完好灵活。

（7）转盘下面，斗轮处和门座平面上不得有积煤和杂物，如有必须清除后方可启动。

（8）各滚筒、托辊不应有严重粘煤，各段支架不应有开焊断裂现象及变形。

（9）各减速机箱油质和油位应符合规定，油位应不低于标尺的1/2处（上下标尺中间），各减速机、电动机地脚无松动，支承架构无断裂变形，各部件地脚螺栓、靠背轮螺栓等均应齐全，不松动，各制动器应完好有效，各防护罩完好。

（10）液压系统不漏油，油泵、油管接头、液压马达无严重渗油现象，油箱油位、油质符合要求，油压表齐全完整。

（11）各润滑通道畅通，并保持润滑油脂。

（12）斗轮不应有掉齿、螺栓松动等损坏现象。

（13）斗轮机的梯子及围栏，应保持完整。

（14）各部分无检修维护工作。

（15）操作用的专用工具齐全。

（16）总电源开关上无"禁止合闸，有人工作"牌。电缆无过热变形变色脱皮现象。

（17）滑线沟内滑触线无变形变色、断裂、受电装置完好无严重磨损、变形，滑线与滑环接触良好，碳刷无严重磨损现象，绝缘子无损坏现象，沟内无积水、积煤和杂物堆积。轨道接地线应牢固可靠，导地良好。

（18）检查各对讲机、指示灯、电源插座、电暖气或空调、各种表计等完好无损。

（19）大车行走轨道两端限位装置完好。其他各行程限位开关无缺少和损坏现象，复位应灵活可靠。

（20）各段线路和继电器柜中不应有烧坏、接地和积粉现象。

（21）停用15天以上应对各电动机测量绝缘。

（22）拉紧钢丝绳表面应无锈蚀，接头处无松动。变幅钢丝绳应无锈蚀现象，磨损程度应符合要求，表面保持涂有润滑油状态。

2. 斗轮机的启动操作顺序

根据运行方式的需要，经检查无误，斗轮机司机应向集控室汇报，待接到集控室启动命令后，斗轮机方可开机启动上煤。

（1）先将总电源开关合上，指示灯亮，整机的动力电源接通。

（2）根据运行方式，将"联锁开关"扳至正确位置。

（3）操作接通控制电源，同时夹轨器放松（夹轨器放松指示灯亮）。

（4）按下电铃警告按钮持续30s，发出斗轮启动警告。

（5）液压式斗轮机先启动补油泵进行液压系统循环，气候寒冷时，应提前启动油加热器将油温加至20℃，再启动补油泵。

（6）根据煤堆形状采取相应的作业方式开始作业。

3. 斗轮机运行中的检查内容

（1）皮带是否跑偏，回转皮带侧不应有异物或刮破皮带现象。各下煤筒是否堵煤或异物卡住，冬季要注意大的冻煤堵塞下煤筒。

（2）电动机、油泵、减速机及各轴承温度是否正常，机器的声音是否正常。

（3）各液压部件是否漏油，压力是否正常，油路系统有无振动及异常响声。

（4）夹轨钳、各抱闸是否动作可靠，回转、俯仰角度是否合适，检查各限位是否可靠。

（5）各电气控制回路和保护系统是否正常。

（6）检查机械各部润滑是否稳定正常。

（7）斗轮运转灵活，吃煤深度合适。

（8）各电流表、电压表、油压表表计正常。

4. 斗轮机紧急停机事项

发生下列情况之一时，需要紧急停机：

（1）操作过程中某一机构不动作时。

（2）悬臂皮带跑偏、撕裂时。

（3）电动机温度升高、冒烟、电流超限且不返回或振动强烈、声音异常时。

（4）减速机振动强烈、温度上升、严重漏油或有异常声音时。

（5）制动器打滑或冒烟，制动器失灵时。

（6）滤油器发生堵塞报警时。

（7）风速仪报警时（遇七级以上大风）。

（8）液压系统严重漏油时。

（9）悬臂在上升过程中有抖动现象时。

（10）油泵噪声大，剧烈振动时。

（11）设备发生异常，原因不清时。

（12）煤中遇大块或异常杂物时。

（13）发生人身事故时。

5. 斗轮机作业的安全注意事项

（1）根据煤场形状，先用手动方式将煤场大体取平，再考虑选用自动或半自动取料，大车开动前，检查夹轨器应放松；检查各指示信号，先空载运转，当俯仰、回转及斗轮旋转正常时再加负荷。每步动作前都要有预令。

（2）斗轮机大车行走时，严禁任人上下，以防摔伤，下雪和下雨时应更加注意安全。大雨天更要注意煤泥自流淹埋道轨。

（3）经常检查风速表转动应灵活正常。遇七级以上大风时，应停止运行，夹紧夹轨器，斗轮下降到煤堆，以防大风刮动悬臂自转损坏设备。

（4）煤场高低不平时，防止煤与皮带反面摩擦或使煤进入滚筒，造成跑偏、撕破等。根据煤场储煤情况及切削高度，及时调整大臂角度。斗轮卡住时，及时回转大臂，以免损坏设备。

（5）启动油泵前应检查油温在20℃以上，否则加热到后再启动设备，油温最大不大于75℃。调整臂架时，应提前5min启动变幅油泵。冬季气温太低时，停转备用期间时间不得过长，应每隔1h启动循环一次，以提高油温。

（6）在操作过程中必须集中精力，在按下某一按钮后，要仔细观察执行机构是否动作，若不能动作应马上停机检查。

（7）调车时，斗轮悬臂梁与地面平行，并且和轨道在同一直线上运行，大臂回转机构在启动时抖动较大，回转过程中不许进行大车快速行走调整。

（8）司机室及配电室要有灭火器材及防护装置。

（9）回转俯仰角不得超过规定限度，在堆料和取料时，悬臂下方不许站人。

（10）斗轮挖煤不得超过一个斗深。取煤时要防止撞坏轨道、地面皮带和斗轮部件，行走时注意铁轨上不能有煤。堆煤时煤堆边坡底部要离开轨道3m以外。

（11）尽量避免将"三大块"（大石块、木块、铁块）取上，发现大于300mm×300mm以上的大块时，要及时停止悬臂皮带，人工将大块取下，以防损坏后级设备。

（12）注意保持煤场工作区内与运煤车和推煤机安全距离。汽车卸煤和斗轮机取煤作业同时进行时，必须保持3m以上的安全距离。

（13）半自动取煤时，煤场起伏峰谷高差最好在1m以下，各限位开关保护传感器应完好有效。

（14）停机时要逐挡进行，有间隙地把手柄扳回零位，禁止快速扳回零位，防止损坏设备。停止运行后，夹紧夹轨器，为使整机平衡，斗轮部分不允许接触地面，将斗轮机靠边水平放置，不得影响煤车和推煤机，停机后应切断电源，防止电源箱内交流接触器长时间带电。司机离开时司机室门必须上锁。检修有工作计划时，将斗轮开到检修场地并将悬臂放好再停电。

（15）严禁他人随便代替司机操作。应经常保持轨道和电气设备接地良好，防止发生触电事故。斗轮机跳闸后，司机须将所有开关按钮恢复到断开位置，然后检查处理，未查清原因前不准贸然送电。

四、斗轮机维护

1. 斗轮机的日常维护项目

（1）清扫进入头尾滚筒处及上下托辊间等各处的物料。

（2）设备启动前检查、运行检查、定期加油。斗轮传动轴下开设一溜煤孔，每次运行完毕，司机须将积煤通过溜煤孔清理干净。

（3）对大轴承用手动润滑泵打入钙基润滑脂一次。

（4）对机械各部及液压系统按时巡回检查，及时排除各种故障或隐患。

（5）擦净各润滑及液压系统的渗油。有漏油情况及时汇报处理。

2. 斗轮机每周维护项目

每周维护项目如下：

（1）对行走车轮各轴承座，各改向滚筒，铰轴注入钙润滑脂一次。

（2）检查各传动件、液压件、制动器，必要时加以调整。

（3）对皮带机及各挡板进行一次调整，对滑动转动部分检查加油。

3. 斗轮机每月维护项目

每月维护项目如下：

（1）每月检查各减速箱油质油位，并注入 40 号机械油，每 6 个月过滤或更换一次新油。

（2）检查蜗轮减速器油位，并注入 120 号蜗轮油，每 3 个月过滤或更换一次新油。

（3）检查各销轴的销定状态，磨损情况，检查紧固件的防松。

（4）检查清洗或更换各滤油器滤芯。

（5）检查各结构件，拉杆、电缆包皮无损伤。

第三节　斗轮机常见故障及其处理

斗轮机常见故障及其处理方法如表 6－1 所示。

故障现象	故障原因	处理方法
油泵噪声大	活塞配合过紧或卡死	修理油泵或更换油泵及液压马达
	吸油滤油器堵死	清洗滤油器
	油面太低吸入空气	加油,使油达到规定高度
	工作油黏度太大(油温太低)	更换工作油
	对轮弹性销损坏	更换对轮弹性圈,重新找正
油压运行不稳定	系统中有大量空气,油箱中泡沫太多	找出吸入空气原因排除油缸及管路中的空气
	溢流阀作用失灵,弹簧永久变形或阀芯被杂质卡住	拆开阀件检查清洗,更换已坏弹簧
油压不高,油量不足,液压缸动作迟缓	溢流阀弹簧压力低,大量油被溢流回油箱	校正弹簧压力,调定系统油压达额定要求
	油泵泄漏量大,油泵磨损大	修复油泵或更换新油泵
	液压系统中内泄大,密封件损坏	更换密封件
臂架升降不均匀,有抖动现象	电液控制阀芯有脏物工作油黏度大	清洗阀芯,检查油质,必要时换油
	平衡或液控单向阀阀芯内有脏物	清洗各有关阀芯及各滤油滤芯,必要时将工作油重新过滤后再用
	重新开动时由于液压系统中存在空气承受负载后显著压缩,使运动不均匀。润滑情况不良,运动部件之间表面不能形成油膜,致使摩擦系数变化	检查油箱中的油面是否过低,油中有无气泡

故障现象	故障原因	处理方法
油路漏油	管接头松动	拧紧管接头
	密封件损坏或漏装	更换或补装密封件
	焊接处裂缝或铸件有砂眼	补焊或更换
	工作油牌号不对	换工作油
油泵剧烈振动	电动机与泵中心不正	校正中心
	管道中有空气	放净管道中的空气
	轴承损坏	更换轴承
	油泵、液压马达内部磨损严重	修理或更换油泵、液压马达
尾车不动作或不脱钩	上下限位未复位或损坏	检查限位使其复位
	电液换向阀不动作	检查电液换向阀
	电气故障	通知电工处理
回转机构不动作	回转限位未恢复	使其复位
	回转油泵未启动	使其启动
	电气故障	通知电工处理
	堵塞继电器动作,堵塞报警灯亮	清理油路,使其畅通
俯仰液压机构不动作	俯仰不动的原因有电磁阀不动作、变幅泵压力低、油温低、平衡阀脏、上下限位未复位、电气故障等	
大车开不出	夹轨器未松开	松开夹轨器
	风速仪动作	暂停工作,待风速降低后再工作
	电气故障	通知电工处理
斗轮不转或运行中突然停下	悬臂皮带未开(联锁关系)	待悬臂皮带开后再启动
	卡住大块或机械故障	检查处理

故障现象	故 障 原 因	处 理 方 法
斗轮不转或运行中突然停下	电气故障，悬臂皮带未启动	检查或通知电工处理
	因过载使斗轮限位矩开关动作；减速机内损坏或液力耦合器喷油	卸载后"复位"作业
悬臂皮带不转	地面皮带未启动（联锁位置）	先启动地面皮带
	电气故障	找电工处理
电气故障	熔丝熔断	更换熔丝或通知电工处理
	开关接触不良	
	过热继电器动作	
	限位器失灵	

第四节　斗轮机调试与验收

一、斗轮机试车前的检查内容及要求

（1）锚定器、夹轨器、制动器、限位器、行程开关、熔断器及总开关等处于正常状态，动作安全可靠、灵活、准确、间隙合适。

（2）金属结构件外观不得有断裂、损坏、变形，拼装焊缝质量符合设计要求。

（3）各传动机构及零件不得有损坏和漏装现象，紧固件牢靠、铰接点转动灵活。

（4）液压系统管路走向、元件安装正确，泵与电动机转向正确，各系统压力调整合适，动作准确无误。

（5）润滑系统供油正常。

（6）电气系统、动作联锁、事故预警、各种开关、仪表、指示灯和照明等无漏接线头、联锁和预警可靠，电动机转向正确，开关、仪表和灯光使用可靠。

（7）配重量调整符合整体稳定要求。

二、斗轮机各部分空载试车的内容和要求

斗轮机调试时按取料方向运转并多次启动和制动，电动机电流和减速机声音正常，液压传动平稳、不漏油，阀类动作准确，各部轴承温升正常。各部分空载试车的内容和要求如下：

俯仰机构空载试车由原始位置，仰起和下俯至极限位置反复进行，多次启动和制动，电动机电流和减速机声音正常，仰起、下俯开关及控制器动作准确，液压系统平稳、不漏油，轴承或油温正常。

悬臂皮带机空载试车按堆料、取料方向各运转 1h，并多次启动和制动，胶带跑偏不影响工作，托辊转动灵活，拉紧装置可靠，联锁制动准确，电动机电流和减速机声响正常，各部轴承温升正常。

回转机构空载试车时在回转角度范围内往复运行，多次启动和制动，电动机电流和减速机声响正常，液压传动平稳、不漏油，启动和制动动作准确，各部轴承温升正常。

行走机构空负载试车在悬臂架分别呈垂直和平行于轨道状态时取仰起、水平、下俯三种位置进行低速运行，但悬臂架平行于轨道时，取高速运行，运行中多次制动和启动，电动机电源正常，制动器动作可靠，减速机声响正常，尾车运行平稳，电动机与各部轴承温升正常。

各部传动装置空负荷连续试车，正反转时间不少于 30min，减速机、轴承座等处温升不得超过 35℃，声音正常，不漏油。

三、斗轮机带负荷堆料（取料）试车的内容和要求

在悬臂架处于水平、仰起和下俯三种极限位置时，分别进行堆料（取料）作业 1h，运行中多次进行启动和制动，各部机构运转正常，堆料（取料）达到平均额定生产率，电动机电流正常。

试车中凡属故障停机的，其试车时间必须重新计算，不得前后累计。

第五节　综　　述

在实际应用中堆取料机是散料输送系统的始端或末端，最常用的工艺流程有：①翻车机卸车→皮带机系统→堆取料机堆料到料场；②堆取料机取料→皮带机系统→电厂配煤仓；③卸船机卸船→皮带机系统→堆取料机堆料到料场。在选用设备时根据需要的始端或末端的输送能力来选取。例如：若采用单车翻车机卸煤炭，则对应的堆料能力应取 1000～1250t/h，若采用双车翻车机卸煤炭，则对应堆料能力应取 2000t/h。若采用两台卸船机卸煤炭，每台卸船机卸料能力为 850t/h，则堆料机的堆料能力应选为 2000t/h。

用于电厂的堆取料机的取料能力应根据每天的使用燃煤量来决定具体

设备的取料能力。一般每台堆取料机每天的工作时间应不大于16h，最好在10h左右，以便有一定的时间进行设备的保养与维护。若电厂的机组为100～150万kW，应选用两台1000t/h的取料机进行取料作业和一台对应于翻车机或卸船机能力的堆料机。较小装机容量的发电厂，如50万kW机组可选用取料能力在1000t/h左右的一台或两台堆取料机，当一台进行堆料时另一台可进行取料上煤。如果每天需要10000t煤炭，至少选用一台堆取料机的取料能力1000t/h，即取料能力为每天总需要量的十分之一。

随着变频器和PLC的应用，斗轮机斗轮、升降、回转和行走等各部分运动都可实现变频调速，并具有一定的半自动和全自动等操作功能和自动检测防撞保护等功能。

提示 本章介绍了悬臂式斗轮堆取料机的结构组成与使用要点，其中第一节和第二节的前半部分适用于卸储煤值班员初级工掌握，第二节的后半部分适用于卸储煤值班员中级工掌握，第三节适用于卸储煤值班员高级工掌握，第四、五节适用于卸储煤值班员技师掌握。

第七章

门式斗轮堆取料机及其他煤场机械

第一节 门式斗轮机的结构

门式斗轮堆取料机又称门式滚轮堆取料机，适用于大型火电厂的煤场使用，具有堆取料过程效率高和操作容易等特点，堆取料能力可达 1500t/h 以上，也可用于大型焦化厂、选煤场、港口，以及其他中、轻比重散装物料的储煤场。门式滚轮堆取料机主要由门架金属结构、斗轮及滚轮回转机构、滚轮小车行走机构、大车走行机构、活动梁起升机构、尾车伸缩机构、堆取变换机构、活动梁及其升降机构、皮带输送机、洒水系统、电气系统、梯子平台、操纵室和检修吊车等部分组成。常用的滚轮堆取料机结构如图 7-1 所示。

（1）门架是门式滚轮堆取料机的主体结构，由钢板焊成箱形结构。活动梁安装在门架的一侧，可以上下移动。门架横梁上部装有操纵室，其下悬挂着给料皮带和移动皮带机。

（2）斗轮及滚轮旋转机构装在门架活动梁小车上，是堆取料机的核心部件。斗轮轮体为无格式斗轮，开式结构，直径 6.5m，装有 8~9 个斗子，斗底为环状链子构成，不粘斗底防止减小斗容。工作时利用物料自重进行卸料。这部分主要由料斗、滚轮、斗轮小车、圆弧挡板、斗轮驱动装置等组成。滚轮旋转采用双驱动，即在斗轮两侧同时驱动，这种驱动方式能够改善斗轮的受力条件，而且有利于斗轮卸料，采用液力联轴器，有效地保证两侧驱动功率的平衡，同时又能对电动机、减速器及其他传动件起过载保护的作用，克服斗轮在取料过程中小车行走轮脱轨的现象。也有的斗轮机构采用 100kW 的单电动机通过减速装置带动滚轮旋转，其驱动机构如图 7-2 所示。

（3）活动梁升降机构。活动梁的升降是由门架下部台车上左右各装一套升降机构来实现的。升降机构包括电动机、减速机、滑轮组、抱闸等

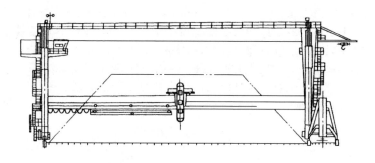

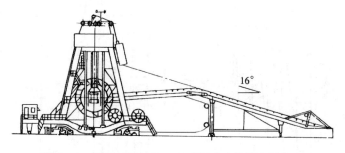

图 7 - 1　MDQ900/1200·50 型门式斗轮堆取料机

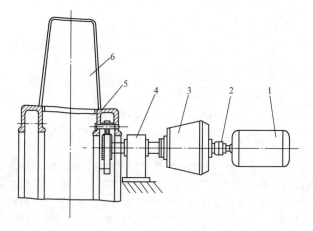

图 7 - 2　斗轮驱动机构

1—电动机；2—联轴器；3—减速器；4—轴承；

5—滚圈；6—取料斗子

装置，其钢丝绳缠绕方式如图7-3所示。活动梁上支撑堆取料皮带、滚轮及其小车运行机构，滚轮可沿活动梁上弦左右移动，并随活动梁整体完成上下运动。这样机上堆料系统和取料系统都设置在活动梁上，可以进行低位堆取作业，随着堆料作业过程中料堆高度的变化，调整活动梁的位置，就可使机上抛料点与堆料顶部始终保持较低而又适度的落差，以尽量减少物料粉尘的飞扬，有利于煤场环境的保护。

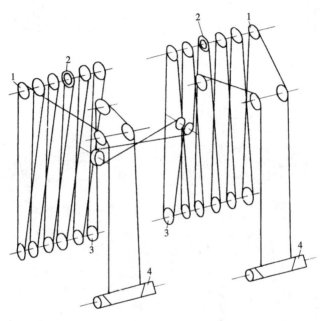

图7-3 钢丝绳缠绕示意图
1—定滑轮组；2—平衡轮；3—动滑轮组；4—起升卷筒

（4）滚轮小车运行机构的作用是载着滚轮沿活动梁左右行驶，完成斗轮取料，结构组成如图7-4所示。小车车轮运行部分有车轮传动和链传动两种方式，其示意图如图7-5和图7-6所示。小车运行速度为12.5～25m/min，无级调速，小车车轮直径为400mm，由一台5kW的电动机经过三级立式套装式减速机驱动。

（5）大车行车机构是支撑来料皮带的箱形架子结构。其下装有从动轮组，尾车与门架立柱一侧连接，随台车一起移动。门架下部两侧的行走台车上装有一组双速异步电动机，通过三级立式减速机驱动主动轮组，使

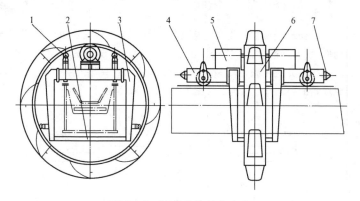

图 7-4 门式斗轮行走小车

1—支承滚轮；2—横梁；3—支腿；4—小车架；5—滚
轮驱动机构；6—滚轮；7—缓冲器

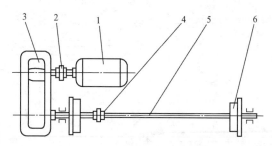

图 7-5 门式斗轮小车驱动装置

1—电动机；2—制动器；3—减速机；
4—联轴器；5—联接轴；6—车轮

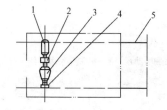
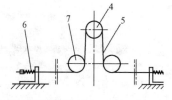

图 7-6 桥式斗轮小车驱动装置

1—电动机；2—制动器；3—减速器；4—驱动链轮；
5—链条；6—弹簧；7—改向链轮

机器沿轨道行走。

（6）皮带输送机包括受料、移动、配煤三条胶带输送机，全部由电动滚筒驱动。配煤皮带机悬挂在活动门架下面，行走驱动装置由电动机、减速机、开式齿轮传动等组成，其组成如图7-7所示。移动皮带机堆料或取料的协同作业位置图如图7-8所示。

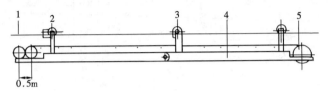

图7-7　配料皮带机结构示意图

1—轨道；2—主动车轮；3—被动车轮；4—机架；5—电动滚筒

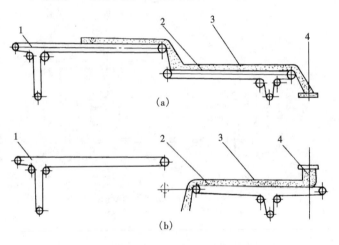

图7-8　移动皮带机堆料、取料位置示意图

（a）取料时；（b）堆料时

1—受料皮带机；2—移动皮带机；3—活动梁；4—尾车皮带中心线

（7）尾车伸缩机构的作用是机器进行堆料作业时，将尾车向驱动台车靠拢；机器取料时，伸缩机构将尾车推离驱动台车。尾车的堆取料变换有两种方式，一种是采用安装在活动梁一端的圆环变换尾车前部相对于活动梁的位置，其结构如图7-9所示，此种结构堆料与取料均使用活动梁内部的皮带运输机。另一种是采用尾车上液压缸的方式变换尾车相对于活

动梁的位置，当改变活动梁的高度位置时尾车前部随着活动梁一起运动。

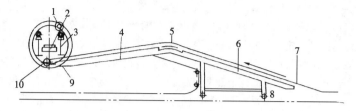

图 7-9　尾车结构示意图

1—堆料位置；2—移动皮带机；3—活动梁；4—变幅机架；5—弧段机架；
6—固定机架；7—地面皮带；8—行走轨道；9—圆环机构；10—取料位置

（8）检修吊车。门式滚轮堆取料机在其门架上弦设置一台起重量 3t 的电动葫芦，供检修时使用。

大车行走机构和其他部件同悬臂式斗轮机或门抓的相应部件基本一样。以下是 MDQ1505 型门式斗轮机的主要技术参数是：

堆取能力：取料 1500t/h　　　　堆高：10m

堆宽：47m　　　　　　　　　　堆长：不限

斗轮直径：6.5m　　　　　　　斗轮斗容：单斗 0.5m³

带宽/带速：1200mm/3.15（m/s）　起升高度：8.25m

大车运行速度空车/重车：30m/5min　电动机总功率：465kW

机器总质量：220t

第二节　门式斗轮机的运行

一、门式斗轮机的取料作业

取煤原理是斗轮不断地旋转，斗轮小车往复行走，将储煤场的煤挖取出来通过落料卸到受料皮带机上，受料皮带将煤转运到移动皮带机上，再转运到尾车皮带机运走。斗轮小车往复运动为斗子挖掘煤提供了横向进给，大车行走可以为斗轮提供纵向进给，活动梁升降可以调整取煤高度，因此与堆煤作业一样，取煤作业也是在三维直角坐标系下的空间进行的。取料时先开动伸缩机构使尾车远离台车，根据物料流动性有以下两种取料方式：

（1）当物体流动性能好时，可采用底部取料法。工作时大车每行进 0.5m 左右即停止不动，将活动梁降至最低点，斗轮从一端开始边行走边挖料。斗轮取完一层物料，则大车前进一段距离，滚轮行走机构反向运行，斗轮取第二层物料，再反向取第三层……。

（2）如果物料的流动性差，斗轮取料时物料不能自流，为了防止物料塌落砸埋斗轮，大都采用分层取料法作业。斗轮首先在煤堆顶部取煤，斗轮在挖取煤的过程中，小车走完一个作业行程后，大车向前移动一段进给距离；然后小车反向行走，再度使斗轮进入挖取状态，直到将煤堆顶部一层全部取完；如果再取下一层，则将大车返回到初始位置，将活动梁下降一段距离，斗轮又可按上述过程切取第二层煤。依此循环，以满足上煤系统的需要。工作时，大车每行进 0.5m 后即停车不动，将活动梁升到最高处（即超过煤堆顶部）。每次取料高度是 3.5m 左右。开动斗轮及滚轮行走机构，使斗轮沿活动梁由一端向另一端边挖取边行走，待滚轮到达活动梁上轨道终端后，开动大车，让滚轮行走机构返回，斗轮继续取料。待滚轮到达另一端时，活动梁下降 3.5m，滚轮返回取料。

二、门式斗轮堆取料机的堆煤作业

由于门式斗轮堆取料机的堆煤作业是在三维空间中运行的，所以其堆煤条件受限制较少，堆煤工作过程是：先起升活动梁至堆料位置，并使斗轮停在远离尾车的立柱侧，开动伸缩机构使尾车向驱动台车靠拢，此时尾车上的胶带输送机的头部对准斜升胶带输送机的受料斗，启动尾车及门架横梁上的胶带输送机向煤场堆煤；当所在位置的煤场堆到规定高度时，大车前进一段距离，再继续堆煤。常用的堆取煤方法有：

（1）定点堆煤法。先将配料皮带机机架不动，在一点堆煤，当煤堆到预定高度后，机架行走一段距离再继续堆，堆满一行后，将大车行走一段距离，再堆第二行，直至堆到煤场终端，这时完成了第一层堆煤。然后将活动梁提升一段距离，再按堆第一层的方法堆第二层，如此往复作业，最后将煤场堆满，并达到最大堆高。

（2）分层堆煤法。配料小车作往复运动，并通过皮带机正反方向的运行将煤连续一层一层地抛至煤场，堆完一行后（达到预定高度），大车行走一段距离，再堆第二行，如此反复，直至储煤场终点。将活动梁提升一段距离，重复上述作业过程，直至将煤堆满。

堆料胶带输送机悬挂在门架横梁下弦，抛料时为了减少粉尘飞扬，应尽量沿煤堆坡度顺序推进。

三、门式斗轮堆取料机各皮带机的协调作业

（1）如图 7-8 所示，受料皮带机位于活动梁左半部分，其功能是把斗轮挖掘出来的煤转运到移动皮带机后再转运到尾车上去。由于受料皮带机几乎在全长段上接受斗轮卸下来的原煤，必然造成原煤对皮带机托辊的冲击，所以受料皮带机全部采用缓冲托辊组，以减少物料冲击。

（2）移动皮带机位于活动梁的右半部分，是进行堆料、取料作业的双向运行皮带机。移动皮带机可在活动梁内移动，通过改变移动皮带机的位置，可分别完成堆料、取料作业。取料时移动皮带机移至受料皮带机下面，斗轮挖取的原煤卸入受料皮带机，再转运到移动皮带机，最后转运到尾车皮带上，完成取料作业；堆料时移动皮带机移至尾车头部改向滚筒之下，由系统皮带机运来的原煤经尾车卸入移动皮带机，再经移动皮带机转运给配料皮带机，堆至煤场。

（3）配料皮带机是一条移动式堆料作业的皮带机，配料皮带机吊挂在活动梁下面，可沿设置在活动梁上的轨道往复运行。堆料时由移动皮带机卸下的原煤按照堆料作业要求，经配料皮带机有规则地堆到煤场。配料皮带机主要由机架、行走装置、电动滚筒、改向滚筒及托辊等组成。为减小原料对配料皮带的冲击，在配料皮带机上全程设置缓冲托辊。

（4）尾车是地面系统皮带机与机上皮带机的连接桥梁，通过机架、改向滚筒、托辊与地面皮带机的胶带套在一起，又通过圆环机构与活动梁连接，可以与主机同步行驶。门式斗轮堆取料机尾车为折返式，尾车采用了圆环变换机构，圆环可绕活动梁回转。取煤时尾车位于移动皮带机下面，移动皮带机处于取煤状态。堆煤时圆环机构回转，尾车改向滚筒运动至堆煤作业位置，移动皮带机处于堆煤状态，即可进行堆煤作业。

第三节　门式堆取料机的结构改进

通常的门式堆取料机在堆料和取料时使用三条皮带运输机实现堆取功能，为了简化结构，可采用一条皮带实现这一功能，设备运行更为可靠，维护更为减少。

在设备活动梁内皮带运输机的布置方法过去是采用两种形式，一种是将堆料时所用的一条固定皮带机和一条移动皮带机安装在门架的上部，从门架的上部往下抛料，扬尘严重，在活动梁内安装一条皮带机用于取料。另一种是在活动梁内上下布置的三条皮带机，其中下部皮带机为移动皮带机，在堆料时使用上下各一条皮带运输机，取料时使用三条皮带机，其中下面的皮带机是移动皮带机。改进方案是在斗轮小车上安装卸料装置，由斗轮小车控制卸料位置，或在与斗轮小车同一轨道上布置一卸料小车，在堆料时采用卸料小车卸料。

在活动梁上布置一条双向运行皮带运输机，此皮带运输机是堆料与取料共用的皮带运输机。活动梁上的小车上安装有斗轮机构和卸料装置或单独安装独立的卸料小车，其中斗轮机构用于取料，卸料装置用于堆料，皮带运行的方向在堆料和取料时相反。活动梁上的皮带在绕过斗轮小车上卸料装置的两个改向滚筒后进入皮带机的另一端。在卸料装置处的改向滚筒将物料经过溜斗卸到料场。在小车的斗轮侧，由于皮带的张力存在，为避免皮带抬起，在小车上装有压带轮。在取料时皮带的承载面向门架尾车侧运行，堆料时皮带承载面向与取料时的相反方向运行。在取料过程中与常规门式堆取料机取料方式相同，堆料时可开动斗轮小车或卸料小车调整物料落到料场上的落料点位置，调整活动梁的升降位置可调整物料的落差。采用此机构的最大优点是减少了活动梁内的两条皮带，并省去了活动皮带机的皮带机小车，而且由于梁内的皮带运输机数量的减少，大大地方便了设备的维护，减少了设备的维修量，并降低了设备的成本。

第四节　圆形煤场堆取料机介绍

圆形煤场所使用的堆、取料设备一般为门式堆取料机，在堆取料作业时集中于定心旋转的回转范围内，不受台风等恶劣天气的影响，同时产生的扬尘范围小，又被拘围在固定的区域内，配合使用全封闭或半封闭式顶棚，很好地解决了常规的敞开式条形煤场堆取料机作业时所产生的大量扬尘对周边环境造成的大范围污染，既美观又环保，综合效益高，具备储煤量大、占地面积小、场地利用率高、安全可靠性高、环保效益好等多项优点。

圆形堆取料机由堆料机、取料机和中心立柱三部分组成，取料和堆料作业时具备两个层次分明的堆料回转机构和取料回转机构，两套系统运行时互不干涉、相对独立，可以同时进行堆料和取料作业。堆料机由悬臂皮带堆料机和进料带式输送机组成。取料机由刮板取料机、中心锥形料斗、出料带式输送机组成。进料皮带钢结构栈桥的终端跨在圆形堆取料机的中心立柱的顶部，悬臂堆料机通过堆料回转机构绕着中心立柱作定心旋转。取料刮板机是由横跨在圆形料场的半门架结构所支撑，门架的另外一端支撑在安装于圆形料场的挡墙上部的圆周轨道上，通过台车组实现驱动回转。当煤需要堆存到储煤场时，来煤经高架栈桥上的皮带输送机落到中心柱的受煤斗，经悬臂堆料机均匀地抛撒到储煤场内。当锅炉需要供煤时，刮板取料机从煤场挖取煤，经中心立柱上的料斗将煤运至出料皮带输送机，再由后续的皮带机传输系统送往锅炉煤斗。圆形煤场斗轮堆取料机见图 7 - 10。

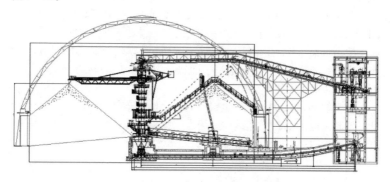

图 7 - 10　圆形煤场斗轮堆取料机

取料机门架行走在圆形轨道上，在正常运行时，车轮轮缘与钢轨有一定的间隙，由于轨道道钉松动或轮对轴承座螺栓松动等，易发生啃道现象，发现啃道时要认真查找原因，进行调整并做好记录。

第五节　其他煤场机械

煤场的其他机械设备类型有取料机、堆料机、混匀取料机和混匀堆料机等。

取料机与堆料机适用于大型码头，设计成单一的流程，在同一料场相邻的两个设备一个是堆料机，另一个是取料机。对同一料场或不同料场这两台设备可同时进行取料与堆料，如堆料机用于卸火车，同时取料机用于装船。对大多数电厂，堆料机卸火车，同时取料机可取料上煤。

混匀取料机与混匀堆料机既有正常的堆料与取料功能，也有混匀均化功能，如烧结厂铁矿石原料的均化，水泥厂的石灰石均化，火电厂煤炭混配均化等。其重要意义在于经过均化后的原料的化学成分相对稳定，煤炭灰分与燃烧值也相对稳定，可使这些行业在产品质量控制方面有较大提高，同时提高了经济效益，并降低了能源消耗。混匀取料机通常为桥式或门式结构，混匀堆料机通常是悬臂式结构。在具体工作时与普通堆取料机的区别在于混匀堆料机是连续行走堆，堆料方式又可分为人字形布料与菱形布料。当堆料作业结束后再进行混匀取料，混匀取料机取料时为全断面取料，能同时取到整个断面的物料，物料是由料耙耙下来后，再由斗轮取上皮带机，由机上皮带机送到地面皮带机。在实际取料过程中大车步进运行一个单程，然后小车运行一个单程。如此反复运行取料。

双臂堆料机应用于电厂、港口、冶金、矿山、焦化等储料场，有两组固定的臂架和悬臂皮带机，通过尾车和分叉漏斗，向两侧储料场堆料。整机主要由臂架、悬臂皮带机、分叉漏斗、机架、驱动台车、俯仰机构、尾车和电气系统等组成，由于取消了回转机构，因此整机结构简单、重量轻。应用中的主要技术参数如下：

生产能力：500t/h

堆料高度：10m

悬臂皮带机：带宽：800mm

带速：2m

俯仰机构：俯仰角度：+16°，−12°

俯仰速度：3.7m/min

行走机构：行走速度：7m/min

轨矩及轮矩：4m×5m

装机总功率：94kW

提示 本章介绍了门式斗轮堆取料机的结构组成与使用要点，并对类似的煤场其他机械设备也做了一些介绍，其中第一节适用于卸储煤值班员初级工掌握，第二、四节适用于卸储煤值班员中级工掌握，第三、五节适用于卸储煤值班员高级工和技师了解。

第八章

推 煤 机

第一节 柴油内燃机的结构和工作原理

内燃机的结构型式很多，根据活塞在气缸中的运动型式不同，可分为往复活塞式内燃机和旋转活塞式内燃机。其中往复式内燃机的使用最为广泛，按照不同分类方式分为以下几种类型：

（1）按使用燃料的性质分为柴油机、汽油机、煤气机。

（2）按一个工作循环所需的活塞冲程次数分为二冲程机、四冲程机。

（3）按机体结构形式分为单缸机、多缸机。多缸机根据气缸排列方式不同，又分为直列立式、直列卧式和"V"型排列式等。

（4）按冷却方式分为水冷式、风冷式。

（5）按点火方式分为压燃式、点燃式。

（6）按进气方式分为非增压式、增压式。

（7）按额定转速分为高速（额定转速在1000r/min以上）、中速（额定转速在600～1000r/min范围内）、低速（额定转速在600r/min以下）。

（8）按用途分为固定式（如发电、钻井等用）和移动式（如汽车、推煤机、装载机、船舶动力用、内燃机车动力用等）。

柴油内燃机是推煤机的动力核心部件，由机体、曲轴联杆机构、配气机构、燃料供给系统、润滑系统、冷却系统、启动系统等组成。

一、四冲程内燃机燃烧部分的结构要点

柴油机是将柴油喷入气缸进行燃烧，产生高的压力推动活塞，经过曲轴连杆机构把活塞的往复运动变为曲轴的旋转运动，并通过飞轮将动力输送给推煤机或其他机械的传动装置。一般推煤机的主发动机大都为四冲程柴油机，其工作过程如图8－1所示。

四冲程内燃机是通过气缸内连续进行进气、压缩、做功、排气四个过程来完成的，这个过程的总称叫作一个工作循环。完成一个工作循环曲轴要转两圈。活塞走四个冲程的内燃机叫四冲程内燃机。

机体与曲轴联杆机构的主要零件有气缸体、曲轴箱、气缸盖、活塞、

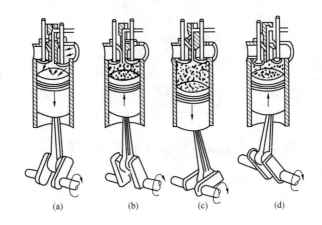

图 8-1 单缸四冲程柴油机的工作过程示意图

(a) 进气；(b) 压缩；(c) 做功；(d) 排气

联杆、曲轴和飞轮等。

机体与曲轴联杆机构的作用是将燃料在气缸中燃烧产生的燃气压力，推动活塞在气缸内作往复运动，通过联杆传动曲轴旋转，曲轴的作用是接受从活塞、联杆传来的动力，将活塞、联杆的往复运动转变为旋转运动，由曲轴的末端输出动力，带动工作机械转动。

活塞与联杆的连接方式有三种：①定销式；②联杆销孔定销式；③浮式活塞销的连接，这种连接的特点是，活塞销在销座中和联杆小端处都转动，即活塞销和连杆小端，活塞销和销座都有相对运动。

气环的作用是和活塞一起封闭气缸以防漏气。油环的作用是刮掉气缸壁上多余的润滑油，以防止润滑油窜入燃烧室燃烧而产生积炭；并使气缸壁上的润滑油均匀分布，改善活塞组的润滑条件。

配气机构的任务是适时地向气缸内提供新鲜空气，并适时地排出气缸中燃料燃烧后的废气，由进气门、排气门、凸轮轴及其传动零件组成。

顶置式气门机构的工作过程是：凸轮轴由齿轮带动旋转，凸轮也随着凸轮轴转动。凸轮的凸起部位将挺柱向上顶起，推杆也随之上升推动摇臂的一端使摇臂摆动。摇臂另一端克服气门弹簧的弹力作用，将气门向下推动逐渐开启。当凸轮顶部在最高位置时，气门大开；当凸轮顶部离开挺柱后，在气门弹簧的张力作用下摇臂上升而紧压在气门座上，关闭气门。

飞轮的作用是将做功冲程中曲轴所得到的能量的一部分储存起来，以

使曲轴联杆机构克服非做功冲程的阻力而连续运转，使曲轴的转速均匀；飞轮还可以使内燃机克服短时间的超载。

内燃机工作时，燃烧气体在气缸中的温度高达 2000℃ 左右，与之接触的受热零件（气缸套、活塞、活塞环、气缸盖和气门零件等），如不进行适当的冷却，必将强烈受热而损坏。因此，冷却系的主要作用是，将受热零件吸收的部分热量及时散到大气中，保证内燃机在最适宜的温度状态下工作。

二、燃料供给系统

燃料供给系统的任务是按照内燃机工作时所需求的时间，供给气缸适量的空气和燃料，汽油机的燃料与空气在气缸外部混合，形成可燃混合气后进入气缸；在柴油机中，燃油与空气分别引入气缸，在气缸内进行混合。

柴油机燃料供给系统的结构如图 8－2 所示，由油箱、柴油滤清器、输油泵、喷油泵和喷油器以及输油管等组成。

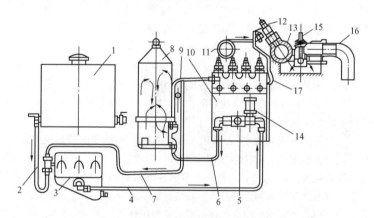

图 8－2　柴油机燃料供给系统简图

1—燃油箱；2、4、6、9—低压油管；3—柴油粗滤器；5—输油泵；7、17—
回油管；8—柴油细滤器；10—喷油泵；11—高压油管；12—喷油器；
13—涡流室；14—手动输油泵；15—进气门；16—进气管

油箱的作用是清除柴油中的杂质和水分。柴油粗滤器的作用原理是当柴油流过时利用滤芯上的细小缝隙阻止较大颗粒的杂质。柴油细滤器的滤芯一般由棉纱、毛毡或滤纸等制成。用以吸附其中极小的微粒杂质。

输油泵主要由泵壳、柱塞、挺杆、柱塞弹簧、进油阀、出油阀和手油泵等组成。其作用是提高燃油的输送压力，以供给喷油泵所需的燃油。

喷油泵的泵油分为进油、泵油和回油三个阶段。

泵油的原理是：凸轮顶住挺柱，克服柱塞弹簧的弹力推行柱塞上行，当柱塞封闭进油孔时，柱塞上腔行程密封的空间，柴油油压急剧上升。克服出油阀弹簧的弹力和高压油管内的剩余压力顶起出油阀，高压油进入高压油管，向喷油器供油。当油压达到喷油器开始喷油压力时，柴油经过喷油器的喷孔喷入燃烧室。

柴油机燃油供给系统应力求做到：①正确地计量供油；②保持合适的喷油时间；③燃油雾化，分布要适度；④喷油规律与混合气形成及燃烧过程配合适当；⑤断油迅速，避免二次喷射或后滴。

三、润滑系统

润滑系统的作用是向内燃机各运动机件的摩擦表面不断地提供适量的润滑油，润滑、冷却和净化摩擦表面。润滑系统是由机油泵、机油滤清器、机油箱及散热器、安全限压器等组成。设计良好的润滑系统应该是：①有合理的油路，使内燃机所有摩擦部位都能得到润滑；②当内燃机在许用工况和环境条件下，在内燃机许用的倾斜范围内，仍有适宜的润滑油压力、温度和足够的循环油量，以保证摩擦表面的润滑；③进入摩擦部位的润滑油应清洁；④内燃机一经启动，各摩擦部位应立即充满润滑油，或在启动前将润滑油预先供入各摩擦部位。

典型润滑系统如图8-3所示，根据内燃机类型和润滑部位的不同，有不同的润滑方式，除个别情况采用单一润滑方式（如二冲程摩托车汽油机等单纯采用掺混润滑）外，大多数内燃机的润滑系统是压力循环润滑、飞溅润滑和油雾润滑的复合。典型润滑系统有湿式油底壳和干式油底壳两类，前者主要用于汽车、拖拉机、工程机械、机车等内燃机；后者主要用于大型、固定、船用柴油机等。

四、冷却系统

冷却系统使内燃机发热零件（气缸套、气缸盖和活塞等）壁面在适宜的温度状态下工作，以保证工作可靠耐久和得到良好的动力、经济指标。冷却系统的冷却介质有液体和空气两种，液体主要是采用水。由于冷却介质不同，其结构布置和所采用的装置都有较大差别。电厂用的推煤机大都采用以水为冷却介质的发动机。水冷却系统的特点是在内燃机的气缸周围和气缸盖中设有冷却水套，使内燃机多余的热量被水套中的冷却水吸

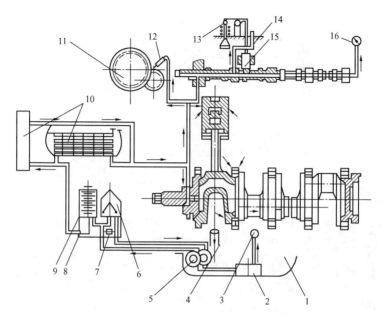

图 8 - 3　135 系列柴油机润滑系示意图

1—油底壳；2—机油集滤器；3—油温表；4—加油口；5—机油泵；6—离心式
机油细滤器；7—调压阀；8—旁通阀；9—机油粗滤器；10—机油散热器；
11—齿轮系；12—喷嘴；13—气门摇臂；14—气缸头；
15—顶杆套筒；16—油压表

收，再以一定的方式散到大气中，与风冷式相比较，冷却可靠而且效果好。

由于内燃机强化程度和使用场合不同，其散热部分有不同的构造形式，因而形成不同的水冷系统，其中以封闭强制循环冷却系统最能保持适宜的工作温度，特别是采用散热器散热，适应性更好。常用水冷系统结构如图 8 - 4 所示，冷却系统由水泵、散热器（又称水箱）、风扇、水套、节温器、水温表等组成。

良好的内燃机水冷系统应具有：

（1）优良的适应性，当内燃机工况及环境条件变化时，仍能保证工作可靠及适宜的冷却水温。

（2）良好的密封性，能避免空气和燃气窜入冷却水系统，当出现气泡时能及时分离并排出系统。

（3）水套内水流组织合理，受热零件的壁温应尽量小，无死区和局

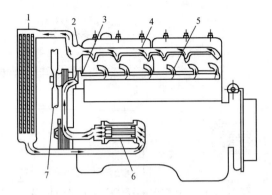

图 8-4 封闭强制循环冷却系统

1—散热器；2—调温器；3—水泵；4—气缸盖出水管；
5—气缸盖喷水管；6—机油冷却器；7—风扇

部炽热区，各缸间冷却强度应尽量均匀。

（4）启动后能在短期内达到正常工作温度，或在启动前能预热发动机。

五、启动系统

启动系统是以外力转动内燃机曲轴，使内燃机由静止状态转入工作状态。包括动力驱动装置和启动辅助装置，这些装置应根据内燃机的类型、结构、用途和使用环境条件等选定。在一定的环境条件下，内燃机必须达到一定的转速才能启动，这个转速称启动转速。内燃机由启动到自行运转所需时间称启动时间。启动系统应保证迅速达到启动转速，确保在规定的启动时间内可靠启动。并可连续启动多次。内燃机必须借助外力以一定的转速转动曲轴，使内燃机达到能够自行运转，才能使内燃机的启动。内燃机的启动方式有人力启动、电力启动和专用汽油机启动。

（1）人力启动仅适用于单缸机或小型汽油机。

（2）电力启动有启动电动机和启动发电机两种。启动电动机适用于汽车、拖拉机、工程机械等。启动发电机是直流电动机，启动时为串激电动机，由蓄电池供电，启动后转换成并激发电机，供蓄电池充电及电气设备用电，适用于机车和高速船用柴油机及小型汽油机。推煤机常用的启动电动机的电磁操纵式原理如图 8-5 所示。与直流发电机比较，交流发电机的优点是：①体积小、质量小、结构简单、维修方便；②能提高内燃机对发电机的传动比，使内燃机在较低转速运转时，发电机也能向外输出电

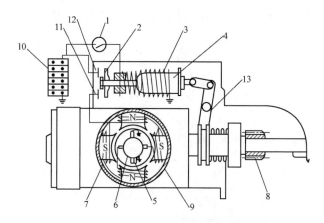

图 8 - 5 电磁操纵式电力启动原理图

1—启动开关；2—电磁开关活动触点；3—电磁开关绕组；4—铁芯；5—电刷；
6—电枢；7—磁极；8—驱动齿轮；9—启动电动机外壳；10—蓄电池；
11、12—电磁开关固定触点；13—驱动杠杆

流，故能提高内燃机低速运转时的充电性能；③采用交流发电机后，相匹配的调节器简单得多，只需要一组节压器就行了。

（3）汽油机启动由启动汽油机及传动机构组成。其特点是受环境温度影响较小，可预热主发动机，启动可靠，但结构和操作较复杂。适用大型拖拉机和工程机械的柴油机。

六、进气系统

进气系统由空气滤清器、进气管和气缸盖上的进气道等组成。对其要求主要是尽量能减少进气流动阻力和损失，提高充量系数，以便为形成可燃混合气创造有利条件。汽油机的进气管有继续将燃料与空气混合和向各缸分配的作用，对发动机的性能影响很大。柴油机的进气道直接影响气缸内的进气涡流，对混合气的形成和燃烧过程有很大关系。

空气滤清器的作用是清除进入气缸（柴油机）或汽化器（汽油机）的空气中所含的尘土和砂粒，以减少气缸、活塞和活塞环的磨损。

增压是将进入内燃机气缸的空气，预先压缩或压缩后再加以冷却，以提高其密度，同时增加喷油量，从而提高平均有效压力。

废气涡轮增压器的工作原理如图 8 - 6 所示，是利用柴油机气缸排出的废气能量推动增压器中的涡轮，并带动同轴上的压气机叶轮旋转，将压缩了的空气充入气缸，增加气缸里的空气数量，同时响应增加喷油泵的供

油量，使更多的柴油和空气更好地混合燃烧，以提高内燃机的功率。

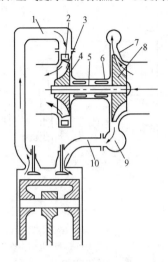

图 8-6　废气涡轮增压器工作原理图

1—排气管；2—喷嘴环；3—涡轮；4—涡轮壳；5—转子轴；6—轴承；
7—扩压器；8—压气机叶轮；9—压气机壳；10—进气管

第二节　推煤机的技术性能与结构

一、常用推煤机的主要技术参数

常用的推煤机是 TY220 型推煤机和 SD32 型推煤机。

（一）TY220 型推煤机的主要性能参数

（1）额定转速：1800r/min。

（2）额定功率：162kW（220PS）/1800r/min。

（3）缸数—缸径×行程：6—139.7mm×152.4mm。

（4）活塞排量：14.01L。

（5）最小耗油量＜228g/（kWh）。

（6）液力变矩器：三元件，一级一相。

（7）变速箱：行星齿轮、多片离合器、液压结合强制润滑式。

（8）中央传动：螺旋锥齿轮、一级减速、飞溅润滑。

（9）转向离合器：湿式、多片弹簧压紧、液压分离、手动—液压操作。

（10）转向制动器：湿式、浮式、直接离合、液压助力、联动操作。

（11）最终传动：二级直齿轮减速、飞溅润滑。

（12）最小离地间隙：405mm。

（13）使用质量：23450kg。

（14）接地比压：0.077MPa。

（15）最小转弯半径：3.3m。

（16）爬坡性能：30°。

（17）履带中心距：2000mm。

（18）单铲容量：5.6m^3。

（19）生产率：330m^3/h。

（二）SD32 型推煤机的主要性能参数

（1）额定转速：2000r/min。

（2）额定功率：235kW（320PS）/200r/min。

（3）缸数—缸径×行程：6—139.7mm×152.4mm。

（4）活塞排量：14010mL。

（5）液力变矩器：三元件、一级一相。

（6）变速箱：行星齿轮、多片离合器、液压结合强制润滑式。

（7）中央传动：螺旋锥齿轮、一级减速、飞溅润滑。

（8）转向离合器：湿式、多片弹簧压紧、液压分离、手动—液压操作。

（9）转向制动器：湿式、浮式、直接离合、液压助力、联动操作。

（10）最终传动：二级直齿轮减速、飞溅润滑。

（11）最小离地间隙：500mm。

（12）使用质量：37200kg。

（13）接地比压：0.083MPa。

（14）最小转弯半径：3.75m。

（15）爬坡性能：30°。

（16）履带中心距：2140mm。

（17）单铲容量：10m^3。

二、推煤机的结构

未带驾驶室的推煤机外形如图8-7所示。冬季作业时的推煤机需要带松土器，一般松土器是三齿式，平行四边形架可调可卸，齿距1000mm（二齿的齿距为2000mm），最大松土深度665mm，最大提升高度555mm，质量2900kg。

TY220 型推煤机单铲容量5.6m^3，40m 运距理论生产力330m^3/h。

推煤机的结构组成如图8-8所示。

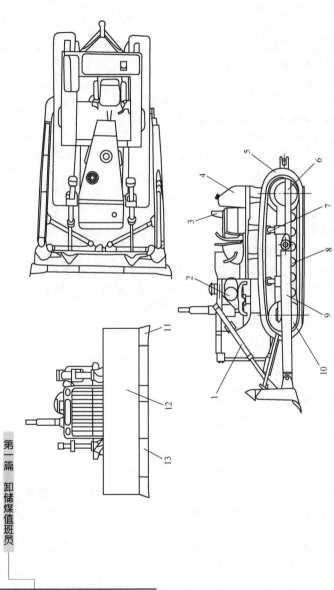

图 8 - 7 未带架驶室的推煤机外形结构图

1—提升油缸；2—发动机；3—司机座；4—燃油箱；5—履带；6—台车；7—托轮；8—支重轮；9—推杆；10—引导轮；11—引导轮；12—推铲；13—中间刀片

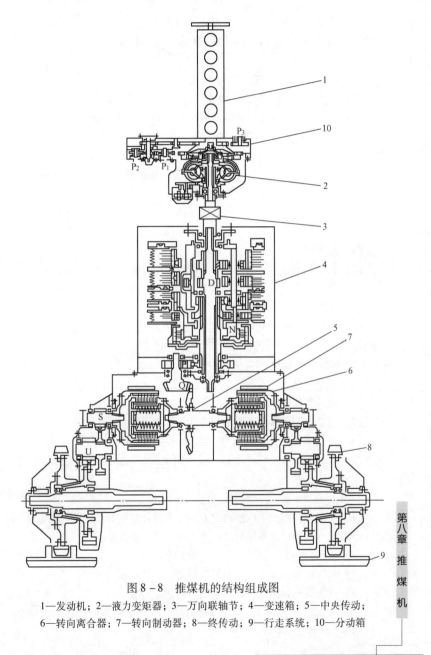

图 8-8 推煤机的结构组成图

1—发动机；2—液力变矩器；3—万向联轴节；4—变速箱；5—中央传动；
6—转向离合器；7—转向制动器；8—终传动；9—行走系统；10—分动箱

第三节 推煤机的使用

一、推煤机的出车准备

（1）柴油机要进行燃油、润滑油、冷却水等方面的检查。检查冷却系统是否有水；柴油箱是否有油；润滑系统的油底壳、喷油泵、调速器、变速箱、终减速装置、支重轮、张紧轮、托链轮等部位的润滑情况，补充润滑油。

（2）对柴油机、传动系统、推煤装置和液压系统等各部位分别进行检视和加油。检查并拧紧各部松动的螺栓。

（3）清除空气滤清器积尘、必要时检查滤芯并清除掉其附着的灰尘。

（4）检查推煤机各部位有无漏水、漏油、漏气现象，若有，则应找出原因，加以排除。

（5）检查与调整各操纵杆及制动踏板的行程范围、间隙和可靠性。

（6）检查铲刀和刀片的磨损情况以及推煤机各部位的螺栓的松紧程度，发现异常，应及时处理。

（7）检查蓄电池的充电量、电气线路和照明设备情况，以保证正常使用性能。

二、推煤机的启动

1. 启动前的检查

（1）打开柴油箱下部放泄截门，将柴油中的沉淀水放出。

（2）将柴油箱下部输油管截门打开，排除管路中的气体。

（3）环境温度低于5℃时，应将冷却水加热到80℃以上再加入水箱，当热的冷却水从放水截门流出后，再关闭本截门，并继续加注热的冷却水，直至加足为止。

2. 启动准备

（1）将主离合器操纵杆推向前方，使主离合器处于"分离"状态。

（2）把变速箱进退操纵杆放在需要的位置（前机或后退）。

（3）将油门操纵杆拉开（向下）1/3行程。

（4）将变速操纵杆放在"空挡"位置。

（5）使推煤装置操纵杆处于中间"封闭"位置。

（6）在启动及试运过程中，应做好防止发动机超速的准备，在发生发动机超速时能立即停车。

3. 启动

（1）将电钥匙插入点火开关内，按顺时针方向扭到"启动"位置。

（2）按下启动按钮，柴油机启动后立即松开，并控制油门使柴油机低速空转。如果第一次启动未成功，应等 1~2min，使蓄电池恢复能力后，再第二次启动（按下启动按钮的时间不宜超过 15s）。

（3）柴油机启动后，应经 5min 以上的无负荷预热运转（冬季时间应长一些），使油温上升到工作范围内，再起步行驶。

4. 柴油机运转当中的注意事项和检查项目

（1）电流表的指针应该指向充电位置（即指针指向"＋"），随着时间的推移，指针逐渐转向"0"。

（2）机油压力表指针应在 0.29~0.34MPa（3.0~3.5kg/cm^2），柴油压力为 0.0686~0.098MPa。

（3）水温在 60~85℃ 范围内为适宜的负荷工作温度，最高时可达 90℃。

（4）机油油温 80℃ 为适宜的工作温度，最高可达 90℃。

（5）检查润滑油、冷却水等有无泄漏，发现问题及时解决。

（6）检查排气是否正常。

（7）检查各部位有无异响、异状，如爆发不齐，敲缸响声等。

三、推煤机的驾驶操纵

1. 起步

（1）将变速操纵杆扳到所需要的档次位置（见仪表盘上的换挡标牌）。

（2）将进退操纵杆扳到所需要的位置（见仪表盘上的换挡标牌）。

（3）将推煤操纵杆拉到"上升"位置，使铲刀提升到距地面 400~500mm 左右高度，然后将操纵杆推到中间"封闭"位置。

（4）将油门操纵杆拉到适当开度（向下是增速）。

（5）将主离合器操纵杆向后拉，推煤机起步，操作时先缓慢起步，再使主离合器完全结合，以减少磨损或防止烧损摩擦片。

注意事项：

（1）变速时，由于花键相碰不能挂上所要求挡次时，应先将变速操纵杆放回"空挡"位置，然后微微拉动主离合器操纵杆，使花键的相对位置改变，然后再行挂挡。

（2）各操纵杆扳动位置必须正确、彻底、切勿中止，以免结合一半造成事故。

（3）根据所要求的负荷大小，控制油门操纵杆位置。

2. 变速与进退

（1）将主离合器操纵杆推向前方。

（2）将变速操纵杆先扳回"空挡"，然后再扳到所需要的档次位置，注意操纵杆要扳到底，防止脱挡。

（3）根据需要，将进退操纵杆向后拉（前进），或向前推（后退），注意后退没有五挡。当变速杆在五挡位置时，由于互锁机构，进退杆不可能搬入后退位置，所以不要强行把进退杆扳到后退位置。

（4）再将主离合器操纵杆向后拉，使主离合器重新结合好。

3. 转向

（1）在前进或后退过程中，推煤机需要向右转弯时，先拉右转向操纵手柄，再将同侧制动踏板根据回转程度的大小，适当踩下。也就是说，需要急转向时，将制动踏板一次踩到终点不动，需要缓转向时，可分几次将制动踏板踩下，并可以将制动踏板不踩到终点。只拉转向操纵手柄，也可以实现推煤机的缓慢转向。

（2）转向完成后，恢复直线行驶的操作顺序正与上述相反。即先松开右制动踏板，然后再松开右转向操作手柄。

（3）向左转向时，操纵过程同上述 1、2 两项，只是要拉左转向操纵手柄，踩下左制动踏板。

（4）没有特殊必要，切忌高速原地回转，以免造成行走部分的严重磨损或其他损失。

4. 在陡坡上行驶

推煤机坡行角度纵向不能大于 30°，横向不能大于 25°。一般情况下，应避免大角度坡行，尤其避免横向大角度坡行。如果必须在陡坡上行使，则驾驶人员应经过一定的训练或选派有经验者，以免造成重大事故。

（1）前进下坡。推煤机在陡坡上前进下坡时，应选择低速挡，柴油机油门操纵杆应放在小开度位置上，并应注意同时控制两个制动踏板，以防溜车。推煤机在陡坡上前进下坡时，如果需要转向，操作过程可与一般情况下的转向操纵过程相同。但由于陡坡上推煤机有因本身重量而产生下滑的趋势，所以拉转向操纵手柄与踩下制动板之间的时间间隔不能太长。而只拉一侧转向操纵手柄，使该侧转向离合器分离，但不踩下同侧的制动踏板，这时推煤机在自身重量的影响下，往相反一侧缓慢转向。这一点，与一般情况下的效果相反。

（2）前进上坡。推煤机在陡坡上前进上坡时，柴油机油门操纵杆应放到大开度位置上，变速操纵杆应放在低速挡位置上。如果在上坡过程中突然熄火，则应采取如下紧急措施：

1）立即同时踩下左、右制动踏板，使推煤机左、右制动器都处于完全制动状态，将推煤操纵杆向外推到"下降"位置，使铲刀落到地面。然后将主离合器操纵杆向前推，使主离合器处于分离状态。

2）拨动掣子，锁住两个制动踏板，使推煤机不会因为脚的离开而下滑。然后检查原因（此前，若能找到较大物体挡在两侧履带后部下方更好），发现故障，及时排除。

3）重新启动柴油机，逐渐加大油门开度，将进退操纵杆放在前进位置，将变速操纵杆放在前进一挡位置，向里拉推煤操纵杆，使铲刀抬起400mm；将油门操纵杆推到最下端开度最大位，踩住两制动踏板，放开掣子；向后拉主离合器操纵杆，使主离合器结合，同时放开两侧制动踏板，则推煤机便可以继续前进上坡。

（3）后退上坡。推煤机需要爬陡坡时，也可以采取后退上坡的方式，如果操作得好，会更安全。如果上坡过程中突然熄火，也应采取紧急措施，其操作过程如2所述，只是柴油机启动后，进退操纵杆应放在后退位置。

5. 在不平坦路面上或在水中行驶

（1）尽可能采用低挡次行驶，避免紧急和频繁回转。

（2）在岩石路面上行驶时，应将履带张的稍紧，以求履带板磨损减轻。

（3）铲刀不宜提起过高，一般情况离地面约400mm即可。

（4）越过较大障碍物时，应低速缓行。

（5）避免斜行越过高大障碍物，更不可用"分离"一侧转向离合器的方法作为越过措施。

（6）推煤机在水中行驶时，应使托链轮露出水面，以免柴油机风扇搅溅水花。

6. 停车与柴油机熄火

（1）在一般情况下，先将主离合器操纵杆推到"分离"位置，然后将油门操纵杆拉到怠速低转位置，再将变速操纵杆放在空挡位置。

（2）紧急情况下停车，应将主离合器操纵杆向前推到"分离"位置，同时踏死两制动踏板，然后将油门操纵杆向上拉到怠速低转位置，并将变速操纵杆放在空挡位置。

（3）柴油机需要停车熄火时，除应完成上述操纵外，还需让柴油机怠速低转几分钟，等水温降到75℃以下，油温降到90℃以下再熄火。但不要关闭燃油管道截门。

（4）在坡上停放时，为了防止由于机身自重下滑，必须将两制动踏板踩死，将掣子扳到锁紧位置。

（5）为了保证安全，避免事故，柴油机停车熄火前应将铲刀落到地面。

四、推煤机的铲推作业

1. 铲掘作业

铲掘作业开始前的操作与行驶操纵相同（即使铲刀抬起，距地面约400mm），变速箱挂到适当挡次以后，将铲刀慢慢放下，使其接触地面，再平稳结合主离合器使推煤机前进；同时向外推推煤操纵杆，使铲刀切入工作面，当切入深度达150~200mm或柴油机发出满负荷声音时，可使推煤纵杆回到"封闭"位置或推向"浮动"位置。控制推煤机按所需方向前进，进行铲掘作业。如果作业面较松，运距又较短，允许铲刀切入深度最大达400mm。在铲掘作业中，发现推煤机突然前倾，或柴油机超载声音沉重，可稍提升铲刀，以恢复其正常工作。推煤机作业运距以50m左右最为经济。为了提高生产率，在一个工作循环中，可不必每次都使推煤机退回到作业面起点，只要推煤机能推满铲而作业又方便，即可中途折回，逐次远退，直到退回作业起点，再开始第二个循环。

2. 推运作业

推煤机在进行场地平整等作业时，除了铲掘，运送外，还需要将铲刀前的土砂等以低速缓慢铺饰。场地做最后平整时，可将推煤操纵杆推到最外侧，使铲刀处于"浮动"状态，并与地面接触，操纵推煤机后退行驶，这样可取得较好的效果，但应注意躲避大块石头等坚硬物，以免损坏铲刀片。

3. 注意事项

（1）推煤机在铲推作业中，遇到过大阻力不能前进时，应立即停止铲推，切不可强行作业，应调整铲推量，然后继续前进。如果柴油机已经熄火需要重新启动时，则应先做铲推作业相反的运动，排除过载，再继续前进。

（2）当履带和行走部分其他部件间夹入石块等坚硬物时，应以反、正方向行驶，排除硬物，再行作业，推煤机转向夹入岩石等硬物时，可反转向排除。

五、推煤机安全注意事项

使用推煤机安全注意事项有：

（1）柴油机、柴油箱等油位应正常。燃油系统检视或加油时，应注意防火。

（2）推煤机起步前应仔细检查现场，避免人身事故或损坏其他物品。

（3）柴油机启动前，主离合器操纵杆必须向前倾使主离合器分离，操纵杆放在"空挡"位置。

（4）先将加速器手柄推到低速空转位置，再将主离合器彻底分离。此时可将变速杆稳、准确移到所需的挡位，将换向杆推到前进或后退位置。

（5）启动后，必须等柴油机水温在55℃以上，油温45℃以上，再慢慢向后拉离合器操纵杆，使主离合器结合。

（6）挂挡后，可将加速器手柄向上拉到行程的中间位置，同时缓慢地结合离合器，推煤机即开始起步。随即将主离合器拉到最后面，越过死点，推煤机进入正常行驶。严禁离合器处于半结合状态。

（7）各操纵杆位置，行程应该正常，动作应灵活、可靠。两侧履带张紧要适度。

（8）推煤机在运行中需要转弯时，应操纵操向杆和脚踏板。当拉动右操向杆时，推煤机向右转弯；当拉动左操向杆时，推煤机向左转弯。拉动要缓慢，放松要平稳。当推煤机需要急转弯时，除拉动操向杆外，还要踏一下同一侧的脚踏板。操纵时要注意，当需要踏下脚踏板时，必须先拉动操向杆，然后踏下脚踏板。转弯完了时，必须先松开脚踏板，再松开操向杆。当转弯半径较大时，尽量不踏脚踏板。

（9）推煤机开动时，驾驶室内不准堆放任何物体，以免影响操作或因无意中碰撞操纵杆而造成事故。

（10）运输行驶中，铲刀不宜提升过高，一般以距地面400mm为宜。推煤机不允许在硬路面上四五挡行驶。推煤机行驶和作业中，应避免不适当的高速和急转弯。应经常注意仪表指示是否正常，各处有无"三漏"现象，有无不正常的声响或敲击。机械有无异常变化等，发现问题，应及时排除。

（11）推煤机工作时，负荷不能过高或过低，负荷过高（超载）或过低（不足）会增加发动机机缸套内的积炭，引起活塞环胶结等故障，降低发动机寿命。

（12）推煤机纵向爬坡角度为25°，极限爬坡角度为30°，横向坡道不得大于25°。推煤机在行驶中，如需急转弯，应用一挡小油门。推煤机上下坡行驶，禁止变速（换挡），上坡时应采用前进一挡。绝对禁止推煤机横坡行驶。

（13）不需要使用制动时，驾驶员的脚不应放在制动踏板上，以防制动器摩擦片不必要的磨损和增加燃油消耗量。

（14）推煤机越过障碍物时，用一挡并将两转向离合器稍分开，便于推煤机在障碍物顶点上缓慢行驶。然后轻轻地连接其中的一个转向离合器，使推煤机平稳地转过一个运动角度，以免冲击。

（15）陡坡作业时，要注意安全。从高处向下推煤或集料台堆装时，最好要有专人指挥。

（16）换挡必须在斜坡上停车时，在分离离合器的同时，必须踩住制动踏板，以防推煤机自行下滑，长时间停车时，可使用制动锁。

（17）推煤机通过铁路时，应用一挡并垂直于铁轨行驶。当通过铁路影响信号时，必须用木块或草垫垫在铁轨上面，保证绝缘后再通过，以防发生事故。严禁推煤机在铁路上停留。

（18）要停车时，先分离主离合器，将变速箱挂空挡，然后再接离合器，此时发动机再以空负荷小油门运转几分钟后，才可停止供油，使发动机熄火。

（19）寒冷天气使用防冻液时，应注意防毒。有结冰的可能时，停车后应待冷却水的温度下降至40℃左右，再将水全部放出。放水不应在停车后立即进行，以免冷热悬殊，使水套激裂。

（20）去推煤机下面排除故障时，柴油机一定要熄火，铲刀应落地或用可靠物体垫好，切不可用推煤换向阀"封闭"状态控制铲刀，以防发生人身事故。

（21）如需放机油，应在发动机熄火后立即进行，使悬浮在表面的杂质随机油一起排除。

（22）为避免发动机燃油供给系统中漏入空气，应在停车后仍将燃油箱的开关开着，如停车时间较长，则可关闭燃油箱的出油阀。

（23）推煤机在接近易燃场地时，发动机排气管必须带上灭火消声器。

（24）换班时，交班的驾驶员应把推煤机的技术状态向接班人员做详细介绍。

第四节　推煤机的保养

一、推煤机的例行保养的内容

在发动机熄火前，开动机器，检查各部分及仪表电气设备是否正常，传动装置及行走部分的发热程度。例行保养为每工作 8～10h 一次。

发动机熄火后，应做如下保养工作：

（1）清除推煤机各部分的附泥、尘土等物，油污，擦洗发动机外部。

（2）夏季补充冷却水，冬季或寒冷地区应放尽冷却水或加防冻液。

（3）检查有无漏油、漏水、漏气等情况，发现问题应及时解决。

（4）将柴油箱加足柴油。

（5）检查各处的螺栓、螺母等有无松动与丢失，如有则应及时拧紧或补齐。

（6）检查各处的零件有无损坏，丢失或不正常松动，如有，则应及时处理。

（7）露天存放，应用篷布盖上推煤机。

（8）在粉尘较多的条件下作业时，应经常检查、清理柴油箱盖上的通气孔，必要时清洗油箱盖内的过滤填料，洗完后在机油内浸一下。

（9）检查随机工具是否齐全。

每工作 60h 后，旋下飞轮罩，转向离合器室下面的放油塞，以及主离合器下监视孔盖，放出里面的油污和脏物；检查风扇皮带的张紧度，必要时加以调整；按润滑要求，分别润滑各点，向各杠杆、关节摩擦部分注润滑油一次，但履带活节处不许加注。

二、推煤机二级技术保养的内容

二级技术保养为每工作 240h 一次。底盘部分的二级保养项目可按 480h 执行一次，二级保养内容包括：

（1）清理机油散热器和水箱外部。

（2）检查发电机，必要时清理整流器和电刷，清理电压调节器的接触点，如有故障，应及时修理和调整。

（3）清洗柴油箱（不必卸下）及箱盖通气孔的填料和加油口滤网。

（4）检查离合器各销轴、板簧固定是否可靠。检查离合器挠性连片的连接状态，有无断裂现象，发现后应及时更换（各组一起更换）。如果换后短时间又发生断裂现象，此时应检查发动机与变速箱的同心度，必要时加以调整。

第八章　推煤机

（5）检查并调整主离合器及启动机离合器。

（6）检查并调整操向杆和制动踏板的行程。

（7）通过离合器上罩检视孔，检查接合机构的滑动帽、折闩等的固定是否可靠。

（8）检查驱动轮圈和驱动轮毂的连接是否有松动现象。

（9）如扳动操向杆费力，应检查增力器油封是否有漏油现象。如果油封损坏，应及时更换；如果增力器主轴花键套的填料油封漏油，应用拧紧油封压紧螺圈的方法进行调整。

（10）检查张紧轮、支重轮和托带轮的润滑油量，必要时添加。

（11）按润滑表要求润滑各点。

（12）全面检查推煤机外部所有的紧固螺栓，并及时拧紧，

（13）整车试运转。

三、柴油机的故障判断

当柴油机运转不正常时，可采用"看、听、摸、嗅"的方法综合判断哪一个部位或哪一个系统产生故障。

（1）"看"，即观察各仪表的读数，排气烟包以及水、油的变化情况。

（2）"听"，即用细长的金属棒或木柄螺丝刀触及柴油机外表面相应部位听运动件发出的声音及其变化情况。

（3）"摸"，即凭手指感觉检查配气机构等零件的工作情况和柴油机振动情况。

（4）"嗅"，即凭感官的嗅觉，嗅出柴油机有无异常的气味。

第五节　推煤机的验收质量标准

一、推煤机试转中的检查内容及要求

（1）在试运转中每挡至少要分合主离合器 2 ~ 3 次，以检查主离合器的工作情况，应无卡死和打滑现象，由有经验的人员调整主离合器，必要时停止主发动机后再进行调整。

（2）变速箱各挡的变换应轻便灵活，运行中无异常的响声及敲击声。主离合器接合时，其自锁机构保证不跳挡。

（3）保证转向离合器在各挡时均能平稳转向。在一、二挡行驶时，在原地做左右 360° 急转弯试验，要求被制动一侧履带停转，制动带无打滑和过热现象，制动踏板不跳动。对其余各挡，做两次左右 360° 转弯试验，应良好。

（4）刹车装置应保证在20°的坡度上能平稳停住。

（5）在平坦干燥的地面上和不使用转向离合器及制动器情况下，推煤机作直线行驶，其自动偏斜应不超过5°，链轨的内侧面不允许与驱动轮或引导轮凸缘侧面摩擦，其最小一面的间隙不小于两面间隙总和的1/3。

（6）铲刀起升、下降应灵活平稳，并能在任意位置上停住，绞盘无打滑现象。

（7）试运转结束后，应进行技术保养，并消除试运转中发现的各种缺陷，做好交车准备。

二、推煤机气缸体及气缸套的检修质量标准

（1）气缸体不得有裂纹，焊修或用环氧树脂修复的气缸应进行水压试验。试验要求在0.3～0.4MPa下5min无渗漏现象。

（2）气缸体应清洗干净，水道和润滑油道内不允许有污垢。

（3）气缸体平面上螺纹滑扣不超过两扣，固定气缸盖的螺栓不得弯曲和滑扣，拧入气缸体的双头螺栓不得松动，应垂直于气缸体的上平面。拧上螺母后，螺栓露出部位为2～3扣。

（4）气缸套内表面应光洁，无擦伤和刻痕，内径磨损过大，超过磨损极限，应更换。

（5）检修气缸套时，必须用专用工具压出或装入机体。气缸套外表面的积灰或水垢应清除干净。

（6）各气缸直径应一致，汽缸套装好后应进行测量，其椭圆度、圆锥度应符合该机说明书的有关规定。装配时应防止气缸套变形。高于机体平面尺寸应合适，否则应予以修整。

（7）长期使用后的气缸套外表面出现蜂窝状孔洞（即穴蚀现象），严重时甚至可以击穿气缸套，所以使用一段后（一般在2000h以上）应抽出气缸套进行检查，必要时将气缸套旋转90°继续使用或换为新的气缸套，以免发生击穿现象。

提示 本章介绍了推煤机的工作原理与使用要点，其中第一、二、三节的前半部分适用于卸储煤值班员初级工掌握，后半部分适用于卸储煤值班员中级工掌握，第四节适用于卸储煤值班员高级工和技师了解。

第九章

储煤设施和冻煤处理

第一节 储煤斗和储煤罐

一、储煤斗的防堵措施

翻车机的受煤斗多为普通方形受煤斗。这种受煤斗一般配以振动式给煤机上煤。当来煤较湿、黏结性较强时，容易蓬煤。设计时斗壁倾角不应小于55°，采用无棱角的圆锥形钢筒煤斗，不易蓬煤；斗内贴以耐磨耐蚀的高分子聚乙烯衬板可防止蓬煤；斗壁外加振动器，空气炮可解除蓬煤；人工捅煤时应在确保安全情况下从上往下捅。

煤斗和卸煤沟为了防止搭拱蓬煤和防磨，一般加装有护板。护板种类有铸石板、超高分子聚乙烯、橡胶陶瓷板、聚氨酯复合板、高锰钢、陶瓷等。各自特点有：①铸石板脆，易碎；②聚乙烯板弹性差，易冲击开裂；③橡胶骨架板结合不牢固，易脱落；④煤斗内衬板使用聚氨酯弹性衬板能较好克服以上缺点，聚氨酯复合衬板是3～4mm的骨架钢板和聚氨酯弹性体复合而成，其弹性、耐磨性、抗冲击性、耐油性和耐腐蚀性能较好，具有较高的承载能力，使用温度不高于80℃，安装时不能进行氧割等热加工，可用钢锯切割，适用于钢煤斗和卸煤钩内壁使用。

翻车机受煤斗算孔尺寸宜为300mm×300mm～400mm×400mm，冻块及大块杂物由人工清理。为了下料畅通，新建的受煤斗算筛可以做成振动式煤算，其结构如图9-1所示。

二、储煤罐

（一）概述

储煤罐又称筒仓，作为储煤设施或缓冲、混煤设施。普通储煤罐布局如图9-2所示，早期储煤罐的直径十多米、储煤量千余吨，目前已发展到直径二十几米、储煤量达万余吨的大型储煤罐。仓下的给煤设备也有所不同，小型储煤罐多用振动给煤机完成给煤，而现在的大型储煤罐正在推行圆环式给煤机，能有效解决仓内蓬煤的问题。

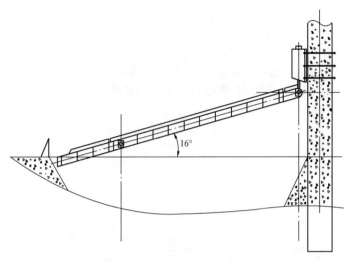

图 9 - 1　振动式煤箅结构图

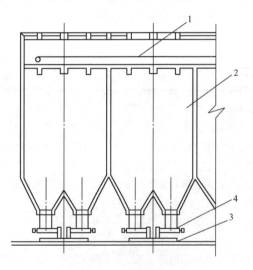

图 9 - 2　储煤罐布局
1—活动配煤带式输送机；2—筒仓；3—受料
带式输送机；4—给煤机

常用储煤罐的技术规范如表 9 - 1 所示。储煤罐可以防止粉煤由于风吹日晒和雨淋冲刷损失，能减少环境黑色污染，能减少储煤热量损失；可以解决煤的干储存，有利于通风，能防止自燃；筒仓占地面积小，与储煤场比较，同样的占地，筒仓可以多储煤；便于实现储卸自动化，运行费用低；筒仓设计结构先进合理，下部配用圆环给煤机，能实现仓内存煤的整体流动，防止结拱堵塞。但采用筒仓储煤基础造价高，初期投资费用大。

表 9 - 1 储煤罐的技术规范

储煤罐直径（m）	容量（t）		罐下至罐顶高度（m）		
10	800	1000	15.6	18.2	20.8
12	1600	2000	17.2	20.7	24.7
15	3000	3500	21.3	24.2	27.3
22	8000	10000	28.6	33.9	39.2

筒仓种类根据其形状分类，有圆筒仓和方仓；根据布置分类，有地上仓和半地下仓；根据仓的深度分类，有浅仓和深仓。火电厂多采用圆筒仓作为输煤系统缓冲或混煤设施，或代替煤场作为储煤设施。浅仓主要用于铁路上给车辆装散装物料；深仓是用来长期存放散装物料的具有竖直壁的容器。火电厂用的储煤罐都属于深仓类。

储煤罐的构造包括罐顶装料设备、罐筒、罐下斜壁、卸料口、卸料机械部分。

为了提高储煤罐的有效容量，装料设备应保证尽量把煤均匀地撒到煤罐里，装料设备多采用皮带机配犁煤器、埋刮板输送机等设备。

罐筒和罐下斜壁大多是用钢筋混凝土制成的，为了防止"挂煤"和加速煤的流动，常在罐筒和斜壁内砌衬铸石板。为了破除物料搭拱，通常在斜壁上留有捅煤孔，或内衬钢板，装助流振动器。

卸料口位于储煤罐底部，卸料口的形状有圆形、正方形、长方形。采用一个卸料口的储煤罐极少见，多用 4 个卸料口。

为了将料迅速地从卸料口运走，多采用振动给煤机，当几个储煤罐相切布置时，也有将卸料口开成通的卸料口，像缝隙煤槽下的卸料口那样，可采用叶轮给煤机作为卸料设备；圆环给煤机是专为筒仓设计的给煤机，圆形大盘沿筒仓周边向下刮煤，能使仓内储煤整体下降，有效防止了蓬煤现象。

（二）装卸料过程分析

在装料时，煤在罐内呈一个个圆锥堆形状，落差虽然相同，但大块煤从圆锥顶部沿其斜面滚到筒壁，而粒度较小的煤集中在煤仓的中心位置，这种在装料时产生的大小块煤重新分布的现象，理论上叫做离析现象。这种现象在任一型式的煤仓中都存在，对储煤罐内物料流动起着很大的破坏作用，因为落料点下部的煤粒度较小，而且受后面落下的煤的冲击，致使层层压实，所以粒度小的煤流动性差。

当卸料口闸门打开后，煤受自重作用，从煤罐中落下，在卸料过程中，物料的流动受物料的物理性质影响，也受装料方式影响。采用移动式皮带机装料是目前较为理想的装料机械，可以使储煤罐横向连续装煤，各点的煤粒度比较均匀。采用犁煤器单点装煤的方式效果最差，离析现象最严重，而且储煤罐的有效储煤量最小。

煤在储煤罐中的流动主要有以下两种形式：

（1）整体流动。储煤罐内的煤在卸料过程中全部"活化"，物料呈水平状下降。这种流动形式是一种理想的流动形式，只有在煤的颗粒大小一致，水分适中，卸料口尺寸很大的条件下才会接近这种流动工况。

（2）中心流动。这种流动形式的特点是只有储煤罐卸料口上方的煤流动。此时储煤罐中虽然储存有大量的煤，但只有卸料口正上方的煤靠自重流出，而靠边壁的煤会挂在壁上，当中间的煤卸出后，边壁挂的煤会产生崩塌，将卸料口堵塞，造成输煤系统断煤。边壁挂的煤长期储存在罐内，极易产生自燃，特别是挥发分大的煤，不利于安全生产。

储煤罐的卸料过程以第一种流动方式最好，目前使用的储煤罐中采用条形卸料口，叶轮给煤机卸煤的方式，煤的流动方式接近整体。圆环给煤机的圆形大盘沿筒仓周边向下刮煤，能使仓内储煤最大程度地实现整体流动，有效减小了边壁挂煤现象。

用储煤罐储煤时，受以下三方面的影响，应注意考虑：

（1）煤的颗粒组成。当电厂来煤是经过筛选、颗粒均匀时，储煤罐的效果比较好。此时煤在储煤罐中不易产生离析现象，颗粒之间摩擦力相近，流动性能好。如果来煤未经筛选，颗粒组成复杂，煤进入储煤罐时产生严重的离析现象，流动性较差，引起搭拱，造成物料难卸。此时储煤罐的作用无法发挥。

（2）外部条件。若电厂距煤矿较远、电厂容量很大时，储煤量要相应增大，此时所需的储煤罐的直径和个数也相应增大，一次投资的费用远远大于储煤场的投资。储存天数加大，对储煤罐十分不利，煤在罐中的储存天数一般不要超过 3 天。

（3）煤的水分。水分的大小也限制着储煤罐的使用。一般来说，煤的外在水分在 8% ~ 12% 时，煤的流动性好，卸料时储煤罐内物料都能活化，不易产生挂壁或中心卸料；当煤的水分大于 12% 时，例如洗中煤，水分子包裹了煤粒，其间摩擦力减少，煤容易自流，失去控制而从卸料口涌出，压坏卸料设备；水分低于 8% 时，煤颗粒之间摩擦力较大；容易搭拱，储煤罐的作用得不到充分的发挥。

（三）储煤罐的使用与维护内容

储煤罐的使用随罐的用途不同而异。若储煤罐是用于储煤，则要考虑煤的储存时间不能过长，防止煤在仓内储存时间过长而被上层煤压实，流动性降低，因此应及时地将罐中的煤卸出再存新煤，若储煤罐用于混煤，则应按不同煤种混合的比例开启相应的给煤机，向系统供煤。要求严格按比例烧混煤的电厂，配制储煤罐是适宜的。

储煤罐多数是用钢筋混凝土浇注而成，储存量高达千余吨到万余吨，因而在使用中应注意检查储煤罐的地基是否有下沉现象，并随时检查筒壁有无裂纹现象。

为保证每个储煤罐能正常运行，必须认真填写储煤罐的工作日志。储煤罐装卸设备投入运行中，工作人员应认真检查。来煤的粒度、水分是否符合标准，是储煤罐正常运行的重要条件。发现来煤不符合标准时，要及时向车间汇报，并要求厂方对煤矿发出拒收通知。

储煤罐的维护包括装卸设备启停车规则、运行顺序和时间、运行中对设备的巡检、机械的润滑周期及安全技术措施等。

第二节 干 煤 棚

大型火电厂燃煤日消耗量在 10000t 以上，特别是南方进入雨季时，配煤和储煤工作显得更为紧张，所以为了防雨防风，大部分电厂都建有 1 ~ 2 个干煤棚。干煤棚的主要结构形式有门式刚架轻钢结构、网架结构、门式拱桁架和两铰拱桁架等。小型火电厂的干煤棚布局如图 9 - 3 所示，这种结构以抓斗接卸和推煤机供煤为主，对于现代大型火电厂是较难满足供应的。

一、门式框架轻钢结构干煤棚

门式框架干煤棚外形立面图如图 9 - 4 所示，从结构上看这种干煤棚与门式斗轮机在外形上配合紧凑，建筑空间利用率可达到 80% 以上

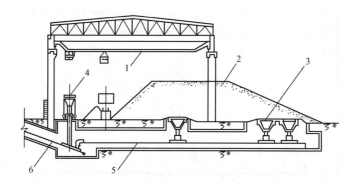

图 9-3 小型干煤棚
1—桥型抓煤机；2—干煤堆；3—地下煤斗；4—移动煤斗；
5—受料带式输送机；6—斜升带式输送机

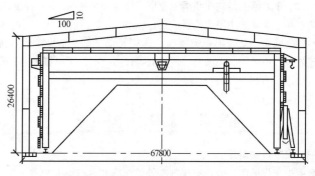

图 9-4 框架式干煤棚（单位：mm）

（而网壳结构的空间利用率仅有 45% 左右）。如某厂干煤棚总长 100m，跨度宽 66m，檐口高度为 26m，屋面坡度为 1:10，干煤棚结构情况是中间布置煤堆和 55m 跨度的门式斗轮机，两侧标高 0m 处设置一条 2m 高的通风带。

与其他种类的干煤棚相比，大跨度门式框架轻钢结构干煤棚有跨度大、耗钢量少、安装方便、施工周期短和抗震性能好等优点。屋面板和墙板均采用带彩色涂层的波纹钢板，大大减轻了结构自重，最大限度地节约了钢材。

二、大跨度柱面网壳干煤棚

空间网架结构是目前广泛采用的一种屋盖承重结构。其优点是刚度大、整体性强、抗震性好、造型美观大方等。目前我国已建成的跨度最大的柱面网壳干煤棚跨度达108m，采用三心圆柱面双层网壳的结构形式。

柱面网壳结构如图9-5所示。

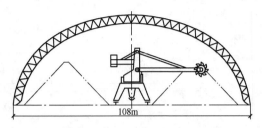

图9-5　柱面网壳式干煤棚

大跨度空间钢结构主要是指网架、网壳结构及其组合结构，这类结构受力合理、刚度大、重量轻、杆件单一、制作安装方便的空间结构体系，近一、二十年来网架结构在我国工业厂房屋盖发展较快，并在大跨度体育馆、机库和工业建筑中得到广泛应用。

干煤棚网架的防腐用彩钢屋面，具有无梁无檩、造型美观、抗风抗震、寿命长、免维护、无渗漏、造价低等优点。电厂干煤棚采用网壳结构的平均用钢量为 $50 \sim 70 \text{kg/m}^2$。

第三节　冻煤处理方案

一、火车煤的解冻

常用火车煤的解冻方式有煤气红外线解冻和蒸汽解冻两种。

煤气红外线解冻库是采用煤气红外线辐射器作热源，以辐射热进行解冻的。由于辐射传热快，热效高，因此具有解冻效率高，运行费用低等优点。同时由于辐射部位可以选择和调节辐射量能够使车辆的制动装置避免辐射热的直接照射，因此对车辆损坏少。辐射器沿解冻库长方向布置。解冻库净宽一般为7500mm，辐射器到车帮的间距在800mm左右。车辆底部的加热装置一般采用底部辐射器。每个底部辐射器均有单独的阀门。

煤气红外线解冻库所使用的煤气是经过净化处理，并经脱硫脱萘，其发热量低热值大于 16.7MJ/m^3。辐射器一般采用定型的金属网辐射器，燃烧网一般采用铁铬铝丝制成。

蒸汽解冻库是采用排管加热解冻，排管加热器用 $\phi 108$ 无缝钢管焊接制成，布置在解冻库两侧，解冻库为无窗结构，库两侧设进车大门，沿解冻库长度每隔 30～50m 设有检查用的侧门，解冻库外墙厚度不小于370mm，沿解冻库长度方向每隔 30m 左右设置温度遥测点一组，每组测点温度表分上、中、下三点均匀布置。冻煤车之解冻厚度按平均为 150mm考虑（即车皮六面体冻结厚度皆为 150mm。解冻库内设计温度按上部100℃、下部 70℃选用。下部温度过高将会损坏车辆的制动软管、皮碗等配件。解冻库内地面靠近铁轨两侧设有排水沟；车辆与加热器间通道一般为 500～600mm；库内还设有消防水系统。

解冻库长度应可容纳 30 节车辆或更长，以满足用煤量的需要。在煤车未进入解冻库之前即应送汽预热，预热时间约 3～4h，使库内温度逐渐升高至设计温度（100℃）。当煤车进入解冻库时，由于解冻库大门开启时冷风渗入将使库温下降 20℃，但当进口大门关闭后库温立即回升，约经 0.5～1h 后即可回升至 100℃。一般需加热 6h 后煤车上部及两侧已近 0℃，但靠车底煤温仍在 0℃以下，但此时已满足翻车机卸煤的要求，如卸车采用底开门漏斗车配地下缝隙煤槽，则需将解冻时间再延长 1h，使靠近车底煤温升至 0℃以上时，方能满足卸车的要求。

二、冻煤钻松机

冻煤钻松机是用于火电厂冬季处理冻煤的机械。火车煤用的冻煤钻松机结构如图 9-6 所示，是用一组大直径的钻头将车厢内的冻煤钻松，以利于卸煤。要求钻松机坚固耐用，效率高，可钻松较厚层的冻煤，对车体

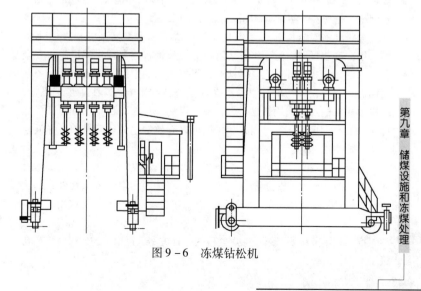

图 9-6　冻煤钻松机

无损坏。有的车辆因底层冻煤一次翻卸不干净，可将车皮回送到重车线上经冻煤钻松机二次钻松后再次翻卸。这种冻煤钻松机主要技术参数如表 9-2 所示。

表 9-2 主要技术参数

轨距 （mm）	钻台提升 速度（m/s）	大车行走 速度（m/s）	钻头转速 （r/min）	适　用　车　型	总质量 （t）
5000	0.14	0.4	87	C50　C62　C62M	60

三、煤场冻层的处理

煤场或船运煤有了冻层必须及时处理，否则将会很快地损坏设备，煤场冻层一般用推煤机后的松土器犁耙和人工的办法处理。

第四节　封闭式储煤场介绍

传统的煤场适合大型设备进行作业操作且费用低，因是露天煤场，散热快，有利于防治煤自燃，但其占地面积大，煤场利用率不高和受自然环境影响大，风雨季节煤的损失严重，而且影响配煤质量。全封闭式煤场是储煤场的发展趋势，将煤场做成全封闭是为了改善我们生存的环境，减少环境污染以及减少资源浪费。用大跨度钢结构和彩钢板或气膜把煤场遮盖起来，是现阶段储煤场封闭改造较多采用的形式。

大跨度钢架结构封闭煤场是通过挡煤墙、大型网架结构及彩钢板等，搭配安装喷淋、消防、安全监控等设施，将储煤场建成稳定、安全及环保的建筑物。常见的包括条形封闭煤场和圆形封闭煤场。储煤场全封闭后，存放在煤场里的原煤不受气候条件的影响，减少了煤尘飞扬，减少了煤堆的自燃损耗和热损失，并且煤场条件相对稳定，有利于开展抑尘和安全管理工作。封闭式储煤场可以有效地达成环境保护和降低电厂运营成本的目标。

气膜式全封闭煤场是通过特殊的气膜材料将煤场封闭起来，内部配有相应的消防、抑尘等安全设施，具有建设周期短、空气流通性好、成本低、零维护、不受地质条件限制等优点，在煤炭行业中被广泛应用。

提示　本节简要介绍了冻煤处理的几种方案，适用于卸储煤值班员初级工掌握。

第二篇

输煤值班员

第十章

燃煤的特性与管理

第一节 燃煤基本性能

一、燃煤的种类

（一）煤炭形成与分类

煤炭是地壳运动的产物，远在几亿年前的古生代到新生代时期，生长在浅海或沼泽湖泊中的大量植物的遗体，经微生物的化学作用转变成废泥和泥炭，因为地壳的运动和下沉，这些泥炭被深埋在地下，在长期高温高压的作用下，就形成了煤炭。这一转变过程也叫作煤化过程，随着煤化作用的加深，泥炭转变成褐煤、烟煤和无烟煤。

我国煤炭的分类有成因分类法、实用工艺分类法、煤化程度和工艺性能结合分类法。我国现行煤炭是按照煤化程度和工艺性能结合分类的，表征煤化程度的参数主要是干燥无灰基挥发分 V_{daf}，煤化时间越长，挥发分越少，煤化程度就越高，含碳量也就越高。根据这个过程，煤碳大致可分为以下种类：

（1）褐煤，包括褐煤一号、褐煤二号，经过成岩作用但煤化变质程度不大，挥发分 $V_{daf} > 37\%$，含水量高达 45%，含碳量相对低。低位发热量 $Q_{net,ar}$ 大多为 10.45~16.73MJ/kg。这种煤热稳定性差，风干时易爆裂成碎煤。由于灰分中常含有较多的碱土金属，因此，灰熔融性温度低。

（2）烟煤，包括长焰煤、不黏煤、弱黏煤、中黏煤、气煤、肥煤、焦煤、瘦煤、贫瘦煤、贫煤等。以上各项从长焰煤到贫煤变质程度由低到高。

1）长焰煤是变质程度最低、挥发分最高的烟煤，挥发分 $V_{daf} > 37.0\%$，易着火，燃烧性能好，火焰长。水分仅次于褐煤，发热量比褐煤高，有些煤还含有少量的次生腐植酸。

2）贫煤是煤化程度最高的烟煤，挥发分 V_{daf} 在 10.0%~20.0% 之间，含碳量 C_{daf} 高达 90%，含氢量 H_{daf} 一般为 4%~4.5%。这种煤燃点高，燃烧时火焰短，但发热量高，燃烧持续时间较长。

3）贫瘦煤是高变质程度的烟煤，单独炼焦时，大部分能结焦，其挥发分 $V_{daf} > 10\% \sim 20\%$，含碳量 C_{daf} 与含氢量 H_{daf} 都比贫煤略小。这种煤的燃烧特性近似与贫煤，有时燃烧后会结成块状物，但通常灰的软化温度高。

4）弱黏结煤是一种黏结性较弱的低变质程度到中等变质程度的烟煤，挥发分 $V_{daf} > 22\% \sim 37\%$，加热时产生胶质体较少，炼焦时粉焦多，易着火燃烧性能好。

5）不黏结煤是变质程度较低的中高挥发分烟煤，挥发分 $V_{daf} > 20\% \sim 37\%$。一般水分含量大，发热量较上述煤低，着火燃烧时火焰较长。

（3）无烟煤，是煤化程度最高的煤，挥发分 $V_{daf} \leqslant 10\%$，含碳量 C_{daf} 高达90%，含氢量 H_{daf} 一般小于4%，氧和氢的含量也比其他类别的煤低。这种煤抗粉碎性能高，燃烧时不易着火，化学反应性弱，储存时不易自燃。

（二）电厂动力用煤的性能指标

根据我国的燃料政策火力发电厂应当尽量燃用劣质燃料，电厂动力用煤主要原煤有长焰煤、褐煤、不黏结煤、弱黏结煤、贫煤和黏结性较差煤及少部分无烟煤，另外根据锅炉燃烧特性要求和工业商用业务情况，动力用煤还有混煤、筛选煤、洗混煤、洗中煤、煤泥、末煤、粉煤等。另外某些高灰、高硫而可选性又很差的气、肥、焦、瘦等也可用于动力用煤。

混煤是根据锅炉对关键燃烧指标的要求，将不同种类的原煤或中煤按合适的配比和均匀度互相掺混，供到电厂的煤。洗中煤、煤泥、末煤和粉煤都是洗煤厂提取精煤后的副产品，热值都在21MJ/kg左右，可供电厂燃用。热值较高的洗中煤和一定的原煤混配成洗混煤，可解决中煤水分高或原煤热值低的问题，更好地保证电厂锅炉用煤。

煤的发热量是指1kg煤在一定温度下完全燃烧所释放出的最大反应热量。发热量的单位是兆焦/千克（MJ/kg）或千卡/千克（kcal/kg）。

电力用标准煤的发热量是 29.271MJ/kg，生产供应当中入厂燃煤热值要求是 17~23MJ/kg。热值太低影响燃烧，高热值煤一般用于冶金化工行业。

煤的化学成分主要有碳、氢、硫、氧、氮。燃煤中的碳和氢是产生热量的主要来源，其含量决定了发热量的高低。碳的发热量是34MJ/kg，氢的发热量是 143MJ/kg。

循环流化床锅炉的燃烧特性与煤粉炉的有所不同，具有以下特点：

（1）燃料的适应性广，既可燃用优质煤，又可燃用各种劣质煤，如高灰煤、高硫煤、高灰高硫煤、煤矸石等。

（2）燃烧效率高，通常在 97.5% ~ 99.5% 范围内。

（3）氮氧化物排放低，一般在 $(5 ~ 15) \times 10^{-5}$ 范围内，其他污染物的排放也很低。

（4）燃料预处理系统简单，给煤粒度一般小于 10mm，与煤粉炉相比，燃料的制备大为简化。

（5）灰渣易于综合利用，循环流化床的燃烧过程属于低温燃烧，同时炉内优良的燃尽条件使得锅炉的灰渣含碳量低，适于作水泥掺合料或建筑材料。

（6）负荷调节范围大，调节速度快。

二、煤的物理性质

1. 煤的可磨性

煤是一种脆性物质，当煤受到机械力作用时，就会被磨碎成许多小颗粒，可磨性就是反映煤在机械力作用下被磨碎的难易程度的一种物理性质。其与煤的变质程度、显微组成、矿物质种类及其含量等有关。我国动力用煤可磨性（用哈氏指数 HGI 表示），其变化范围为 45 ~ 127HGI，其中绝大多数为 55 ~ 85HGI。其值愈大，煤愈易磨碎，反之则难以磨碎可用于计算磨煤机出力及运行中更换煤种时估算磨煤机的单位制粉量。

2. 煤的磨损性

表示煤对其他物质（如金属）的磨损程度大小的性质，用磨损指数 AI（mg/kg）表示，其值愈大，则煤愈易磨损金属。我国多数煤 AI 为 20 ~ 40，只有少数煤 $AI > 70$，其主要用来计算磨煤机在磨制各种煤时对其部件的磨损速度，也可用来计算对输煤系统各部煤筒及其他部件的磨损。

3. 煤的密度

煤的密度有真密度、视密度和堆积密度三种。

煤的真（相对）密度（TRD），是在 20℃时煤（不包括煤的孔隙）的质量与同温度、同体积水的质量之比。

煤的视（相对）密度（ARD），是 20℃时煤（包括煤的孔隙）的质量与同温度、同体积水的质量之比。煤的密度决定于煤的变质程度、煤的组成和煤中矿物质的特性及其含量。煤的变质程度不同，纯煤密度有相当大的差异，如褐煤密度多小于 1300kg/m³，烟煤多为 1250 ~ 1350kg/m³，无烟煤一般是 1400 ~ 1850kg/m³，即煤的变质程度越高，纯煤的密度越大。

煤的堆积密度，在规定条件下单位体积煤的质量称为煤的堆积密度，单位为 t/m³。一般随着煤变质程度的加深堆积密度随之增大，如无烟煤为 900 ~ 1000kg/m³，烟煤为 850 ~ 950kg/m³，褐煤为 650 ~ 850kg/m³，泥煤为 300 ~ 600kg/m³。

4. 煤的自然堆积角

煤以一定的方式堆积成锥体，在给定的条件下，只能增长一定程度，若继续从锥顶缓慢加入煤时，煤粒便从上面滑下来，锥体的高度基本不再增加，此时所形成的锥体表面与基础面的夹角称为自然堆积角或自然休止角或落下角。其一般为 30° ~ 45°，其大小能决定煤斗中煤的充满程度和煤在煤堆中的位置等。在输煤系统中，在给原煤仓配煤时自然堆积角的大小，直接影响煤仓的充满程度。

第二节　煤的燃烧特性

1. 煤的着火温度和特性

煤的着火温度是指当煤在规定条件下加热到开始燃烧时的温度。基本原理是：取一定细度的煤粉在有氧化剂存在的情况下，按一定速度加热，达到某一温度时，会伴随明显的爆燃、试样温度的急剧上升或试样质量的迅速减少，这时所达到的温度，就是煤的着火温度。可以用煤的着火温度比较各种煤间相对着火难易程度和自燃倾向。各类煤大致着火温度（固体氧化剂法）是，无烟煤（$V_{daf} \approx 7\%$）为 390℃，弱黏结煤（$V_{daf} \approx 17\%$）为 360℃，焦煤（$V_{daf} \approx 20\%$）为 360℃，长焰煤（$V_{daf} \approx 43\%$）为 350℃。

2. 煤的自燃

煤在常温下与空气接触会发生缓慢的氧化，同时产生的热量聚集在煤堆内，当温度达到 60℃后，煤堆温度会急剧上升，若不及时处理便会发生着火。煤在无需外来火源受自身氧化作用蓄热而引起的着火称为自燃。影响煤自燃的因素主要有以下三个方面：

（1）煤的性质。煤的变质程度对煤的氧化和自燃具有决定意义。一般变质程度低的煤，其氧化自燃倾向大。此外，煤的岩相组成和矿物质种类及其含量、粒度大小和含水量，都会影响煤的氧化自燃性能。

（2）组堆的工艺过程。为减少空气和雨水渗入煤堆，组堆时要选择好堆基，逐一将煤层压实并尽可能消除块、末煤分离和偏析，组堆后最好在其表面覆盖一层炉灰，再喷洒一层黏土浆，同时还要设置良好的排水沟。

（3）气候条件。大气温度及压力波动、降雨量、降雪量、刮风持续时间及风力大小等因素，都会影响煤的氧化自燃。

3. 煤质煤种的变化对输煤系统的影响

煤质煤种的变化对输煤系统的影响很大，主要表现在煤的发热量、灰分、水分等指标。

（1）发热量的变化对输煤系统的影响。如果煤的发热量下降，锅炉的燃煤量将增加，为了满足生产需要，不得不延长上煤时间，使输煤系统设备负担加重，导致设备的健康水平下降，故障增多。

（2）灰分变化对输煤系统的影响。煤中的灰分越高固定碳就越低，也相当于发热量下降，这样发同样的电，就需要烧更多的原煤，会使输煤系统的负担加重，破碎困难，设备磨损加速，状态恶化。

（3）水分变化对输煤系统的影响。煤中水分很少，在卸车和上煤时，煤尘很大，造成环境污染，影响环境卫生，影响职工身体健康；煤中水分过大（超过10%时），将使输煤系统沿线下煤筒粘煤现象加剧，严重时会使下煤筒堵塞，系统停机，不能正常运行，人员工作量加大，还会引起冬季存煤冻块太多，损坏设备。

（4）硫分太高，黄铁矿增多，使落煤管磨损严重，破碎困难。

（5）挥发分太多，易造成粉尘自燃。

（6）煤在各地煤矿开采、储藏、运输过程中不同程度地混杂有石块、木块、铁块（即通常所说的"三大块"），三大块的影响。大石块能砸坏托辊、机架、衬板等，提高了维修费用，使皮带加大磨损和意外损坏，缩短了使用寿命，加重了碎煤机的负担，降低碎煤机锤子的使用周期。大木块经常悬架在落煤筒等处会导致落煤不畅以致堵煤、溢煤，导致给煤机销子断。铁块会划伤皮带，损坏磨煤机磨辊。

4. 煤的各燃烧指标对锅炉运行的影响

燃煤的燃烧性能指标主要有发热量、挥发分、结焦性、灰的熔点、灰分、水分、硫分等。

煤质成分变化时对锅炉运行的影响主要有：

（1）挥发分。挥发分高的煤易着火，燃烧稳定，但火焰温度低；挥发分低的煤不易着火，燃烧不稳定，化学不完全燃烧热损失和机械不完全燃烧热损失增加，严重的甚至还能引起熄火。锅炉燃烧器形式和一二次风的选择、炉膛形状及大小、燃烧带的敷设、制粉系统的选型和防爆措施的设计等都与挥发分有密切关系。

（2）水分。水分大于 8% 的煤，首先会造成原煤仓蓬煤堵煤，使给煤机供应不足，制粉受阻；对燃烧系统来说会使热效率降低（全水每增加 1%，收到基低位发热量将降低 250～335J/g）；导致炉膛温度降低，着火困难，排烟增大，烟气中的水分大，加快了三氧化硫形成硫酸的过程，造成炉膛空气预热器腐蚀等后果。

（3）灰分。灰分越高，发热量越低，使炉膛温度下降，灰分大于 30% 时，每增加 1% 的灰分，炉膛温度降低 5℃，造成燃烧不良，乃至熄火，打炮。灰分增多使锅炉受热面污染积灰、传热受阻，降低了热能的利用，同时增大了机械不完全燃烧的热损失和灰渣带走的物理热量损失。而且增加了排灰负荷和环境污染。

（4）硫分。硫分高能造成锅炉部件腐蚀，加速磨机磨损，粉仓温度升高甚至自燃，又会造成大气污染，煤中的硫每增加 1%，1t 煤就多排 20kg 二氧化硫。

5. 煤中水分存在的形式和特征

根据存在的形式煤中水分可以分成内在水分、表面水分、与矿物质结合的结晶水三类，各自的特征如下：

（1）表面水分，又叫游离水分或外在水分，其存在于煤粒表面和煤粒缝隙及非毛细管的孔隙中。煤的表面水分含量与煤的类别无关，与外界条件（如温度、湿度）却密切相关。在实际测定中，是指煤样达到空气干燥状态下所失去的水分。

（2）内在水分，又叫固有水分，其存在于煤的毛细管中。其与空气干燥基水分略有不同，空气干燥基水分是在一定条件下煤样在空气干燥状态下保持的水分，这部分水在 105～110℃ 下加热可除去，因为煤在空气干燥时，毛细管中的水分有部分损失，故空气干燥基水分要比内在水分高些。

（3）矿物质结合水（或结晶水），其是与煤中矿物质相结合的水分，如硫酸钙（$CaSO_4 \cdot 2H_2O$）、高岭土（$Al_2O_3 \cdot 2SiO_2 \cdot 2H_2O$）中的结晶水，在 105～110℃ 温度下测定空气干燥基水分时结晶水是不会分解逸出的，而通常在 200℃ 以上方能分解析出。

6. 煤灰的化学成分

煤灰的化学成分主要包括二氧化硅、三氧化三铝、三氧化二铁、氧化钙、氧化镁、氧化钾、氧化钠、二氧化锰、五氧化二磷和三氧化硫等。

第三节　燃煤采样与化验

煤质验收包括采样、制样和化验。

燃煤化验分析主要有三个目的：一是检验燃煤质量，合理定购和掺配煤种；二是掌握燃煤特性，指导锅炉燃烧；三是准确计算煤耗率，完成成本核算。进厂煤的化验一般按工业分析项目进行。根据煤炭计价规定，进厂煤化验项目主要有：发热量、灰分、水分、挥发分、硫分、块度下限率及煤炭品种。为积累资料，应建立档案，并应定期进行各品种累积煤样的元素分析、工业分析。

一、燃煤分析基准

1. 燃煤的主要分析指标

动力用煤的主要分析指标有：

（1）工业分析：水分（M）、灰分（A）、挥发分（V）和固定碳（FC）。

（2）元素分析：碳（C）、氢（H）、氧（O）、氮（N）、硫（S）。

（3）发热量（Q）、变形温度（DT）、软化温度（ST）、流动温度（FT）、真密度（TRD）、视密度（ARD）、可磨性、粒度、堆积角度、堆积密度等。

2. 燃煤的分析基准

在工业生产和科学研究中，有时为某种目的将煤中的某些成分除去后重新组合，并计算其组成百分量，这种组合体称为分析基准。常用的燃煤基准主要有收到基、空气干燥基、干燥基和干燥无灰基等。

（1）收到基，以入厂煤为基准来表示煤中各组成含量的百分比，一般含有全部内水及不定量的外水。收到基用 X_{ar} 表示。

（2）空气干燥基，就是以空气干燥状态（煤中水分与空气中的湿度达到平衡时的状态）的煤为基准来表示煤中各组成含量的百分比，空气干燥基的组成含量是换算为其他各种基准的基础。空气干燥基用 X_{ad} 表示。

（3）干燥基，就是无水状态的煤为基准来表示煤中各组成含量的百分比。干燥基用 X_d 表示。

（4）干燥无灰基，就是以假想的无水无灰状态时的煤为基准来表示煤中各组成含量的百分比，干燥无灰基用 X_{daf} 表示。

（5）干燥无矿物质基，就是假想以无水无矿物质状态时的煤为基准来表达煤中各组成含量的百分比，干燥无矿物质基用 X_{dmmf} 表示。

（6）恒湿无灰基，就是以假想煤中水分饱和但不含灰分状态为基准来表示煤中各组成含量的百分比。恒湿无灰基用 X_{maf} 表示。

（7）恒湿无矿物质基，就是一假想煤中水分饱和但不含矿物质状态为基准来表示煤中各组成含量的百分比。恒湿无灰基用 $X_{m,maf}$ 表示。

使用燃煤基准要根据实际需要加以选择。如实验室应用分析试样测定各种组成的含量，计算结果为空气干燥基准。计算煤耗要采用收到基准来表示各种组成。

3. 各分析指标的关系及符号表示

在表示燃煤试验项目的分析结果时，须在该项目的代号右下端标明基准，才能正确反映燃煤的质量。燃煤常用试验项目符号右下标的小字符含义如下：

（1）全（水分、硫）——t

（2）外在（水分）——f

（3）内在（水分）——inh

（4）有机（硫）——o

（5）硫酸盐（硫）——s

（6）硫铁矿（硫）——p

（7）弹筒（发热量）——b

（8）高位（发热量）——gr

（9）低位（发热量）——net

（10）收到基——ar

（11）空气干燥基——ad

（12）干燥基——d

（13）干燥无灰基——daf

（14）恒湿无灰基——maf

［例如］不同基准状态下水分（M）的表示符号有：

全水分——M_t　　　外在水分——M_f　　　内在水分——M_{inh}

收到基水分——M_{ar}　空气干燥基水分——M_{ad}

硫分（S）的表示符号有：

全硫——S_t　　　　硫酸盐硫——S_s　　　有机硫——S_o

硫铁矿硫——S_p　　收到基硫分——S_{ar}　　空气干燥基硫分——S_{ad}

干燥基硫分——S_d　　干燥无灰基硫分——S_{daf}

工业分析包括水分、灰分、挥发分、固定碳四项。元素分析包括碳、氢、氮、硫、氧五项。如果都以质量百分含量计算，则可写成下式：

$$M_{ad} + A_{ad} + V_{ad} + (FC)_{ad} = 100\%$$

$$M_{ad} + A_{ad} + C_{ad} + H_{ad} + O_{ad} + N_{ad} + S_{ad} = 100\%$$

经简单整理可得出

$$V_{ad} + (FC)_{ad} = C_{ad} + H_{ad} + N_{ad} + O_{ad} + S_{ad}$$

此式表明：

（1）工业分析中的可燃成分恰好等于碳、氢、氮、氧和硫五个元素含量的总和。

（2）从简单的工业分析中的 V_{ad} 和 $(FC)_{ad}$ 大致可看出构成煤中有机质的主要成分的含量大小，因而可估计煤炭的质量好坏。

（3）从元素的平衡来看，全碳 C_t 应等于固定碳 $(FC)_{ad}$ 和挥发中碳 C_v 之和，即 $C_t = (FC)_{ad} + C_v$。

煤的收到基组成物的百分含量表达式是以收到状态的煤为基准来分析，表示煤中各组成成分的百分比：

工业分析 $\quad M_{ar} + H_{ar} + V_{ar} + FC_{ar} = 100\%$

元素分析 $\quad C_{ar} + H_{ar} + N_{ar} + S_{c.ar} + O_{ar} + A_{ar} + M_{ar} = 100\%$

煤的空气干燥基组成物的百分含量表达式是以空气干燥状态的煤为基准，表示煤中各组成成分的百分比：

工业分析 $\quad M_{ad} + A_{ad} + V_{ad} + FC_{ad} = 100\%$

元素分析 $\quad C_{ad} + H_{ad} + N_{ad} + O_{ad} + S_{c.ad} + A_{ad} + M_{ad} = 100\%$

煤的干燥无灰基组成物的百分含量表达式是以假想的无水无灰状态的煤为基准来表达煤中各组成成分的百分比：

工业分析 $\quad V_{daf} + FC_{daf} = 100\%$

元素分析 $\quad C_{daf} + H_{daf} + N_{daf} + S_{c.daf} + O_{daf} = 100\%$

二、燃煤的采样

1. 采样及化验项目

为使锅炉设备维持最佳的运行工况，达到良好的经济效益，就要对燃煤定期采取样品化验，由于燃煤在组成上是有机物和无机物的不均匀混合物，所以要想准确得知某一批煤的品质是非常困难的。在实际应用中一般采取从大量煤中抽取一小部分（即所谓的煤样）来化验，这一小部分煤的质量要尽可能接近被采煤的平均质量。这些样品来源主要有：

（1）入厂原煤样，在进厂来煤的运输工具上按规定方法采取的样品，用于验收煤质，及时发现"亏卡"。化验项目有全水分 $（M_t）$、空气干燥基水分 $（M_{ad}）$、灰分 $（A_{ad}）$、挥发分 $（V_{ad}）$、发热量 $（Q_{net,ar}）$、全硫 $（S_{t,ad}）$，有时还测定灰熔融性温度 $（DT、ST、FT）$。

（2）入炉原煤样，在炉前输煤系统中按规定方法采取的样品，用于准确计算煤耗和监控锅炉燃烧工况。化验项目有全水分（M_t）、空气干燥基水分（M_{ad}）、灰分（A_{ad}）、挥发分（V_{ad}）、发热量（$Q_{net,ar}$）。

（3）煤粉样，在制粉系统中按规定方法采取的样品，用于监控制粉系统运行工况。化验项目有煤粉细度（R_{90}、R_{200}）和煤粉水分。

（4）飞灰样，在锅炉尾部烟气侧适当部位用专门取样装置采取的样品，用于监控锅炉燃烧，提高燃烧热效率。化验项目为可燃物含量。

煤的挥发分是煤在 $900 \pm 10°C$ 下隔绝空气加热 7min，煤中有机物发生分解而析出气体和常温下的液体，扣除其中分析煤样水分后占试样量的质量百分比。

2. 采样相关概念

（1）商品煤样。代表商品煤平均性质的煤样。

（2）子样。采样器具操作一次所采取的或截取一次煤流全断面所采取的一份样。

（3）分样。由若干子样构成，代表整个采样单元的一部分的煤样。

（4）总样。从一采样单元取出的全部子样合并成的煤样。

（5）采样单元。从一批煤中采取一个总样所代表的煤量，一批煤可以是一个或多个采样单元。

（6）批。需要进行整体性质测定的一个独立煤量。

（7）标称最大粒度。与筛上物累计质量百分率最接近（但不大于）5%的筛子相应的筛孔尺寸。

（8）采样精密度。单次采样测定值与对同一煤（同一来源，相同性质）进行无数次采样的测定值的平均值的差值（在95%概率）的极限值。在整个采样、制样和化验中，对某一煤质参数的测定结果会偏离该参数的真值，但真值是不可能准确得的，即测定结果与真值的接近程度——准确度是得不到的，而只能对同一煤的一系列测定结果间彼此的符合程度——精密度作出估计。如果采用的采样、制样和化验方法无系统偏差，精密度就是准确度。

（9）系统采样。按相同的时间、空间或质量间隔采取子样，但第一个子样在第一间隔内随机采取，其余子样按选定的间隔采取。

（10）随机采样。采取子样时，对采样的部位或时间均不施加任何人为意志，能使任何部位的物料都有机会采出。

（11）时间基采样。通过整个采样单元按相同的时间间隔采取子样。

（12）质量基采样。通过整个采样单元按相同的质量间隔采取子样。

3. 采样工具

（1）采样铲，用以从煤流中和静止煤中采样。铲的长和宽均应不小于被采样煤最大粒度的 2.5～3 倍，对最大粒度大于 150mm 的煤可用长×宽约 300mm×250mm 的铲。

（2）接斗，用以在落煤流处截取子样。斗的开口尺寸至少应为被采样煤的最大粒度的 2.5～3 倍。接斗的容量应能容纳输送机最大运量时煤流全断断面的全部煤量。

（3）静止煤采样的其他机械，凡满足以下全部条件的人工或机械采样器都可应用：

1）采样器开口尺寸为被采样煤最大粒度的 2.5～3 倍。

2）能在标准（指国标）规定的采样点上采样。

3）采取的子样量满足标准（指国标）要求，采样时煤样不损失。

4）性能可靠，不发生影响采样和煤炭正常生产和运输的故障。

（4）经权威部门鉴定采样无系统偏差，精密度达到标准（指国标）要求。

4. 火车顶部采取煤样

在火车顶部采样时应按下列规定进行：

（1）根据不同品种的煤确定采样点和子样数目。对于精煤、洗煤和粒度大于 100mm 的块煤，不论车皮容量大小，沿斜线方向按 5 点循环每车皮至少采取 1 个子样；对于原煤、筛选煤，不论车皮容量大小，沿斜线方向每车皮采 3 个子样。

（2）采样时，先挖到表层煤下 0.4m 后采取。

（3）采取粒度不超过 150mm 的入厂煤时，使用尖铲宽度约 250mm，长度约 300mm 的采样工具。

（4）采样过程中不能将应采的煤块、矿石和黄铁矿漏掉或舍弃。

（5）在矿山（或洗煤厂）应在装车后立即采样，取样前应将滚落在坑底的煤块和矸石清除干净。所采的煤样要立刻放入密封的容器中，并立即送往化验室，防止水分损失。

子样点斜线 3 点布置：3 个子样布置在车皮对角线上，前后两点距车角 1m，第 2 个子样位于对角线中央。

子样点斜线 5 点布置：5 个子样布置在车皮对角线上，前后两点距车角 1m，其余 3 个子样等距离分布在前后两点之间。

当以不足 6 节车皮为一采样单元时，依据"均匀布点，使每一部分煤都有机会被采出"的原则分布子样点。

实际生产中所采的煤样要对成批的燃煤具有最大限度的代表性，用此来分析确定合同价格、电厂运行效率和环保的排放标准。煤炭是由不同形状，不同粒度的颗粒组成，这些颗粒可能具有不同的物理特性、化学性质和残余灰含量。人工煤炭采样方法既浪费时间，样品的代表性又差。机械化采样已越来越多地替代人工采样。螺旋采样装置，解决了有关人工煤炭的采样问题，不管煤炭是在煤场、轮船、汽车或火车上均可进行机械化采样。

火车煤采样机能连续完成煤样的采取、破碎、缩分和集样，制成工业分析用煤样，余煤返排回车厢。火车采样机主要由采样小车、给煤机、破碎机、缩分器、集样器、余煤处理系统及大小行走机构组成。首先由钻取式采样头提取煤样，通过密闭式皮带给煤机送入破碎机，破碎后进入缩分器，缩分后的煤样进入集样器，多余的煤样由余煤处理系统排入原煤车厢。

有关入厂煤的机械化采样装置，将在本篇第二十一章介绍。

5. 汽车上采样

子样点分布无论原煤、筛选煤、精煤、其他洗煤或粒度大于150mm块煤，均沿车箱对角线方向，按3点（首尾两点距车角0.5m）循环方式采取子样。当1台车上需采取1个以上子样时，将子样分布在对角线或平分线或整个车箱表面。

汽车煤采样机主要由样品采集部分、破碎部分和缩分集样部分组成，余煤处理按需要配置。该机一般固定安装于运煤汽车经过的路旁。首先由钻取式采样头提取煤样，主臂抬起后所采得的煤样沿主臂内部通道进入制样部分。经细粒破碎机破碎后再进入缩分器缩分，有用的煤样进入集样瓶。

6. 船上采样

船上不直接采取仲裁煤样和进出口煤样，一般也不直接采取其他商品煤样，而应在装（卸）煤过程中于皮带输送机煤流中或其他装（卸）工具，如汽车上采样。

直接在船上采样一般以1仓煤为1采样单元，也可将1仓煤分成若干采样单元。

子样点布置：将船仓分成2~3层（每3~4m分一层），将子样均匀分布在各层表面上。

7. 煤堆上采取煤样

在煤堆上采取煤样一般不易取到代表性较好的样本，煤堆上不采取仲裁煤样和出口煤样，必要时应用迁移煤堆、在迁移过程中采样的方式采样。然而要严格按照有关规定进行采样，也可采到具有一定代表性的煤样。

（1）煤堆上的采样点的分布，按规定的子样数目，根据煤堆的不同堆形，应当均匀而又合理地分布在顶、腰、底或顶、底的部位（底在距地面0.5m处），除去0.2m表层煤，然后采样。

（2）子样最小质量，煤堆上采取子样时，其最小质量可按最大块度确定。

（3）采样工具的开口宽度不小于煤最大块度的2.5～3倍。

8. 皮带机煤流系统采样

在皮带机煤流系统采样时，可根据煤的流量和皮带宽度，以1次或分2～3次用接斗或铲横截煤流的全断面采取1个子样。截取时按左右或左中右的顺序进行，采样部位不得交错重复。用铲取样时，铲子只能在煤流中穿过1次，即只能在进入或撤出煤流时取样，不能进、出都取样。在移动煤流上人工铲取煤样时，皮带的移动速度不能大（一般不超过1.5m/s），并且保证安全。

有关皮带机头部采样机、中部采样机和煤质在线监测仪等自动化采制样设备也将在第二十一章中介绍。

三、燃煤的制样

1. 制样要求

制样的目的是将采集的煤样，经过破碎，混合和缩分等程序制备成能代表原来煤样的分析（试验）用煤样。要制备出保持原样本代表性的煤样，应符合下列基本要求：

（1）对最大块度超过25mm以上的样本无论其数量，都要先破碎到25mm以下才允许缩分。

（2）在缩分煤样时，须严格按照粒度与煤样最小质量的关系规定保留样品。

（3）在缩分中要采用二分器或其他类型的机械缩分器。缩分器要预先确认有无系统偏差。

制样过程包括破碎、过筛、掺合和缩分四个步骤：

破碎——减小粒度尺寸，减少煤的不均匀性。

过筛——筛出未通过筛的大块煤，继续破碎。

掺合——使煤粒大小混合均匀。

缩分——减少样本数量，使其符合保留煤样量。

要减少制样误差应做到：①对粒度大于13mm的样本，用堆锥四分法缩分；对粒度不大于13mm的样本，则坚持采用二分器或其他缩分器缩分。②在缩分时，留样要符合粒度对煤样最小质量的要求，使留样仍能保持原煤样的代表性。③在缩制中要防止煤样的损失和外来杂质的污染。④制样室要专用，并不受环境影响（如风、雨、灰、光、热等），室内要防尘，地面要光滑并部分铺有钢板。

在下列情况下需要按有关规定检验煤样制备的精密度：①采用新的缩分机和破碎缩分联合机械时；②对煤样制备的精密度发生怀疑时；③其他认为有必要检验煤样制备的精密度时。

2. 制样设施、设备、工具和试剂

煤样室（包括制样、储样、干燥、减灰等房间；煤样室应宽大敞亮，不受风雨及外来灰尘的影响，要有防尘设备；制样室应为水泥地面。堆掺缩分区，还需要在水泥地面上铺以厚度6mm以上的钢板。储存煤样的房间不应有热源，不受强光照射，无任何化学药品）、适用制样的碎煤机、手工磨碎煤样的钢板和钢辊、不同规格的二分器、十字分样板、平板铁锹、铁铲、镀锌铁盘或搪瓷盘、毛刷、台秤、托盘天平、增距磅秤、清扫设备、磁铁、储存全水分煤样和分析试验煤样的严密容器、振筛机、方孔筛（孔径为25、13、6、3、1、0.2mm及其他孔径）、3mm圆孔筛、鼓风干燥箱、减灰用的布兜或抽滤机和尼龙滤布、捞取煤样的捞勺、储存重液和减灰用的桶、液体相对密度计、氯化锌、硝酸银溶液（1%水溶液，称取约1g硝酸银溶于100mL水中，并加数滴硝酸储存于深色瓶中）。

3. 煤样的制备

收到煤样后，应按来样标签逐项核对，并应将煤种、品种、粒度、采样地点、包装情况、煤样质量、收样和制备时间等项详细登记在煤样记录本上，并进行编号。如系商品煤样，还应登记车号和发运吨数。

煤样应按标准（指国标）规定的制备程序及时制备成空气干燥煤样，或先制成适当粒级的试验室煤样。如果水分过大，影响进一步破碎、缩分时，应事先在低于50℃温度下适当地进行干燥。除使用联合破碎缩分机外，煤样应破碎至全部通过相应的筛子，再进行缩分。粒度大于25mm的煤样未经破碎不允许缩分。煤样的制备既可一次完成，也可分几部分处理。若分几部分，则每部分都应按同一比例缩分出煤样，再将各部分煤样合起来作为一个煤样。每次破碎、缩分前后，机器和用具都要清扫干净。制样人员在制备煤样的过程中，应穿专用鞋，以免污染煤样。对不易清扫的密封式破碎机（如锤式破碎机）和联合破碎缩分机只用于处理单一品种的大量煤样时，处理每个煤样之前，可用采取该煤样的煤通过机器予以"冲洗"，弃去"冲洗"煤后再处理煤样。处理完之后，应反复开、停机器几次，以排净滞留煤样。

煤样的缩分，除水分大、无法使用机械缩分者外，应尽可能使用二分器和缩分机械，以减少缩分误差。粒度小于3mm的煤样，缩分至3.75kg后，如使之全部通过3mm圆孔筛，则可用二分器直接缩分出不少于100g和不少于500g分别用于制备分析用煤样和作为存查煤样。缩分机必须经过检验方可使用。检验缩分机的煤样包括留样和弃样的进一步缩分，必须使用二分器。使用二分器缩分煤样，缩分前不需要混合。入料时，簸箕应向一侧倾斜，并要沿着二分器的整个长度往复摆动，以使煤样比较均匀地通过二分器。缩分后任取一边的煤样。

堆锥四分法缩分煤样，是把已破碎、过筛的煤样用平板铁锹铲起堆成圆锥体，再交互地从煤样堆两边对角贴底逐锹铲起堆成另一个圆锥。每锹铲起的煤样，不应过多，并分两三次撒落在新锥顶端，使之均匀地落在新锥的四周。如此反复堆掺三次，再由煤样堆顶端，从中心向周围均匀地将煤样摊平（煤样较多时）或压平（煤样较少时）成厚度适当的扁平体。将十字分样板放在扁平体的正中，向下压至底部，煤样被分成四个相等的扇形体。将相对的两个扇形体弃去，留下的两个扇形体按规定的粒度和质量限度，制备成一般分析煤样或适当粒度的其他煤样。

煤样经过逐步破碎和缩分，粒度与质量逐渐变小，混合煤样用的铁锹，应相应地适当改小或相应地减少每次铲起的煤样数量。在粉碎成0.2mm的煤样之前，应用磁铁将煤样中铁屑吸去，再粉碎到全部通过孔径为0.2mm的筛子，并使之达到空气干燥状态，然后装入煤样瓶中（装入煤样的量应不超过煤样瓶容积的3/4，以便使用时混合），送交化验室化验。

第四节 燃煤管理综述

燃煤是火力发电厂提供能源的物质基础，是生产技术和经济核算的中心环节，燃煤的质量关系到锅炉机组的安全经济运行，关系到电厂的资本效益，因此必须注重燃煤管理。燃煤管理的主要任务就是搞好燃煤的收、管、用，要求从订货化验开始到飞灰化验结束，要对每个环节进行科学细化管理，要对各项指标完成情况经常地进行分析，从而挖掘生产的潜力，节约燃煤损耗和自用电量，努力实现企业利益最大化。

在现代化管理技术当中，通过"燃料在线自动化管理信息系统"采用关系数据库技术、近远程数据通信技术、现场数据采集技术和 Intranet技术，可实现对煤炭的采购、入厂煤的火车、汽车车号自动识别、数量验收、质量检验、煤场存煤管理、入炉煤监督（耗煤数量、质量）、统计管理、数据查询、煤炭结算等进行全过程在线自动化闭环式管理。从而对企业高层决策管理提供技术手段。

在燃煤输送环节当中，其生产任务不仅仅是卸煤输煤，这一生产工艺过程主要包括卸煤、储煤、输煤、配煤、碎煤和清除煤中杂质等，目的是保证及时足量供应合格的燃煤。对于目前日耗煤量 10000t 以上的大中型火电厂在资源稀缺煤质标准降低的情况下要完成供煤任务，其资金量、劳动力和技术性在电力生产过程中是不可低估的重要咽喉环节。燃料车间通过经济技术指标管理，能起到及其重要的经济作用：

（1）通过指标的逐级分解，以小指标的落实保证大指标的落实。

（2）小指标管理和奖励竞赛制度相结合，利用比较科学的量化评价依据，达到按劳分配的目的，同时运行管理工作的薄弱环节也容易暴露出来，便于采取措施解决问题，从而推动企业管理工作的改善。

（3）开展小指标竞赛，一方面使每个职工关心指标，管理指标，促进专业管理和群众管理的结合；另一方面可以把企业管理的各个方面有机地结合起来，减少例外管理，达到有序运作的目的。

（4）通过各项小指标的完成情况与计划数值进行对比，可算出省煤（电）、费煤（电）的值。通过分析煤耗率、厂用电率，找出完不成计划的原因。从中发现问题、研究改进措施。

一、煤的储存

为了保证正常发电，必须有一定数量的燃料储备。燃煤储备量的多少要依据锅炉机组的消耗水平、运输路程远近、储煤场大小、季节气候等因素来确定。一般矿区发电厂煤炭经常储备量（周转煤量）不低于 5~7 天耗用量，保险储备（安全储备）不低于 5 天耗用量；非矿区发电厂煤炭经常储备量不低于 6~12 天耗用量，保险储备不低于 6 天耗用量。

煤在组堆及长期储存中的损耗有机械损耗和化学损耗两种。机械损耗包括运输中撒掉的和飞散的损耗、煤混入土中的损耗、被风和雨雪带走的煤尘和煤粉的损耗；化学损耗是煤中有机质氧化自燃过程中的损耗，挥发分降低和黏结性的变差而形成的损耗等。因此，在组堆及长期储存中要尽量减少上述各种"有形"或"无形"的损耗，以提高火电厂的经济效益。

在有条件的电厂，对不同品种的煤要分开组堆存放。对需要长期储存的煤，尤其是低变质程度的煤，组堆时要分层压实，减少空气和雨水的透入和防止煤的自燃。在组堆时要注意下列具体事项：

（1）选择好组堆形状，一般堆成正截角锥体较为理想，因为正截角锥体自然通风较好，可减少风吹雨淋对煤的损耗。

（2）选择好组堆方向。根据我国地理位置，组堆以南北方向长，东西方向短为宜，这可减少太阳直射，有利于防止煤堆自燃。

（3）组堆时防止块末分离，偏析和煤堆高度过高，以阻止空气进入煤堆。

（4）组堆过程中要检查煤堆高 0.5m 处的煤温与周围环境的温度，若两者温度相差大于 10℃，则要重新组堆压实。

（5）为监测煤堆温度变化，在煤堆中要安插许多底部为圆锥形的适当大小的金属管，以便插入测温元件探头。

（6）煤堆最好选在水泥地面上，且周围设有良好的水沟。因为煤堆中水分增多，会促进煤的氧化和自燃。

（7）组堆完后，要建立组堆档案，写明堆号，煤品种及其进厂时间、组堆工艺和监测温度等。

煤在露天长期储存时，因不断受到风、雨、雪的作用及温度变化的影响，煤质会发生变化，其变化程度与储存条件、时间及煤品种直接相关。煤质变化主要表现在：

（1）发热量降低。贫煤、瘦煤发热量下降较小，而肥煤、气煤和长焰煤则下降较大。

（2）挥发分变化。对变质程度高的煤挥发分有所增多，对变质程度低的煤挥发分则有所减少。

（3）灰分产率增加。煤受氧化后有机质减少，导致灰分相对增加，发热量相对降低。

（4）元素组成发生变化。碳和氢含量一般降低，氧含量迅速增高，而硫酸盐硫也有所增高，特别是含黄铁矿硫多的煤，因为煤中黄铁矿易受氧化而变成硫酸盐。

（5）抗破碎强度降低。一般煤受氧化后，其抗破碎强度均有所下降，且随着氧化程度的加深，最终变成粉末状，尤其是年轻的褐煤更为明显。

对需长期储存且易受氧化的煤，最好采用煤堆压实且覆盖的方法以防止其自燃。因为空气和水是露天储存煤堆引起氧化和自燃的主要原因，煤堆内若有空隙，乃至空洞，空气便可自由透入堆内，使煤氧化放热；同时煤堆内水分被受热蒸发并在煤堆高处凝结释放大量热量，煤中的黄铁矿也受氧化放出热量。这些都会产生或加剧煤的氧化作用和自燃倾向。防止办法是在煤堆表面覆盖一层无烟煤粉、炉灰、黏土浆等。此外还可喷洒阻燃剂溶液，既可减缓煤的自燃倾向，又可减少煤被风吹走而造成的损失。

另外，防止自燃的措施还有不同粒级的煤应分开堆存，煤堆不宜过高，经常测量煤堆的温度，一旦发现煤堆温度达到60℃的极限温度，或煤堆每昼夜温度连续增加高于2℃（不管环境温度多高），应立即消除"祸源"。方法是将"祸源"区域的煤挖出暴露在空气中散热降温或立即供应锅炉燃烧。切记不要往"祸源"区域煤中加水，这会加速煤的氧化自燃。

二、配煤方案

燃用多种煤的火电厂，配煤依据要视锅炉燃烧而定，通常选用灰分（或发热量）、挥发分为配煤的依据，有时也选用灰熔融性。例如锅炉燃烧不好、煤耗高时，则选用挥发分或灰分作为配煤指标较为合适；又如锅炉经常发生结渣威胁锅炉安全运行时，则选用灰的熔融性作为配煤的煤质指标较好；再如为使烟气中硫氧化物含量符合排放标准，可选用硫分作为配煤指标。一般混煤的煤质特性可按参与混配的各种煤的煤质特性用加权平均的办法计算出来。这是因为煤中灰分或发热量、挥发分等在混配过程中不会发生"交联"作用，而有很好的加成性。然而，对灰的熔融性不能采用上述加权平均方法，而必须通过对混煤进行实测。定出标准后，燃料车间应严格按照这一要求配煤，并做到配煤均匀，以保证锅炉正常燃烧。

每台锅炉及其辅助设备都是依据一定煤质特性设计的，锅炉只有燃用与设计煤质接近的煤，才能得到最好的经济性。然而，许多火电厂实际燃用的煤种繁多，煤质特性各异，若不采取适当措施，势必导致锅炉燃烧不好，增加煤耗，乃至发生严重故障。依据不同煤质特性配煤是解决煤质与锅炉不相符合问题的行之有效的方法之一。因此，燃用多种煤的电厂应根据供应煤的煤质和数量制定出合理的配煤方案，使锅炉在燃用与设计煤质相接近的煤的条件下运行，以提高锅炉燃烧效率，增加锅炉安全经济性。此外，为了控制烟气中硫氧化物的排放标准，有时也需采用高硫煤与低硫煤混配，使入炉煤的含硫量控制在1%以下。

例如，热值为24MJ/kg的煤与16MJ/kg的煤分别按2:1、1:1和1:2的比例混配后，其混煤热值计算结果如下：

$$24 \times 2/3 + 16 \times 1/3 \approx 21.33 \ (MJ/kg)$$

$$24 \times 1/2 + 16 \times 1/2 = 20 \ (MJ/kg)$$

$$24 \times 1/3 + 16 \times 2/3 \approx 18.67 \quad (MJ/kg)$$

多种煤混配或按灰分、挥发分或硫分等其他指标为依据混配时，都可分别按此加权平均法计算合适的掺配比例。

为了正确实现预定的配煤比，必须选择行之有效的合理方法。通常采用下列几种方法：

（1）煤斗挡板开度法。此法依据煤斗的挡板开度来调节输煤皮带的出力，从而达到该种煤单位时间的预定送煤量，如甲、乙两种煤需按 3∶1 即可达到预定的配煤比，就要注意挡板的开口尺寸。

（2）变频调节法。利用变频器调整各斗给煤机的振动频率或斗轮机的转速，达到调整配比的目的。

（3）混堆法。用斗轮机堆煤时，不同的煤种可一层一层地混合堆放。用汽车进煤时，不同的煤种可间隔混卸，再用推煤机混均。

（4）抓斗数法。此法只适用于设有门式抓煤设施的电厂。各种煤的抓斗系数依据预定的混配比确定，如甲、乙两种煤混合，确定其配比为 1∶2，则应抓一斗甲煤，抓两斗乙煤，混匀后，再用抓斗转移到混好的煤堆中备用。

煤中三大块是指石块、木块、铁块，另外还有钢丝草袋胶皮等杂物，其主要来源是煤矿开采及运输中的部件用品和输煤系统磨损掉落的杂物。

这些杂物用人工捡拾的方法已很难适应，在输煤系统中的机械处理方法有：

木块——用除木器（除大木器、除细木器）和滚轴筛等处理。

铁块——用除铁器（永磁或电磁除铁器）处理。

石块——用筛碎设备处理。

三、煤的计量与盘点

船舶运输煤量的验收一般有以下两种方法：

（1）电子皮带秤计量法。此法是将轮船（或驳船）上的煤通过机械装置转移到码头专用的皮带上，然后用精度为 ±0.5% 的电子皮带秤直接检出煤量（电子皮带秤应定期进行实物校验），此法计量一般准确可靠，也较简单。

（2）吃水表尺计量法。此法是根据船舶上吃水表尺的吃水深度与排水量的关系，再由排水量与水密度的关系计算出船舶的载煤量。按规定应认真查看六面水尺，求出平均吃水深度。

火车煤的计量方法是用轨道衡，汽车煤的计量方法是用汽车磅，入炉煤主要以电子皮带秤称来完成计量，有关这些设备的结构与使用情况，将在本篇第二十章介绍。

为了实现分炉计量，可以根据皮带秤的走字和每个原煤仓上犁煤器的下落时间来进行分斗或分炉计量。有条件时可以每台炉装一台皮带秤。

库存煤盘点前需将煤场、煤沟等库存煤整理成比较规则的形状，而后进行丈量计算。根据煤的密度算出库存煤的储煤量，这就是煤的盘点。一般每月进行一次。

装有门式堆取料机（或门抓）的大型煤场，可以用自动化程度较高的激光盘煤装置完成对煤堆体积的测量，本篇第二十章将对激光盘煤设备的结构与使用情况进行介绍。

铁路系统，在国标车型的每节车辆底梁都装有标明该车辆车型、编号、权属、制造年月、荷载、辆序、编组等数据信息的无源电子标签。在铁路咽喉道口（如轨道衡或厂矿区关卡数据采集点等）的道芯上装有微波射频自动识别系统，当车辆经过射频识别装置时，车体上的电子标签立即收到识别系统发来的微波信号，电子标签将部分微波能量转换成直流电供其内部电路工作，同时自动与地面计量台交换数据信息，核实载重与路耗，为全局的数据化管理提供及时的服务。汽车车号自动识别系统也一样能对燃料管理起到必要的监督作用。

提示　本章主要介绍了燃煤的性能和化验计量的一般技术，适合于卸储煤值班员、输煤值班员的初级工。

第十一章

通用机械驱动部件

　　所有机械设备都有驱动部件，燃料系统的卸储煤设备和输煤设备的驱动方式主要是以电动机和减速机组成的通用驱动方式为主，这种结构一般是用4级或6级电动机经减速机减速后以每分钟几十转以下的低速运动来带动皮带机、斗轮机或翻车机等大型设备完成动力传递的。普通皮带机的驱动部分示意图如图11-1所示，主要部件包括电动机、液力耦合器、减速机、逆止器、制动器、低速联轴器和驱动滚筒等，各部件的种类性能介绍如下。

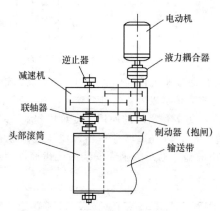

图 11-1　皮带机驱动部分示意图

第一节　减速机传动及其润滑

一、概述

　　减速机是机械设备减速驱动的主要的主体部件，作用是把电动机的高速低转矩机械能转变成适合机械设备运行的低速大转矩动能。其优点有：结构紧凑，适用广泛，传动比恒定不变，机械效率高（一般效率可达

90%～98%），工作寿命长，轴及轴承上所受的压力较小。减速机结构形式较多，普通硬齿面圆柱齿轮减速机内部结构如图 11-2 所示。

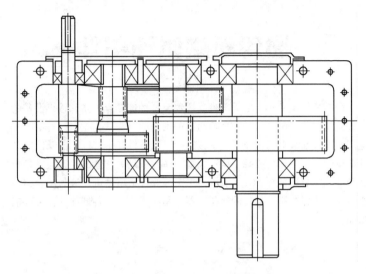

图 11-2　普通减速机内部结构

近几年来硬齿面减速机得到广泛应用，为提高齿轮强度，其工艺方法除了采用优质合金钢以外，经过渗碳、淬火、氮气保护，齿根抛丸消除热处理内应力等，齿轮的使用强度可以提高 20%～30%，重量降低 50～60%，平均寿命增加一倍，使这种减速机结构更为紧凑、耐用。常用的输入输出轴垂直安装的硬齿面减速机的结构形式如图 11-3 所示。

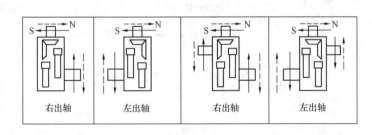

图 11-3　减速机输入轴与输出轴垂直布置方式

硬齿面减速机一般采用油池润滑，自然冷却。热功率不能满足时，可采用循环油润滑或风扇，水冷等。

减速机的种类特别多，使用中可通过其代号类型明确掌握和了解减速机的特性参数，例如常用减速机的代号类型有：

（1）ZQ100-25ⅡZ型的减速机各段字的含义如下：

ZQ——两级外啮合渐开线斜齿圆柱齿轮减速机，是JZQ和JQ系列的统称，另外还有ZD型（单级圆柱齿轮减速机）、ZL型（两级圆柱齿轮减速机）和ZS型（三级圆柱齿轮减速机）等；

100——总中心距的1/10（1000mm）；

25——公称传动比；

Ⅱ——装配形式（表示出轴形式：Ⅰ、Ⅱ…）；

Z——为输出轴端形式（Z表示圆柱型轴端）。

（2）型号为DCY400-25-IS的减速机各段字的含义：

DCY——系列代号［C—三级传动（B—二级传动）；

Y——硬齿面；

400——名义中心距（末级中心距）；

25——公称传动比；

I——装配形式；

S——输入轴转向（S为顺时针，N为逆时针）。

二、摆线针轮减速机

摆线减速机的种类有行星摆线齿轮减速机（NGW型）、直交行星齿轮减速机（NGW-S型）和摆线针轮减速机等，摆线针轮减速机主要用于输煤系统中带式除铁器传动和要求空间较为紧凑的驱动场合，其结构如图11-4所示。摆线针轮减速机采用少齿差行星传动原理，太阳轮（针齿轮）Z_z与行星轮（摆线轮）Z_b的齿数差为1，即$Z_z - Z_b = 1$。在输入轴上装有一个错位180°的双偏心套，套上装有两个被称为转臂的滚柱轴承，形成"H"机构，两个摆线轮的中心孔即为偏心套上转臂轴承的滚道，并由摆线轮与针齿轮上一组针齿相啮合，组成齿差为一齿的内啮合减速机构（为了减小摩擦，在速比小的减速机中，针齿上带有针齿套）。当输入轴带着偏心套传动一周时，由于摆线轮上齿廓曲线的特点及其受针齿轮上针齿限制之故，摆线轮的运动成为既有公转又有自转的平面运动。在输入轴正转一周时，偏心套亦转动一周，摆线轮于相反方向转过一个齿从而得到减速，再借助W输出机构，将摆线轮的低速自转运动通过柱销式平行机构，传递给输出轴，从而获得了减速。

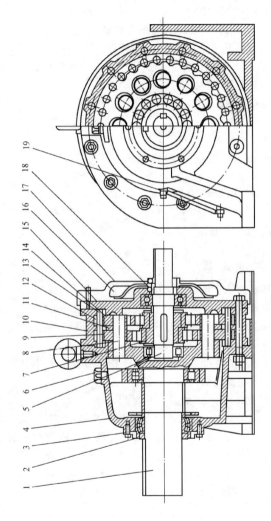

图 11-4 摆线针轮减速机结构原理图

1—输出轴；2—紧固环；3—压盖；4—卧式机座；5—输人轴；6—通气帽；7—偏心套；8—销轴；9—销套；
10—针齿壳；11—间隔环；12—针齿套；13—针齿销；14—摆线轮；15—法兰盘；16—风扇叶；
17—风扇罩；18—人轴紧固环；19—示油器

摆线针轮减速机的特点是：

（1）输入轴、输出轴在同一直线上。

（2）结构紧凑，体积和重量小，电动机和减速机合为一体，体积减小1/3。

（3）减速比大，一级传动速比可达1:9～1:87，二级传动速比可达1:121～1:7000。

（4）传动效率高，因针齿啮合部位滚动摩擦，单级机械传动效率可达90%以上。

（5）主要零件用轴承钢制造，过载能力强，耐冲击，惯性力矩小，适用于启动频繁和正反转场合。

（6）运转平稳，噪声低。摆线齿啮合数多，重叠系数大，故运转平稳，噪声低。

摆线针轮减速机的结构装配顺序如图11-5所示。

例如型号为BWT3.0-52-289的减速机各段字的含义为：

BWT——电动机直联凸缘型（T）卧式（W）摆线减速机（B）；

3.0——电动机功率；

52——机型号；

289——减速比。

三、减速机的运行与维护

普通减速机一般适应环境温度是-40～+45℃，环境温度低于0℃时，启动前应加热润滑油到10℃左右。运行油温不得超过65℃。高速轴电动机的转速一般不大于1500r/min（4级电动机）。

（一）减速机试运转前应检查的主要项目

（1）各紧固件是否确实紧固，各项安装调整工作是否符合要求。

（2）减速机机体内是否已按油针刻线指示注入了规定的润滑油。采用循环润滑油的减速机，在启动前，必须先启动润滑系统，并检查系统油压是否正常。

（3）用手转动高速轴使低速级最末一根轴转动一周，检查转动的灵活性。

（4）电动机的转速符合工况规定。

（5）如果减速机闲置时间较长，则应每隔3周启动运转一次，如不能做到，须对减速机进行防锈保护。

（二）减速机试运的检查项目和要求

（1）减速机的试运要在其额定转速运行，要确保减速机正确的转动方向，试运行期间应检查减速机振动、噪声、温度、泄漏和润滑情况，如

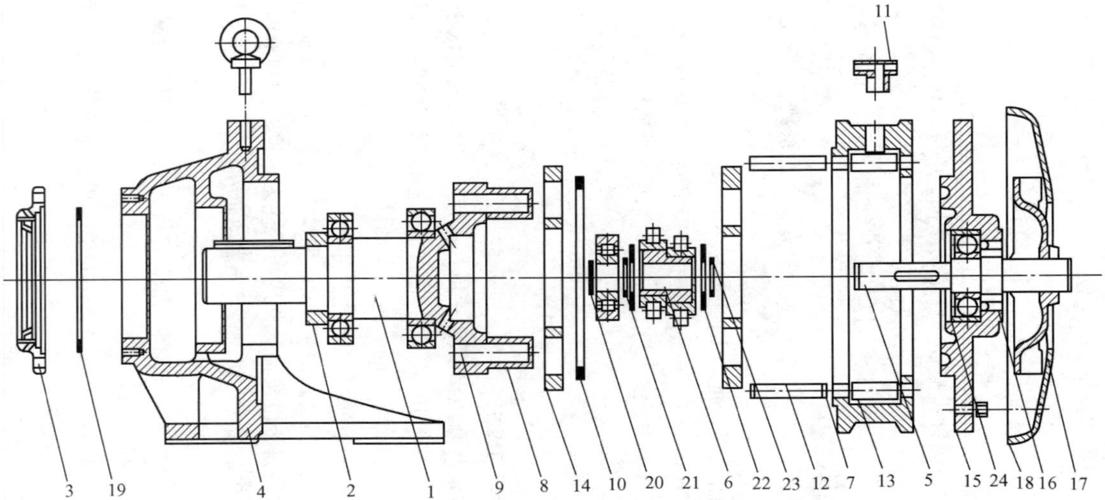

图 11-5 摆线针轮减速机结构装配顺序图

1—输出轴；2—紧固环；3—压盖；4—机座；5—输入轴；6—双偏心套；7—针齿壳；8—销套；9—销轴；10—间隔环；11—通气帽；12—针齿销；13—针齿套；14—摆线轮；15—法兰盘；16—轴封；17—风扇叶；18—风扇罩；19—止动环；20—轴用挡圈；21—挡圈；22—挡圈；23—挡圈；24—孔用挡圈

果发现任何异常，应该查清其原因并加以排除。

（2）各连接件、紧固件连接可靠无松动现象。

（3）各级齿面接触区及接触率应达设计要求，不允许出现偏载接触。

（4）按工作方向运转 30min 以上，轴承温升不超过 40℃，其最高温度不得超过 80℃。

（5）运转平稳，没有异音。齿轮正常。

（6）当减速机首次启动时，使用初期应先空载磨合 10h 左右，如无异常情况，再逐渐加载，要对减速机进行连续观察。

启动压力润滑的减速机之前，首先要通过试运转检查压力润滑系统的功能，同时检查油泵的旋转方向是否正确，过载继电器是否适当，驱动电动机与油泵电动机之间的互锁操作是否良好。确保监视装置连接完好。启动是润滑的关键时刻，监视压力润滑系统的功能十分重要。要确保供油和在压力面建立起油压。

（三）减速机的运行注意事项

（1）交接班时应检查紧固件是否紧固可靠，润滑油的油面情况，箱体的漏油情况，轴承发热及噪声情况等是否正常。否则应立即停止运转，查明原因，消除故障后方可重新运转。

（2）减速机不允许在无润滑的情况下工作，新减速机或搁置未用的减速机启动前应检查转动灵活性。在啮合齿面有润滑油的情况下方可启动。

（3）更换润滑油时应同时清洗机体。

（4）不得用不同品种的润滑油随便代替规定的润滑油。

（5）不要随意打开视孔盖，以免杂物及灰尘落入。

（6）减速机不得超载工作。

（7）随时注意保持减速机机体表面清洁。

（四）减速机的维护内容

（1）减速机的润滑油应定期更换，新的或新更换齿轮的减速机在运转 300～600h 以后，必须更换新油，以后每隔 3000～4000h 更换一次润滑油，如环境恶劣可缩短时间。

（2）轴承采用飞溅润滑的，每次拆洗重装时，应加入适量的钙钠基润滑脂（约轴承空间体积的 1/3）。

（3）减速机运行 100h，应检查各密封、紧固、油量等，如有异常现象应立即排除。

（4）减速机运行半年应检修一次，以后应定期检查齿面有无点蚀、擦伤、胶合等损伤，若损伤面积沿齿长方向和齿高方向均超过20%时，应更换齿轮，更换后应跑合和负荷试车，再正式使用。

（5）减速机外表面应清洁，通气孔不得堵塞。

（6）工作中发现油温显著提高且超过90℃时，以及产生不正常振动和噪声现象时，应停止使用，检查原因，排除故障后再使用。

（7）应定期每年检查一次减速机内部，换油时应进行必要的清洗工作。如有需要可以拆下电阻元件，用溶剂完成电阻元件的清洗，但是绝不能用刀和类似物品刮，以免损坏电阻元件；导线要牢固地固于接线端子上，不被氧化；如果浸入式加热器不起作用，应检查加热元件和恒温器是否损坏。更换损坏了的浸入式加热器。检查元件，必须清洗或更换结垢元件。油必须首先从减速机中放出。

（8）减速机拆洗重装时，密封胶不可把回油管和回油孔堵塞。

维护首要是防止损坏。减速机所有维护工序都应标识在维护台账上：包括安装日期和安装精度的测量；首次加油的类别和油量；完成磨合以及运行过程中所进行的观察；启动的实际操作及电动功率测量；首次换油和进行有关的检查；各次换油和检查齿轮及轴承的情况。

四、减速机常见的故障及原因

（一）减速机运行的常见故障和原因

（1）润滑油发热。润滑油过多；润滑油黏度过高；机体表面散热不良，应清除表面污秽。

（2）轴承发热。轴承内有杂质；联轴器安装不正确；轴承装配不正确；轴承损坏；超负荷。

（3）轴与可通端盖之间漏油。径向油槽内未加润滑脂；回油槽回油孔堵塞；回油孔未处于下方；通气帽堵塞。

（4）端盖与机体之间漏油。密封不良，重涂密封漆；通气帽堵塞。

（5）机盖与机座分离面漏油。机盖、机座连接螺栓拧得不紧或拧紧程度不均匀；结合面密封不良，均匀地涂密封漆；通气帽堵塞。

（6）检查盖与机盖之间漏油。纸垫损坏；螺钉拧得不紧或拧紧程度不均匀；视孔盖不平；帽堵塞。

（7）通气孔漏油。油过多，油温高；孔下的挡油片角度不对，应调整角度或在方盖下加一带孔的挡皮。

（8）齿轮传动有噪声。齿轮制造质量不佳；侧隙过大或过小；齿的工作面磨损后不平坦；齿顶具有尖薄的边缘。

（9）轴承有噪声。轴承污秽；减速机润滑油污秽；轴承装配的不正确；轴承损坏。

（10）齿面过度磨损。润滑油污秽；载荷过大。

（11）齿面胶合。润滑油的黏度不足；超负荷。

（12）振动超限。高速轴弹性块损坏；电动机对轮不正，转动中心不平衡；高速轴承间隙过大或损坏；地脚螺栓松动、连接螺栓脱落。

（二）减速机内齿轮常出现的故障及原因

（1）疲劳点蚀。润滑良好的闭式齿轮传动，常见的齿面失效形式为疲劳点蚀。所谓疲劳点蚀，就是齿面材料在交变的接触应力作用下，由于疲劳而产生的麻点状剥蚀损伤现象，齿面最初出现的点蚀仅为针点大小的麻点，然后逐渐扩大，最后甚至连成一片，形成明显的损伤。轮齿在靠近节线处啮合时，由于相对滑动速度低，形成油膜的条件差，润滑不良，摩擦力较大，因此点蚀首先出现在靠近节线的齿根面上，然后再向其他部位扩展。

（2）磨损。在齿轮传动中，当进入粉尘或落入磨料性物质（如砂粒、铁屑）时，轮齿工作表面即被逐渐磨损，若不及时清除，就可能使齿轮报废。

（3）胶合。对于重载高速齿轮传动，齿面间的压力大，瞬时速度高，润滑效果差。当瞬时速度过高时，相啮合的两齿面就会发生粘在一块的现象，同时两齿面又作相对滑动，粘住的地方即被撕破，于是在齿面上沿相对滑动的方向形成伤痕，称为胶合。采用抗胶合力强的润滑油，降低滑动系数，或适当提高齿面的硬度和光洁度，均可以防止或减轻齿轮的胶合。

（4）塑性变形。在齿轮的啮合过程中，如果齿轮的材料较软而载荷及摩擦力又很大时，齿面表层的材料就容易沿着摩擦力的方向产生塑性变形。由于主动轮齿齿面上所受的摩擦力背离节线，分别朝向齿顶及齿根方向，故产生塑性变形后，齿面上节线附近就下凹；而从动轮齿的齿面上所受的摩擦力则分别由齿顶及齿根朝向节线方向，故产生塑性变形后，齿面上节线附近就上凸。提高齿面硬度及采用黏度较高的润滑油，有助于防止轮齿产生塑性变形。

（5）折断齿。当齿轮工作时，由于危险断面的应力超过极限应力，轮齿就可能部分或整齿折断。冲击载荷也可能引起断齿，尤其是存在有锻造和铸造缺陷的轮齿容易断齿。断齿齿轮不能再继续使用。

如果轮齿有明显增加的磨损或是齿面损坏（点蚀），对产生原因应立即加以研究。使用寿命缩短可能是由基础的缺陷、超载、错误润滑、在润滑油中有水、油管阻塞或选择减速机时负载估计不足造成的。

第二节　减速机及其他设备润滑

减速机要正常工作离不开合适有效的润滑，所有机械传动中摩擦的害处是消耗大量的功、造成机件磨损并产生大量热量。减速机润滑的主要作用是控制摩擦，减少磨损，降温冷却，防止摩擦面锈蚀，防尘；润滑时在工作齿面之间提供一层油膜，防止金属间直接接触，同时润滑轴承和密封，从齿的接触表面和轴承中散热，带走磨损颗粒。油膜厚度取决于齿的表面压力、油的黏度以及切线速度，如果运行期间油膜反复破坏，工作齿面就会损坏。

润滑介质可分为气体、液体、油脂、固体、油雾润滑五类。常用的润滑方式就是液体油润滑和脂润滑两种。

一、润滑脂种类与特性

传统润滑脂习惯上称为黄油或干油，是一种凝胶状材料。润滑脂是由基础油液、稠化剂和添加剂（或填料）在高温下混合而成，可以说是一种稠化了的润滑油。工业用润滑脂按其稠化剂类型分为钙基脂、钠基脂、铝基脂、锂基脂、钡基脂等几种类型，主要特点及用途如下：

（1）钙基脂是最早应用的一种润滑脂，有较强的抗水性，使用温度不宜超过 60℃，使用寿命较短。

（2）钠基脂抗温能力较强（80～100℃），在其使用范围的临界温度上易出现不可逆硬化。易吸收水分，存放时需密封。由于有上述缺点，已逐渐被淘汰。

（3）铝基脂有很好的抗永防蚀效果，多用于汽车底盘、纺织、造纸、挖泥机及海上起重机等方面的润滑，涂于金属表面具有防蚀作用。

（4）锂基脂是一种多效能润滑剂，使用温度范围在 －120～145℃ 之间，抗水性稍逊于钙基脂。锂基脂通用性强且使用寿命长，除能适应高低温、潮湿等不同外围条件，收到良好润滑效果外，对于简化油料采购和管理，便利储存和应用，均有良好作用。

（5）二硫化钼润滑脂具有良好的润滑性、附着性、耐温性、抗压减磨性等优点，适用于高温、重负荷、高转速等设备的润滑。二硫化钼润滑脂以复合钙基脂为载体，存放 3 个月以后，表层干涸不能用，因此油桶一定要密封。对使用二硫化钼润滑脂的摩擦面或轴承，每月至少应检查一次。发现润滑脂变干时，应立即清洗，换上新脂。二硫化钼润滑脂其主要由复合钙基脂和二硫化钼（胶体 MoS_2）经混合加工制成。

另外还有钡基脂、合成基脂、混合基脂、复合皂基脂、非皂基脂等产品，均有其特定的适用范围。

二、润滑油的特性与种类

一般使用中对润滑油的性能要求如下：

（1）适当的黏度，较低的摩擦系数。

（2）有良好的油性，良好的吸附能力，一定的内聚力。

（3）有较高的纯度，有较强的抗泡沫性、抗氧化和抗乳化性。所以油中必须包含抗磨损、抗氧化锈蚀、抗泡沫等添加剂。

（4）无研磨与腐蚀性，有较好的导热能力和较大的热容量。

（5）对含碳量、酸值、灰分、机械杂质、水分等也要达到一定的要求。

（6）由于减速机中通常出现高的齿接触压力，润滑油也必须含有极压的添加剂。

选择润滑油时如果减速机装于室外，应有两种情况选择润滑油，一种为正常条件（ + 5 ~ + 35℃）一种为低温条件（ − 35 ~ + 5℃）。如果减速机装有加热器，则在大多数情况下，各种条件均可以用同一种油。

国产机械油黏度和温度性能较好，闪点凝点较高，是由矿物润滑油馏分加工精制而成的，按 50℃ 运动黏度分为 10、20、30、40、50、70、90 号等七个牌号，输煤机械减速机采用 50 号的较多。

国产工业齿轮油按 50℃ 运动黏度分为 50、90、150、200、250、300、350、硫铝型 400、500 号等几种。新标准工业用润滑油黏度牌号分类及比较如表 11 − 1 所示。

表 11 − 1   工业用润滑油黏度牌号分类（GB 3141—1994）

ISO 黏度牌号	运动黏度中心值（mm^2/s）（40℃）	运动黏度范围（mm^2/s）（40℃）	大致相当于 50℃ 时黏度牌号油名的名称
15	15	13.5 ~ 16.5	10 号机械油
22	22	19.8 ~ 24.2	13 号专用机械油
32	32	28.8 ~ 35.2	20 号机械油、汽轮机油
46	46	41.4 ~ 50.6	30 号机械油、汽轮机油
68	68	61.2 ~ 74.8	40 号机械油、汽轮机油
100	100	90 ~ 110	50 号机械油、汽轮机油、齿轮油

ISO 黏度牌号	运动黏度中心值 （mm²/s）（40℃）	运动黏度范围 （mm²/s）（40℃）	大致相当于 50℃时 黏度牌号油名的名称
150	150	135～165	70 号、90 号齿轮油
220	220	198～242	120 号齿轮油
320	320	288～352	150 号齿轮油
460	460	414～506	200 号、250 号齿轮油
680	680	612～748	300 号、350 号齿轮油
1000	1000	900～1100	500 号重负荷齿轮油

三、减速机的润滑

（一）油池或溅油润滑

油池或溅油润滑的作用是利用转动的机械将油带到相互咬合和紧紧靠近的各个摩擦副上。油池里的油应有适当黏度，一般 30～50 号机械油，可适应摩擦副的需要。加入油池的油，应先经过滤清，油池温度一般不宜超过 70℃。

润滑方法的选择首先取决于切线速度，减速机的类型和尺寸也要加以考虑。当 $v < 6m/s$ 时，常用浸油润滑；当 $v < 15m/s$ 时，对斜齿轮常选用飞溅润滑；当 $v < 12m/s$ 时，对锥齿轮通常选用飞溅润滑。应用浸油润滑时，油面应提高，使齿轮接触表面和轴承的滚子浸在油中。飞溅润滑是最常用的润滑方法，齿接触表面通过齿轮油的飞溅或是齿轮带上来的油而润滑。轴承也通过齿轮使油飞溅而润滑。通常切线速度 $v = 15m/s$ 作为飞溅润滑上限，但是带特殊装置时，也可以使用较高的切线速度。

一般减速机的润滑要求如下：

（1）用油池飞溅润滑，自然冷却。润滑油的注入量达到油标油位。即将齿轮或其他辅助零件浸于减速机油池内，当其转动时将润滑油带到啮合处，同时也将油甩到箱壁上借以散热。当齿轮线速度 $v > 2.5m/s$、环境温度为 0～35℃或采用循环润滑时，推荐选用中极压工业齿轮油 N220；环境温度为 35～50℃时，推荐选用中极压工业齿轮油 N320。

（2）当齿轮速度 v 超过 12～15m/s、工作平衡温度超过 100℃时，或承载功率超过热功率时，应采用风冷、水冷或循环润滑方式，循环润滑时的贮油量应满足齿轮各啮合点润滑、轴承润滑及散热冷却的需要。由于温升高，需要油泵向齿面喷油，在高速时，油嘴最好用两组，分别向着两个轮子的中心。

（3）冷却用水要用氧化钙含量低的清水，水压不超过 8（kg/cm²）。在低温情况下，减速机长时间停运时，必须把冷却水排净，以防冻坏冷却系统。

（4）采用循环润滑的减速机，其润滑系统的油泵、仪表、油路等要正确安装，正常系统油压为 0.5 ~ 2.5（kg/cm²）。

（5）当减速机的环境温度低于润滑油凝固点时，或为了使减速机启动时油的黏度不过高，可采用浸没式电加热器或蒸汽加热圈对润滑油进行加热，电加热器单位面积上的电功率不应超过 0.7W/cm²。建议加热后的油温为 5 ~ 15℃。

（6）减速机在投入使用前必须在输入轴轴承注油点及视孔处注入润滑油，油面应达到油尺上限，注油后视孔盖应重新用密封胶封好，并拧紧螺栓。

（7）减速机使用后要经常检查油位，检查应在减速机停止运转并且充分冷却后进行。注意，在任何情况下，油位不能低于油尺下限。

（8）当减速机连续停机超过 24h，再启动时，应空负荷运转，待齿轮和轴承充分润滑后，方可带负荷运转。

（二）油浸减速机的齿轮浸浴度要求

（1）单级减速机的大齿轮浸油深度 1 ~ 2 齿高。

（2）多级减速机中，轮齿有时不可同时浸入油中，这就需要采用打油惰轮、甩油盘和油杯等措施。

（3）蜗杆传动浸油深度，油面可以在一个齿高到蜗轮的中心线范围间变化。速度愈高，搅拌损失愈大，因此浸油深度要浅；速度低时浸油深度可深些，并有散热作用，蜗轮在蜗杆上面时，油面可保持在蜗杆中心线以下，此时飞溅的油可以通过括板供给蜗轮的轴承。

（三）减速机润滑油的更换要求

（1）减速机初始运行 200 ~ 400h（硬齿面减速机可达 500 ~ 800h）后必须首次换油。润滑油应在停机后趁热排放。如果需要，油槽应该用洗涤油清洗。减速机润滑油应定期更换，用矿物油时，每隔 1 年换油一次；用合成油时，每隔 3 年换油一次，减速机工作温度偏高，其换油周期应缩短，减速机矿物润滑油的更换周期如表 11 - 2 所示。合成油在相同工况下的更换周期大约是表中运行间隔的三倍。

表 11 - 2　　　　　　　　　　减速机矿物润滑油的更换周期

工作温度（℃）	运行间隔（h）	工作温度（℃）	运行间隔（h）
100	2500	80	6000
90	4000	<70	8000

（2）较大减速机的用油量很大。如果每年对油进行分析后，且减速机工况稳定，则所应用的矿物油的换油间隔也可以延长。特别是在室外或潮湿条件下使用时应对油中水分进行检查，以保证其水分不超过 0.05%（500ppm）。如果水分超过 0.2%（2000ppm）以上，必须将水除去。但是当采用一班或两班工作制时，最长 2 年换油一次，若三班工作制最长 1 年换油一次。当换油量较大时，可通过对润滑油进行化验的办法来确定最经济的换油时间间隔。

（3）减速机应换用与以前同样等级的润滑油，不同等级或不同厂家的润滑油不能混合使用。

（4）换油时，减速机壳体应采用与减速机传动润滑油相同等级的油进行冲洗，高黏度油可先行预热再用于清洗。

（5）采用强制润滑的减速机，润滑系统也应清洗，并用高压空气吹干。

（6）换油时，排油口油塞上的磁铁也要彻底清洗干净。

（7）清洗必须绝对清洁，决不允许外部杂质进入减速机。

（8）换油后，拆过的轴承端盖及视孔盖必须用密封胶重新封好。

加油时油的级别必须选择推荐值，或者采用与推荐油完全等效的油。而且油量要正确。每个减速机都有一个带有刻度的玻璃或浸杆油位指示器，上面标识着应达到的油位，当减速机停止或泵与油管加满油时，必须按油位指示器加满油（油位应在两刻度线之间 2/3 的位置为最佳）。当减速机正在运行时，一般不可能正确判断油量。

在飞溅润滑的减速机中，负载接近热功率时，正确加注油量特别重要。在某些情况下仅仅是由于多加了 15% 的油。运行温度有可能升高到正常温度以上 15 ~ 20℃。这可能引起油的润滑能力减少而使减速机严重损坏。当油位低于下限时，齿轮则不能形成有效的飞溅润滑。

换油时应使用一个油泵，同时将润滑油过滤。当加油孔打开时，应防止杂质进入油槽中。

在油脂润滑的轴承中，油脂不能漏到油池中，必须限制重复涂油脂。

换油时，不要加入过量油脂，以免增加轴承的使用温度。

减速机最大允许运行温度，在轴承中测量要求为90℃，在特殊情况下最高温度允许达100℃，如果减速机的运行负载高于热功率，应用冷却法使减速机温度正常。减速机可以通过以下方法冷却：

减速机油槽中加装一个冷却水管；在减速机输入轴上安装1~2个风扇，但在潮湿或脏的环境下不要使用风扇。

恒温器控制的水阀必须装在冷却水管的进口边，最大允许水压为1MPa。冷却蛇形管中水流方向并不重要。蛇形管中的水流量应调整为使油槽中的温度不超过80℃，为此在油槽中设有一个温度计。

外部表面和冷却风扇（若有的话）以及电动机都必须保护清洁，积累的尘埃使运行温度升高。如果应用空气冷却器，其叶片也必须保持清洁，用压力洗涤时，水喷头不应直接对着密封或通风装置。通风装置的功能在换油时一并进行检查。

当冷启动时，启动温度必须高于润滑油的凝固点；否则，在夏天和冬天使用不同黏度的润滑油或应用油加热器。

油加热器由置于减速机油槽中的电阻元件组成，并用螺钉拧在减速机壳体上，电阻元件的材料是不锈钢，可以拆下来清洗，但油必须首先从减速机放出。油加热器用恒温器控制，恒温器必须加以调节，当减速机中的油温降至低于表11-3（浸油或飞溅润滑）或表11-4（压力润滑）指出的油凝固点时的温度时接通油加热器，恒温器的上限调整为当油温度高于开启温度8~10℃时将油加热器关闭。恒温器是一个转换接触位置的衬套，其位置取决于传感器的温度。油加热器的表面功率为$1W/cm^2$，标准电压为230/240V。管状加热元件在全部时间必须完全浸入液体中。

表11-3 　　　　　**浸油或飞溅润滑油加热器的开启温度** 　　　　℃

ISO VG	680	460	320	220	150	100
矿物油	-7	-10	-15	-20	-25	-28
合成油		-30	-35	-40	-40	-45

表11-4 　　　　　**压力润滑方式下的加热器接通温度** 　　　　℃

ISO VG	680	460	320	220	150	100
矿物油	+25	+20	+15	+10	+5	
合成油		+15	+10	+5	0	-5

油加热器的维护：如果油加热器已结垢，在换油时应当拆下来清洗。放油前一定要将油加热器关闭，因为加热的电阻器有引起油雾爆炸的危险。通过设置加热器的开关可以有效地防止电阻器结垢、油液过早老化和油变坏。当油温高于 40℃ 时，电阻器决不要接通，因为油的附加性能由于电阻器表面温度的影响而变坏，从而加速了爆炸气体的形成。

浸油润滑的减速机也有的安装了膨胀箱（容量 14L），进一步改善了润滑性能。低速轴垂直的减速机，膨胀箱放在高速轴侧面，同一边有组合盖。竖立位置的减速机，膨胀箱放在低速轴对面。各种型式和规格的齿轮膨胀箱的位置都基本相同。

四、其他设备的润滑

设备润滑的方法主要是根据设备结构和运动的特点及对润滑的要求选用的。常用润滑方法如下：

（1）分散润滑。一般在结构上分散的部件，如电动机、碎煤机两端的轴承，桥吊、翻车机等几十处润滑点均按其润滑部位，就地安装润滑油杯、油孔、油嘴、脂杯或脂枪润滑等，分散进行润滑。这些多属于手工润滑，一般由运行维护人员用油壶或油枪向油孔油嘴加油，油在注入孔中后，沿着摩擦表面扩散以进行润滑。一般滴油润滑装置有泵式油枪、热膨胀油杯；跳针式油杯等。油杯只供一次性润滑的小量润滑油，其给油量受杯中油位和油温的影响，阀的加工质量亦往往影响到供油的稳定性，故在装置和调节以前运行人员必须认真加以检查。油杯储油的高度应不低于全高的 1/3，油杯的针阀和滤网必须定期清洗，以免堵塞。其中脂杯润滑为带阀的润滑脂杯，是小压力下分散间歇供脂最常用的装置（如扒煤机大轴润滑），这种脂杯的结构在旋转油杯盖时才间隙地送入脂，当机械正常运转时，每隔 4h（半个班）将杯盖回转 1/4 转已够应用，一般用在速度不超过 4m/s 的设备上。脂枪润滑中，手操纵的压力杠杆型脂枪是推煤机等设备常用的润滑工具，在每一个润滑点装有能与脂枪相匹配的偶件，按需要有规律地加脂润滑。

（2）集中润滑。在机件集中，同时有很多配件需要润滑，如斗轮堆取料机的回转部分，车床的减速机、走刀箱等，既有变速的齿轮或蜗轮，又有其轴和轴承，还可能有各种联轴器和离合器，就有必要进行集中润滑，其系统组成如图 11-6 所示。

按润滑装置的作用时间可分为间歇润滑和连续润滑。按油脂进入润滑面的情况，又可分为无压润滑和压力润滑。油压很高属于压力润滑，油绳、毡块、油杯、油链、吸油、带油、油池、飞溅等无强制送油措施的润

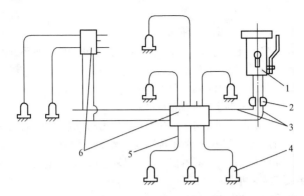

图 11 - 6　手动集中润滑系统原理图

1—手动干油泵；2—干油过滤器；3—主油管；

4—润滑点；5—支油管；6—双线给油器

滑方法均属无压润滑。在除了要求充分润滑外，还有散热的需要时，就应进行连续润滑。如高速运行的齿轮箱和滑动、滚动轴承等。对润滑要求不高的部件，可以采用间歇润滑。

　　滑动轴承的润滑包括油润滑和脂润滑。油润滑的滑动轴承，黏度随温度的升高而降低，当速度低，负荷大时，应选用黏度较高的润滑油；当速度高、负荷小时，应选用黏度较低的润滑油。脂润滑的滑动轴承，当轴承载荷大、轴颈转速低时，应选用针入度小的油脂；当轴承载荷小、轴颈转速高时，应选用针入度大的油脂。润滑脂的滴点一般应高于工作温度 20～30℃。滑动轴承如在水淋或潮湿环境下工作时，应选用钙基、铝基或锂基润滑脂；在一般环境温度条件下工作时，可选用钙－钠基脂或合成脂。

　　油脂润滑几乎专门用于轴承润滑或减速机轴承密封的润滑。脂润滑的滚动轴承填加润滑脂时应注意：

　　（1）轴承里应填满，但不应超过外盖以内全部空间的 1/2～3/4。

　　（2）装在水平轴上的一个或多个轴承要填满轴承和轴承空隙，但外盖里的空隙只填全部空间的 1/3～3/4。

　　（3）装在垂直轴上的轴承，只装满轴承，但上盖则只填空间的一半，下盖只填空间的 1/2～3/4。

　　（4）在易污染的环境中，对低速或中速轴承，要把轴承和盖内全部空间填满。

　　以上是填加润滑脂的一般要求，如果发现轴承温度升高应适当减少装脂量。

开式齿轮的润滑主要有下面几种方法：

（1）利用喷枪在一定间隔时间内喷油。由于开式齿轮所用残留型润滑油黏度都比较高，常需利用溶剂加以稀释才便于喷涂。

（2）利用油杯或油管喷嘴滴油润滑。

（3）利用手刷溽和手油壶加油的办法。

润滑油脂按油脂的使用情况可分为一次使用和循环使用两种方法。一次使用是润滑油脂只使用一次就不再回收。循环使用是在高速、重荷、机件集中、需油量大的设备上润滑都应将油循环使用，如斗轮行走立式减速机、重牛绞车减速机等。

五、润滑油液的净化方法

为消除外界杂质渗入润滑油内，要利用过滤、沉淀等方法在系统内外将油液净化，其方法有四种：

（1）沉淀和离心。主要利用油液和杂质密度的不同，通过重力和离心力将其分离。

（2）过滤。一般在润滑油液流动通道上设置粗细深浅不同的筛孔，限制大小杂质的通过。

（3）黏附。利用有吸附性能的材料阻截，收集润滑油液中的杂质。

（4）磁选。利用磁性元件选出带磁性的钢铁屑末。

润滑油箱不但是润滑油液的容器，而且常用以沉淀杂质、分离泡沫、散发空气，故也是净化油液的装置。润滑油箱实际有如润滑系统的后方基地，具有排油、吸油、回油、排气、通风等性能。

循环油一般在润滑油箱有 3～7min 的停留时间，润滑油箱除须能盛装全部循环油以外，其空腔上留有适应系统油流量偶尔的变化以及油热膨胀、波动和撑泡沫需要的空间。一般润滑油箱箱位应高于静止油位，容积可超过其实际储量的 10%～30%，如不保留空腔，则回油管道将受到背压的阻碍而造成回油不畅，油和泡沫甚至会从放气孔溢流而出。

六、润滑管理的五定内容

（1）定质——按照设备润滑规定的油品使用，加油、加脂、换油、清洗时要保持清洗质量。设备上各种润滑装置要完善，器具要保持清洁。

（2）定量——按规定的数量加油、加脂。

（3）定点——确定设备需要润滑的部位。

（4）定期——按规定的时间加油、换油。

（5）定人——按规定的润滑部位指定专人负责。

第三节 联轴器

高速轴传动的联轴器主要有弹性柱销联轴器、尼龙柱销联轴器、梅花盘式联轴器、液力耦合器联轴器等。

低速轴传动的联轴器有十字滑块联轴器、齿轮联轴器和齿销联轴器等。

一、柱销联轴器

（1）弹性圈柱销联轴器是一种传统型标准部件，其构造如图 11 – 7 所示。其连接螺栓是一端带有弹性圈的柱销，装在两半联轴器凸缘孔中，半联轴器（俗称对轮）的材料为 HT200 或 30、35 号钢等，柱销为 45 号钢，弹性圈为耐油橡胶做成梯形剖面胶环，由于弹性圈易磨损寿命短，新国标 GB/T 4323—1984 已将原来由若干弹性圈组成的弹性元件改为整体式弹性套，应急使用中可用普通输送胶带剥切成适当厚度和大小后紧裹在柱销上临时使用。

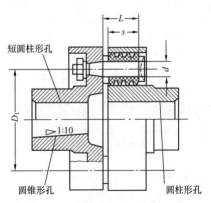

短圆柱形孔

圆锥形孔 1:10 圆柱形孔

图 11 – 7 弹性套柱销联轴器

弹性圈柱销联轴器的特点是结构比较简单，制造容易，不用润滑，更换弹性套方便，不用移动半联轴器和重新找正，弹性套工作是受压缩变形，吸振性好，具有一定补偿两轴相对偏移的性能。适用于安装底座刚性好、对中精度较高、冲击载荷不大、对减振要求不高的中小功率平稳载荷轴系传动。有的弹性圈柱销联轴器的机械侧对轮体带有抱闸轮，使其结构更为紧凑。

（2）尼龙柱销联轴器结构如图 11 – 8 所示，也是已标准化部件，用尼龙柱销代替弹性圈柱销，结构更简单，装卸更换更方便，不用移动两半联轴器，寿命长，缓冲减震效果比弹性圈柱销好。与同尺寸的弹性圈柱销比，传递力矩能力大。尼龙柱销工作时受剪切力，适用于一般要求的中高速传动轴系，也可用于正反转启动频繁的高速轴。

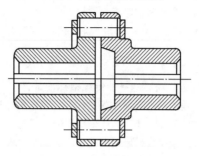

图 11 - 8 弹性柱销联轴器

二、梅花盘形弹性联轴器

梅花盘形弹性联轴器结构如图 11 - 9 所示，是由两个带凸爪形状相同的半联轴器和弹性元件组成，利用梅花盘形弹性元件置于两半联轴器凸爪之间，以实现两半联轴器的连接。具有补偿两轴相对偏移、减振、缓冲、径向尺寸小、结构简单、不用润滑、承载能力较高、维护方便等特点，但更换弹性元件时需要沿轴向移开电动机并重新找正。适用于连接启动频繁、正反转变化、中高速、中大功率的传动轴系、要求工作可靠性高的工作部位，不适用于低速重载及轴向尺寸受限制、更换弹性元件后两轴线对中困难的部位。梅花盘形弹性元件的材料有聚氨脂、铸形尼龙或橡胶梅花盘两种。梅花盘形弹性联轴器同样有带制动轮的形式结构。

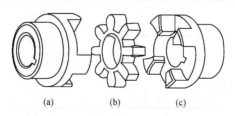

图 11 - 9 梅花盘形弹性联轴器

（a）套筒 1；（b）尼龙或橡胶梅花盘；（c）套筒 2

三、液力耦合联轴器

液力耦合器，又称限矩式液力耦合联轴器（液联），是利用液体动能来连接电动机与机械传递功率的动力式液力传动机械，在耦合器中，主、从动件之间没有直接的机械接触（柔性传动），故无机械磨损。工作寿命长、结构简单、工作可靠、维修量少。其结构如图 11 – 10 所示。

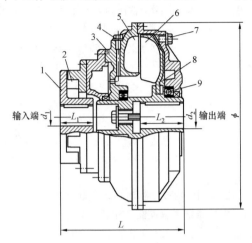

图 11 – 10　YOXⅡ型液力耦合器结构图

1—主轴套；2—弹性块；3—转壳；4—加油孔；5—泵轮；
6—涡轮；7—易熔塞；8—后辅室；9—轴承

YOXⅡ型耦合器主要由主动和从动两部分组成。主动部分主要包括：①主动联轴器；②弹性块；③从动联轴器；④后辅腔；⑥泵轮；⑦外壳。从动部分主要包括涡轮和传动轴等。主动部分与原动机连接，从动部分与工作机械连接。

液力耦合器是以液体为介质传递功率的液力传动装置。液体在由泵轮和涡轮组成的密闭空腔中循环，泵轮和涡轮对称布置，几何尺寸相同，在轮内各装许多径向辐射叶片。工作时，在联轴器中充满工作油。当主动轴带动泵轮旋转时，工作油在叶片的带动下，因离心力的作用由泵轮内侧（进口）流向外缘（出口），形成高压高速液流，冲击涡轮叶片，使涡轮跟着泵轮同向旋转。工作油在涡轮中由外缘（进口）流向内侧（出口）的流动过程中减压减速，然后再流入泵轮进口，如此连续循环。在这种循环流动的过程中，泵轮把原动机的机械能转变成工作液体的动能和升高压力的势能，而涡轮则把工作油的动能和势能转化为输出轴的机械能，从而实现能量的柔性传递。

限矩型液力耦合器广泛应用于带式输送机、刮板输送机、链式输送机、螺旋输送机、挖掘机、斗轮挖掘机、链斗式提升机等的驱传动装置。

工作油能保证主动和从动轴间的柔性结合，是液力耦合器传递扭矩的介质，对同一耦合器，油量的多少直接影响耦合器传递扭矩的大小，其基本规律是：在规定的充油量范围内，充油量越多，耦合器传递的扭矩越大，在传递的扭矩恒定时，充油量越多，效率越高，但此时启动力矩增大，过载系数也相应增大，利用不同的充油量，可使用同一规格的耦合器与几种不同功率的电动机匹配，以适应不同的工作机的要求。

液力耦合器的充油范围为耦合器总容积的 62.5% (40%~80%)，不允许超出此范围，更不允许充满，因为充油量超出容积的 80%，会使耦合器在运转时因过载而急剧升温，耦合器内压增大，引起漏油，甚至造成机械损坏。而充油量小于容积的 40%，会使轴承得不到充分的润滑，产生噪声，过早地损坏。

有的耦合器上带制动轮毂，制动轮毂在耦合器的输出端，与弹性联轴器（梅花盘形弹性联轴器或弹性套柱销联轴器）连接。

有的耦合器轴向尺寸较长，在安装与维修时不必移动电动机和减速机，只要拆下弹性柱销和连接螺栓，就可以卸下耦合器，使其维修更为方便。

常用液力耦合器的主要性能参数见表 11-5 所示。

表 11-5　　常用 YOX Ⅱ 系列液力耦合器主要技术参数

型号	额定功率（kW）			充油量（kg）		重量（kg）	滑差率（%）
	1500r/min	1000r/min	750r/min	最小	最大		
450	50~85	16~32	7~14	7.5	15	82	
500	80~150	26~52	12~23	10	19.8	110	
560	150~250	45~90	20~40	13	26	175	
650	250~460	90~178	40~77	24	48	245	≤4
750		180~360	77~156	33	66	370	
875		360~720	150~313	54	108	520	

（一）工作油种类和品质的选择

工作油的质量直接影响耦合器传递扭矩的能力，所以油品质的好坏是个关键问题。要求工作油具有较低的黏度 μ、较大的重度 γ、高闪点、低凝点、耐老化、腐蚀性小等优点，但这些条件有些是相互联系的，不能兼而有之，只有综合起来考虑。工作油应具有以下性能：

黏度：$\mu = 32\text{mm}^2/\text{s}$（40℃时）

重度：$\gamma = 0.84 \sim 0.86\text{g/cm}^3$

闪点：> 180℃

凝点：< -10℃

符合以上参数，能满足耦合器正常工况要求的矿物油有液压油、透平油和部分机油等，推荐使用 22 号透平油。

如果用多台功率相同的电动机驱动（两台以上），尽管用同一规格型号的液力耦合器，但因每个耦合器在加工时的各种因素的影响，其特性也会有差异，而且其安装位置不尽相同，所以即使充油量一样，但其传递扭矩的能力总有些差别。因此，在试运转时，最好用电流表测定每台电动机的负荷电流大小，如电流表的读数不等，可相应调整耦合器的充油量，直到各电动机工作电流近似地相等。

液力耦合器检查油量时，把一个易熔塞转至耦合器上方并拧下易熔塞，慢慢转动耦合器，当塞孔转到预先刻在工作机或防护罩上的刻线位置时，若没有油溢出，则说明油量不够，应补油；如高于此位置时已有油溢出，说明油量过多，应当减少。

（二）液力耦合器的使用

1. 液力耦合器使用的注意事项

（1）为了保证安全，转动前应检查耦合器上的防护罩完好牢固。

（2）当电动机达到额定转速的 80% ~90% 时，从动机必须开始运转，否则有过载现象，必须马上停机检查负载并处理。

（3）液力耦合器理论上可以正反旋转，运转时应转动平稳，无异音无渗漏现象。

（4）连续运转时，工作油温不超过 90℃；不得频繁启动，以防工作油超温。

（5）运转 3000h 后，对工作油的品质进行检查，若油已老化，则需换油。

（6）定期检查联轴节中弹性盘或弹性块的磨损情况，必要时更换；定期检查电动机轴与工作机轴的找正位置精度，必要时重新找正。

（7）易熔塞是液力耦合器的过热保护装置，是必不可少的部件。耦合器在制动或过载时，主从动轮速差增大，其损失功率约为额定功率的2 ~2.5 倍或更高些，这样大的发热功率会使工作油温度急剧升高，并接近工作油的闪点；同时会使耦合器产生激烈的振动，会引起工作油着火，甚至造成耦合器破坏的严重后果，但安装了易熔塞后，只要工作油温度接近 134℃，易熔塞中的低熔点合金就会熔化（熔点约为 130～138℃），工作油在离心力的作用下，从易熔塞中喷出，使主动部分与从动部分完全断开，不再传递扭矩，从而保护了耦合器和工作机械。此时必须立即停止电动机的运转，以防轴承过热。待排除过载故障后，按规定的充油量注入新油，换上与原来规格一样的易熔塞，或重新浇入低熔点合金（合金成分：铋 55.5%，铅 44.5%），同时把耦合器圆周上所有的螺栓重新检查紧固一次，切勿用实心螺塞来代替易熔塞！

（8）不允许随意拆卸耦合器，以免破坏密封及装配精度。

2. 液力耦合器的特点

（1）能隔离扭振和冲击，减缓设备运行过程中的冲击和震动。当主动轴有周期性波动时，不会通过液力耦合器传至从动轴上。

（2）过载保护。液力耦合器是柔性传动，当从动轴阻力扭矩突然增加时，液力耦合器可使主动轴减速甚至使其制动，此时电动机仍可继续运转而不致停车。

（3）能均衡多台电动机之间的负荷分配。在液力耦合器工作中，主、从动轴转速存在滑差，电动机转速稍有差异时，液力耦合器对扭矩的影响不太敏感，因而在带式输送机多驱动装置中，液力耦合器能够自动做到电动机顺序启动、均衡各电动机负荷并能使各电动机同步驱动。

（4）能提高电动机的启动性能，使电动机能带负载平稳启动，从而减小电网的冲击电流，提高电网的功率因数，有效地保护电动机和工作机在启动和超载时不受损坏。

（5）液力耦合器通过液体传递扭矩，主、从动轴之间是一种挠性联轴器，允许二者之间有较大的安装误差。

（6）工作中除轴承和油封外，无其他机械磨损，散热问题容易解决，泵轮和涡轮不直接接触，使用寿命长。

（三）液力耦合器常见故障及其原因

（1）工作机达不到额定转速。驱动电动机有故障或连接不正确；从动机械有制动故障，产生过载；充油量过多。

（2）易熔合金熔化。充油量少或有漏油现象，检查各结合面及轴端并解决密封；严重过载，工作机械制动；频繁启动。

（3）设备运转振动大，弹性块或弹性盘损坏。电动机轴与工作机轴位置误差超差；轴承损坏；耦合器如果与工作机的高速轴是锥孔配合，检查轴端是否松脱并使耦合器整体退出。

四、十字滑块联轴器

十字滑块联轴器由两个带有凹槽的半联轴器和一个两端面均带有相互垂直齿牙的圆盘组成。其结构如图 11 – 11 所示。常用材料为 45 号钢，工作表面经热处理。

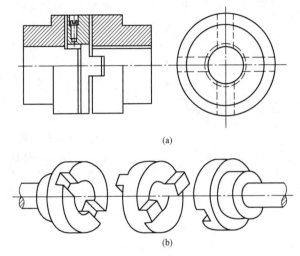

(a)

(b)

图 11 – 11 十字滑块联轴器

适用于转速 $n < 250 \text{r/min}$，轴的刚性较大的场合，比如减速机低速轴与皮带机驱动滚筒的连接。

使用中应多检查十字滑块联轴器的中间盘和两端的套筒是否有严重磨损或错位的现象，必要时及时修理或更换。检查中间盘的凸肩是否有残缺或打裂等现象，否则，要及时更换。

五、轮胎联轴器和胶皮联轴器

轮胎联轴器由两个半联轴器、轮胎、压板连接螺钉组成。其结构如图 11 – 12 所示。这种联轴器是利用轮胎形橡胶元件，用螺栓将两半联轴器连接。

轮胎式联轴器弹性变形大，扭转刚度小，减振能力强，补偿两轴相对位移的能力较大，有良好的阻尼作用，结构简单，不用润滑，装拆和维护方便，噪声小；但承载能力不高，径向尺寸较大，过载时产生较大的轴向附加载荷。适用于启动频繁、正反转多变、冲击振动较大的两轴连接。可在有粉尘、水分的工况环境下工作，工作温度为 $-20 \sim 80℃$。

轮胎式联轴器结构型式分为带骨架式、开口式、整体式三种。带骨架

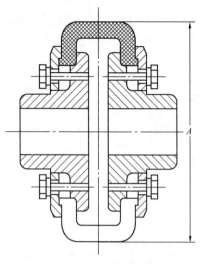

图 11 – 12　轮胎联轴器

结构与其他两种相比较,具有承载能力大、使用寿命长、装拆方便等优点。激振式给煤机的激振器由于有煤和无煤时的轴中心标高变化很大,与电动机轴的中心偏差为 0~60mm 甚至更多,二者的对轮连接件即为轮胎式开口联轴器,可用 4 条适当尺寸的橡胶皮带对称固定,使用更换相当方便。

六、齿轮联轴器

齿轮联轴器是由内齿圈和带外齿的凸缘半联轴器组成。其结构如图 11 – 13 所示。由两个带有内齿及凸缘的外套筒和两个带有外齿的内套筒等零件组成,内外套筒齿数相同,靠内外齿啮合传递扭矩。采用渐开线齿形,材料为 45 号钢或 tG45,外齿分为直齿和鼓形齿两种齿形,所谓鼓形齿即为将外齿制成球面,球面中心在齿轮轴线上,齿侧间隙较一般齿轮大,鼓形齿联轴器可允许较大的角位移(相对于直齿联轴器),可改善齿的接触条件,提高传递转矩的能力,延长使用寿命。由于鼓形齿式联轴器角向补偿大于直齿式联轴器,所以直齿式联轴器已属于被淘汰的产品。

齿式联轴器在工作时,两轴产生相对角位移,内外齿的齿面周期性作轴向相对滑动,必然形成齿面磨损和功率消耗,因此,齿式联轴器需在良好密封的状态下工作。

齿式联轴器径向尺寸小,承载能力大,安装精度要求不高,

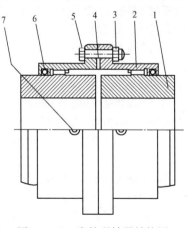

图 11 – 13　齿轮联轴器结构图
1—轴套；2—外套；3—螺母；4—"O"形圈；5—螺栓；6—"O"形圈；7—油嘴

常用于低速重载工况条件的轴系传动，高精度并经动平衡的齿式联轴器可用于高速传动。必要时也可制成带制动轮的鼓形齿式联轴器。

七、弹性柱销齿式联轴器

弹性柱销齿式联轴器是利用若干非金属材料制成的柱销，置于两半联轴器与外环内表面之间的对合孔中，通过柱销传递转矩实现两半联轴器连接，其结构如图 11 - 14 所示，该联轴器具有以下特点：

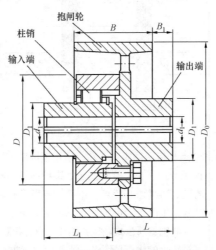

图 11 - 14　弹性柱销齿式联轴器结构

（1）传递转矩大，在相同转矩时回转直径大多数比齿式联轴器小，体积小，质量轻，可部分代替齿式联轴器。

（2）与齿式联轴器相比，结构简单，组成零件较少，制造较方便。

（3）维修方便，寿命较长，拆下挡环即可更换尼龙柱销。

（4）尼龙柱销为自润材料，不需润滑。

（5）减振性能一般。

弹性柱销齿式联轴器具有一定补偿两轴相对偏移的性能，适用于中等和较大功率低速传动。

八、综述

挠性钢片联轴器多用于转速较低的碎煤机的传动当中。挠性钢片联轴器在实际应用中为提高两轴线偏移补偿性能一般采用接中间轴型，将两组不锈钢片用螺栓交错地与两半联轴器连接传递运动及扭矩，每组钢片由 20 ~ 30 片 0.75mm 或 1.0mm 厚的不锈钢片叠集而成，结构如图 11 - 15 所示。此种联轴器靠钢片的弹性变形来补偿所联两轴的轴向、径向和角度偏差，是一种高性能的金属弹性元件挠性联轴器。

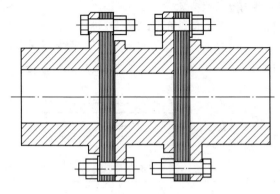

图 11－15　挠性钢片联轴器

这种联轴器的特点是传递功率大，转速适用范围广，无需润滑，结构较紧凑，强度高，使用寿命长，无旋转间隙，维护简便，不受温度和油污影响，具有耐酸、耐碱、防腐蚀的特点，还可代替齿形联轴器等，适用于高温、高速、有腐蚀介质工况环境的轴系传动。主要用于碎煤机等高负荷中转速的设备上。钢片联轴器与齿式联轴器相比，没有相对滑动，无噪声。

弹性活销联轴器最突出的优点是像梅花盘形弹性联轴器一样弹性元件受挤压，而且克服了梅花盘形联轴器更换弹性元件时必须移动半联轴器的不足，只需一次对中安装，尤其适用于轴线对中安装困难、要求尽量减少辅助工时的工况环境。双法兰梅花盘形弹性联轴器虽可不用移动半联轴器也能更换弹性元件，但结构复杂，成本高，增加了质量和转动惯量，应用范围受到限制。除了高温、高速特殊工况外，各种机械设备轴系传动均可选用。

第四节　制　动　器

一、制动器的结构与工作原理

燃料设备上的制动器多是常闭式的双闸瓦制动器，具有结构简单，工作可靠的特点。制动器是用来使运转设备迅速准确可靠地停止的安全装置，也称抱闸。制动器一般装在减速机的高速轴上，常闭式制动器平时抱紧制动轮，在电动机运行时通过电力液压推动器工作方可松开，结构如图 11－16 所示。

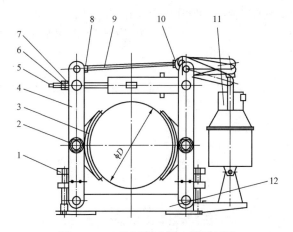

图 11 - 16　液压制动器工作原理图

1—退距调整螺栓；2—制动瓦轴销；3—制动瓦；4—制动臂；5—螺杆；

6、7、8、10—螺母；9—拉杆；11—推动器；12—底座

这种制动器的动力部件是推动器，常用的推动器有电力液压推动器、电磁液压推动器和电磁推动器等三种，目前燃料设备上多用的是电力液压推动器，其结构如图 11 - 17 所示。

在使用中，推动器的电源一般与设备主驱动电源相并联，不另取线路，所以适合于 50Hz、380V 三相交流电源与主电动机同步启停。电力液压推动器通电时，电动机带动叶轮转动，将油从活塞上部吸到活塞下部，产生油压推动活塞推杆迅速上升，完成额定行程达到规定推力。断电后，叶轮停转，失去油压，活塞在外力作用下（弹簧复位）迅速下降，回到起始位置。对于设备主电动机是 6kV 电压或其他电压等级的驱动方式，推动器应另取 380V 动力电源供电，但这种供电方式应在推动器和主电动机之间加上可靠的电源联锁保护，以防 380V 低压电源失电时使主电动机过载运行并烧坏闸件。

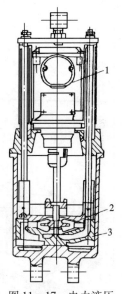

图 11 - 17　电力液压推动器的结构图

1—电动机；2—离心泵叶轮；3—活塞

近年来推行一种新式的机械式制动器，不用液压不用电，安装于减速机的高速轴上，通过主从动构件离心力和转速差的作用控制摩擦片之间的间隙，从而起到停机制动作用。

二、制动器的使用与维护

（1）每班检查推动器工作是否正常，有无漏油现象，保持定量油位，有无行程不够、闸瓦冒烟现象。

（2）6个月检查一次油液，当油变质混入杂物时应换油，加油时上下推杆拉动几次，以便排出空气，加足油位，油位不得超过油位标志塞孔。

（3）使用液压油按下列选用：环境温度为0～20℃时用10号变压器油；20～45℃时用20号机油；－15～0℃用25号变压器油。

制动器的调整包括以下内容：

（1）制动力矩的调整。通过旋转主弹簧螺母改变主弹簧长度的方法，得到不同的制动力矩。调整时应以主弹簧架侧面的两条刻度线为依据，当弹簧位于两条刻线中间时，即为额定制动力矩。要特别注意拉杆的右端部不能与弹簧架的销轴相接触或顶死，应当留有一定的间隙，如图11-18所示。

（2）制动瓦打开间隙的调整。制动瓦的调整，必须使两侧的制动瓦间隙保持相同，若间隙不等可通过调整螺钉的松紧来实现。如左侧制动瓦打开间隙较大，而右侧较小，则应旋紧左边；反之，则按相反的方向调整。

（3）补偿行程的调整。可通过调整杠杆的位置来得到较理想的补偿行程。旋转拉杆，使拉杆连接推动器销轴的中心线和拉杆销轴的中心线处于同一水平线上。

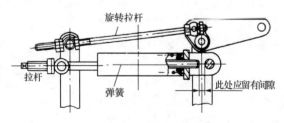

图11-18　制动器的调整间隙

（4）当制动器松开时，要检查闸瓦与制动轮是否均匀地离开，其闸瓦与制动轮的间隙应当保持一致，否则应根据有关要求与方法进行调整。

（5）维护。制动器要定期检查，检查各铰链关节是否运动自如，有无卡住现象，液压推杆是否正常，有无漏油现象，闸瓦与制动轮间隙是否合乎要求，摩擦面有无油污。

三、制动器的常见故障和原因

制动失灵的原因有调整螺钉松动、闸瓦片磨损过大、推动器故障和各处连接销锈死等。

制动器闸瓦冒烟的原因有：

（1）液压推动器不升起。

（2）液压推动器控制部分障碍。

（3）制动闸间隙小或闸瓦偏斜。

（4）液压推动器缺油。

（5）各处连接销锈死。

制动时有焦味或制动轮迅速磨损的原因有：

（1）制动轮与制动带间隙不均匀，摩擦生热。

（2）辅助弹簧不起作用，制动带不能回位，压在制动轮上。

（3）制动轮工作表面粗糙。

液压推动器工作后行程逐渐减小的原因有：

（1）油缸漏油严重。

（2）齿型阀片及动铁芯阀片密封不好。

（3）齿型阀损坏。

（4）密封圈损坏。

提示　本章主要介绍了机械设备的通用驱动部件组成和有关重要部件的结构，适用于卸储煤值班员和输煤值班员中的初级工掌握。第二节中的后半部分细节介绍多适用于中级工掌握。

第十二章

皮带输送机

第一节　输煤系统概述

带式输送机是火电、化工、煤炭、冶金、建材、轻工、造纸、石油、粮食及交通运输等部门广泛使用的连续运输设备。实用于输送松散密度为 $0.5 \sim 2.5t/m$ 的各种粒状、粉状等散体物料，也可输送成件物品。

输煤系统主要设备有翻车机、卸船机、斗轮机等卸储煤设备，给煤机、皮带机、犁式卸煤器等输煤设备，筛煤机、碎煤机等筛碎设备，除铁器、除尘器、电子皮带秤、自动采样器、排污泵等辅助设备，以及这些设备相应的电力供应和自动控制系统等。

在火电厂将煤从翻卸装置向储煤场或锅炉原煤仓输送的设备主要是带式输送机。带式输送机同其他类型的输送设备相比，具有生产率高、运行平稳可靠、输送连续均匀、运行费用低、维修方便、易于实现自动控制及远方操作等优点。另外，刮板输送机大多用作给煤设备和配煤设备。

输送机械在输送物料时，要求给煤机械均匀的供给物料，不允许忽大忽小，同时要求物料的黏度要小，以手握物料成团，松手后物料能自然散开，含水率一般应小于 8%。胶带输送机可以水平输送也可斜升输送，物料温度以常温为主，输送距离较远。

一般大中型火电厂输煤系统有 $6 \sim 15$ 段皮带 20 多条，有 $3 \sim 6$ 个提升段，终极提升高度 35m 左右，皮带出力 $800 \sim 2000t/h$，皮带宽度为 $1 \sim 2.4m$ 的规格，皮带长度有 $30 \sim 300m$ 不等，最长的钢丝绳芯皮带有 4km 多长。出力大，范围广，设备多而分散，环境差而高远，上煤时效性要求高等是输煤系统生产的主要特点。

输煤系统设备一般是双备份的，大部分皮带机是一备一用，某电厂接卸铁路运煤的输煤系统工艺图如图 12-1 所示，某电厂接卸水路运煤的输煤系统工艺流程图附图 1 所示（见书末插页）。系统卸煤后既可直接运到原煤仓燃用，也可通过斗轮机堆存到煤场混配或储存，读者可看图自行分析其工艺过程。

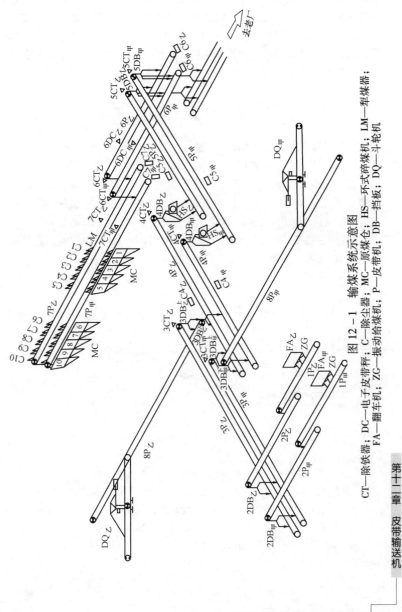

图 12 - 1 输煤系统示意图

CT—除铁器; DC—电子皮带秤; C—除尘器; MC—原煤仓; HS—环式碎煤机; LM—犁煤器;
FA—翻车机; ZG—振动给煤机; P—皮带输送机; DB—挡板; DQ—斗轮机

按胶带种类的不同，可分为普通带式输送机、钢丝绳芯带式输送机和高倾角花纹带式输送机等；按驱动方式及胶带支撑方式的不同，可分为普通带式输送机、气垫带式输送机、钢丝绳牵引带式输送机、中间皮带驱动皮带机、密闭带式输送机和管带机等；按托辊槽角等结构的不同，还可分为普通槽角带式输送机和深槽形带式输送机。本书将着重介绍普通带式输送机。

第二节　普通带式输送机

一、普通带式输送机结构和原理

普通皮带机结构如图 12 - 2 所示，这是一条倾斜提升皮带机，主要由胶带、托辊、机架、驱动装置、拉紧装置、改向滚筒、制动装置和清扫装置等组成。皮带机是根据摩擦原理工作的，皮带机在工作时，主动滚筒通过其表面包胶与胶带之间的摩擦力带动胶带运行，煤等物料装在胶带上和胶带一起运动。用于运送含有 400mm 以下煤块的原煤时，最大提升角为 18°，带速不超过 3.15m/s。

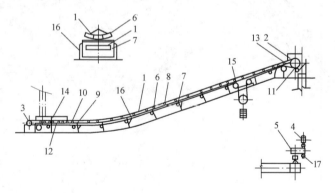

图 12 - 2　倾斜提升的普通皮带机结构图

1—胶带；2—传动滚筒；3—改向滚筒；4—电动机；5—减速机；6—上托辊；
7—下托辊；8—上调整托辊；9—下调整托辊；10—缓冲托辊；11—弹簧
清扫器；12—尾部清扫器；13—带式逆止器；14—导料槽；15—拉紧
装置；16—支架（包括头部支架、尾部支架、中间支架等）；
17—滚柱逆止器

驱动滚筒与输送带之间的靠摩擦力传动，驱动滚筒传给输送带足够的拉力，用以克服胶带运动中所受到的各种阻力。输送带以足够的压力紧贴于滚筒表面，两者之间的摩擦作用使滚筒能将圆周力传给输送带，这种力就是输送带运动的拉力。运行阻力和拉力形成使输送带伸张的内力，即张力，张力大小取决于重锤拉紧力、运输量、胶带速度、宽度、输送机的长度、托辊结构和布置方式等。由皮带机的张力传递方式可知，胶带沿运动方向前一点的张力等于后一点的张力与两点之间胶带运行阻力之和（主动滚筒处的张力变化除外）。

为了使传动滚筒能给予输送带以足够的初拉力，保证输送带在传动滚筒上不打滑，并且使输送带在相邻两托辊之间不至过于下垂，就必须给输送带施加一个初张力，这个初张力是由输送机的拉紧装置将输送带拉紧而获得的。在设计范围内，初张力越大，皮带与驱动滚筒的摩擦力越大高。拉紧装置的主要结构形式有螺杆式、小车重锤式、垂直重锤式、液压式、卷扬绞车式等，对于 50m 以上的长皮带机螺杆式和液压式张紧装置是不实用的，多采用重锤式。

200m 以上的提升皮带机、300m 以上的或有正反转要求的水平皮带机为了减小胶带的拉力，多采用双驱动或多驱动，再长的皮带机多用钢丝绳芯强力胶带，这些皮带机的驱动布置形式参见第四节表 12 - 8。

普通带式输送机是在重工业生产中应用相当广泛的定型设备，为了制造、使用与维修通用化，随着技术的进步与生产能力的扩大，到目前为止，我国的普通带式输送机已完成了三次定型改进，其中 TD62 型是 1962 年的定型皮带机，技术上引用了大部分前苏联的数据，这种皮带机主要在部分老电厂还在使用。TD75 型（T—通用；D—带式输送机）皮带机是在 1975 年由我国自行完全改进的皮带机，从结构上看和 TD62 型皮带机是基本相同的，所不同的是设计参数的选取及个别部件的尺寸有所改变。在运行阻力、结构、制造和功率消耗等方面，TD75 型比 TD62 型皮带机更先进。TD75 型皮带机托辊槽角为 30°，而 TD62 系列托辊槽角为 20°。TD75 型输送机托辊可使胶带的输送量提高 20% 左右，并能使物料运行平稳，不易撒落。由于输送量的提高，在相同出力的情况下，就可使胶带宽度下降一级，因而用 TD75 型槽形托辊可节约胶带费用。DTⅡ型（DT – 带式输送机通用型代号）皮带机是在 TD75 典型结构的基础上于 1994 年改进的更为实用的全系列普通带式输送机，属于我国普通带式输送机的第二代自行定型的设备，故称之为Ⅱ型。DTⅡ型皮带机的结构更为合理，其中好多部件结构的强度和合理性得到更好的完善，TD75 型及 DTⅡ型固定式带式输送机都是通用系列设备，可输送 $500 \sim 2500 kg/m^3$ 的物料。

TD75 型通用固定带式输送机（以下简称 TD75 型）由于输送量大，结构简单，维护方便，成本低，通用性强等优点而广泛用于输送散状物料或成件物品。根据输送工艺的要求可以单机输送，也可多机或与其他输送机组成水平或倾斜的输送系统。

DTII 型固定式带式输送机均按部件系列进行设计，机架采取了结构紧凑、钢性好、强度高的三角形机架，机架部分、中间架和中间架支腿全部采用螺栓连接，便于运输和安装。DTII 型固定带式输送机是通用型系列产品，和 TD75 型一样，固定带式输送机适用的工作环境温度一般为 $-25 \sim +40℃$。对于在特殊环境中工作的带式输送机如要具有耐热、耐寒、防水、防爆、易燃等条件，应另采取相应的防护措施。

普通带式输送机的技术规范主要包括带宽、带速、头尾中心距、提升角、额定出力和电动机功率等。带宽 500 ~ 2400mm 的带式输送机的带速 v 带宽 B 与输送能力 Q 的匹配关系如表 12 - 1 所示。

表 12 - 1　　　　　　带式输送机最大输送量 Q　　　　　　m^3/h

v（m/s） B（mm）	0.8	1.0	1.25	1.6	2.0	2.5	3.15	4	4.5	5.0
500	69	87	108	139	174	217				
650	127	159	138	254	318	397				
800	198	248	310	397	496	620	781			
1000	324	405	507	649	811	1014	1278	1622		
1200		593	742	951	1188	1486	1872	2377	2674	2971
1400		825	1032	1321	1652	2065	2602	3304	3718	4130
1600					2186	2733	3444	4373	4920	5466
1800					2795	3494	4403	5591	6291	6989
2000					3470	4338	5466	6941	7808	9676
2200							6843	8690	9776	10863
2400							8289	10526	11842	10159

注　输送量是在物料容重 1t/m^3、输送机倾角 0° ~ 7°、物料堆积角为 30° 的条件下计算的。

各种带宽适用的最大块度如表 12 - 2 所示。

表 12－2			各种带宽适用的最大块度				mm
带宽	500	650	800	1000	1200	1400	1600	1800
最大块度	100	150	200	300	350	350	350	350

胶带一般用天然橡胶作胶面，棉帆布或维尼龙布作带芯制成。以棉帆布作带芯制成的普通型胶带，其纵向扯断强度为 56kN／（m·层），一般用于固定式和移动式输送机；以维尼龙作带芯制成的强力型胶带，其纵向扯断强度为 140～400kN／（m·层），用于输送量大，输送距离较长的场合；出力更大的皮带机要用钢丝绳芯胶带，其扯断强度为 650～4000kN／（m·层）。普通胶带的主要几何参数有宽度、帆布层数、工作面和非工作面覆盖胶厚度等，普通胶带每米重量表如表 12－3 所示。

胶带按带芯织物的不同，可分为棉帆布型、尼龙布型、维尼龙布型、涤尼龙布型、钢丝绳芯型。按胶面性能的不同，可分为普通型、耐热型、耐寒型、耐酸型、耐碱型，耐油型等等。目前，电厂输煤系统中常用的胶带是普通帆布胶带、普通尼纶胶带和钢丝绳芯胶带。

二、驱动部件

皮带机驱动装置的组成形式有如下三种：

（1）电动机和减速机组成的驱动装置。这种组合装置（如图 11－1 所示）由电动机、减速机、传动滚筒、液力耦合联轴器、抱闸、逆止器等组成。输煤系统由于运行环境差，皮带机一般采用封闭鼠笼式异步电动机，这种电动机结构简单，运行安全可靠，启动设备简单，可直接启动。但有启动电流大（一般为额定电流的 5～10 倍）、不能调整转速等不足，配以液力耦合联轴器极大地改善了电动机的启动性能。现多采用 Y 系列异步电动机的效率、功率因数、启动力矩、启动电流等质量指标匀适用于输煤系统的环境条件。带式输送机常用的减速机为圆柱齿轮减速机及硬齿面减速机，硬齿面减速机采用渗碳淬火磨齿加工的硬齿面齿轮，承载能力大，比软齿面齿轮重量降低 50%～60%，输入轴与输出轴呈垂直方向布置使结构更为紧凑，平均使用寿命增加一倍。驱动滚筒是传递动力的主要部件，带式输送机的驱动滚筒结构一般为钢板焊接结构，均采用滚动轴承，滚筒有光面、人字胶面、菱形胶面及平形胶面等多种。在传递功率较小的情况下可采用光面滚筒；在环境潮湿，传递功率较大的情况下采用胶面滚筒；在单向运行的输送机中应采用"人"字形胶面滚筒，同时应注意"人"字形的方向；对于可逆运行的输送机宜采用菱形胶面滚筒。在 TD75 型系列中，为了改善带式输送机的启动工况，以及双电动机驱动

第十二章 皮带输送机

的长距离带式输送机，平衡各电动机的负荷，在高速侧功率不小于 45kW 时均配置了液力耦合联轴器。当电动机功率在 100kW 以上时，高速侧也有用粉末联轴器。低速侧多用十字滑块联轴器或齿式柱销联轴器等。

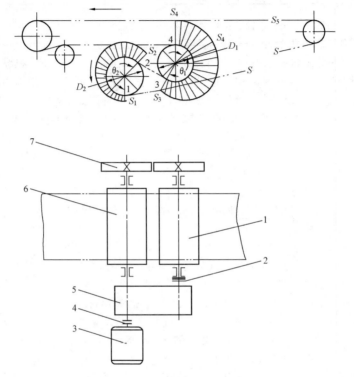

图 12-3　集中驱动双滚筒传动

1—第一传动滚筒；2—低速联轴器；3—电动机；4—高速联轴器；
5—减速器；6—第二传动滚筒；7—开式齿轮

（2）电动滚筒驱动装置。电动滚筒就是将电动机、减速机（行星减速机）都装在滚筒壳内，壳体内的散热有风冷和油冷两种方式，所以根据冷却介质和冷却方式的不同可分为油冷式电动滚筒和风冷式电动滚筒。

（3）电动机和减速滚筒组合的驱动装置。这种驱动装置由电动机、联轴器和减速滚筒组成。所谓减速滚筒，就是把减速机装在传动滚筒内部，电动机置于传动滚筒外部。这种驱动装置有利于电动机的冷却、散热，也便于电动机的检修、维护。

提高滚筒与输送带的传动能力的方式有：①提高输送带对滚筒的压紧力；②增加输送带对滚筒的包角；③提高滚筒与输送带之间的摩擦系数。

压紧滚筒给传动滚筒增加压力的办法构造复杂很少采用。采用改向滚筒来增大输送带对滚筒的包角，这是常用的简便方法，但增加的数值有限，300m以上的长皮带机往往根据需要采用双滚筒传动可使包角增大得较多。

双滚筒驱动的主要优点是可降低胶带的张力，因而可以使用普通胶带来完成较大的输送量，可减少设备费用，驱动装置各部的结构尺寸也可以相应地减小，有利于安装和维护。

双滚筒驱动有两种驱动方式，即集中驱动式和分别驱动式。组成形式如图 12－3 和图 12－4 所示。

表 12－3   **普通胶带每米重量表**

帆布层数 Z	上胶 + 下胶厚度 （mm）	带　宽（mm）					
		500	650	800	1000	1200	1400
		q_0（N/m）					
3	3.0 + 1.5 4.5 + 1.5 6.0 + 1.5	50.2 58.8 67.4	63.0 73.6 84.1				
4	3.0 + 1.5 4.5 + 1.5 6.0 + 1.5	58.2 66.8 75.5	75.7 87.0 98.2	93.1 107.0 121.0			
5	3.0 + 1.5 4.5 + 1.5 6.0 + 1.5		86.2 97.3 108.7	106 119.8 133.8	132.5 149.8 167.1	159 179.5 200.5	
6	3.0 + 1.5 4.5 + 1.5 6.0 + 1.5			118 132.8 146.5	148.6 165.9 183.2	178.2 199.0 220	208.1 232.0 256.5
7	3.0 + 1.5 4.5 + 1.5 6.0 + 1.5				164.7 182.0 199.3	198 218.5 239.5	231.0 255.0 279.0
8	3.0 + 1.5 4.5 + 1.5 6.0 + 1.5				180.8 198.1 215.4	216.5 238.0 258.2	253.0 277.5 301.0
9	3.0 + 1.5 4.5 + 1.5 6.0 + 1.5					236.0 257.0 278.0	275.5 300 324.0

帆布层数 Z	上胶+下胶厚度 (mm)	带 宽 (mm)					
		500	650	800	1000	1200	1400
		q_0 (N/m)					
10	3.0+1.5					255.5	278
	4.5+1.5					276.5	322.5
	6.0+1.5					297.0	347
11	3.0+1.5						321.0
	4.5+1.5						345
	6.0+1.5						368
12	3.0+1.5						343.0
	4.5+1.5						367
	6.0+1.5						392

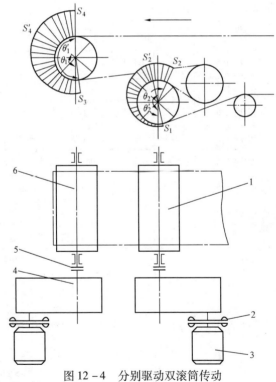

图 12-4 分别驱动双滚筒传动

1—第二传动滚筒；2—液力耦合器；3—电动机；4—减速器；5—联轴器；6—第一传动滚筒

集中驱动系统是一套电动机减速机同时带两个驱动滚筒，两滚筒之间用相同齿数的齿轮啮合传动，其载荷分配按两个滚筒的直径比值 D_1/D_2 决定，理论上以 D_1 略大于 D_2 为佳，但从生产、维修、使用上考虑，多采用直径相同的滚筒。

分别驱动滚筒方案中，常利用两台鼠笼型电动机或绕线型电动机配液力耦合器分别驱动两个滚筒，使驱动系统的联合工作特性变软，从而达到各电动机上载荷的合理分配。延长了启动时间，改善了输送机满载启动性能，使每个滚筒都有各自的安全弧，两滚筒都和输送带工作面接触，摩擦系数较稳定。分别驱动双滚筒传动方案，是大中型火力发电厂较多采用的方案。

输送距离长、输送量大的带式输送机，其出力相应增加，有的还要求正反两个方向运行，采用双滚筒驱动的主要优点是可降低胶带的张力，因而可以使用普通胶带来完成较大的输送量，可减少设备费用，驱动装置各部的结构尺寸也可以相应地减小，有利于安装和维护。所以双滚筒驱动的布置形式及负荷分配要仔细考虑，必要时还有三滚筒驱动及中间胶带摩擦驱动等形式。

三、油冷式电动滚筒

电动滚筒就是将电动机、减速机（行星减速机）都装在滚筒壳内，根据冷却介质和冷却方式的不同可分为油冷式电动滚筒和风冷式电动滚筒两种，分别如图 12-5、图 12-6 所示。下面着重介绍比较常用的油冷式电动滚筒。

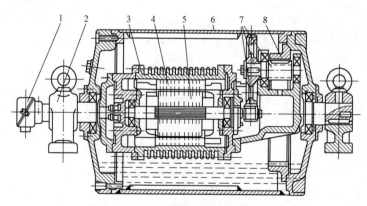

图 12-5　油冷式电动滚筒结构

1—接线盒；2—轴承座；3—电机外壳；4—电动机定子；5—电动机转子；
6—滚筒外壳；7—正齿轮；8—内齿圈

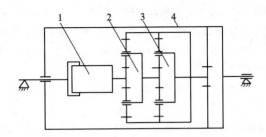

图 12 - 6　风冷式电动滚筒结构示意图

1—电动机；2—第一级行星减速；3—第二级行星减速；4—滚筒外壳

油冷式电动滚筒是胶带输送机的专用驱动装置，小负荷和小空间的场合可代替电动机和减速机所构成的外驱动装置。油冷滚筒空腔内，带有环形散热片的电动机用左法兰轴和右法兰轴支承，两法兰轴的轴头固定在滚筒外的支座上，电动机主轴旋转带动一对外啮合齿轮和一对内啮合齿轮使滚筒体减速旋转。在滚筒空腔内充有冷却润滑油液，当滚筒旋转时，油液便可冲洗电动机外壳进行冷却并润滑齿轮和轴承（不包括电动机轴承）。

油冷式电动滚筒的使用特点有：

（1）油冷式电动滚筒的密封性良好，因此可用于粉尘大的潮湿泥泞的场所。

（2）电动滚筒有封闭结构的接线盒，因此可随同主机安装在露天或室内工作。

（3）电动滚筒采用 B 级绝缘的电动机，电动机使用滴点较高的润滑脂以及耐油耐高温的橡胶油封，因此当环境温度不超过 40℃，能够安全运转。

（4）电动滚筒不适用于高温物料输送机。

（5）电动滚筒不能应用于具有防爆要求的场所。

油冷式电动滚筒是各种移动带式输送机的首选驱动装置，也可供某些固定带式输送机使用。该设备具有结构紧凑、重量轻、占地少、性能可靠、外形美观、使用安全方便，在粉尘大、潮湿泥泞的条件下仍能正常工作等优点。

常用油冷式电动滚筒的型号规格含义如下：

（1）TDY - Ⅱ - 15 - 1.6 - 650 - 500：

T——滚筒；

D——电动；

Y——油冷式；

Ⅱ——第二代油浸式;

15——滚筒功率 15kW;

1.6——滚筒表面线速度 1.6m/s;

650——皮带宽度 650mm;

500——滚筒直径 500mm。

（2）YT-22-2-1000-800:

YT——油浸式大功率电动滚筒;

22——功率 22kW;

2——表面线速度 2m/s;

1000——皮带宽 1000mm;

800——筒径 800mm。

四、逆止器

逆止器是提升运输设备上的安全保护装置，能防设备停机后因负荷自重力的作用而逆转。适用于提升带式输送机、斗式提升机、刮板提升输送机等有逆止要求的设备。提升倾角超过 4°的带式输送机带负荷停机时会发生输送带逆向转动甚至断裂或其他机械损坏，因此为防止重载停机时发生倒转故障，一般要设置逆止器或制动装置。输煤系统常用的制动装置有刹车皮（带式逆止器）、机械式逆止器和制动器等。

制动器的主要作用是控制皮带机停机后继续向前的惯性运动，使其能立即停稳，同时也减小了向下反转时的倒转力。

机械式逆止器结构紧凑，倒转距离小，物料外撒量小，制动力矩大，一般装在减速机低速轴的另一端，也有安装在中速轴和高速轴上的，与带式逆止器配合使用效果更好。

逆止器是一种特殊用途的机械式离合器，分为带式逆止器、滚柱式逆止器和楔块式逆止器三种。

（一）带式逆止器

带式逆止器的结构如图 12-7 所示，皮带正常运转时，逆止带在回程皮带的带动下放松，不影响皮带运行；当皮带停机发生倒转时，回程皮带带动逆止带反向卷入驱动滚筒与回程皮带中间，直到把逆止带拉展从而阻止了皮带机的逆转。为保证正常运转时，逆止带不反转，安装时注意要调整止退器的位置。

（二）滚柱逆止器

滚柱式逆止器结构如图 12-8 所示，是由星轮、滚柱、外圈组成的，滚柱与转块之间有弹簧片或弹簧。

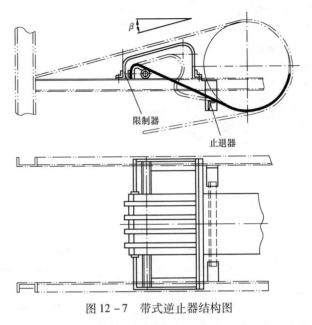

图 12 - 7　带式逆止器结构图

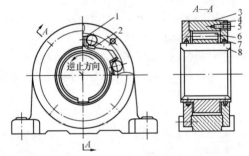

图 12 - 8　滚柱逆止器
1—压簧装置；2—镶块；3—外套；4—挡圈；
5—螺栓；6—滚柱；7—毡圈；8—星轮

　　其星轮为主动轮并与减速机轴连接。当其顺时针回转时，滚柱在摩擦力的作用下使弹簧压缩而随星轮转动，此时为正常工作状态，逆止器内圈空转。当胶带倒转即星轮逆时针回转时，滚柱在弹簧压力和摩擦力作用下滚移向空隙的收缩部分，楔紧在星轮和外套之间，这样就产生了逆止作用。

　　滚柱逆止器内部无轴承，安装时星轮与外圈座间隙不好调整，容易造成各滚柱受力不均甚至卡死，给皮带机再启动造成更大的困难，所以这种逆止器正逐渐被楔块式逆止器所代替。

（三）接触式楔块逆止器

楔块式超越离合器是随速度或旋转方向的变化而能自动接合或脱开的离合器，作为防止逆转的机构时，又称做楔块逆止器或单向轴承。

楔块式逆止器是主要由内圈、外圈、凸轮楔块、蓄能弹簧、密封圈、端盖等组成。楔块按一定规律排在内圈和外圈形成的环形轨道之间，由蓄能弹簧的加载使楔块工作表面与内、外圈接触，确保传递力矩时的瞬时啮合，力矩是在内、外圈间的楔块楔入作用下，使内、外圈锁紧并将力矩传递到防转支座或基础上，从而承担力矩载荷。由于楔块式逆止器在内、外圈间装了两组球轴承有效地控制了内外圈的同心度，从而确保了锁紧元件均匀承担载荷和高速运行，延长了离合器的使用寿命。使用时整体自由安装，不存在滚柱式逆止器内外圈调整不好时引起的受力不均使滚柱卡死的问题。楔块逆止器分为接触式楔块逆止器和非接触式楔块逆止器两种。

接触式楔块逆止器适用于大转矩，中、高速传动工况，当用于高速工况时常采用稀油润滑及特殊结构和材料的楔块。一般极限转速为400～1500r/min。在普通皮带机的使用中一般安装于减速机的低速轴上，其外形结构如图12－9所示，与普通滚柱逆止器、棘轮逆止器相比，在传递相同逆止力矩的情况下，具有重量轻、传力可靠、解脱容易、安装方便等优点。其允许最大扭矩通常能达到数十万牛·米以上，是大型带式输送机和提升运输设备上的一种理想的安全保护装置。内部结构如图12－10所示，接触式逆止器内有若干个这样的异形楔块按一定规律排列在内外圈之

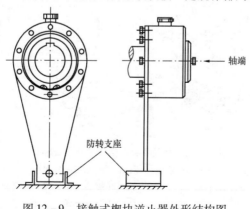

图12－9　接触式楔块逆止器外形结构图

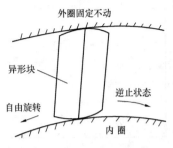

图 12 - 10　接触式楔块
逆止器内部结构图

间。当内圈向非逆止方向旋转时，异形楔块与内圈和外圈轻轻接触；当内圈向逆止方向旋转时，异形块在弹簧力的作用下，将内圈和外圈楔紧，从而承担逆止力矩。

（四）非接触式楔块逆止器

非接触式楔块逆止器是安装在皮带机减速机高速轴或中间轴轴伸上的逆止装置，用于较高超越极限转速（800～2500r/min），传递中等转矩（31.5～4500N·m），是利用特殊形状楔块的离心力及其与外环之间的特殊几何关系以实现"超越"传动的，当内环转速达到 310～420r/min 时，楔块与内、外环滚道非接触、无磨损运转。其特点是单向自锁可靠，反向解脱轻便，结构如图 12 - 11 所示。非接触式逆止器用内圈装于主机的安装轴伸上，靠键和轴伸连接在一起，装在内圈上的两个单列向心球轴承托持着外圈同时又作为端盖和防转盖的定位止口，外圈用内六角螺钉和防转端盖紧固在一起。防转端盖通过固定在其柄

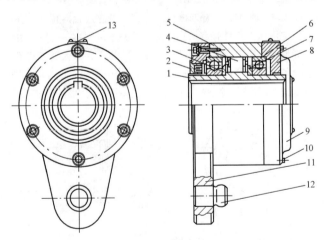

图 12 - 11　非接触式楔块逆止器结构图

1—内圈；2—密封圈；3—固定挡环；4—楔块；5—外圈；6—向心球轴承；
7—挡环；8—端盖；9—盖；10—螺钉；11—防转端盖；
12—销轴；13—转向指示牌

上的销轴用防转轴座固定，内圈工作面和外圈之间的楔块装配如图 12-12 所示，楔块装配上有若干个楔块。复位弹簧分别套在楔块两端的圆柱上，弹簧的一端插入楔块端面的小孔中，另一端靠在挡销上。楔块装配的外端面装有两个外凸的止动环，止动环分别嵌入楔块装配两边的挡环和固定挡环的缺口中，固定挡环和挡环分别装在内圈上并紧靠在内圈中间台阶的两边，在内圈与防转端盖之间装有一套迷宫密封，端盖的前端装有盖，用以防尘和固定标牌。

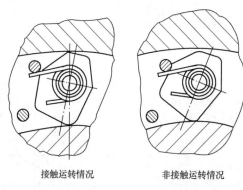

接触运转情况　　　　　非接触运转情况

图 12-12　非接触式楔块逆止器楔块工作位置图

当输送设备正常运行时，带动楔块一起运转，当转速超过非接触转速时，楔块在离心力转矩作用下，与内外圈脱离接触，实现无摩擦运行，因而降低了运转噪声，提高了使用寿命；当输送设备载物停机内圈反向运转时，楔块在弹簧预加扭矩作用下，恢复与内、外圈接触，可靠地进入逆止工作状态，使上运输送机在物料重力作用下，不会有后退下滑故障的发生。图中左图为接触位置，右图为非接触位置。

非接触式楔块逆止器具有逆止力矩大、工作可靠、重量轻、安装方便和维护简单的优点，老式减速机改装时只需在机座上合适的位置安装防转支座销孔便可，新式专用结构的减速机与逆止器组合安装成为一体，将其固定销直接安放在减速机器壳体的销孔上。

逆止器作为一个独立的零件使用，座圈处于中心位置，并且有自己的润滑装置，使用中其优点还表现在以下几方面：

（1）在输送设备运行过程中，当逆止器发生故障或逆止器与减速机轴卡紧损坏、且输送设备不允许停止运行、而逆止器在短时间内又无法拆下时，只需拆除防转支座便可实现输送机在无逆止状态下安全平稳的运行，不会影响正常生产。

（2）在带式输送机更换胶带时，无需拆下逆止器，只需拆下防转支座，便可实现传动滚筒正、反两个方向自由旋转（即可使带式输送机的胶带沿反方向运行），对更换胶带非常方便，快捷。

（3）在新安装的带式输送机调试过程中，当电动机正反转无法确定时，只需拆除防转支座，便可接通电源。避免了带式输送机首次接通电源时，必须先拆下逆止器的重复装配工作，使设备的调试更方便。

（4）如果希望改变允许的转动方向，可以使内环带着止挡翻转。将内环和止挡拉出，翻转后放回即可。

在停车过程中，楔块的离心力矩随着安装轴伸转速的下降而迅速地下降，当降到小于弹簧的转矩时，弹簧又使楔块在轭板的支承孔中往回偏转恢复与外圈的接触，并给以初始的压紧力，给停车逆止提供了可靠的保证，停车时，主机轴伸在反力力矩的作用下是转不动的。非接触式逆止器的主要技术参数列举如表 12 - 4 所示。

表 12 - 4　　　　NF 型非接触式逆止器主要技术参数

逆止器代号	额定逆止力矩 （N·m）	最高转速 （r/min）	最小非接触转速 （r/min）	最大质量 （kg）
NF10	1000	1500	450	28
NF16	1600	1500	450	31
NF25	2500	1500	425	38
NF40	4000	1500	425	49
NF63	6300	1500	400	62
NF80	8000	1500	400	73
NF100	10000	1500	400	98
NF125	12500	1500	375	154
NF160	16000	1000	375	175
NF200	20000	1000	350	214
NF250	25000	1000	350	256

（五）逆止器的使用与维护

（1）逆止器的安装应在电动机的转向确定之后方可进行。如果安装方向相反，会导致严重故障。

（2）逆止器外壳与机体、内环与轴、键与键槽的配合均为动配合，由于挡块是由轴承支持的，因此没必要去特别验证轴的平行性。安装轴与机体外壳安装孔要有良好的同轴度，安装中要注意彻底清除毛刺，洗净、擦干并均匀涂上润滑用的机油，严禁硬敲和强行装配。

（3）逆止器应采用适量的润滑油或 2 号锂基润滑脂进行润滑。润滑的目的是为了保持转轴和座圈自由转动，同时也降低转动和滑动的扭矩。润滑剂包括碳粉，有的使用润滑油，应避免使用其他降低摩擦系数的添加剂。水平安装的传动装置，正确的油量应是挡块内高度的 1/3，部分结构中外壳有三个油塞孔，一个是油的入口，一个是出口，另一个是调整油量的。逆止器工作转速应小于其极限转速值，如果长期运转，而且转速过高，应有更为有效的润滑和冷却措施。也有的逆止器直接装在减速机壳体上，甚至装在减速机壳体内部高速轴上，这种逆止器是靠减速机内的油润滑的。减速机首次加油时，单独在逆止器里加入润滑油（逆止器装在减速机侧面），以保证首次起动时逆止器内正常润滑。

（4）最初工作 100h 之后，就应该进行第一次换油。在非常脏的环境，应在 1000h 之后进行第二次换油，换油可与检查传动齿轮同时进行。无论如何，油也要一年更换一次。要经常检查油质油位。在必要时，稀薄的油也可使挡块工作，但此后必须更换。

（5）逆止器工作二年后，应拆开清洗，检查和更换轴承和楔块装配的润滑脂，检查内容主要包括弹簧有无脱落及损坏，楔块、内圈和外圈有无裂纹，楔块的摆动及轴承的运转是否灵活等。若出现上述缺陷，应立即更换。

五、皮带机驱动部件的常见故障原因及处理方法

皮带机驱动部件的常见故障原因及处理方法如表 12-5 所示。

表 12-5　皮带机驱动部件的常见故障原因及处理方法

故　障	原　　因	处　　理
电动机有强烈的振动	基础螺栓松动	及时停机，汇报班长及集控人员通知检修处理
	对轮螺栓松动或中心不正	
	轴承破裂或间隙磨大	
电动机异常	启动电动机后嗡响转速慢或不转（负荷大）	及时减小煤量在皮带出力范围内
	运行时声音有变化（电压低）	及时汇报班长及集控人员并顺序报告值长

故　障	原　因	处　理
电动机异常	电动机外壳温度高	立即停机，汇报班长及电工处理
	电动机发生周期性振动	立即停机，汇报班长及电工处理
	有机械或"三大块"卡住设备	停机将卡住物件取出，如不能取出时通知检修处理
	电流指示到零或最大	电动机电源线，开关或保险丝熔断一相，从而导致电动机两相电源运行。应立即停止运行，汇报班长及集控人员，通知电工处理
电动机启动失灵	联锁错位	按运行方式正确联锁
	停止按钮拉线开关按下后未复位	将"停止"按钮复位（包括拉线开关）
	开关触点接触不良	汇报班长及电工进行检查处理，如不能及时恢复时，要考虑切换设备
	热耦动作后未复位	汇报班长及电工进行检查处理
	电气回路故障	汇报班长及电工进行检查处理
	电动机停止失灵，开关触点烧熔	汇报班长及集控人员通知电工处理，如已发生故障，应立即切断电源处理
电动机在运行中自动跳闸	失去电源或熔断器断开	汇报集控人员通知电工处理
	热耦动作	热耦复位并查明原因后重新启动
	联锁动作	若联锁工作，则等待集控室重新启动

故　　障	原　　因	处　　理
齿轮振动强烈声音异常温度升高	基础螺栓松动	停机汇报班长及集控人员并通知检修处理
	靠背轮螺栓松动或中心不正	
	轴弯曲或轴承损坏	
	缺油或油质太差	
	齿轮折断，或检修后机内有遗物	
减速机漏油	密封垫损坏	加油以保持油位，严重漏油时，应汇报班长通知检修处理
	轴承接合面间隙大	紧固接合面螺栓，待停机后通知检修处理
	减速机外壳有裂纹	
减速机温度高	润滑油标号不对，或严重缺油，油位过高，油质劣化	根据油位加油或换油
	轴承损坏	停机后通知检修处理
	减速机过负荷	

六、滚筒

（一）驱动滚筒

驱动滚筒包胶结构样式如图 12－13 所示。有"人"字形、菱形、平形等几种，其中"人"字形包胶滚筒具有方向性，仅适合于单向运转的皮带，而且左右不能装反，"人"字胶面滚筒工作时，在胶带宽度方向上向两侧有一对平行于滚筒轴的轴向分力作用在运输胶带上，能使胶带进一步紧压在驱动滚筒上，因而提高了驱动能力，如果"人"字形左右装反，滚筒对胶带的这个合力将是指向于输送胶带的中心线，使胶带中间虚空，从而减弱了胶带对滚筒的压紧力，降低了驱动能力。菱形驱动滚筒和平形驱动滚筒适应于正反转运行的皮带机，其中菱形驱动滚筒效果好，因而使用较多。

（二）改向滚筒

改向滚筒的作用是改变胶带的缠绕方向，使胶带形成封闭的环形。改向滚筒可作为输送机的尾部滚筒，组成拉紧装置的拉紧滚筒并使胶带产生

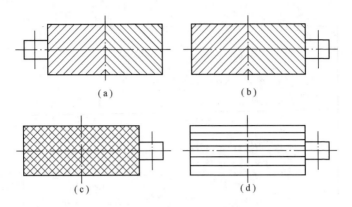

图 12 - 13　驱动滚筒包胶形式

（a）"人"字形左装；（b）"人"字形右装；（c）菱形包胶；（d）平形包胶

不同角度的改向。

小型改向滚筒有用铸铁制成的，一般较大的改向滚筒用钢板制成。与胶带非工作面接触的改向滚筒多采用光面包胶形式，可有效防止其表面粘煤，因为橡胶具有弹性，热导率小，所以冬季运输湿煤时可避免滚筒上的积煤，有效减少了皮带的跑偏、抖动与磨损。

七、托辊

（一）概述

托辊是用来承托胶带并随胶带的运动而作回转运动的部件，托辊的作用是支承胶带，减小胶带的运动阻力，使胶带的垂度不超过规定限度，保证胶带平稳运行。按辊体的材料考虑，托辊大多数为无缝钢管制成，近年来新开发的有陶瓷托辊和尼纶托辊等，主要用于除铁器前后。托辊组按使用情况的不同可分两大类：承载托辊组和回程托辊组。

用于有载段的为承载上托辊，承载托辊组包括槽形托辊组、缓冲托辊组（用于落煤管受冲击的部位）、过渡托辊组、前倾托辊组、自动调心托辊组等多种。

用于空载段的为回程下托辊，回程托辊包括平形回程托辊、V 形回程托辊、清扫托辊（胶环托辊）等。

（二）普通槽型上托辊

槽型托辊结构如图 12 - 14 和图 12 - 15 所示，一般由 3 个短托辊组成，其数目由带宽和槽角决定，中间的短托辊轴线与两边的短托辊轴线在立面上有夹角（也就是外侧辊子轴线与中间水平辊子轴线的夹角）称为托辊槽角。托辊槽角增大后（在0°~60°范围内）使物料堆积断面增大能提高生产能力和输送倾角，有防止撒料、跑偏的作用。槽型托辊主要用作上层运输胶带的托辊，简称上托辊。槽角α的大小，常由输送带的成槽性决定。TD75型上托辊的槽角α=30°，1200带宽的托辊直径为108mm；DTⅡ型上托辊的槽角α=35°，1200带宽的托辊直径为133mm。过渡托辊组布置在端部滚筒与第一组普通承载上托辊之间，以降低输送带边缘应力，避免撒料情况的发生。过渡托辊组按槽角可分为10°、20°、30°三种。

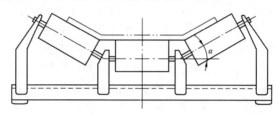

图12-14 普通槽型上托辊

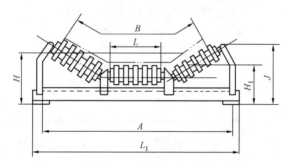

图12-15 普通槽型缓冲上托辊

辊体一般用无缝钢管制成，轴承座有铸铁式、钢板冲压式及酚醛塑料加布三种材料制造，托辊轴承一般均采用滚动轴承。

托辊的润滑多采用锂基润滑脂。托辊的损坏原因多数是密封不良，灰尘进入轴承而卡死。如，径向迷宫式密封的托辊结构，运行阻力小，防尘效果较好。

单向运转的皮带机两个槽型托辊分别向前倾斜2°~3°，可以防止皮带跑偏。安装时要注意托辊架两边支腿上卡槽口的偏向应该顺着皮带运行方向朝前安装，不得装反。

为了解决遇有三大块时槽形边托辊易掉的问题，托辊轴两端的卡头平行平面可不要铣通，轴端做成凹形卡头，能使安装结构更为牢固，

第十二章 皮带输送机

其结构如图 12 – 16 所示。

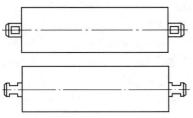

图 12 – 16　凹形卡头托辊结构

托辊的轴承密封是影响其寿命的关键，改进型的迷宫式密封技术已很成熟，被广泛使用。

（三）平形托辊和 V 形前倾回程托辊

平形托辊一般为一长托辊，主要用作支承空载段下层运输胶带，简称下托辊。下托辊的使用结构如图 12 – 17 所示。有的电厂采用两轴承与托辊分体式的结构方式，小轴承座可卡在耳槽内，磨损后只更换轴承座即可，使用也比较方便。

图 12 – 17　平形托辊

V 形回程托辊支撑空载段皮带由两节托滚组成，每节托辊向上倾斜 5°呈 V 形，同时向前倾斜 2°，这种托辊能防止皮带跑偏，减少托辊表面粘煤。V 形回程托辊的使用结构如图 12 – 18 所示。一般每十组托辊安排 4 个 V 形回程托辊组、6 个平形托辊组。

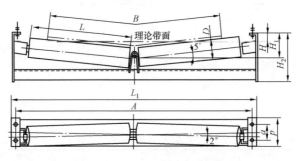

图 12 – 18　V 形前倾回程托辊

（四）缓冲托辊

缓冲托辊是用来在受料处减少物料对胶带的冲击，以保护胶带不被硬物撕裂。对于大块较多的电厂为了更有效地避免胶带纵向断裂，在落煤点可加密装设多组缓冲托辊、或用弹簧板式缓冲床，可以减少物料对胶带的冲击损坏。

缓冲托辊可分为橡胶圈式、弹簧板式和弹簧板胶圈式、弹簧丝杆可调式、槽形接料板缓冲床式、弹簧橡胶块和防撕裂重型缓冲托辊组合式等多种。

1. 弹簧板式缓冲托辊

弹簧板式缓冲托辊由三个托辊连成一组，两侧支架用弹簧钢板制成，调整两弹簧板的间距和托辊轴的固定螺母，使中间的托辊贴紧皮带，使其能有效起到支撑托冲作用，落差较高时，要在落煤点多装几组，以提高使用效果，防止弹簧钢板脆断损坏。这种缓冲托辊结构简单，是较早期的皮带机部件。根据其使用托辊形式的不同，可分为弹簧板式普通缓冲托辊、弹簧板式环胶缓冲托辊和钢板式双螺旋热胶面缓冲上托辊等，如图 12 - 19、图 12 - 20 和图 12 - 21 所示，其中环胶缓冲托辊的结构如图 12 - 22 所示，这种托辊比普通缓冲托辊的效果好，但胶环容易磨损脱落；双螺旋热胶面缓冲上托辊两侧的槽托辊分别是正反螺旋形的热铸胶托辊，将原橡胶圈辊子或光面辊子改用一次成形热铸胶托辊，比橡胶圈更结实、

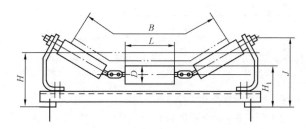

图 12 - 19　弹簧板式普通缓冲托辊

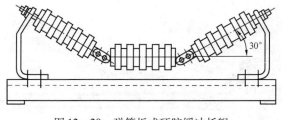

图 12 - 20　弹簧板式环胶缓冲托辊

牢固、弹性好、不脱胶、寿命长。两侧槽形辊子呈左右螺旋，除了有较好的缓冲效果外，还有较好的自动清扫皮带表面粘煤和防止因落煤点不正引起的皮带跑偏的效果。

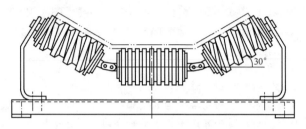

图 12 - 21　钢板式双螺旋热胶面缓冲上托辊

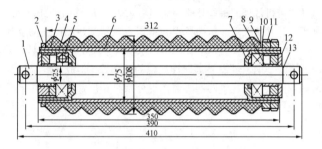

图 12 - 22　环胶缓冲托辊结构图

1—轴；2、13—挡圈；3—橡胶圈；4—轴承座；5—轴承；6—管体；
7—密封圈；8、9—内、外密封圈；10、12—垫圈；11—螺母

2. 可调式弹簧缓冲托辊

可调式弹簧缓冲托辊组结构如图 12 - 23 和图 12 - 24 所示，有三联组托辊和活动式可分拆托辊支撑架组成，支撑架有底梁和活动三角形支柱两大部分组成，活动三角形支柱由活动支腿、压力弹簧、导向支柱总成组成，

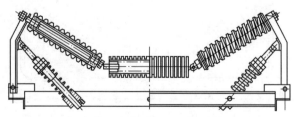

图 12 - 23　可调式弹簧缓冲托辊组（一）

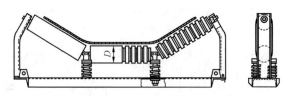

图 12 - 24　可调式弹簧缓冲托辊组（二）

与底梁活动连接。导向支柱总成既是弹簧的导向柱，又是中托辊下止点的支撑柱。调整支柱上的压紧螺母可使托辊组在一定范围内任意选择槽角和缓冲弹力。使处于任何节段包括滚筒附近过渡节段受料胶带有一个合适的依托。达到保护胶带，延长使用寿命的目的。

托辊组以压力弹簧为缓冲力源，利用压力弹簧被压缩时会随着高度的降低而弹力递增的性能，使托辊组可随着所受冲力的增大而缓冲弹力递增，能有效的抵消物料下落的冲击力，起到保护胶带的作用。托辊组的活动三角形支柱使作用在托辊支柱上的冲击力得以分解，可有效的增加托辊组耐冲击能力，延长使用寿命。

边托辊支架用铰链连接于机架横梁上，两托辊间由螺旋弹簧、轴销等组成的支撑架连接，弹簧预紧力可调，托辊上装有橡胶缓冲圈，具有双重缓冲性。当上方胶带受大块物料冲击时，这一冲击主要由螺旋弹簧缓冲，橡胶缓冲圈起辅助缓冲作用。调整支柱上的压紧螺母可改变螺旋弹簧预紧力的松紧，使托辊组槽角变化进而使托辊组紧贴皮带，以适应不同物料块度的实际工况；也能使滚筒附近过渡节段的受料胶带得到足够的缓冲弹力。因此这种缓冲托辊组具有承载能力大、灵活适用性能好等的优点。

这种托辊支架同样可装上双螺旋热胶面缓冲上托辊，当托辊受到物料的冲击时，使弹簧压缩缓冲，同时使支架受力增大槽角，达到良好的缓冲聚中效果。

（五）防撕裂重型缓冲托辊组（减震器）

弹簧钢板托辊组合块式缓冲床结构如图 12 - 25 所示，其特点有：橡胶块连接的托板与机架横梁之间，由螺旋弹簧和轴组成的支撑架连接，螺旋弹簧预紧力可调，亦具有双重缓冲性，且承受缓冲力度大，运行平稳。缓冲器上螺旋弹簧预紧力的松紧，安装时可根据物料块度的实际情况随时调节。

另一种弹簧钢板与托辊组合的缓冲床如图 12 - 26 所示，弹簧橡胶块式缓冲床如图 12 - 27 所示，这些缓冲床都用于皮带机尾部接料点处，对皮带有很好的缓冲和防撕裂保护作用。

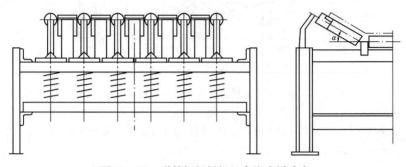

图 12 - 25   弹簧钢板托辊组合块式缓冲床

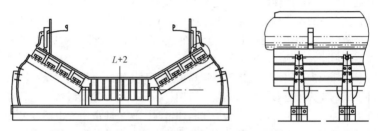

图 12 - 26   弹簧橡胶块式缓冲床（一）

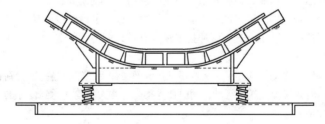

图 12 - 27   弹簧橡胶块式缓冲床（二）

（六）自动调心托辊组

各种形式的皮带机，在运行过程中由于受许多因素的影响而不可避免地存在程度不同的跑偏现象。为解决这个问题，除了在安装、检修、运行中注意调整外，还应装设一定数量的自动调心托辊。当输送带偏离中心线时，调心托辊在载荷的作用下沿中轴线产生转动，使输送带回到中心位置。调心托辊的特征在于其具有极强的防止输送带损伤和跑偏的能力。对于较长的输送机来说必须设置调心托辊。

自动调心托辊按使用部位分槽形自动调心和平形自动调心两大类，槽形自动调心托辊又分为单向自动调心（立辊型）和可逆自动调心（曲面边轮摩擦型）等多种。按具体的结构原理可为摩擦可逆自动调心、摩擦平形下调心、V 形下调心、联杆式上调心、联杆式下调心、单向调偏、带调偏器的自动调心等。

1. 锥形双向自动调心托辊

锥形双向自动调心托辊结构如图 12 - 28 所示，两槽托为锥形托辊，小径朝外、大径朝内安装，两侧支腿上各有一小轮，使锥形托辊能沿其转轴左右摆动。运行当中托辊大径朝内与皮带滚动接触，外圈小径与皮带有相对摩擦运动。如果皮带向右跑偏时，相对摩擦力偏大，强迫右面锥形托辊向前倾，带动左侧锥形托辊向后倾（轴销下有连杆），右侧托辊与皮带在载荷的作用下沿中轴线产生运动，使皮带自动调整，跑偏量大时，左侧锥形托辊能自动向上立，增大了槽角，减少了洒煤。这种调心托辊的结构特点是皮带向心力大。其作用原理如下：

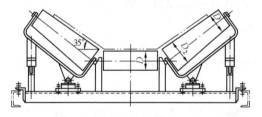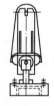

图 12 - 28　锥形双向自动调心托辊

调心托辊两侧的锥形托辊竖轴的下端用连杆相连，保证了两个锥形托辊能同时工作，利用每个锥形托辊与胶带产生的摩擦力进行胶带跑偏调整。

如图 12 - 29 所示表示了胶带与锥形托辊的接触关系。可认为在托辊大端附近的 O 点处，托辊表面与胶带速度相同，此点的相对滑动量等于零，而小端方向上滑动量逐渐增加，在胶带处于正常位置时，两侧的摩擦力相等（$H = I$），因而处于平衡状态，两托辊处于 CD 线上。当胶带在运行中跑偏至左侧时，左右锥形托辊的摩擦力的平衡状态就受到了破坏，仅是在有 H 与 I 摩擦力差的左侧胶带处于拉伸状态，这时左右锥形托辊由于有连杆相连将同时动作，就成为图 12 - 29 中 C'、D' 所示的位置。在跑偏状态时，托辊表面的 O 点给胶带的力 OL 可分解为 OM 及 ON，胶带由于

ON 分力的作用，就回到了原来的正常位置。如果胶带回到 *A* 的原来的位置，锥形托辊的摩擦力方向是大小相等方向相反的，摩擦力处于平衡状态。

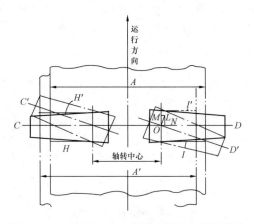

图 12 – 29　锥形双向自动调心托辊作用原理图

2. 锥形下调心托辊

锥形下调心托辊结构如图 12 – 30 所示，用于二层回空皮带的调偏，其作用原理同锥形双向自动调心托辊的一样。

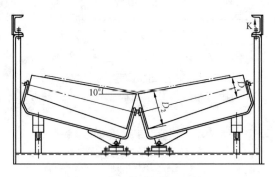

图 12 – 30　锥形下调心托辊

3. 单向强力挡辊式调偏托辊组

强力调偏托辊组的结构如图 12 – 31 所示，有托辊组和牵引器两大部分组成。托辊组与平常调心托辊组相同，牵引器用螺栓固定在中间架上，通过拉杆与调心托辊相连。

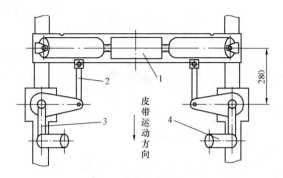

图 12 – 31　强力挡辊调偏托辊组（一）

1—调心托辊；2—拉杆；3—杠杆；4—挡辊

当皮带跑偏时，皮带偏移一侧的挡辊向外侧移动，同时牵引杠杆向输送带运行方向转动，通过拉杆带动调心托辊组的活动支架偏转，这时托辊转动方向与输送带运行方向不一致，产生相对速度，从而对输送带产生纠偏作用。这种强力调偏托辊组只能安装在单向运行输送机上。当皮带跑偏时，偏移这一侧的调偏挡辊被皮带接触压紧，使挡辊被迫向外移（同时转动），挡辊移动带动杠杆转动又使拉杆带动托辊回转架偏转，回转架便受到一力偶矩的作用，使回转架绕回转中心转过一定角度，从而达到自动调心的目的促使皮带还原正位。其动作过程为：皮带跑偏→托辊移动→杠杆动作→拉杆动作→托辊偏转→皮带复原。

近年来推广研发了多种强力有效的皮带自动调偏器，另外双回转中心的强力调偏器结构形式如图 12 – 32 和图 12 – 33 所示，从原理上讲，托辊分两个回转中心，且在机架内用连杆互连，当胶带向一侧跑偏时，该侧托辊迅速纠偏，另一侧也同时参加纠偏。该设备的优点是减少了回转半径，回转角增大，促使调偏力量大且灵敏、迅速。

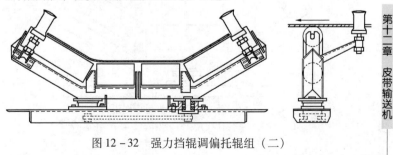

图 12 – 32　强力挡辊调偏托辊组（二）

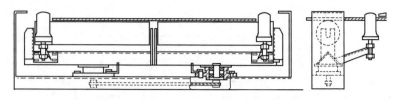

图 12 – 33　强力挡辊调偏托辊组（三）

传统的挡辊式单向自动调偏器结构如图 12 – 34 所示，这种调偏器结构简单，但调偏力较小。

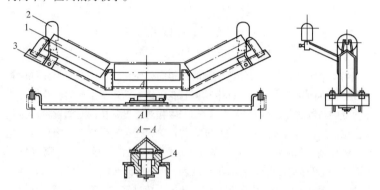

图 12 – 34　单向自动调偏器

1—槽形托辊；2—立辊；3—回转架；4—轴承座

4. 可逆自动调心托辊的工作原理及优点

可逆自动调心托辊用于双向运转的皮带机上，传统的曲线轮摩擦式调心托辊结构如图 12 – 35 所示，是通过左右两个曲线辊与固定在托辊上的

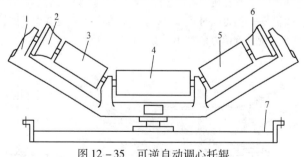

图 12 – 35　可逆自动调心托辊

1—支架；2—左曲线盘；3—左托辊；4—中托辊；
5—右托辊；6—右曲线盘；7—槽钢梁

固定摩擦片产生一定的摩擦力，来使支架回转的。皮带跑偏时，皮带与左曲线辊或右曲线辊接触，并通过曲线辊产生一个摩擦力，使支架转过一定角度，以达到调心的目的。

挡辊可逆槽形调心托辊是在挡辊式单向自动调偏器基础上改善的，其特点是两侧皆设有挡辊，且挡辊轴线与托辊轴线在同一平面内相垂直，接受胶带跑偏的推力完全用于纠偏，适合于可逆皮带机使用；双回转中心的强力挡辊调偏器的挡辊置于托辊轴线时，一样有更好的调偏效果。

各种调偏器的回转中心处都应良好的密封，有防水和防尘功能以便于用水冲洗。

以上介绍的这些自动调偏托辊组，都是利用皮带跑偏产生足够大的偏转力矩之后，带动调心托辊架自动偏转，使皮带在继续运行当中逐渐自动聚中。实际应用中这种事后调节的方式较难起到"自动调偏"的作用，多是以人工调整的方式强制调偏的，如果调整不及时，将会造成严重的皮带侧边磨损和洒煤堵煤等故障。因机架或落煤点不正引起的跑偏，一般应将跑偏点后侧（逆运行方向）10～30m 远的调心托辊架根据跑偏趋势在跑偏侧顺运行方向强制调整后用拉绳固定住回转架，使其提前产生强制预偏力，才能有效地起到防偏作用。所以在大型皮带机自动控制中有必要在皮带沿线容易跑偏的部位多安装几个防跑偏开关，在每个自动调偏托辊架上安装一个电动推杆，用跑偏开关控制其后部 10～30m 之间相应的电动推杆，如有跑偏开关动作，延时几秒后在其后部的电动推杆就根据指令调整一下调偏托辊架的偏转量，等待几秒后，再根据信号指令调一下，如果调到限位后还有跑偏指令，则可转到再后一个调偏架继续调整，直到无指令为止。一般皮带在大修期间应对机架、托辊、皮带接头和落料点等进行必要的找正，以避免其有过大的跑偏，减少自动调偏控制的点数。

（七）清扫托辊组

清扫托辊组用于清扫输送带承载面的粘滞物。分为平形梳形托辊组、V形梳形托辊组和平形螺旋托辊组。

一般在头部滚筒回程空段皮带托辊绕出点设一组螺旋托辊接着布置5～6 组梳形托辊。

1. 胶环平形下托辊

普通平形托辊在运行过程中存在着粘煤、转动部分重量较大，拆装不便等问题。大跨距胶环平形下托辊（简称胶环托辊）的结构如图 12－36 所示，其辊体采用无缝钢管制成，胶环是用天然橡胶硫化成型，胶环与辊体的固定采用氯丁胶粘剂。胶环托辊具有转动部分重量轻、运行平稳、噪声小、防腐性能好、黏煤少等优点，在胶带运行中还能使胶带自定中心，预防跑偏，很好地保护皮带。

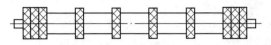

图 12-36　胶环平形下托辊

2. 平形双向螺旋胶环托辊

平形双向螺旋胶环托辊结构如图 12-37 所示。这种托辊对皮带具有更好的自动清扫效果。即使湿度较大、黏性较强的物料也难以粘住胶带和托辊，特别是在北方地区，冬季气候寒冷，下托辊粘煤现象严重，采用胶环托辊能有效清除粘煤。

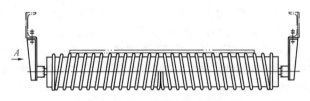

图 12-37　螺旋清扫托辊

八、清扫器

皮带运输机在运行过程中，细小煤粒往往会黏结在胶带上。黏结在胶带工作面上的小颗粒煤，通过胶带传给下托辊和改向滚筒，在滚筒上形成一层牢固的煤层，特别是冬季室外皮带机上的光面滚筒，因钢质滚筒的热导率快，极易使粘在皮带上的小湿煤粒快速冻结在滚筒表面，而且越积越厚，使得滚筒表面高低不平，严重影响皮带机的正常运行。胶带上的煤撒落到回空的二层皮带上而黏结于张紧滚筒表面，甚至在传动滚筒上也会发生黏结。这些现象将引起胶带偏斜，影响张力分布的均匀，导致胶带跑偏和损坏。同时由于胶带沿托辊的滑动性能变差，运动阻力增大，驱动装置的能耗也相应增加。因此在皮带运输机上安装清扫装置是十分必要的。

清扫器耐磨体有以下几种：

（1）高分子耐磨材料刮板。

（2）高耐磨特种硬质合金刮板。

（3）高耐磨橡胶刮板。

（4）普通胶带裁成的刮板。

清扫器安装使用工艺要求有：

（1）皮带铁扣接头不适宜使用清扫器。

（2）工作面不得有金属加固铁钉。

（3）工作面破损修补是否平稳，顺茬达接。

（4）安装在驱动滚筒和改向滚筒中间，胶带跳动最小的地方。

（5）调整清扫板与胶带均匀接触，无缝隙，达到 50～100N 的力。

清扫板对皮带压力过大，影响胶带和清扫板的寿命，过小清扫效果不好。

（一）弹簧清扫器

弹簧清扫器是利用弹簧压紧刮煤板，把胶带上的煤刮下的一种装置。刮板的工作件是用胶带或工业橡胶板做的一个板条，通常与胶带一样宽，用扁钢或钢板夹紧，通过弹簧压紧在胶带工作面上。弹簧清扫器一般装于头部驱动滚筒下方如图 12 – 38 所示，可将刮下来的粘煤直接排到头部煤斗内，安装焊接前应调整压簧的工作行程为 20mm 左右。

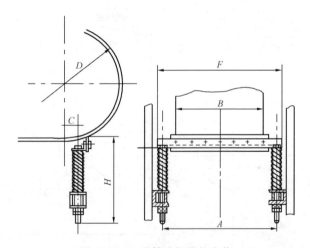

图 12 – 38　弹簧清扫器的安装

（二）硬质合金橡胶清扫器

硬质合金橡胶清扫器代替了传统的胶皮弹簧清扫器，在专用的胶块弹性体上固定了钢架清扫板，清扫板与皮带接触上端部镶嵌有耐磨粉末合金，主要由固定架、螺栓调节装置、横梁座、横梁、橡胶弹性体刮板架和多个刮板组成。所以这种清扫器接触面比较耐用，不易磨损，弹性体吸振作用较好，一定程度上提高了使用寿命和清扫效果。

这种清扫器的优点在于，结构紧凑，刮板坚实平整，与输送机滚筒圆周实体接触，对输送皮带产生恒定的预压力，清扫器效果好，对清除成片粘附物具有特殊效果。使用时皮带冷粘口或其他工作面部位起皮后若发现不及时，会加快皮带和清扫头的损坏，清扫板弹性体上煤泥板结清理不及时会影响吸振效果，机头落煤筒堵煤发现不及时也会损坏清扫器。

硬质合金清扫器的结构种类与安装的部位如下：

（1）H型——头部滚筒处，其结构如图12－39所示。

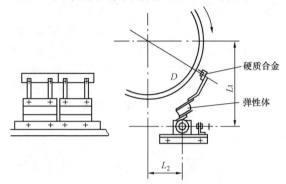

图12－39　H型清扫器

（2）P型——头部滚筒下，二道清扫，结构如图12－40所示。

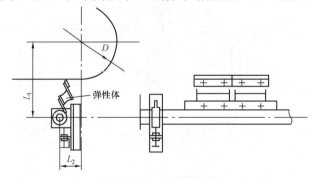

图12－40　P型清扫器

（3）N形——水平段、承载面（适应于正反转的皮带），结构如图12－41所示。

（4）O形——三角清扫器，二层皮带非工作面沿线重锤前及尾部，结构如图12－42所示。

空段三角清扫器用V形三角形角钢架与扁钢夹紧工业橡胶条结构，

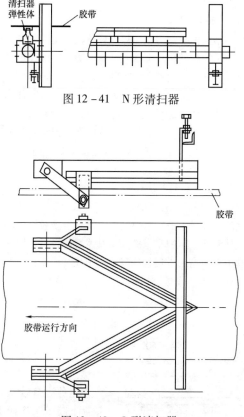

图 12 - 41　N 形清扫器

图 12 - 42　O 形清扫器

平装于尾部滚筒或重锤改向滚筒前部二层皮带上，用以清扫胶带非工作面上的粘煤。有的犁煤器式配煤皮带卸料时二层带煤较严重，可在相应的犁煤器下二层皮带上回程段安装三角清扫器，以便及时清除带煤。改进型三角清扫器悬挂支点抬高，三点在同一平面内连挂清扫器连杆，使清扫器能与皮带平行接触，消除了头部翘角现象。清扫器橡胶条磨损件应定期检查更换。

　　为了使皮带机胶带的非工作面保持清洁，避免将煤带入尾部的改向滚筒和重锤间，在尾部和中部靠近改向滚筒的非工作面上装有犁式清扫器，以清除非工作面上的煤渣，也可防止掉落的小托辊等零部件卷入尾部滚筒或重锤处。三角清扫器的下方前后，最好多装一组平行托辊，以保证清扫器与皮带接触的平整性与严密性。

（三）刮板清扫器

刮板清扫器结构由双刮刀板、弓式弹簧板、支架、横梁和调节架五部分组成，其外形结构和硬质合金橡胶清扫器类似，弓式弹簧支架板代替了弹性胶块，反弹力强，通过螺栓与清扫双刮刀板连接，另一端与横梁固定。双刮刀板采用高分子合成弹性材料，其耐磨度高于合金钢，且具有弹性，不伤皮带。通过调整螺栓的调节，双刮刀板与胶带弹性紧贴，振动小，不变位。双刮刀板在弹簧支架板的支撑下，因具有双重弹性，当遇到硬性障碍物时，刮刀板能迅速跳越，再复位清扫，经过双刮刀板双重清扫，使清扫后的胶带干净无痕。

（四）重锤式橡胶双刮刀清扫器

重锤式橡胶双刮刀清扫器结构如图 12 - 43 所示，用于皮带机头部刮除卸料后仍粘附在胶带上的粘煤物料，采用特种橡胶制成的刮板，用重锤块压杆的方式使刮板紧压胶带承载面。其主要特性与使用注意事项有：

使用过程中刮板与胶带接触均匀、压力保持一致，能够自动补偿刮板的磨损，减少调整和维修量；当刮板的一侧磨损到一定程度时，翻转刮板，可使用另一侧，待两侧均磨完后再换；适用于带速不大于 5m/s 的带式输送机，正反运转均可；橡胶刮板与输送机胶带摩擦力小，对皮带损伤较小可延长胶带使用寿命。

这种清扫器安装于头部卸料滚筒下胶带工作面上，固定清扫器轴座的位置可以移动，根据设备的具体情况，可以安装在煤斗侧壁，也可以安装于头架或中间的两侧，安装时尽量要使重锤杠水平放置、刮板贴紧胶带，刮板对胶带的接触工作压力为 50 ～ 60N，然后用顶丝将挡环固定在轴上，在保证清扫效果的情况下，尽量使重锤靠进支点，以减少橡胶磨损。

轴座上两油杯要在开机前注

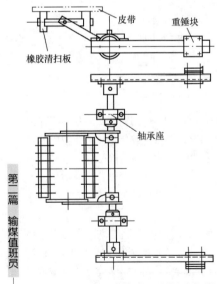

图 12 - 43　重锤式橡胶双刮板清扫器

油，每日注 30 号机油 1～2 次，这是确保清扫器正常有效工作的重要因素。头部料斗堵煤发现不及时，会扭曲损坏清扫架。

九、拉紧装置

为了使传动滚筒能给予输送带以足够的拉力，保证输送带在传动滚筒上不打滑，并且使输送带在相邻两托辊之间不至过于下垂，就必须给输送带施加一个初张力，这个初张力是由输送机的拉紧装置将输送带拉紧而获得的。在设计范围内，初张力越大，皮带与驱动滚筒的摩擦力越大。

拉紧装置的主要结构形式有垂直重锤式、小车重锤式、线性导轨垂直式、螺杆式、液压式、卷扬绞车式等。

皮带垂直重锤式拉紧装置一般挂在皮带张力最小的部位，在倾斜输送机上多数采用垂直拉紧装置，将其设置在输送机走廊的空间位置上。重锤能给皮带提供恒定的初张力，而且能自动上下移动，不会因皮带长度的收缩而降低张紧效果；除此之外，还对皮带机的长度有一定的调节余量，胶带张紧滚筒最佳位置如图 12－44 所示，根据设计规范，高度 A 足够皮带修理时再粘接一道口而不别接短节，高度 B 足够新皮带安装后一冬一夏的伸长量。

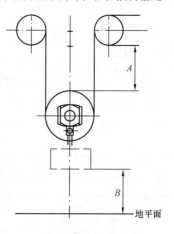

图 12－44　胶带胶接后张
紧滚筒的位置

$A + B$—有效行程；A—用去的行程；B—剩余行程；$A:B = 1:1$

车式拉紧装置由等边角钢与型钢组焊成的支架及拉紧小车两部分组成，适用于机长大于 300m 的输送机、功率较大的情况下使用。螺杆式拉紧装置行程短，适用于 30m 以下的短皮带使用。

DTII 型重锤箱结构如图 12－45 所示，这种拉紧装置两侧是立管，重锤箱内可装 15kg 重的专用重锤块或砂子等重物，结构更为稳固、可靠，运行当中摆动幅度小。

十、皮带机的运行

（一）输煤皮带系统的停运要领

1. 输煤系统的联锁启停要求

（1）皮带系统启动时，按逆煤流方向逐一启动，而停机时则按顺煤方向逐一停止。每台设备之间要按一定的延时时间，逐台启停运行。

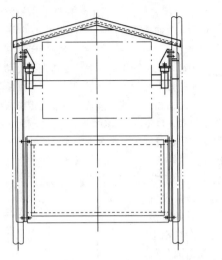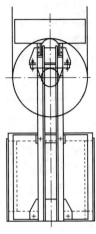

图 12 - 45 DTⅡ型重锤箱垂直拉紧装置

（2）运煤系统中不加入联锁的筛碎设备，启动时，首先启动筛碎设备，然后再按顺序启动其他设备。加入联锁系统的，启动时按逆煤流方向逐一启动，而停机时则按顺煤方向逐一停止。

（3）筛碎设备、除铁器和除尘器等附属设备先于皮带机 2min 启动，后于皮带机 2min 停机。粉尘自动喷淋系统应根据现场粉尘浓度与煤流信号这两个条件联锁，禁止空皮带喷水或湿煤喷水。

（4）当系统中参与联锁运行的设备中某一设备发生故障停机时，则该设备逆煤流方向的各设备立即联跳，碎煤机不跳闸，以后的设备仍继续运转。当全线紧急跳闸时，碎煤机也不停。当碎煤机跳闸时，立即联停上级皮带。

2. 输煤系统的一般停机要领

（1）正常情况停机时，必须走空余煤，确保下次空载启动。所有运行煤仓上满煤后，系统可以正常停止，确实皮带上无煤流信号后，由集控值班人员从煤源开始按顺煤流方向逐级延时停机；系统为就地手控操作方式时，停机由各设备值班员分别在就地进行操作。

（2）碎煤机和筛煤设备除紧急情况外，不准在上煤过程中停机。碎煤机在其上级皮带停机后，机内确无煤时方可停机。停机后及时将除铁室的废铁等杂物和碎煤机腔内粘煤清理至指定位置。

（3）除铁器、除尘器和自动喷淋系统等附属设备应后于皮带机停机。

（4）皮带机两侧均应装有拉线开关，当皮带机的全长任何处发生人身和设备损坏等紧急情况时，操作人员在皮带机任何部位拉动拉线，均可使开关动作设备停运，待故障查明处理后，再重新启动；而且当发出启动信号后，如果现场不允许启动，也可拉动开关制止启动。

（5）跑偏开关主要用作防止胶带因过量跑偏而发生洒煤或损坏胶带和设备的故障，在皮带机的头部和尾部两侧一般安装跑偏开关，皮带跑偏开关一般设置两级开关量，轻跑偏时报警，严重跑偏时立即停机，皮带发生重跑偏时，延时5秒停运本皮带，关联跳逆煤流方向的设备，而碎煤机不停。

（6）设备停止后对设备应进行全面检查和清洁工作，各项检查均应达到接班时的要求，检查时发现缺陷，应汇报处理。

3. 输煤系统设备的紧急停机规定的主要内容

设备运行中遇有下列情况之一时，应执行紧停规定：

（1）危及人身或设备安全时。

（2）系统设备发生火灾时。

（3）现场照明全部中断时。

（4）设备剧烈振动，串轴严重时。

（5）设备声音异常，有异味，温度急剧上升或冒烟起火时。

（6）皮带严重跑偏，打滑，撕裂及磨损时。

（7）皮带上有易燃，易爆品及三大块等杂物时。

（8）碎煤机，落煤管严重堵塞，溢煤时。

（9）托辊大量掉落，部分螺丝松动，影响安全运行时。

（10）皮带机或给煤机料槽被杂物卡住时。

（11）转动部件卷绞异物时。

（12）犁煤器发生失控时。

（13）制动抱闸打不开时。

4. 皮带紧急停机后的处理事项

当输煤皮带因故紧急停机时，皮带上往往是装满煤的，故障消除后需带负荷启动，就需要较大的启动力矩，有时由于停前慢转聚煤很多，而造成启动时打滑冒烟、电动机过载甚至被烧毁等严重故障。有液力耦合器的皮带机还会使其油温升高，当接近134℃时，易融塞中的低熔点合金就会熔化喷油，加大抢修工作量。所以带负荷启动要注意先铲下部分余煤减轻负荷，严禁强行运转，因过电流不能启动时，要待电动机温度下降后，再进行启动，每次启动的间隔不应少于半小时；启动皮带时，要联系上一级皮带启动。

设备异常停机后的故障处理原则是：

（1）尽快查明原因并处理，如现场值班人员不能处理时，通知有关检修人员处理。

（2）应做好防止故障扩大或再次发生的措施，并应将故障发生的时间地点现场原因及详细经过做好记录。在未采取可靠的安全措施和做妥善处理前，任何人不得启动。

（3）发生严重故障的设备且在短期内不能恢复时，切换系统运行。

（4）故障发生后，应采取实事求是，严肃认真的态度，及时组织调查分析，同时必须坚持"四不放过"的原则。

（二）皮带机启动前的检查

皮带机启动前的检查内容有：

（1）查看电动机、减速机、逆制器和皮带各部分滚筒外观良好，紧固螺栓齐全无松动，周围无堆积物，电动机接线无断线、变形、变色、漏电现象。各防护罩必须完整、无损坏。

（2）检查减速机齿轮箱与底座结合处及出轴孔无漏油，油位在正常刻度线内（1/2 以上）。油质清洁，结合面轴端无渗油。

（3）检查各转动机件安全罩等联结螺丝无松动、缺损。对缺少防护装置的转动设备，禁止投入运行。

（4）检查清扫器无脱落，无损坏，与皮带接触均匀紧密。

（5）检查皮带制动装置及逆止器外观良好，安全可靠。

（6）检查落煤管内应无积煤，堵塞物，特别是挡板处的积煤和堵塞物必须在启动前清理干净。

（7）检查输煤槽严密完整，无缺无损。挡板皮应完好有效，检查门应关闭。

（8）检查皮带无撕裂、断裂、脱胶分层及严重磨损现象，胶接头应完好无脱胶，皮带上下无积煤、无粘煤、无障碍物。头尾部滚筒无积煤堵塞卡阻现象。

（9）检查驱动滚筒包胶无脱落，改向滚筒无严重粘煤现象，调整滚筒应灵活；各托辊应无短缺、坏损现象。

（10）检查各拉紧装置完好，拉紧绳无断股、无严重磨损、无卡阻现象，皮带垂直拉紧滚筒下无杂物卡垫和脱轨现象。动作应灵活可靠完好。

（11）检查拉线开关拉绳有无磨损断裂，跑偏煤流速度信号测量装置无松动歪斜。开关应完好可靠，复位正常。

（12）检查现场开关箱完好，各设备行程开关，接近开关，仪表指示无积尘杂物，否则应及时清除。各挡板位置与运行方式一致。

（13）检查各犁煤器无卡涩，各转运站，栈桥及其他地方的照明应齐全、良好，各电缆引线无断裂、漏电现象。

（14）检查栈桥及各转运站各水管、汽管及阀门无泄漏。

（15）检查通信设施，现场照明，专用工具应齐全完好。

（16）地下室排水沟、集水井应畅通、无堵塞，污水泵排水良好，雨季随时排水。

（17）露天皮带启动前检查皮带上积雨、雪情况，处理后再启动。

（三）皮带机的运行

上煤系统运行中，各设备值班员应每30min对所属设备进行巡视检查一次，确保系统的安全运行。皮带机值班员巡回检查路线：皮带头部及驱动装置温度、颜色、油位→中部→尾部→拉紧装置；并检查落煤管、给煤机、除铁器、除尘器、沿路信号及保护装置、电子皮带秤、犁煤器等设备。

输煤设备温度和振动的典型工况界限值如下：

对于条件为：＜300kW、10～50Hz、刚性基础的驱动设备典型运行工况界限如表12-6所示。

表12-6 设备温度和振动的典型工况界限值

名　　称	允许环境温度（℃）	油池温升（℃）	轴承温升（℃）	最高油温（℃）	振动检查值（mm/s）	振动修理值（mm/s）	振动极限值（mm/s）
硬齿面磨齿减速机	-10～40	50	40	90	4.5	7.1	18
渐开线圆柱减速机	-10～40	35	40	75	10	11.2	18
行星摆线针轮减速机（四极电动机）	-10～50	20	40	70	7.1	11	18
行星摆线针轮减速机（二极电动机）	-10～50	30	50	70	8	11.2	18
油浸式电动滚筒	-10～40	40	45	80	7.1	10	18
三相异步电动机	-15～40	40	45	75	3.2	5.6	11.2

皮带机正常运行时，托辊转动灵活无异声，拉紧装置可靠，联锁制动准确，电动机电流和减速机声音正常，各部轴承温升正常，无跑偏、撒煤等异常现象。正常停机时，一定要走空皮带才允许停机，待下次能正常空载启动。

1. 皮带机的日常检查内容与标准

（1）各电动机减速机无异常声音，电动机温度不得超过65℃，减速机轴承温度不得超过80℃。

（2）各电动机减速机地脚连接螺栓无松动，电动机振动不得超过0.1mm，减速机振动不得超过0.15mm。

（3）原煤中不应含有三大块或其他杂物，如有应立即停机取出。搬取时应有相应措施，不允许在运行中的皮带上搬取杂物。

（4）如发现皮带跑偏时，应立即查找原因进行调整。

（5）皮带无撒煤撕裂开胶卡涩等异常情况。

（6）下煤筒应畅通，如有粘煤应及时疏通。在雨季及煤湿时应加强巡回检查下煤筒处，以防堵煤，并适当减小煤量。

（7）拉紧装置动作灵活，滑轮小车无卡死现象，垂直拉紧滚筒底部无衬托物，如有应及时用工具清理。

（8）煤仓间煤斗不应有杂物堵塞，否则要求采取安全措施，及时处理。

（9）拉线开关不得随意使用，发现拉线上积煤时，应及时处理。

由于煤湿的原因，胶带回程段工作面会有很多粘煤污染沿线，特别是冬季露天皮带积煤粘在滚筒上被胶带压实而"起包"，会导致胶带与滚筒钢架接触摩擦造成橡胶与布层剥离而损坏，也会导致皮带跑偏撒煤并使胶带侧边磨损严重，撒煤后二层皮带还会使尾部滚筒聚煤堵转拉断皮带或损坏驱动设备等，缩短了胶带的运行寿命，因此要避免胶带大量粘煤。

为了预防皮带的损伤，在皮带机上装设一些附属设备，可以有效地预防皮带的损伤。装设头部、尾部清扫器，清除运行中胶带空载段上的粘煤，以防止引起跑偏；装设除铁器和木块分离器，以防止坚硬物件卡塞胶带，造成胶带纵向断裂或其他损伤；装设多组缓冲托辊，以减少物料对胶带的冲击；装设调整托辊，防止胶带跑偏，以减少胶带边缘的磨损。运行中应认真检查这些部件的工作状况。

2. 设备定期切换

根据现场实际情况，皮带输煤系统转运站的切换方案有三通挡板、收缩头、犁煤器跨越式卸料、小皮带正反转给煤机、振动给煤机、料管转盘切换等多种。

三通挡板进行设备切换时，值班人员应做到：

（1）必须要明确上下部设备运行方式，挡板要切换到的位置。

（2）对挡板进行检查，电动挡板推杆无严重变形，电动机地脚螺栓固定牢固，各连接处牢靠，限位开关安全可靠，推拉杆无变形。

（3）操作人员看不见电动推杆位置时，应有一人监护，以避免挡板不到位或卡涩，损坏推杆的电动机，对手动挡板，不要用力过猛，以防伤人。

（4）倒换完毕，应认真检查，确认挡板是否确实到位，不留缝隙。

（四）常见故障原因与处理

胶带常见的故障有跑偏、打滑、撕裂等，分别介绍如下。

1. 胶带跑偏的原因及处理方法

（1）安装中心线不直。机架横向不平，使得胶带两侧高低不平，煤向低侧移动引起胶带跑偏。此时，可停机调整机架纵梁。

（2）胶带接头不直。胶带采用机械接头法时卡子钉歪，或采用胶接接头时胶带切口与带宽方向不垂直，使胶带承受不均匀的拉力，此接头所到之处就会发生跑偏。此时，应将接头重新接正。

（3）滚筒中心线同胶带中心线不垂直。这种情况主要是机架安装不正或基础螺丝松动所致，可以通过改变滚筒轴承前后位置找正中心或紧固螺丝来调整，如效果不明显，则必须重新调整机架。胶带在滚筒上跑偏时，收紧跑偏侧的滚筒轴承座，使跑偏侧拉力加大，胶带就会往松的侧边移动。拉紧装置偏斜或过轻，也会造成跑偏。应调整拉紧装置。

（4）托辊组轴线同胶带中心线不垂直。托辊与胶带的关系犹如利用地辊搬运机器，而使机器转弯的方向与地滚倾斜方向一致，所以为防止胶带跑偏，托辊必须装正。当胶带跑偏时，应将跑偏侧的托辊向胶带前进方向调整，而且往往需要调整相邻几组托辊。

（5）滚筒的轴线不水平。由于安装和制造的原因，滚筒两端轴承座高低不一致，此时可以把低的一端垫起；如果滚筒外径不一致，可将滚筒装在车床上加工修整。

（6）滚筒或托辊上有粘煤使其表面变形。特别是输送湿度大的煤，煤容易落在空载皮带上，导致滚筒直径沿滚筒长度方向产生差异，因此应停止皮带运行，做好防止皮带启动的安全措施后清理滚筒或托辊上的粘煤。

（7）落煤偏斜或输煤槽两边宽度不相等。此时，应调整落料点，使煤落至皮带中间。一般来讲，胶带两头跑偏的情况较多，两头跑偏，多由于滚筒轴心与胶带中心线不垂直；胶带中部跑偏，多由于托辊安装不正或胶带接头不正，如果整个胶带跑偏，多半是加煤偏斜所致；有时空车容易跑偏，那是由于初张力太小、托辊面不是全部接触造成的。

（8）多个托辊锈死或皮带背面有水，也会造成皮带沿线两侧摩擦力不均而跑偏。

2. 胶带在运行过程中打滑的原因及处理方法

（1）初张力太小，拉紧器拉力不够或拉紧小车被卡住。胶带与滚筒分离点的张力不够，造成胶带打滑。这种情况一般发生在起动时，解决的方法是调整拉紧装置，将卡物取出或加重锤以加大初张力。

（2）传动滚筒与胶带之间的摩擦力不够，造成打滑。摩擦力不够的原因多半是胶带上有水或环境潮湿，摩擦系数减小。这时可用鼓风设备将松香沫吹在滚筒表面上。

（3）部分改向滚筒轴承损坏不转（主要是尾部和重锤处的滚筒）。应及时停止给煤机，使皮带空转几圈，皮带仍打滑时应停止皮带做好防止皮带启动的安全措施后，检查处理。

（4）输煤量过大。皮带打滑时，应及时减小煤量，打滑不转时，应立即停止皮带运行并处理。

（5）皮带跑偏严重，皮带与机架，安全罩有严重摩擦。应及时调整皮带。

（6）下煤筒堵煤。应将积煤清除并在主动滚筒上抹皮带油或增加磨料。

3. 胶带纵向撕裂的原因及预防措施

胶带纵向撕裂是由于煤中的铁件和片石等坚硬异物被卡在导煤槽处、尾部滚筒及胶带之间，或因皮带跑偏严重或托辊脱掉等故障造成机架尖锐部位刮伤胶带，胶带以一定的速度运行时将胶带划裂。为此应在输煤系统中加装除铁器和木块分离器来除掉异物；在尾部落煤点加密缓冲托辊间距或改装成接料缓冲板，可防止坚硬物件穿透皮带卡塞等故障；落煤管出口顺煤流方向倾斜一定的角度，也有利于及时排料，减少撕裂的可能。

4. 下煤筒堵塞的主要原因

原煤湿度过大；输煤槽胶皮太宽，出口小，拉不出煤；下一级皮带转速慢；下煤筒或输煤槽卡住大块杂物；煤挡板位置不对，切换错误或不到位等。

（五）皮带值班安全注意事项

（1）在生产现场，值班人员应穿好工作服，衣服和袖口必须扣好，禁止戴围巾和穿长衣服。女工禁止穿裙子，长发必须盘在帽内，禁止穿高跟鞋，进入现场必须戴安全帽。

（2）无论在运行或停止中，禁止在皮带上或其他设备上站立，越过爬过或传递各种工具，跨越皮带必须通过通行桥。

（3）皮带在运行中不准对设备进行维护工作，在运行中的皮带严禁人工取样或捡出石块等杂物，防止人力触及皮带或转动部分。工作人员应站在栏杆外面，袖口要扎好，以防被转动的皮带挂住。

（4）严禁对运行中的皮带人工清理粘煤。

（5）捅下煤筒内的堵煤时，应使用专门的捅条并站在煤筒上部的平台上进行。

（6）发现落煤筒内堵煤应立即停止其前段皮带运行，待捅掉积煤后，方允许继续运行。

（7）一般情况下禁止带负荷启停皮带，必须带负荷启动时，应注意处理以下问题：①处理堵煤或减少煤量；②校正皮带并清除皮带下的积煤和杂物；③启动之前必须检查联系完备；④启动过程中应仔细监视电流及运行状况随时准备紧急停机；⑤碎煤机绝对禁止带负荷启动。

（8）现场应清洁整齐，不准堆放任何易燃易爆或其他物品，运行使用的工具及擦拭棉纱，应放在指定地点，严防输煤系统火灾的发生，应会使用灭火器。

（9）处于备用状态的设备未经许可不得进行检修工作，正在进行检修的设备未经检修负责人同意不得投入运行。

第三节　气垫皮带机

气垫皮带机主要是将普通输送带直线段的槽型上托辊换成气槽，由鼓风机向气室供给一定压力和流量的空气，通过气槽上的气孔向上喷气，对胶带产生浮力，使胶带与气槽之间形成气膜从而实现流体摩擦的一种输送机械。也有的气垫皮带机的上、下分支皮带均采用气垫支承。胶带在传动机构的拖动下，在气垫上运行，以流体摩擦代替托辊式胶带输送机的滚动摩擦，减少阻力，达到输送物料的目的。气垫式胶带输送机同样可用于电厂、煤炭、冶金、建材等行业，输送堆积密度为 $0.5 \sim 2.5 t/m^3$ 的煤炭、矿石等散松物料。气垫皮带机的特征结构如图 12 – 46 所示，新增主要部件是气室、鼓风机、消音器，头尾部分及弧型部分仍用托辊，回程段仍采用平行托辊，其他结构没有改变。气垫皮带机的传动滚筒、改向滚筒、拉紧装置、清扫器、制动及逆止装置以及机架、头部漏斗、头部护罩、输煤槽等均与 TD75 型固定式通用型皮带机相同。

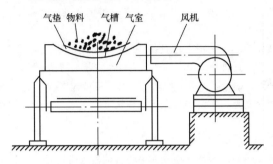

图 12 – 46　气垫皮带机

理论上气垫皮带机主要具有以下优点：

（1）能耗小；费用低、维护工作量减少。

（2）不颠簸、不跑偏、不撒煤、磨损减少、胶带撕破的机率减少、使胶带寿命提高。

（3）运行平稳、噪声低、原煤提升角可达25°。

（4）带速高、输送量大。

实际应用中有以下缺点：

（1）能耗减少不明显。

（2）气压不均，皮带颤抖，气膜不能有效均匀分布，皮带和气槽都磨损严重。

（3）落煤点不正时也跑偏撒煤，落煤点处还是普通托辊，避免不了胶带纵向撕破。

（4）胶带运行不稳，由于气流层不均或载荷不均会使胶带颤振，进而引起机架和栈桥共振。

（5）风机都是二极电动机，高频噪声很大。

（6）启动时二次粉尘污染严重。

（7）带负荷启动很困难，气槽浮力不足以形成大面积气膜。

（8）气眼易堵，气膜层不均。

（9）气槽凹弧面工艺精度不匀，与皮带的接触气隙很不均匀，造成皮带非工作面磨损严重。

（10）气槽室内易积聚水气生锈，使气槽锈损漏气。

气室是用来形成气膜、支承物料的关键性部件，其制造精度是影响总机功率和胶带寿命的主要因素。合理的布置气孔位置和气孔的大小，以产生均匀稳定的气膜，可使总机消耗功率大大下降，磨损减轻，使用寿命延长。气室工作风压为 $3 \sim 8kPa$，皮带越宽，风压应越高。

气垫皮带的鼓风机一般为高压离心式鼓风机。在正常情况下，形成稳定气膜所需的风量与风压。鼓风机一般安装在输送机中部，对于较长的输送机，如选用单个鼓风机难以满足要求时，在保证风压的情况下，可选用多台风机，并在整个输送机长度上做适当布置，以风压沿程损失较少为佳。在特殊情况下风机可沿整机长度内作空间布置，并用弯管与气室连接。为了降低鼓风机的噪声，要在气垫皮带机气室的风机入口处设置隔音箱或消音器。

气垫皮带机宜输送最大粒度不超过 300mm 的物料，可用于水平和倾斜输送。气垫皮带机带宽系列和普通皮带机一样有 300、400、500、650、800、1000、1200、1400、1600、1800、2000、2400mm 等规格。气垫皮带机的主要技术参数举例如表 12 – 7 所示。

表 12 –7　　QDS –1200 型气垫带式输送机主要技术参数

型号	物料粒度 （mm）	输送能力 （t/h）	胶带速度 （m/s）	胶带宽度 （mm）	气垫厚度 （mm）	带长 （m）	倾角 （°）
QDS – 1200	≤400	1000 ~ 3000	1.6 ~ 5.0	1200	0.5 ~ 1.8	10 ~ 300	0 ~ 25

气垫皮带机常见故障有：

（1）皮带打滑；皮带慢转；皮带撕裂；皮带磨损。

（2）气眼堵塞、气膜不均；气箱内积水积泥生锈。

（3）气槽工作面磨损开口或焊口开后漏风失效。

（4）带负荷启动困难。

第四节　钢丝绳芯胶带

钢丝绳芯胶带用钢丝绳代替普通胶带中的帆布或尼绦芯，钢丝绳芯胶带特点如下：

（1）强度高，可满足长距离大输送量的要求。由于带芯采用钢丝绳，其破断强度很高，胶带的承载能力有较大幅度的提高，可以满足大输送量的要求。单机长度可达数公里，出力达4000～9000t/h。

（2）胶带的伸长量小，钢丝绳芯胶带由于其带芯刚性较大，弹性变形较帆布要小得多，因此拉紧装置的行程可以很短，这对于长距离的胶带输送机非常有利。

（3）成槽性好，钢丝绳芯胶带只有一层芯体，并且是沿胶带纵向排列的，因此能与托辊贴合得较紧密，可形成较大的槽角，有利于增大运输量，同时能减少物料向外飞溅，还可以防止胶带跑偏。

（4）使用寿命长，钢丝绳芯胶带是用很细的钢丝捻成钢丝绳作带芯，所以有较高的弯曲疲劳强度和较好的抗冲击性能。

钢丝绳芯胶带的缺点是：

（1）芯体无横丝，横向强度很低，容易引起纵向划破。

（2）胶带的伸长率小，当滚筒与胶带间卷进煤块、矸石等物料时，容易引起钢丝绳芯拉长，甚至拉断。

钢丝绳芯胶带接头的强度是由接头部位钢丝绳和胶带拔出的强度确定的，所以接头中钢丝绳应有一定的搭接长度，以使接头处钢丝绳芯与胶带的黏着力大于钢丝绳芯的破断拉力。

接头的形式种类有三种：①三级错位搭接；②二对一搭接；③一对一搭接。根据带宽的不同，接头长度1.2～2.8m，三级错位搭接，接头长1.2～1.4m，强度可达原带的95%以上，一对一搭接头长度1.7～1.9m，接头强度是原带的85%，二对一搭接接头长度2.8m，强度是原带的75%。

钢绳芯胶带输送机属于高强度带式输送机，适用于大运量和长距离的散状物料输送。钢绳芯胶带输送机的布置形式如表12-8所示。钢绳芯胶带输送机特点：

表12-8　　　　　　　钢绳芯胶带输送机的布置形式

型式	传动方式	典型布置简图	出轴形式与功率配比
水平输送	单滚筒传动	$a \geqslant 120°$ $a \geqslant 210°$	单出轴单电机 双出轴双电机

型式	传动方式	典型布置简图	出轴形式与功率配比
水平输送	双滚筒传动		功率配比 $N_{I}:N_{II}=1:1$ $N_{I}:N_{II}=2:1$
	三滚筒传动		功率配比 $N_{I}:N_{II}:N_{III}=2:1:1$ $N_{I}:N_{II}:N_{III}=2:2:1$ $N_{I}:N_{II}:N_{III}=2:1:2$
向上输送	单滚筒传动		单出轴单电机 双出轴双电机
	双滚筒传动		功率配比 $N_{I}:N_{II}=1:1$ $N_{I}:N_{II}=2:1$
向下输送	单滚筒传动		单出轴单电机 双出轴双电机
	双滚筒传动		功率配比 $N_{I}:N_{II}=1:1$ $N_{I}:N_{II}=2:1$

注 α 是胶带在传动滚筒上的围包角（°）。

（1）采用多传动滚筒的功率配比是根据等驱动功率单元法任意分配。即在张力合理的分布而各传动滚筒又不致产生打滑的条件下，将总周力或总功率分成相等的几份，任意地分配给几个传动滚筒，由其分别承担。

（2）双传动滚筒不采用 S 形布置，以便延长胶带和包胶滚筒的使用寿命，且避免物料粘到传动滚筒上影响功率的平衡。

（3）拉紧装置一般布置在胶带张力最小处。若水平输送机用多电动机分别驱动时，拉紧装置应设在先起动的传动滚筒一侧。

（4）胶带在传动滚筒上的包角 α 值的确定主要是根据布置的可能性；并符合等驱动功率单元法的圆周力分配要求。

（5）胶带机尽可能布置成直线型，避免有过大的凸弧、深凹弧的布置形式，以利正常运行。

第五节　管状带式输送机

管状带式输送机（简称管带机）是在普通带式输送机的基础上研制的，于 20 世纪 90 年代从日本引进我国的一种新型带式输送机，由沿线机架上很多的六边形辊子组强制将胶带裹成边缘互相搭接的圆管形状，其形

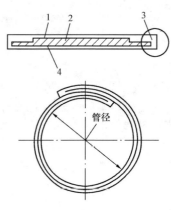

式如图 12-47 所示，这样将物料裹在胶带管内部来完成输送。具有密封环保性好、输送线空间布置灵活、输送倾角大，复杂地形单机运输距离长和建造成本低（可露天建造）等优点。适用于各种复杂地形条件下多种散状物料的输送，普通胶带工作环境温度为 $-25 \sim +40℃$；耐热、耐寒、防水、防腐、防爆、阻燃等胶带的工作环境温度为 $-35 \sim +200℃$。根据不同张力等条件的要求，输送带可采用尼龙织物芯层和钢绳芯带等形式，可首选应用于长距离大功率的电力输煤等行业。管带机运输距离长（单机可达 7000m 以上）；运量大

图 12-47　胶带裹成圆管形状
1—内胶层；2—带芯；3—特殊结构的胶带边缘；4—外胶层

（每小时运量可达 7000t）。

管带机使用的胶带主要有尼龙、聚酯织物芯和钢丝绳芯胶带。管带机胶带平放时与普通胶带外形无区别，但为了能保证输送带在成管后的密封性、稳定性，因此要求胶带要有适当的弯曲刚度，主要调整橡胶的配方和厚度以及调整贯穿嵌入胶带边缘的帆布，以获得良好的管状保持性和密封

性。胶带的弹性和抗疲劳性能要求更高，以保证其使用寿命达到和超过普通运输带。

管状带式输送机结构如图12－48所示，管带机的头部驱动滚筒、改向滚筒、拉紧装置、头架、尾架、受料点、卸料点、输煤槽、漏斗、头部清扫器、空段清扫器等部件的结构和位置与普通带式输送机结构完全一致。沿线将皮带被呈六边形布置的辊子强行裹成管状。输送带在尾部过渡段受料后，将皮带由平形向槽形、深槽形逐渐过渡最后裹起来卷成圆管状卷进行物料密闭输送（此距离很短），到头部过渡段（或中部卸料点）时再逐渐展开直至卸料。这些特殊结构决定了管带机有以下特点：①适合在复杂地形条件下连续输送密度为 2500kg/m³ 以下的各种散状物料，管带机可实现立体螺旋状弯曲布置，可水平转弯，可由一条管带机取代一个普通胶带输送机运输系统，节省转运站造价和多驱动的成本并减少故障点和设备运行及维护费用。②由于输送物料被包围在圆管胶带内密闭输送，所以隔绝了输送物料对环境的污染，同时也避免了环境对物料的污染，而且物料不会撒落和飞扬，也不会受刮风、下雨的影响。③与普通胶带机相比，由于胶带被六只托辊强制卷成圆管状，不存在输送带跑偏的麻烦，更换托辊时只需将固定托辊的螺栓拆掉即可，无须停机。现场保洁工作只需清扫输送机的头部和尾部两个地方，清扫工作量少。④由于形成圆管输送，其

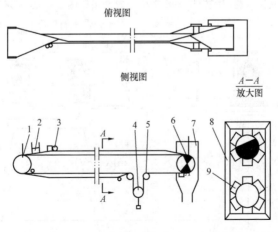

图 12 －48　管状带式输送机结构简图

1—尾部滚筒；2—导料槽；3—压轮；4—拉紧装置；5—改向滚筒；

6—驱动滚筒；7—头部漏斗；8—窗式托辊架；9—辊子

圆管部分的横断面宽度只有普通输送机的 1/2，在长距离输送的情况下，可大大降低栈桥费用。且由于管带机自身需要足够刚度，可自带走廊和防止了雨水对物料的影响，因此，使用管状带式输送机可减少占地和费用，可不再建栈桥。⑤由于胶带形成圆管状而增大了物料与胶带间的摩擦，故管状带式胶带机的输送角度可达 30°，如果胶带工作面改进后倾角可达 40°，在提升高度不大的情况下，甚至可垂直提升，从而减少了胶带机的输送长度，节省了空间位置，降低了设备造价。⑥胶带的回程段也与承载段相同，一般也是卷成圆管状，根据要求也可采用平形或 V 形返回。管带机的回程段包裹形成圆管形，可用以反向输送与承载段不同的物料（但要设置特殊的加料和卸料装置）。

管带机托辊主要有六边形托辊组、槽形过渡托辊组和弧段的纠偏托辊组三种。槽形过渡托辊组用于头部和尾部的过渡段，其结构和布置间距与普通带式输送机相同，根据过渡段长度可选用 10°、20°、30°、45°、60° 几种。六边形托辊组的布置间距与管带机圆管的直径有关。纠偏托辊主要用于管带机的水平弯曲段和垂直弯曲段，其选用方法在六边形托辊数量不变的情况下，在弯曲段，每隔一组六边形托辊选择一组纠偏托辊（即在弯曲段的托辊数量为直线段的 2 倍）。管带机托辊的外形与普通托辊的辊子相同，但其防水性能和转动阻力系数优于普通托辊。

为了安装管带机托辊架，管带机一般选用如图 12 - 49 所示形式的桁架支架，支撑选用圆钢管人字形支架，由于管带机桁架已有足够刚度，即

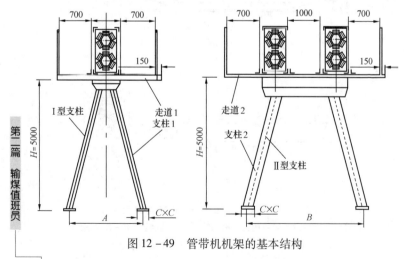

图 12 - 49　管带机机架的基本结构

可在两边另加人行通道和检修通道，从而取代输送机栈桥。若管带机沿地面布置或已有栈桥时，无需再装支架。这也是管带机节省造价的原因之一。

管带机输送能力如表 12 – 9 所示。

表 12 – 9　　　　　　　管带机输送能力对照表

输送量（m³/h）＼管径（mm）＼带速（m/s）	350	400	500	600	700	850
1.6	380	616	881	1238	1616	2327
2.0	472	770	1100	1548	2022	2909
2.5	594	964	1376	1935	2528	3636
3.15	748	1213	1734	2438	3185	4581
4.0	950	1540	2200	3096	4044	5818
5.0		1928	2750	3870	5056	7272

不同管径对应的带宽、断面积和许用块度如表 12 – 10 所示。

表 12 – 10　　　不同管径对应的带宽、断面积和许用块度

管径（mm）	350	400	500	600	700	850
带宽（mm）	1300	1530	1900	2250	2650	3150
断面积 100%（m²）	0.09	0.147	0.21	0.291	0.2789	0.5442
断面积 75%（m²）	0.068	0.11	0.157	0.218	0.2842	0.4081
最大块度（mm）	100～120	120～150	150～200	200～250	250～300	300～400
对应普通输送机宽度（mm）	900～1050	1050～1200	1200～1500	1500～1800	1800～2000	2000～2400

管带机的曲线布置水平或垂直转弯半径 R 及过渡段长度 L_g 如下：

尼龙帆布输送带：$R \geqslant$ 管径 $\times 300$

$$L_g \geqslant 管径 \times 25$$

钢绳芯输送带：$R \geqslant$ 管径 $\times 600$

$$L_g \geqslant 管径 \times 50$$

管带机安装胶带时需将输送带的头部固定在机具中，然后塞入环形托辊内，再牵引安装。胶带硫化一般在输送机的头部或尾部展平进行。

第六节　其他连续运输机

在连续运输机序列中，还有好多种形式的皮带机和机械运输机，在火电厂输煤系统中用的比较少，现简要介绍几种。

一、密闭式皮带输送机

密闭式皮带输送机用机壳将整条皮带密封，不同于用罩子将普通托辊罩起来的外围密闭式输送机，解决了普通皮带机存在的落煤、溢料、粉尘污染问题。其结构如图 12 - 50 所示。

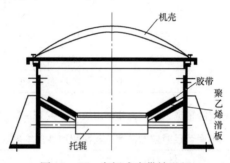

图 12 - 50　密闭式皮带输送机

（1）由于系统可以实现全封闭，落煤及溢料几乎等于零，减少了清洁维修工作。

（2）可以实现露天布置输送系统，减少了传统输送带需要的栈桥的投资。

（3）可在不改变传统皮带输送机驱动机构、钢构架的基础上，将传统带式输送机改造为密闭式皮带输送机，可以减少设备改建费用。

（4）独特的落煤口受料部位结构设计，有效地防止撒料和物料冲击扬尘。

输送机驱动装置、机架等与 DTII 固定带式输送机相同，可以按照 DTII 固定带式输送机选型方法选用。

二、钢绳牵引皮带机

钢绳牵引皮带机的牵引件与承载件是分开的，用两条钢绳作牵引件，胶带作承载件，胶带以特制的耳环槽搭在两条钢丝绳上，只作承载构件。

两条无极的钢丝绳绕过驱动装置的驱动轮，当驱动装置带动绳轮转动时，借助于钢丝绳与驱动轮上衬垫之间的摩擦力使钢丝绳运动。钢绳和胶带各自独立成闭合回路，有各自独立的张紧装置，在头尾端有分绳装置使牵引钢绳和胶带嵌合或分离。驱动轮驱动钢绳，从而带动胶带运动，将物料从一端输送到另一端。这种结构的皮带机在电力系统用的不是太多，只作简单介绍。

钢绳牵引皮带机的驱动系统、胶带、牵引钢绳、托轮组、分绳装置、安全保护装置等设备结构有很多特殊之处，为了达到两条牵引钢丝绳寿命相同，胶带磨损小的目的，要求两条牵引钢丝绳的线速度和受力基本相同。但实际情况总有差异，严重时会使胶带脱槽，耳槽很快磨损。采用合理的驱动方案，通过胶带的传递作用，能达到两条钢丝绳的速度基本相同，受力相差不大的要求。目前常采用的有以下两种方案。

（1）机械差速方案。采用机械差速器并通过胶带的传递作用，达到两条钢丝绳的线速度和受力基本相同。

（2）电气同步方案。采用两个直流电动机传动，电枢串联激磁并联方式，通过胶带传动作用，由电压分配的差别自动补偿达到同步。

采用变频器自动调节电流。

采用液力耦合器自动均衡负载。

钢绳牵引的胶带由钢条、V形耳环、上下覆盖胶、帆布、填充胶等组成，其不承受牵引力。钢条设计的原则是：当满载时，钢条弯曲转角 $\phi = 10° \sim 12°$。

钢绳牵引胶带的连接采用钢条、卡子和硫化等方法。其中以钢条连接的较多，连接的钢条还应起到保险销的作用，当发生故障时，首先拉断钢条，保护胶带。

钢绳牵引皮带机的分绳装置方式有：

（1）水平分绳式：具有受力小、重量轻、钢丝绳弯曲小和安全可靠等优点。

（2）垂直分绳式：具有结构紧凑，与驱动轮的间距较小，但每个轮受力较大，多用于结构受限制的场合。

钢绳牵引皮带机的钢绳表面涂的一般润滑油会使摩擦系数明显下降，因此在使用前需要除油。除油不仅花费时间，而且会使绳芯油熔化渗出，影响钢绳寿命，因此最好用镀锌钢绳，或用既能防腐又不明显降低摩擦系数的戈培油。

三、深槽型皮带机

深槽型皮带机又称 U 形皮带机，其结构如图 12-51 所示，目前仅限于橡胶输送带。其与普通皮带机的区别主要是槽形上托辊的槽角为 45°以上。由于槽角大，要求输送带横向挠性大，有较好的成槽性能，因而必须使用尼龙帆布做衬层的橡胶输送带。

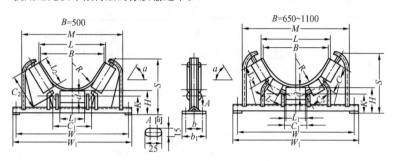

图 12-51　深槽型皮带机上托辊组

深槽皮带机的特点有：

（1）除能输送通用皮带机可以输送的物料外，还能输送细粉状物料和流动性较强的物料。

（2）托辊槽角大，可达 45°~60°以上。

（3）输送能力大，可达普通型的 1.5~2.0 倍。

（4）允许胶带的倾斜角大，一般可达到 22°~25°，比通用皮带机的大 5°~7°。能使输送系统的布置紧凑，减少占地面积。

（5）运送平稳。深槽型皮带机运行时，物料稳定，无撒料现象，不易跑偏，清扫工作量小。

（6）运行费用较低。对于同一输送量，深槽型输送带约为普通型输送带带宽的 70%~80%，但深槽输送带的单价较高。

（7）水平输送直接转运物料时，可不用输煤槽，减少了胶带的磨损及因设置输煤槽而损失的附加功率。

（8）设备简单，便于制造也便于改造原有的皮带机，以达到提高输送能力的目的。

（9）能在与输送机头尾中心线成 6°以下的水平弯曲时运转，而普通皮带机只能直线输送。

四、花纹胶带

花纹胶带输送机除胶带、清扫器及进料斗外，其余如传动滚筒、改向滚筒、拉紧装置、制动器及驱动装置等部件均与 TD75 型通用固定式带式输送机相同。皮带机采用花纹胶带时，可将输送机的倾角提高到 28°～35°，从而可大大缩短输送机及其通廊的长度，节省基建投资和占地面积。可输送流动性较强的物料，由于其工作面有许多橡胶凸块，所以局限了其使用长度和张紧方式等结构，不能用集中双滚筒驱动，需要用专用的转刷清扫器和输煤槽结构。

花纹橡胶运输带结构如图 12－52 所示，除在其工作面上有许多条状（或点状）的橡胶凸块形成不同的花纹外，其他均与通用的普通型或强力型橡胶带相同。进料斗也称输煤槽，由于花纹橡胶带工作面凹凸不平，为了避免将花纹磨损，所以进料斗下部与花纹橡胶带接触部位采用毛刷密封，这种既可达到减少磨损又能达到密封防漏作用。

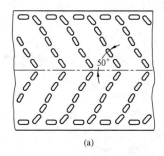 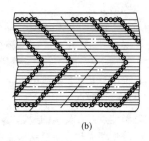

（a）　　　　　　　　　　（b）

图 12－52　高倾角花纹胶带

（a）条状花纹胶带；（b）点状花纹胶带

此种皮带专用转刷式清扫器清扫，其结构如图 12－53 所示，转刷式清扫器主要由尼纶刷辊、减速机、电动机、联轴器（或皮带轮）和结构框架等构成。刷辊式清扫器装在卸料滚筒下部，刷辊应与输送带表面压紧，刷辊是由耐磨尼龙丝沿轴身呈螺旋形布置而成，减速机与电动机为一体构成驱动装置，通过带动链轮链条减速传动，与传动滚筒同向旋转，因装于传动滚筒下部，因此与胶带运动方向相反。

通过联轴器与刷辊的一端相连。减

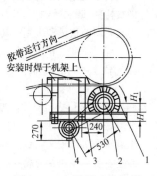

图 12－53　转刷式清扫器

1—转刷；2、4—链轮；

3—链条

速机及轴承座配有可调整支座，通过调节调整螺栓，可对刷辊的位置进行调整，以保证运行过程中刷辊压紧皮带并且与头部滚筒的轴线平行。其压紧行程通过调节板调节，转刷旋转方向。

旋转式清扫器清扫点连续接触、清扫有力、清扫效果好，清扫过程中不会造成胶带跑偏。

五、大倾角裙边式胶带及其他小型输送机

大倾角裙边式胶带输送机（又称波状挡边带式输送机），其胶带具有裙状挡边和横隔板，和通用带式输送机一样结构简单、运行可靠、维修方便等优点，各主要部件均可与通用带式输送机通用，没有埋刮板输送机经常出现的卡链、飘链、断链现象和斗式提升机经常发生的打滑、掉斗现象。可大倾角（甚至垂直）输送物料，输送量大可达 120m³/h，垂直提升高度可达 80m 适用范围广，工艺布置紧凑，输送平稳、噪声小、不撒料，无粉尘飞扬等。

另外，为了仓库和场地的需要，实用中还有回转带式输送机和移动带式输送等多种结构，回转带式输送机一点上料，可在 360° 内任意回转，适应于进行仓库和室外堆存物料等作业，根据输送工艺的要求可以单台输送，也可以与其他输送机组成输送系统；移动带式输送机自带非机动性车轮，是一种功效高、使用方便，机动性好的连续输送装卸设备，主要用于散状物料地点经常变换的短途运输及装卸，移动带输送机分为可升降型及不可升降型两大类，整机结构简单，运行平稳、噪声小。

六、螺旋输送机

螺旋机是利用螺旋的转动将物料沿机壳推移而达到运输的目的，其情况好像被持住不能旋转的螺母在螺杆上平移一般，使物料不与螺旋一起旋转的力是物料的重量和机壳对其摩擦力。其优点是：

（1）结构简单、横截面尺寸小、成本低。

（2）便于中间加载和卸载。

（3）操作简单、方便。

（4）输送过程物料与外界隔离，密封性好。

缺点是：动力消耗大，机件磨损快，物料在运输时粉碎严重。

螺旋输送机以输送粉状、粒状、小块状物料为主，如面粉、水泥、煤粉、砂土、各类小块状的煤和石子等，不宜输送易变质的、黏性的易结块的物料和大块的物料，因为这些物料或者粘在螺旋上随之旋转，或者在吊轴承处产生堵料。螺旋输送机的结构如图 12-54 所示。

一台螺旋输送机通常由螺旋机本体、进出装置、驱动装置三大部分组

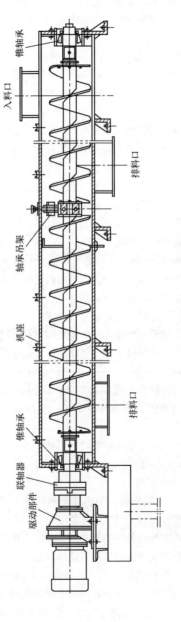

图 12－54　螺旋输送机的结构图

成。在头节内装有支推轴承承受轴向力，在中间节和尾节内装有轴承支承螺旋轴，在尾节内还装有可轴向移动的径向轴承以补偿螺旋轴长度的误差和适应温度的变化。

螺旋输送机直径有 150、200、250、300、400、500mm 和 600mm 等多种规格。机长可以至 80m，每隔 0.5m 一档，可在环境温度 −20 ~ +50℃ 条件下，以小于 20°的倾角输送温度低于 +200℃ 的物料。

七、刮板输送机

刮板输送机是一种在封闭的矩形断面的壳体中，借助于运动着的刮板链条输送粉状、小颗粒状、小块状等散料的连续输送设备。因为在输送物料时，刮板链条全埋在物料之中，故称为"埋刮板输送机"。物料温度以常温为主，也可输送 500℃ 以下的物料。埋刮板输送机结构简单，重量较轻，体积小，密封性好，不但能水平输送也能倾斜和垂直输送；不但能单机输送，而且能组合布置，串接输送；能多点加料，也能多点卸料，输送距离较近，设备的密封性好对环境污染小。

链式刮板输送机用于倾斜≤15°的粉粒状物料的输送。其工作原理如下：散料具有内摩擦和侧压力的特性，在机槽内受到输送链在其运动方向的拉力，使其内部压力增加，颗粒之间的内摩擦力增大，在水平输送时，这种内摩擦力保证了料层之间的稳定状态，形成了连续的整体流动。当料层之间的内摩擦力大于物料与槽壁之间的外摩擦力时，物料就随着输送链一起向前运动。当料层高度与机槽宽度的比值满足一定条件时，料流是稳定的。

主要特点有：输送能耗低，借助物料的内摩擦力，变推动物料为拉动，使其与螺旋输送机相比节能 40% ~ 60%。密封和安全，全密封的机壳使粉尘无缝可钻。

通用型埋刮板输送机对所输送的物料有下列要求：

（1）物料密度 $\rho = 0.2 ~ 1.8 t/m^3$；

（2）物料温度 $t < 100℃$；

（3）含水率。对于一般物料，不得使物料用手捏成团后不易松散；含水率增加后会增大粘结性和压结性，不能使物料严重粘附刮板。

刮板输送机和斗式提升机等这类设备的主要部件是链轮和链条，链轮有整体式凸齿链轮和分体式凹齿链轮两种结构。整体式凸齿链轮结构如图 12−55 所示，经高强耐磨处理的整体式凸齿链轮适用于高负荷恶劣工作环境。未经硬化处理的整体式凸齿链轮适用于低负荷较好的工作环境或者作为导向轮使用。分体式凹齿链轮结构如图 12−56 所示，带有可拆卸凹齿盘的高强耐磨凹齿链轮适用于恶劣的工作环境，凹齿分为两个能够更换的凹齿盘，为高强耐磨铸钢结构。

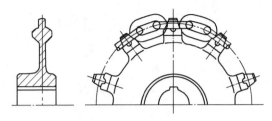

图 12-55　凸齿链轮

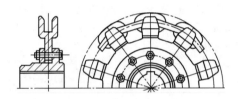

图 12-56　凹齿链轮

链条是影响刮板机寿命的主要部件，为了更换链条方便，每根链条上都装有几个接链环，常用接链环的种类如下：

扁平接链环结构如图 12-57 所示，此接链环可在凸齿链轮、带槽导向轮和无槽导向轮上使用。接链环尺寸和链环一致；安装简易。

紧凑型接链环结构如图 12-58 所示，此链可在凸齿链轮、带槽导向轮和无槽导向轮上使用。优点是接链环尺寸和链环尺寸一致。

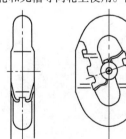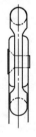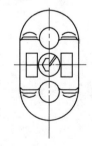

图 12-57　扁平接链环　　　　　　图 12-58　紧凑型接链环

方型接链环结构如图 12-59 所示，此链仅应用于凸齿链轮和无槽导向轮；应用于恶劣的工作环境。优点是性能可靠，有超长的使用寿命。

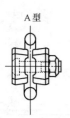
A 型

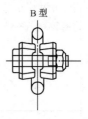
B 型

图 12 - 59　方型接链环

提示　本章介绍了输煤皮带机的种类、组成和运行技术要求，其中第一节适合于卸储煤值班员、输煤值班员和集控值班员的初级工掌握；第二节适合于输煤值班员的初级工和中级工掌握；第三至六节适合于输煤值班员的高级工和技师掌握。

第十三章

给 煤 设 备

第一节 叶轮给煤机

一、叶轮给煤机的结构和工作要领

给煤机安装在料仓出口下边，是给输送机械供煤的设备。

叶轮给煤机是长缝隙式煤沟中专用的给煤设备，其种类有桥式叶轮给煤机、门式叶轮给煤机、双侧叶轮给煤机和上传动叶轮给煤机等多种，能连续均匀地把煤拨落到运输皮带上。叶轮给煤机的常用布局形式如图 13-1 所示，根据缝隙式煤斗结构的不同有单线中间、单线单缝、单线双缝三种。

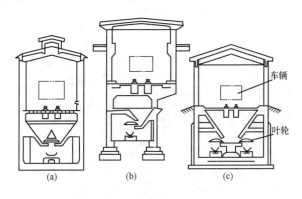

图 13-1　缝隙煤槽的断面类型

（a）单线中间缝隙煤槽；（b）单线单缝隙煤槽；（c）单线双缝隙煤槽

双侧叶轮给煤机结构如图 13-2 所示，单侧叶轮给煤机结构也是一样的，主要是出料部分和封尘装置有所不同，从检查维护和使用方便的角度来看，普通的单侧叶轮给煤机用的还是比较普遍的。

普通叶轮给煤机主传动部分结构图如图 13-3 所示。主传动机械部分的结构部件与通用的驱动部件基本相同，主要由主电动机、安全联轴器

（或电磁调速离合器）、减速机、十字滑块联轴器、伞齿轮减速机、叶轮等组成，核心部件是一个绕垂直轴旋转的叶轮伸入长缝隙煤槽的缝隙中，叶片工作面的一面是圆弧状的，也有特殊曲面（如对数螺线面、渐开线面等），故又称叶轮拨煤机。用其放射状布置的叶片（也称犁臂），将煤沟底槽平台上面的煤拨落到叶轮下面安装在机器构架上的落煤斗中，煤经落煤斗被送到皮带上。

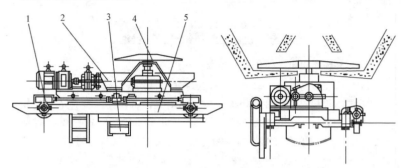

图 13 - 2　双侧叶轮给煤机

1—行走机构；2—煤斗；3—电控箱；4—拨煤机构；5—机架

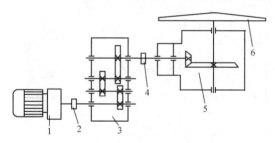

图 13 - 3　叶轮给煤机主传动部分结构图

1—主电动机；2—安全联轴器；3—减速机；

4—十字滑块联轴器；5—伞齿轮减速箱；6—叶轮

第二篇 输煤值班员

　　叶轮给煤机多采用拖车或电缆卷筒受电，另外装有过载保护装置。近几年来新上的或改造的叶轮给煤机多用普通鼠笼式三相异步电动机配变频器调速，早期的叶轮调速系统由滑差电动机完成调速，滑差电动机由拖动电动机（交流三相异步电动机）、无滑环滑差离合器和测速发电机组成，测速发电机与滑差离合器输出轴共轴。可在出力范围内进行无级调速，可随时连续调整给煤量，能在原地或前后行走中拨煤，无空行程，可就地操作或远方自动控制。有关滑差电磁调速离合器等这部分的内容将在本书第三篇中介绍。

叶轮给煤装置装在一个可以沿煤沟纵向轨道行走的小车上，除门式叶轮给煤机以外，其他各种叶轮给煤机行走部分的结构基本上是相同的，其结构简图如图13-4所示，行走传动部分由联轴器、减速机、车轮组和弹性柱销联轴器等组成。行走只有固定的速度，并由行车电动机通过传动系统使机器在轨道上往复行走。小车行走机构和叶轮拨煤机构各自相对独立。

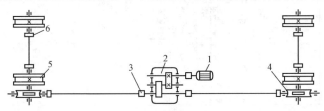

图13-4　叶轮给煤机行走部分结构图

1—行车电动机；2—减速机；3—齿轮联轴器；4—蜗轮
减速器；5—车轮；6—套筒联轴器

例如 QSG-1500 型叶轮给煤机技术规范如表13-1所示，其出力可从 100~1500t/h 方便连续地进行调整。

表13-1　　　　　QSG-1500型叶轮给煤机技术规范

指　标	参　数	指　标	参　数
生产能力	100~1500t/h（可调）	行走速度	3.74m/min
叶轮直径	3000mm	叶轮电动机功率	30kW
叶轮转速	4~12r/min	调速方式	变频调速
粒　度	≤300mm	物料容重	0.9t/m³

为了检查维护更为方便，新系列叶轮给煤机主传动机构采用上传动方式，其结构如图13-5所示。这种给煤结构更为合理，在现场空间合适的情况下，有必要进行推广应用。

叶轮给煤机的工作过程如下：

（1）叶轮给煤机的叶轮伸入长缝隙煤槽的缝隙中，叶轮转动把煤从轮台上拨送到下面的皮带机上。主电动机（通过电磁调速离合器）带动叶轮顺时针转动，并在转速范围内进行无级调速可调整煤量大小。

第十三章　给煤设备

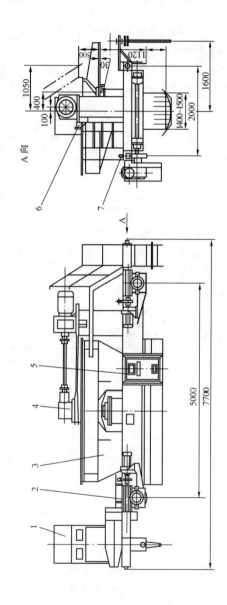

图 13 - 5 上传动叶轮给煤机

1—除尘装置；2—行走机构；3—拨煤机构；4—换向齿轮；5—电连箱；6—机架提升装置；7—安全保护装置

（2）行走只有固定的速度，并由行车电动机通过传动系统使机器在预定的轨道上往复行走。

（3）当给煤机行至煤沟端头时，靠机侧的行程终端限位开关动作使给煤机自动反向行走。

（4）当两机相遇时，靠给煤机端部行程限位开关使两机自动反向行走；当行程限位开关失灵时，给煤机的缓冲器可使两机避免相撞。

（5）当给煤机过载时，安全离合器动作，使给煤机自动停止。安全离合器失灵时，靠电气自身安全保护装置也可使给煤机自动停止。

（6）通过除尘系统排除叶轮拨煤过程中产生的粉尘。

二、叶轮给煤机的启动与运行

（一）叶轮给煤机启动前的检查内容

叶轮给煤机启动前的检查内容包括：

（1）主传动系统、行车传动系统所有连接部件（联轴器、地角螺栓、护罩等）是否齐全，连接是否牢固；要求电动机、减速机、联轴器固定螺栓无松动。

（2）叶轮的进出口有无杂物堵塞，叶片上有无杂物缠绕，护板是否变形，落煤斗是否畅通。

（3）各减速机油位是否正常，油质是否合格，结合面是否严密，有无漏油等。油位应在标尺中间位置。

（4）行车轨道上是否有障碍物，轨道是否牢固平直，轨道两端的行程开关挡铁是否牢固。

（5）电气部件的绝缘是否合格，电源滑线是否接触良好，接地线是否良好。

（6）与其配套使用的皮带机、煤沟是否具备运行条件。

（7）控制箱各指示灯、表计、操作按钮应完好无损，车体两端行程开关应良好。

（8）叶轮喷水装置应良好。控制器电位器旋钮在起始位置"零位"。

（二）叶轮给煤机运行操作步骤

1. 启动

（1）待皮带机启动后，按下拨煤机启动按钮，启动拨煤机。

（2）根据所需煤量大小，顺时针调整控制器电位器，叶轮转速由低变高煤量增加，调整中注意煤量的变化。

（3）按下行走开关按钮使叶轮给煤机行走拨煤。

（4）运行中需改变走行方向时，先按行车停止按钮，再按左或右的行走启动按钮，使叶轮给煤机改变行走方向。只改变行车方向时，禁止使用总停按钮。

2. 停止

（1）先按行走"停止"按钮。

（2）将控制器电位器旋钮退回到零位。把控制器电源开关断开。按下拨煤"停止"按钮，使叶轮给煤机停止运行。

（三）叶轮给煤机运行中的维护注意事项

叶轮给煤机运行中应注意下列各项：

（1）运行中注意掌握煤沟内的煤量情况，一般不应采取定点拨煤方式，防止局部打空，煤沟煤位应保持在1/3左右。

（2）注意监视动力盘上的电压、电流表及转速表的指示有无异常，电流不超过额定电流。

（3）主传动和行车传动各部运行平稳，振动合格，无异声。

（4）电动机温升应正常，不超过70℃，风叶无卡阻。

（5）各部轴承不超过80℃。齿轮箱油温大于75℃。润滑油质良好，油位正常，无漏油现象。

（6）无窜轴现象、轴封严密，联轴器连接牢固且安全罩齐全，动静部分无摩擦和撞击声；地脚螺栓、螺母无松动脱落现象。

（7）主叶轮无卡阻现象，叶轮给煤均匀，调速平稳，下煤畅通，行车良好。

（8）滑线接触器接触良好，无打火现象。绝缘子应完好，无脱落（若供电为拖缆应无卡住现象）。

（9）滑差电动机不宜长时间低速运转，一般应在450r/min以上运行，防止过热烧坏激磁线圈。

（10）叶轮给煤机停止运行后，应对设备进行全面检查，清理卫生。按规程要求及时认真地进行加油、清扫、清理、定期试验等工作，电气部应每周吹扫一次，叶轮上的杂物应每班清除一次。

三、叶轮给煤机常见故障及处理

（一）发生以下情况之一时，应紧急停机进行处理

（1）发生危及人身的事故应立即停机，后发事故信号。

（2）发生叶轮犯卡，应立即停机，排除后再启动。

（3）机组发生剧烈振动或机械损坏，应立即停机，处理后再启动。

（4）滑线接触器接触不良严重冒火或一相脱落发生两相运行，应立即停机，处理后再启动。

（5）在运行中发生电动机冒烟、冒火，控制器失灵，应停机处理，正常后再启动。

（6）行走电动机开关故障，只能单向行驶，应停机消除故障后，再开机。

（二）滑差电动机调速的叶轮给煤机运行中常见的故障原因及处理方法

（1）轴承发热。轴承发热超出规定温度时可能有以下原因：①润滑不良（油量不足或油质变坏）；②滚动轴承的内套与轴或外套与轴承座因紧力不够发生滚套现象；③轴承间隙过小或不均匀，滚动轴承部件表面裂纹、破损、剥落等。处理方法是检查油质状况，查看油质的颜色、黏度、有无杂质等。若系油质劣化，则进行换油。若系轴承缺陷，则退出运行，更换新轴承。

（2）叶轮被卡住。原因可能是大块矸石、铁件、木料等引起。处理方法是停止主电动机运行，切断电源后，将障碍物清除。

（3）控制器交流熔丝熔断。原因可能是激磁绕组烧坏而引起激磁电流增大；熔丝质量差。处理方法是更换烧坏的绕组，换新熔丝。

（4）运行中调速失控，原因是激磁绕组的引线或接头焊接不良，运行温度升高使焊锡开焊而开路，造成无激磁电流；晶闸管被击穿；电位器损坏等。处理方法是检查处理触头；更换晶闸管；更换电位器。因为粉尘污染较大，煤尘从接线盒进入测速发电机，造成测速反馈电路的反馈信号失真，还经常发生测速发电机因被煤粉卡死而烧坏故障。从而直接影响了调速的准确性和可靠性，给运行人员控制给煤量带来很大的困难，同时也对配煤质量造成影响。

（5）晶闸管元件烧坏。原因是长时间低转速运行，通风不良。处理办法是更换晶闸管，改善通风，禁止长时间低速运行。

（6）按下启动按钮主电动机不转。原因是未合电源，控制回路接线松动或熔断器损坏。处理方法是拉开主开关，检查无问题时再合上；更换熔断器。

（7）合上滑差控制器开关，指示灯不亮。原因是220V电源未接通，控制器内部熔丝断，灯泡坏，印刷线路插座接触不良等。处理方法分别是检查电源接线，换熔丝，换灯泡，检查插头插座接触情况。

（8）按下行车按钮，小车不行走。原因是行车熔丝损坏，回路接线松动或断线，行程开关动作未恢复等。处理办法分别是换行车熔丝，检查回路接线，检查并恢复行程开关按钮。

（9）滑差电动机轴承损坏。滑差电动机由于缝隙煤槽处（俗称地沟）

工作环境差，粉尘污染较大，加之滑差电动机外壳为鼠笼状，密封效果差，煤尘直接从鼠笼的缝隙进入滑差离合器内，经常造成轴承卡死甚至损坏。

（10）动力电源缺相。叶轮给煤机供电方式如果是滑触线，其动力电源是利用集电器从滑触线上取得。因滑触线导线裸露，受环境（粉尘、潮湿）影响大，加之行车轨道变形等因素，导致集电器刷与滑触线接触不良，而且集电器易脱落，造成给煤机动力电源缺相、断相，会导致拖动电动机烧坏的故障。

（三）综述

为提高供电可靠性，将滑触线供电改为拖缆供电，动力电源直接从拖缆送到电动机，减少了中间环节（集电器），可从根本上消除因集电器与滑触线接触不良以及集电器脱落带来的电源缺相、断相而造成的拖动电动机烧坏故障。

由于滑差电动机在运行中存在启动电流大、不能长时间低速运转、滑差离合器和测速发电机部分易损并影响调速的可靠性等缺点，而且滑差电动机结构复杂、体积大，检修起来比较困难，所以目前广泛改用调速范围广、运行稳定、维修操作方便的变频调速替代滑差调速，其变频调速范围可为 $11 \sim 50\mathrm{Hz}$。

第二节　电磁式振动给煤机

一、结构与原理

电磁振动给煤机由料槽、电磁激振器和减振器三大部分组成，其结构如图 13-6 所示，料槽由耐磨钢板焊接而成，电磁激振器由连接叉、板弹簧组、铁芯、线圈和激振器壳体组成；减振器由吊杆和减振螺旋弹簧组成。减振器又分前减振器和后减振器两部分。

电磁振动给煤机是一个由电磁力驱动的双质点定向强迫振动的机械共振系统，是由给煤槽、连接叉、衔铁和料槽中物料的 $10\% \sim 20\%$ 等的质量构成质点 M_1；激振器壳体、铁芯、线圈等质量构成质点 M_2。M_1 和 M_2 两个质点用板弹簧连接在一起，形成一个双质点的定向振动系统。根据机械振动的共振原理，将电磁振动给煤机的固有频率调得与磁激振力的频率相近，使其比值达到 $0.85 \sim 0.90$，机器在低临界共振的状态下工作，因而电磁振动给煤机具有消耗功率小，工作稳定的特点。

电磁振动给煤机工作稳定，无转动部件，无润滑部位，物料在料槽上

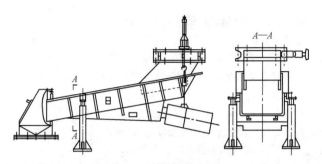

图 13 - 6 电磁振动给煤机

能连续均匀地跳跃前进。无滑动，料槽磨损很小，维护工作量小，驱动功率小，可以连续调节给煤量，易于实现给煤的远方自动控制，安装方便等优点。其缺点是初调整及检修后调整较复杂，若调整不好，运行中噪声增大，出力减小。

电磁振动给煤机可采用调整料槽倾斜角的方法，来调节给煤量的大小，但料槽倾角不得大于允许值，倾角太大，煤会发生自流。由于给煤量随振幅的大小而变，而振幅的大小随通过电磁线圈中电流的大小而变，故可通过控制晶闸管整流器导通的方式来控制电磁线圈中电流的大小，从而达到连续均匀地调节给煤量。也常采用调整仓斗出料口的大小和改变料槽中料层的厚度来调节给煤量。

因为电磁激振器的电磁线圈由单相交流电源经整流后供电，在正半周内有半波电压加在电磁线圈上，电磁线圈有电流通过，在衔铁和铁芯之间便产生脉冲电磁力而相互吸引，料槽向后运动，此时板弹簧变形储存一定的势能。在负半周时整流器不导通，电磁线圈无电流通过，电磁力逐渐消失，借助板弹簧储存的势能，衔铁与铁芯向相反的方向移开，料槽向前移动。所以，电磁振动给煤机的槽体以交流电源的频率 3000 次/min 往复振动。

这种电磁振动给煤机属于较早期的给煤设备，由晶闸管给煤单元调整出力振幅，由于固有频率高、噪声大，已逐渐不再使用。

二、电磁振动给煤机的使用与维护

（1）控制箱不应放置在具有剧烈振动的场合，可挂在给煤机旁的建筑物上，也可坐放在给煤机附近。多台电磁振动给煤机的集中操作控制箱也可做成组合屏式结构，以便于安装和控制，箱内部应保持清洁。

（2）使用前应首先检查控制装置的内部接线是否松动脱落，如有松动或脱落应按原理图接好，晶闸管管壳与散热器应接触良好，保证元件工作时散热正常。给煤机启动前的检查内容有：

1）检查电动机引线有无变色、断裂，地脚有无松动、脱落、损坏。

2）检查料槽吊架各处连接牢固完整。

3）检查料槽及落煤筒不应被杂物卡住，料槽内有粘煤时须在启动前清理干净。

4）检查皮带上联锁开关位置应在联锁位置。

5）检查弹簧板及压紧螺栓无松动断裂。

（3）电磁振动给煤机的运行维护与注意项目有：

1）斗内有煤时方可启动给煤机，启动前应将电位器调整到最小位置，接通电源后转动电位器，逐渐地使振幅达到额定值。应经常监视给煤机给煤量，煤斗走空，立即停止给煤机运行，禁止空振。

2）运行中随时注意观察电流，如发现电流变化较大，则须检查原因。①板弹簧压紧螺栓松动；②板弹簧断裂；③电磁铁芯和衔铁之间气隙增大。给煤机运转的稳定性和可靠性，取决于板弹簧顶紧螺栓和铁芯的固定螺栓的紧固程度。要定期检查电磁铁与衔铁之间的气隙，同时要注意气隙中有无杂物。规定一周内隔一天检查并拧紧一次，直至给煤机运转稳定时为止。

3）在运行过程中应经常检查振幅及电磁振动器的电流及温度情况，发现异常现象应立即停机处理。

4）电磁铁和铁芯不允许碰撞。如听到碰撞声，须立即减小电流，调小振幅，停机后检查并调整气隙。

5）煤质变化会影响出力的变化，可以调节给煤槽倾角。下倾角最大不宜超过 $15°$，否则易出现自流。

6）电源电压波动不宜过大，可以在 $±5\%$ 范围内变化。

7）料槽内粘煤及料槽被杂物卡塞都对给煤机出力有较大影响，运行人员应随时检查。

三、电磁振动给煤机常见的故障及原因

（1）接通电源后机器不振动。原因有：①熔丝断了；②绕组导线短路；③引出线接头断了。

（2）振动微弱、调整电位器，振幅反应小，不起作用或电流偏高。原因有：①晶闸管被击穿；②气隙、板弹簧间隙堵塞；③绕组的极性接错了。

（3）机器噪声大，调整电位器，振幅反应不规则，有猛烈的撞击。原因有：①弹簧板有断裂；②料槽与连接叉的连接镙钉松动或损坏；③铁芯和衔铁发生冲击。

（4）机器受料仓料柱压力大，振幅减小。原因有：料仓排料口设计不当，使料槽承受料柱压力过大。

（5）机器间歇地工作或电流上下波动。原因有：绕组损坏，检查绕组层或匝间有无断路现象和引出线接头是否虚连，可据此修理或更换绕组。

（6）产量正常，但电流过高。原因有：气隙太大，调整气隙到标准值 2mm。

（7）电流达到额定而给煤量小。原因有：料槽内粘煤过多。

（8）使用中的电气控制方面的常见故障及产生的原因有：

1）调节电位器电振机无电流。原因有：电位器损坏；插口接点接触不良；三极管或单结晶体管坏；晶闸管控制极断路等。

2）快速熔断器熔断。原因有：振动器线圈接地；振动器两线圈接反；气隙过大。

3）电流大没有振幅。原因有：晶闸管击穿，交流电通过振动器线圈。

4）有触发脉冲，但晶闸管不触发。原因有：同步电压接反；晶闸管损坏。

第三节　惯性振动给煤机

一、结构与原理

自同步惯性振动给煤机又称电动机振动给煤机，由槽体（有内衬）、振动电动机、减震装置、底盘（座式安装）等组成，其结构如图 13-7 所示，槽体由料槽、支承板和电动机底座组成，给煤槽有封闭型、敞开型等多种型式；振动电动机采用两台特制的双出轴电动机两端的偏心块旋转时产生的激振力作为振源，调整偏心块的夹角，可以调节激振力的大小，即可调整给煤机的给煤量；减振装置由金属螺旋弹簧（或橡胶弹簧）、吊钩及吊挂钢丝绳等组成；底盘由型钢和钢板焊接而成。

工作时，安装在振动给煤机槽体后下方的两台振动电动机产生激振力，使给煤槽体作强制高频直线振动，煤从给煤机的进煤端给入后，在激振力的作用下，呈跳跃状向前运动，到出煤端排出，完成给煤作业。如图 13-8 所示，根据平面单质体振动机同步理论，当两台惯性振动器以角速度 ω_1 作反向同步运转时，其惯性力在两振动器旋转中心 O_1O_2 连线方向的分力大小相等，方向相反互相抵消使给煤机左右不振；而与 O_1O_2 连线垂直方向的分力相互叠加使给煤机前后振动，在该惯性力作用下，给料槽沿合力方向作谐振运动。

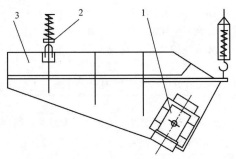

图 13-7 惯性振动给煤机简图

1—惯性振动器；2—减振器；3—给料槽

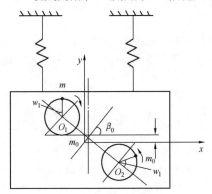

图 13-8 自同步惯性振动给煤机工作原理图

所以使用时一定要注意两台振动电动机要反向自同步运转，如果转向相同，将会使整体振动机理破坏，无法给煤。

自同步惯性振动给煤机的生产率可以采用如下方法进行调节：

（1）利用调频调幅控制器或变频器，实现不停机无级调节生产率。

（2）通过停车调节惯性振动器的偏心块来实现生产率的无级调节。

（3）调节料仓门的开度，改变给煤量，从而达到调节给煤机生产率的目的。

（4）调整给煤机倾斜角度可改变出力，最大不超过 15°，以防自流。

振动电动机主要由电动机及其两轴伸端安装的偏心块所组成，是一种特种异步电动机激振源，特别适用于作振动筛分机、振动给煤机、振动输送机、振动破碎机、振动试验台、破拱防堵装置等振动机械的激振源。振动电动机结构如图 13 - 9 所示，由机壳、支架、定子绕组、转子、轴承、偏心块和防护罩等七部分组成，振动电动机启动旋转后，电动机轴带动轴伸两端的偏心块转动，由于偏心块的高速旋转的离心力而产生振动力。

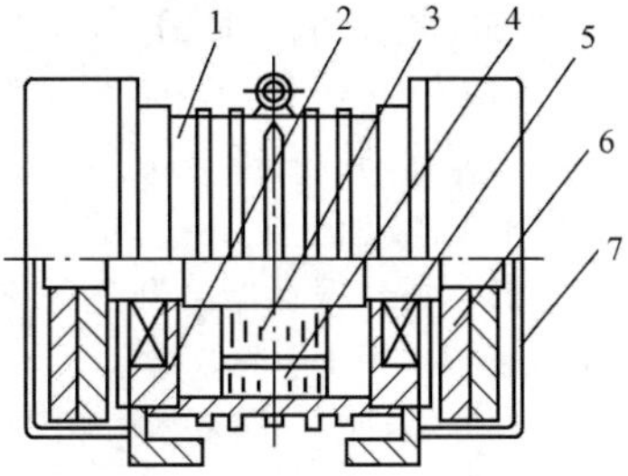

振动电动机与电磁激振源相比具有以下优点：

（1）体积小，重量轻，结构简单，安装维修方便，运行费用低。

（2）噪声低，效率高，外形美观，振频稳定，不需要复杂的传动装置。

图 13 - 9　振动电动机结构图
1—机壳；2—支架；3—转子绕组；4—定子；5—轴承；6—偏心块；7—防护罩

（3）启动迅速，停车平稳，适用各种电气制动方式。

（4）激振力可无级调节，任意方向安装，既可单台使用，又可多机自同步组合。

（5）使用寿命长，耐振性强，全封闭结构，适用于各种粉尘较多的场合。

二、使用与维护

自同步惯性振动给煤机允许在满负荷全电压条件下直接启动和停机。为了停机稳定，快速通过共振区，允许制动停机，且适应各种电气制动方式，如能耗制动，反接制动等。使用与维护内容包括：

（1）检修后或新装的给煤机组装完工后应先检查给煤机周围是否有妨碍运转的障碍物，各部分的螺栓是否紧固，特别是振动电动机的固定螺栓应重点给予检查。

（2）检查两台振动电动机的转向，应使其转向相反，不能同向旋转，否则会产生平面振动，使出力下降。

（3）检查两台振动电动机每组偏心块的相位，要求相位一致。

（4）空载试运转时，检查给煤机运转是否平稳，并注意振动电动机轴承的温升情况，连续运转 4h 以后，轴承最高温度不超过 75℃。

（5）连续空载试运转 4h 后，对于各部分的连接螺栓应重新紧固一次，再运转 4h 后，再紧固一次。这样反复进行两次到三次。

（6）惯性振动器轴承的润滑是整台给煤机正常工作的关键。因此在使用中应定期对轴承加注二硫化钼 2 号润滑脂，一般每两个月应加一次润滑脂。高温季节每一个月加一次润滑脂。

三、常见故障及原因

（1）接通电源后不振动。原因有：①熔丝断了；②电源线断开或断相。

（2）启动后振幅小且横向摆动大。原因有：①两台惯性振动器中有一台不工作或单向运行；②两台振动器同向转动。

（3）惯性振动器温升过高。原因有：①轴承发热；②单相运行；③转子扫腔；④匝间短路。

（4）振动器一端发热。原因有：轴承磨损发热。

（5）机器噪声大。原因有：①振动器底座螺栓松动或断裂；②振动器内部零件松动；③槽体局部断裂；④减振器内部零件撞击。

（6）电流增大。原因有：①两台振动器中仅一台工作；②负载过大；③轴承咬死或缺油；④单相运行或匝间短路。

（7）空载试车正常加负载后振幅降很多。原因有：料仓口设计不当，使料槽承受料柱压力过大。

四、安装与调试要求

（1）按照安装图中的安装尺寸将吊钩固定好（吊式安装）或将底盘固定在基础的地脚螺栓上（座式安装）。

（2）将弹簧刚度相同（或相近）的弹簧置于吊钩或支承座上。

（3）将给煤机的槽体吊挂在四个吊挂弹簧上或使给煤机槽体垂直坐于支承弹簧上。

（4）安装好给煤机槽体以后，弹簧应垂直受压。

（5）给煤机一般水平安装，也可倾斜安装，如需要调整倾角时，可以调节吊挂钢丝绳长度或调整支承座的高度及调整支承座之间的距离，即可调整其倾角。

（6）给煤机的各个部件螺栓必须紧固，不得松动，给煤机的运动部分与周围的固定部分之间的最小间隙为50mm。

（7）通过调整振动电动机的每组偏心块之间的相位来调整振动电动机激振力的大小，从而可以调整给煤量。

第四节　激振式振动给煤机

激振式给煤机槽体下方的激振器由两个带偏心块和齿轮的平行轴相互啮合组成，激振器与电动机为挠性连接，有三角带式连接和对轮带式连接两种方式，与自同步惯性振动给煤机相比，电动机装在基础上不参振，极大地减少了电动机的故障率，其外形结构如图13-10所示，特点是运行可靠稳定，普通4极电动机驱动，转速低，噪声低，故障维修量极低。通过调整给煤机偏心块振幅、频率（加变频调速器）和槽体倾角，均可调出力。给煤机安装型式有四种支撑和悬吊方式，料槽可配置各种衬板。可配仓口闸门以控制不同煤种的自流现象。

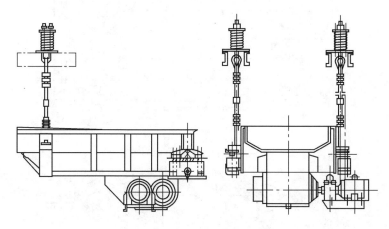

图 13 - 10　激振式给煤机外形图

激振器安装在给煤机槽体下方，其内部结构如图 13 - 11 所示，激振器是由两个相同大小的带偏心块和齿轮的平行轴相互啮合组成的，两齿轮齿数相等，运转速度相同，运转方向相反。两齿轮方轴安装啮合后，通过调整两个偏心块的相对角度，可决定激振器的振动方向和幅度（振幅为 0～8mm 可调）。两个偏心块平行安装相差 0°时，如图 13 - 12（a）所示，和自同步惯性振动给煤机两台振动电动机的同步机理相同，可以看出，由于两轴反向同步运转，两轴各转 0°和 180°时，振幅在水平面内左右振力方向相同，叠加后水平振幅最大；两轴各转 90°和 270°时，在垂直面内上下振力方向相反，叠加后垂直振幅最小（为 0），这就使得给煤机整体能以最大的振幅左右振动，使得下料量最大。如图 13 - 12（b）所示两个偏心块相差 180°安装时，偏心力在水平面内相互抵消，振幅最小（为 0），出力最小；在垂直面内上下振力方向相同，叠加后垂直振幅最大，这就使得给煤机整体以最大的振幅做垂直振动，使料斗中的煤只是上下跳动，而不能向前运动，从而使给煤机工作电流较大，而出力即很小。两个偏心块的相位相差 90°（或是 0°～180°之间的任意角度）时，读者可自行分析两偏心块同步振动示意图，这时水平方向和垂直方向振力分散，

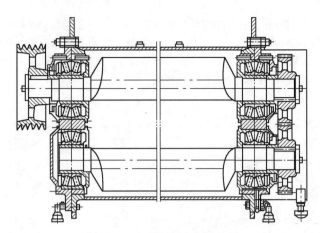

图 13 – 11　激振器内部结构图

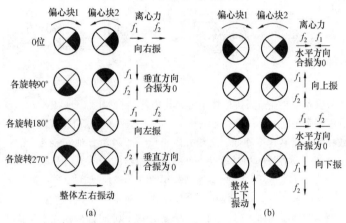

图 13 – 12　激振器两偏心块同步振动示意图

（a）相差 0°安装；（b）相差 180°安装

给煤机整体做离心运动，这就使设备达不到最大出力，也增加了工作负荷。所以安装这种机械式激振器时要特别注意，只要安装合适，因其振动频率低、电动机不参振，所以其工作效果要优越于其他型式的给煤机。

第五节　皮带给煤机

皮带给煤机的给煤依靠胶带与煤斗间煤的摩擦作用，将煤给到受煤设备上，故皮带给煤机的带速不宜过高，否则胶带与煤之间容易产生相对的滑动，以致不能给煤。所以皮带给煤机主要用于出力为 300t/h 以下的受煤斗的给煤。

皮带给煤机有运行平稳、无噪声、给煤连续均匀、头尾滚筒中心距小、给煤距离长、出力范围大、可以移动、维修方便等优点。皮带给煤机采用带式输送机的部件组装而成。

计量式胶带给煤机上安装有皮带秤，和普通皮带机上的工作原理完全相同，主要用于火电厂锅炉制粉系统中与磨煤机相配套的给煤设备，转速低，出力在 5～35t/h 可调，能连续、均匀地给煤，在运行中皮带秤能对煤进行准确的称量并根据设定值自动调节给煤量。称重和输送装置为一个组合件，可采用全密封，检修和更换胶带时从壳体内抽出。

双联皮带给煤机的布置如图 13-13 所示，使用中移动式皮带给煤机还需设行走车轮、轨道及检修迁出装置等。在皮带的上部料斗出口装有闸门，可控制给煤量的大小。工作带的断面有平形和槽形两种，一般采用平形断面。为了提高出力，在皮带给煤机的全部机长范围内加装固定的侧挡板，做成导煤槽的形式。

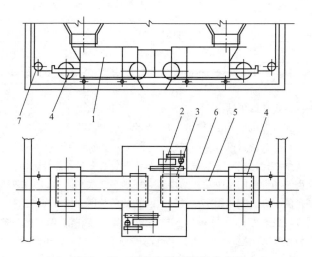

图 13-13　双联皮带给煤机的布置

1—导料槽；2—驱动装置；3—头部滚筒；4—尾部滚筒；
5—胶带；6—支架；7—检修迁出绳轮

第六节 环式给煤机

环式给煤机是现代火电厂圆筒储煤仓下部专用的大型给煤机，是配合筒仓储、混、配煤的高效设备。筒仓储煤方式既节省场地，又混配煤容易，污染减少。环式给煤机由犁煤车、给煤车、驱动定位装置、卸煤犁和电控系统组成。工作时，车体沿圆弧轨道行走，犁煤车将筒仓下部圆周缝隙中的煤均匀地拨落在煤车上，再由卸煤犁将煤按需要的数量和比例均匀地拨到皮带输送机上。环式给煤机实用技术参数如表13-2所示。

环式给煤机采用环式缝隙出煤，增加物料出口截面，改善筒仓蓬煤堵煤现象；采用变频控制系统，实现无级调速，能连续均匀地调整给煤量。环式给煤机有单环和双环两种型式，单环式适用于储煤量在20000t以下的筒仓，双环式适用于储煤量为30000t的超大型筒仓。现分别介绍如下：

表13-2   环式给煤机技术参数

指 标	参 数	指 标	参 数
实用筒仓直径	13m、15m、18m、22m、36m	犁煤车轨道直径	至 φ15000mm
生产率	0~1500t/h（可调）	犁煤车回转速度	0~0.37r/min
物料容积	0.85t/m³	调速方式	变频调速
物料粒度	≤300mm	传动方式	销齿或齿轮齿条传动

一、环式给煤机结构

单环式给煤机结构如图13-14所示，由犁煤车、给煤车、卸煤犁、定位轮、料斗、密封罩、驱动装置、电控系统和轨道组成。犁煤车车体为环形箱式梁结构，装有三个犁煤板，车体下装有车轮和靠轮，由三套驱动装置经齿轮和齿条同步驱动；给煤车有环形平台式车体；卸煤犁安装在给煤车平台的上方，犁体固定在长轴上，轴的两端由支座支撑，通过电动推杆提升或者放下犁体（另一种方式是卸煤犁安装在卸煤车上方横梁上，单侧卸料犁支架绕固定轴转动，由电动推杆牵引），每台单环给煤机配备二套卸煤犁。各套驱动装置采用交流变频调速装置控制犁煤车和给煤车在轨道上做周向运动，可实现给煤能力的无级调节。犁煤车和卸煤车运行速度不同，方向相反，当犁煤车运转时，位于筒仓底部的犁煤爪把煤从筒仓环式缝隙中犁下，落到运行的卸煤车上，卸煤器再把煤犁到落煤斗中，直到下层皮带机上。两台（或四台）卸料器分别与下层皮带运输机相对应，并可切换。

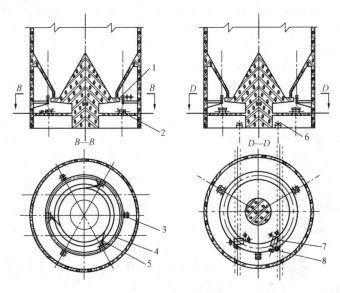

图 13-14　单环式给煤机

1—筒仓承煤台；2—环形平台式车体；3—驱动装置；4—环梁形车体；
5—犁煤板；6—带式输送机；7—卸煤犁；8—落煤斗

单环式给煤机在犁煤车环梁形车体上安装有 3 个犁煤板，犁煤板伸入筒仓承煤台上面的环形缝隙中，环梁和犁煤板间的夹角可以按需要进行调节。犁煤车的车轮沿环形轨道作圆周运动，靠轮限制车体水平方向的摆动，犁煤车的三套驱动装置 3 之间的夹角为 120°（双环式的外环，六套驱动装置夹角 60°），均匀布置。减速机输出轴上固定直齿轮，与车体上的环形直齿条啮合，电动机经减速机、直齿轮和齿条驱动犁煤车沿轨道转动。伸入环形缝隙中的犁煤板将煤犁到给煤车的环形平台式车体上，平台车体下面安装的车轮沿两条同心环形轨道作圆周运动，靠轮防止车体水平移动。同犁煤车一样，给煤车的三套（双环式的外环是六套）驱动装置也均匀布置，同步驱动车体转动。卸煤犁斜跨在给煤车平台上方，两个支座分别处于车体平台的内外侧。当电动推杆使卸煤犁下降到给煤车平台上时，可将煤全部刮到车旁的落煤斗内，由斗下的带式输送机运走。两套卸煤犁的安装位置，分别与两条带式输送机相对应，配套运行。处于备用状态的带式输送机，相应的卸煤犁提起，与给煤车平台脱离，不刮煤。

双环式给煤机由尺寸较小的内环和尺寸较大的外环构成，内环的组成和上述单环式给煤机相同，外环犁煤车和给煤车各配六套驱动装置，即一台双环给煤机，内外环驱动装置共 18 套。外环给煤车驱动装置布置在车体内侧，其他驱动装置均在车体外侧。

二、环式给煤机配套筒仓储煤的优点

（1）安装环式给煤机的筒仓下部卸料口为环形缝隙，卸料口面积大，卸料口面积愈大，卸料条件愈好。

（2）环式给煤机沿环缝四周卸煤，使筒仓内形成平稳、均匀、连续的整体流动，流料通畅，没有死角，不能形成拱脚，不会出现堵塞。

（3）环式给煤机从筒仓内卸煤时，可实现先进先出，按水平层次逐层排出，既有利于防止存煤自燃，又能使卸出的煤流颗粒组成保持原样，有利于带式输送机安全运行。

（4）采用交流变频调速装置无级调节给煤能力，给煤车跟踪犁煤车，以一定的比例改变回转速度，使输出煤流连续均匀，保证带式输送机正常运行。

（5）几个筒仓联用，利用环式给煤机配煤、混煤燃烧，配比可达到相当高的准确度。

三、环式给煤机的运行

环式给煤机作为筒仓的输出设备，通常都加入运煤系统联锁。启动时，先启动带式输送机及有关设备，后启动给煤车，再启动犁煤车。正常运行时，给煤车跟踪犁煤车的转速，自动保持两者转速比为设定值。双环式给煤机启动和单环式相同，启动外环时应投入调频装置，使给煤车（或犁煤车）降低速度启动，然后逐渐升至额定速度。停车时和启动顺序相反，先停犁煤车，待给煤车台面上的煤全部卸净后，再停给煤车，最后停带式输送机。

两套卸煤犁的切换，卸煤犁的升降应和带式输送机相对应，配套运行，当 A 路输送机运行时，A 路卸煤犁降下，B 路犁升起。当 B 路输送机运行时，B 路犁降下，A 路犁升起。切换时应在给煤车停止时进行。

环式给煤机通常处于运煤系统流程的始点当后面的任何设备意外停车时，都会引起环式给煤机联锁停机，但是，不会影响设备的重新启动。

犁煤车和给煤车的交流变频调速控制装置可调整电动机电源的工作频率，实现给煤能力的无级调节。调节范围较广，工作频率为 10 ~ 60Hz，可以经常进行调节。筒仓承煤台上的环形缝隙，设计安装有调节圈，改变调节圈的高度使环形缝隙的高度随之改变，借以调节给煤能力。这种方式适合经常不变相对固定的调节。

提示　本章介绍了给煤设备的种类、组成和运行技术要求，其中第一至三节中的前半部分各适合于输煤值班员的初级工掌握，后半部分各适合于输煤值班员的中级工掌握；第四至六节适合于输煤值班员的高级工掌握。

第十四章

落煤装置

第一节 落煤斗

随着生产维护与环境的需要，皮带机头部煤斗也应该满足一定的防磨与密封要求，皮带机头部煤斗及导流耐磨装置的结构如图 14 - 1 所示，附属部件包括喷头、挡帘、检查门和头部篦形导流挡板等。其中篦形导流挡板是栅篦结构，与煤流呈接近垂直的角度，篦格内经常积存一定的余煤，运行中使源源不断的后续煤流形成煤打煤的状况，有效避免了煤流对煤斗壁的磨损，减少了检修维护量。如果头部安装除铁器，护罩就不能再装了，落差高、粉尘大时，可在落煤管倾斜段加一吊皮挡尘帘加以密封。早期的皮带机头部煤斗的正面冲击板为一块垂直立板，与煤流呈接近相切的角度，使煤流与立板的相对速度较大，造成此处护板磨损加快，所以使用中应注意改进。

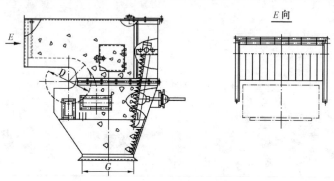

E 向

图 14 - 1　皮带机头部煤斗导流耐磨装置

皮带机尾部落煤管的结构应保证落煤与胶带运行方向的一致并均匀地导入胶带，从而防止胶带跑偏和由于煤块冲击而引起的胶带损坏。落煤管的外形尺寸和角度，应有利于各种煤的顺利通过。一般落煤管倾斜角（落煤管中心线与水平线的夹角）应不小于55°。落煤管应具有足够大的通流面积，以保证煤的畅通，同时，应使煤流沿皮带运动方向形成一定的初速度便于出料，减少了皮带胶面的磨损和纵向撕裂的可能。为了延长落煤管的使用寿命，落煤管工作面用厚钢板制成，或另衬锰钢板、铸铁板、橡胶或陶瓷等耐磨材料。

斜度角小于55°的落煤管，都应安装堵煤振动器，落煤管的堵煤信号可由上下皮带上的煤流信号组成，当发生堵煤时，振动器振打10s，若消堵不成功可继续振打直到疏通为止。在落煤管上安装堵煤信号时，应有防震防磨装置。

第二节　煤料分流装置

根据现场实际情况，皮带输煤系统转运站的切换方案有三通挡板、收缩头、犁煤器跨越式卸料、小皮带正反转切换、振动给煤机切换、料管转盘切换等多种，现主要介绍几种常用结构。

一、普通三通挡板

普通三通挡板结构图如图14-2所示。三通料管内由一块挡板来切换煤流的方向，这种三通结构简单，但容易被卡，使用维护时应注意以下几点：

（1）三通挡板运行中推杆和转轴必须垂直，不得有歪斜现象，否则应及时处理。

（2）对挡板转轴部位每月加油一次，保证其转动灵活。

三通挡板启动切换前的检查内容有：

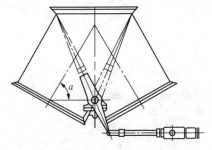

图14-2　普通三通挡板结构图

（1）挡板无卡涩，各部分连接螺栓无松脱，挡板手动活动灵活。

（2）必须明确上下部设备运行方式及挡板要切换到的位置。限位开关安全可靠，挡板角度应在行程开关动作位置。

（3）电动推杆无严重变形，防护罩完好清洁，限位开关完整无损。

（4）操作人员看不见电动推杆位置时，应有一人监护，以避免挡板不到位或卡涩，对手动挡板，不要用力过猛，以防伤人。

（5）切换完毕，应认真检查，确认挡板是否确实到位，不留缝隙。

二、船式防卡三通的结构特点

船式防卡三通的结构如图14-3所示，以船式溜槽结构代替了普通挡板的单一翻板结构，在原翻板两端面增加两块扇形立板形成溜槽结构，物料从两扇形中间槽体内通过。船式溜槽是通过固定在其两侧板上的短轴支撑并自由翻转切换煤流方向的。三通侧板与壳体两侧设计有 20mm 的间隙，避免了原三通挡板两侧与壳体间被煤块卡死的现象。这种三通无死点，转动灵活，到位可靠。切换方式可根据需要通过短轴一侧所装的曲柄使用电动推杆或手动两种方式进行。外壳采用 8 ~ 10mm 厚的 A3 板制造，船式溜槽采用 16 ~ 30mm 厚的 16Mn 板制造。溜槽内单面磨耗，工作面可衬上 28CrMnSi 的耐磨板，或可进行耐磨陶瓷贴面处理以进一步延长其使用寿命。

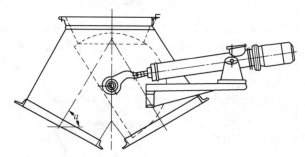

图 14 - 3　船式防卡三通

船式防卡三通空载切换力矩小于 350N·m，翻转角度 120°，活动导煤板加大，加上有活动侧板，减少了三通体的磨损，设备维护，维修工作量减少，这种三通不适于带负荷切换，否则可能会造成堵煤。

三、摆动内套管输料三通

摆动内套管输料三通的结构如图 14 - 4 所示，利用三通内一个左右摆动的双曲线形或料斗形内套管来改变物料流向，其内部结构均为耐磨材

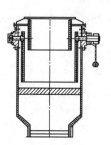

图 14 - 4　摆动内套管输料三通

料，且摆动内套与物料的接触面可做成双曲面形状，因此使内套壁对物料的摩擦面积和阻力减小，使得物料在输料三通内的堵塞几率降低，保证物料顺畅通过。摆动内套摆动角度小，动力源可采用电动或液压推杆，可轻松实现带负荷换换运行方式，不发生卡堵现象。通过安装在输料三通上的两个限位开关来控制内套的转动位置。

摆动内套管输料三通分流器主要特点是：

（1）采用导向溜槽结构，操作简便。

（2）导向槽在导向轨架控制下摆动灵活，定位后平稳，不变形。

（3）落煤进入如"漏斗"状的导向轨架，直接进入导向溜槽内排出，运行无卡死现象，确保物料分流顺畅，系统正常运行。

（4）导向槽凹面结构采用坚硬耐磨滑面材料制作，经久耐用，使用寿命长。

（5）安装比较方便，维修工作量少，安全可靠，效果显著。

四、皮带机伸缩头结构与特点

皮带机伸缩头主要用于运煤方向垂直交叉的转运站，作为给下一级甲、乙胶带机交叉换位上煤之用。通过皮带机头的伸缩，来完成对下一级甲路或乙路皮带机的对位。

皮带机伸缩头主要由固定机架、伸缩头车架、走行轮、车架、走行驱动装置、胶带机头轮、导向流筒、头部护罩、落煤门、导流挡板和清扫器所组成，车架上装有头部滚筒、改向滚筒、头部护罩、落煤门、托辊，由驱动装置带动，沿轨道移动，运行交叉换位，达到系统交叉的目的。

伸缩头具有以下特点：

（1）采用高支架式布置，两位置交叉，即伸缩头被高支架支撑来交叉换位，两者布置在同一个空间。

（2）伸缩头由驱动装置通过齿轮传动进行系统换位，托辊采用穿梭式。亦可采用折叠式。

（3）伸缩头进行系统交叉换位的优点是使转运站的容积大大减小，可节省建筑费用。降低煤流落差，减少粉尘对环境的污染和物料对胶带机的冲击，从而改善了运行条件，延长胶带机使用寿命。

五、犁煤器跨越式转运站

犁煤器跨越式转运站的布局也主要用于运煤方向垂直交叉的转运站，其布局结构如图 14-5 所示，上一级甲、乙（7 号甲、乙皮带机）的运行方向和下一级甲、乙（8 号甲、乙皮带机）的运行方向垂直，上级两条皮带的机头都跨越下级的一条皮带（内侧皮带）后，布置的另一条皮带

（外侧皮带）的正上方，在内侧皮带正上方的上级皮带上安装一套犁煤器及落煤斗部件，给外侧皮带供煤时犁煤器抬起，给内侧皮带供煤时犁煤器落下，完成给下一级甲、乙皮带机交叉上煤的任务。这种结构比伸缩皮带机头的方案要简单，而且一样减小了落差，节省了土建筑费。上级皮带头部应有一定长度的水平输送段为最好。

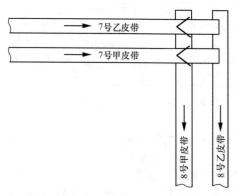

图 14 - 5　犁煤器跨越式转运站

　　小皮带正反转切换、振动给煤机切换、料管转盘切换等这些方案在部分电厂根据现场的具体情况都有应用，但由于其结构较复杂或驱动部分的工作量和维护量都较大，所以适用性较低。

第三节　缓冲锁气器

　　缓冲锁气器（又称散料稳流锁气装置）多安装在转运站落煤管出口处（输煤槽上部或中部），使高速下落的煤流在锁气板面上进行缓冲后减速下落到下一级皮带机上，缓冲了煤流对下段皮带的冲击力，防止由于大碳块、木块、铁块、石块等杂物造成皮带撕裂和托辊损坏；可将煤流居中，防止胶带跑偏；并利用煤流堆高聚在授料板自封闭的效果使活动缓冲锁气板将落煤管上下气流分开，达到让物料畅通无堵，而诱导鼓风基本被阻的目的，从而达到自动对中缓冲锁气器的缓冲、锁气和自动对中心导流这三种功能。无料时靠重锤杆自关落煤管防止其他落煤管上料时引起的粉尘外溢污染。采用缓冲锁气器后，含尘空气流量大大减少，因此只需配置单级小容量高效除尘器，就能达到良好效果。

　　缓冲锁气器有单板和双板结构两种。单板锁气器的锁气是一块整板，用于直通落煤管和配煤间下煤斗等处；对称双板锁气器用于交叉落煤管，能有效调整落煤点居中。

根据落煤管走向的不同，双板缓冲锁气器型式较多，常用的双板缓冲锁气器结构如图 14-6 所示。缓冲授料板最下层是坚实的钢板，第二层为橡胶材料，具有吸收高冲击特性，第三层为耐磨陶瓷材料，具有摩擦阻力小，坚固耐用的特性。授料板的自振力破坏了引起物料堆积的内外摩擦力，使物料在高强度耐磨衬滑板上稳定均匀流动，能有效避免物料发生堵塞。双板缓冲锁气器和自对中齿轮缓冲器更能使煤流居中，减少了下级皮带的跑偏现象。

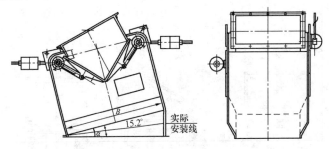

图 14-6　双板缓冲锁气器

落差超过 6m 的落煤管一般应安装缓冲锁气板，这样对煤流有明显的减速效果和隔风效果。通过缓冲后下段胶带上的料流均匀，减少了落煤点缓冲弹簧托辊的损坏量；大大减少了诱导风量上翻，减小除尘器的出力，缓冲锁气器使尾部输煤槽密封良好，用 2000～4000m³/h 风量的除尘器即能达到原装 10000m³/h 的效果。可用于输送粘料、湿料、大块料，可承受 80kg 重物从 12m 高自由下落的长期冲击。

采用合适有效的缓冲锁气器并与除尘喷水综合投运，能很好地解决转运站落煤处撒煤、堵煤、漏粉、跑偏、撕裂皮带等问题，并对落煤点的缓冲托辊也有很好的保护缓解作用。只要维护润滑及时到位，就能有效发挥其良好的综合性能，能有效地控制高速落煤对设备的冲击磨损和对环境的恶劣影响。

缓冲锁气器作用有：

（1）保护胶带，减少磨损，避免撕裂。

（2）保护缓冲托辊，延长寿命。

（3）减少输煤槽，落煤管冲击点的磨损。

（4）重新分布物料，使料管落煤居中均匀、可用于输送粘料，防止料管粘堵及胶带跑偏撒煤。

(5) 能减少输煤槽内诱导鼓风，使除尘风量减少到原来的 1/3 以下，配置小容量除尘器即可。

(6) 由于缓冲器来回活动，输送粘煤、湿煤，不易堵。

自对中齿轮缓冲器结构如图 14 - 7 所示，是利用杠杆原理，在重锤的作用下，通过二对齿轮传动使两页不锈钢缓冲门同步开或关，克服了单门或固定式缓冲器经常卡死和原煤流动不畅的缺陷，使在落煤管中下落的高速物料，经缓冲锁气挡板而减速，然后利用物料堆积重量将封闭的缓冲挡板打开，使物料顺利的通过，促使物料流引起的诱导鼓风量基本被阻，从而起到锁气的目的。在有效减小下落原煤冲力的同时，保证落煤点始终处于输送胶带的中心，可消除输送胶带因落煤冲力过大和落煤点不居中而导致的输送皮带跑偏现象，因此又被称为自动导流缓冲锁气器。

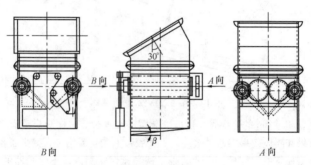

B向   A向

图 14 - 7　自对中缓冲锁气器（Ⅰ型）

对于落差不高或不宜安装锁气器的落煤管，为使物料聚中，其出口可以做成顺皮带方向为长方形的出口，可有效改善因落料点不止引起的皮带跑偏问题。

由于输煤现场潮湿，缓冲锁气器如果维护不好，转轴生锈，将失去正常的工作效能，所以缓冲锁气器的维护与使用要求如下：①定期检查衬板磨损情况，及时更换；②长期停用的缓冲锁气器重新使用时要全面检查，转动是否灵活；③转轴要定期加润滑脂；④适当调整重锤块在水平中间杆位置，来控制下料缓锁气性能。

第四节　输　煤　槽

输煤槽（又称导料槽）安装在皮带机尾部落料点，其作用是使落煤管中落下的煤不致撒落，并能使煤迅速地在胶带中心上堆积成稳定的形状，因此输煤槽要有足够的高度和断面，并能便于组装和拆卸。输煤槽安装时应与皮带机中心吻合，且平行，两侧匀称，密封胶板与皮带接触不漏。

输煤槽有前段、中段、后段三种。前段配有防尘帘，后段配有后挡板和尾部清煤口，中段既无防尘帘也无后挡板，可根据需要进行组合。输煤槽的横断面有矩形口输煤槽和弓形输煤槽两种，其中弓形输煤槽是较为新式合理的结构，比原有的矩形口输煤槽容积扩大，降低了风压，而且弓形顶部不易存积煤粉和水，有利于现场冲洗，也避免了顶盖生锈的问题。

导料橡胶板的固定采用万能锁紧器，可以方便地拆装橡胶板，调整橡胶板的压紧程度以及橡胶板磨损后的移位等。为保证使用的可靠性，锁紧器部分材料采用不锈钢制造。

输煤槽前段采用三道防尘挡帘（橡胶板），有效地防止粉尘外溢，保护了环境。

改进后的密闭防偏输煤槽的结构如图 14 - 8 所示，密闭防偏输煤槽是配合 DTⅡ型固定式带式输送机的结构尺寸设计的，避免了常规输煤槽的许多不足，其主要的功能和特点如下：

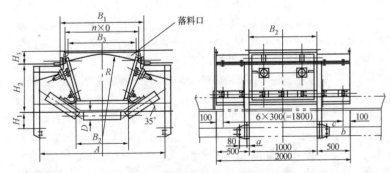

图 14 - 8　迷宫式专用挡煤皮结构图

（1）在落煤点处加装有可调导流挡板，可防止因落煤不正导致的胶带跑偏。

（2）采用特制的迷宫式挡煤皮密封胶带条（如图 14 - 9 所示），胶带条呈外"八"字安装，不存在因输煤槽皮子跑出后漏煤的麻烦。配合该种固定方式可增强输煤槽的密封性，以防止输煤槽内带有粉尘的气流外溢。

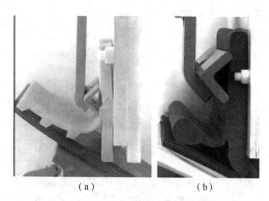

（a）   （b）

图 14 - 9　迷宫式挡煤皮密封胶带条

（3）输煤槽的上盖板制成弧形，便于积尘后水冲洗。

（4）输煤槽前段配有喷雾装置，以降低槽内气流的粉尘含量及外溢。

（5）在落煤点处，装有防止胶带纵向撕裂的保护开关，而且是双重设置，因此对特大块煤矸石和长硬杆件撕裂胶带有着保护胶带的作用。

（6）为减轻料流下落的冲刷磨损，可调导流挡板面上贴有耐磨陶瓷衬板，槽体下沿易磨部位也衬贴有耐磨陶瓷衬板。

迷宫式挡煤皮是皮带输送机尾部输煤槽主要的密封装置。普通挡煤皮采用厚度 10mm 左右，宽度 18～30cm 的普通输送带作挡煤皮。普通挡煤皮用压条固定在槽体两侧向输煤槽内部弯曲包入，缺点是运行阻力大，易磨损皮带，更换不方便。皮带跑偏时挡煤皮易跑出而且回装困难。当挡煤皮过宽时，会使得输煤槽的通流面积减小，容易造成堵煤，而当挡煤皮过窄时，又会出现挡不住物料的现象；普通挡煤皮与胶带工作面满接触，长期的摩擦作用，大大的降低了胶带的使用寿命。又因普通输送带利用尼龙、帆布等带芯，加之挡煤皮所需宽度不大，故折弯性能不好，与皮带机工作面贴合不紧，使得输煤槽的密封性较差，皮带运行中容易出现漏煤、漏粉现象。

边缘带有迷宫结构的专用挡煤皮，压条装置与普通输煤槽一样，可由锲铁或顶丝固定（顶丝牢固，但拆装不便）。迷宫式密封挡煤皮由固定段、弯曲段、封尘段、迷宫段等几部分组成，用特制型橡胶板两层密封。迷宫段从弯曲段开始向外弯曲并与输送胶带的工作面呈外"八"字迷宫槽线接触贴合，自封性能强，不会因为磨损或皮带擅动而影响密封，煤流不磨损挡煤皮，延长了使用寿命，对输煤槽的通流面积没有任何影响，对胶带的使用寿命基本没有影响，不存在跑出输煤槽后撒煤磨损的麻烦；封尘段自由悬挂在迷宫段与输煤槽挡板之间，磨损量小。当输煤槽受到物料冲击时，大块物料被封尘段挡住，少量的粉尘在到达迷宫段时被多道迷宫槽挡住，并随着胶带的运动回流到胶带中部，无论是大块物料或细小的粉尘不能撒落到输煤槽之外。挡煤皮分带封尘段和不带封尘段两种，对于粉尘量不大的场合，可以直接选用不带封尘段的挡煤皮。对于物料粒度较大，水分较小的物料应选用带封尘段的挡煤皮。

迷宫式挡煤皮对减低粉尘污染、提高胶带的使用寿命以及减轻工人的劳动强度均起到了较好的作用。

第五节　3－DEM 转运点除尘技术

转运点除尘技术影响物料输送的效率、胶带等设备的寿命、站点作业环境、系统运行的安全以及系统的运行成本，3－DEM 转运点技术通过优化落煤管设计、降低速度减少冲击消除粉尘和物料溢出，保证良好的受料点，延长输煤系统各部件的使用寿命，保障系统出力和减少系统维护，提高胶带的输送效率。

3－DEM 转运点除尘装置包括：头部漏斗集流导流装置、流线型溜槽，用于集流和抑制诱导风产生的集流阻尼装置，用于落料点平衡支撑的缓冲床，用于提高密封等级的组合式模块化全密封（或双密封）导料槽，用于确保胶带对中运行的追踪纠偏托辊。通过系统的优化解决转运点目前存在的粉尘大、堵料严重、胶带跑偏以及杂物处理难等问题，系统的设计确保物料转运高效顺畅、转运站点的清洁和提高系统的安全。3－DEM 转运点除尘技术中包含了粉尘的在线检测和控制系统，实现粉尘检测同粉尘抑制联动控制，从根本上优化站点环境，提高电站燃料输送安全经济运行水平。该系统具有以下特点：

（1）抑尘。3－DEM 转运点除尘的关键是首先运用"分散物料集流技术"对落煤管进行设计，通过物料的汇集，在一定程度上延缓物料下落的速度，通过减少物料和设备间的冲击从源头上减少粉尘的产生，通过设计阻尼系统减少诱导风的产生，通过提高导料槽的密封特性并在导料槽中通过设置无动力除尘单元，保证在导料槽出口诱导风速降低到 2.5m/s 以下时，出口的粉尘就非常的少了，从而达到"标本兼治"。

（2）防堵。在胶带机头部漏斗处，结合不同的带速、胶带倾角和头部滚筒的大小设计头部集流导流装置，保证物料以近似抛物线的形式汇集下落，减小冲击，避免物料发生堆积堵塞，在头部集流导流下部设计弹簧减震共振装置，从根本上消除头部漏斗堵煤，保证电动三通正常切换。采用流线型设计的落煤管，改变传统刚性振动为柔性振动，落煤管上下采用柔性连接和弹簧悬挂系统，振动时通过限位弹簧实现共振提高振动效率。振动控制系统结合不同的煤种通过 PLC 设定振动时间和振动间隔，实现自动定时振动，防止积煤现象发生，从根本上杜绝堵煤现象。

（3）防跑偏。对胶带跑偏的治理，3 – DEM 转运点除尘技术的指导思想是首先保证回程胶带不跑偏，通过设计安装纠偏装置保证胶带在尾部滚筒后处于很正的位置，然后通过落料点的设计，保证胶带不发生偏载跑偏，适当辅助安装槽型纠偏装置来系统解决。

提示 本章主要介绍了皮带系统落煤装置的种类、组成和运行技术要求，其中第一至四节中的前半部分各适合于输煤值班员的中级工掌握，第一和三节的后半部分各适合于输煤值班员的高级工掌握，第二和四节的后半部分各适合于输煤值班员的技师掌握。

第十五章

碎 煤 设 备

从煤矿来的原煤粒度大多不符合锅炉制粉系统的要求，其破碎质量对于制粉设备运行的可靠性有很大的影响。破碎后的原煤粒度过大会降低磨煤机的生产率，增加制粉电耗，加剧磨煤机的磨损。因此，必须先将原煤破碎成25mm以下的粒度后再送入原煤仓，这个将大块原煤破碎成合格用煤的任务，就由碎煤机械来完成。原煤破碎过程就是用机械力克服或破坏物料内部的结合力，变大块为小块的分解过程。

筛碎部分的系统布置形式有多种，主要结构形式如图15－1、图15－2、图15－3和图15－4所示。

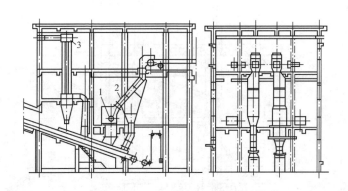

图15－1　布置室布置图（一）

1—碎煤机；2—固定筛；3—除尘设施

常用的碎煤机械有环锤式破碎机、锤击式破碎机、反击式破碎机、颚式破碎机和辊式破碎机等几种，下面分别介绍常用的几种。

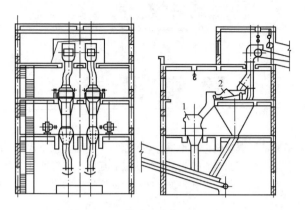

图 15 - 2   筛碎设备布置图 (二)

1—碎煤机；2—共振筛

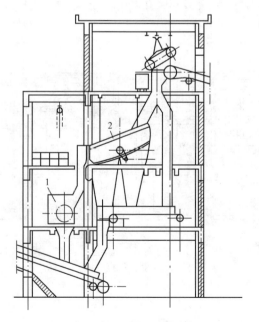

图 15 - 3   筛碎设备布置图 (三)

1—碎煤机；2—单轴振动筛

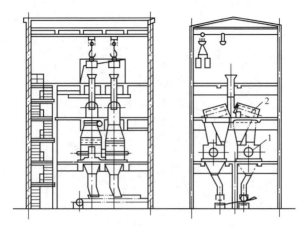

图 15 - 4　筛碎设备布置图（四）
1—锤击式碎煤机；2—滚筒筛

第一节　环锤式碎煤机

一、环锤式碎煤机的结构原理和种类

环锤式碎煤机是锤式破碎机的变形，普通环锤式碎煤机结构如图 15 - 5 所示，主要由机体、机盖、转子、筛板和筛板调节器及液压启盖装置等组成。碎煤机的机体由中等强度的钢板焊接而成，其上部是进料口，并装有拨料器（也称分流板）和检修门，在机体的下部是落煤斗；机体的左右两侧分别安装主轴承支座及座板，其前部空间为除铁室，用于集散铁块和其他杂物；在除铁室上顶侧安装有反射板；机体的前部为除铁门与机体端面密封结合。另外在整个机体的内壁装有不同形状的衬板，衬板由 Mn13 耐磨材料制成，起保护机壳和反击破碎等作用。在机体的进料侧装有破碎板（反击板），主要起破碎作用，其也由 Mn13 材料制成；筛板调节机构固定在机体的后部，和筛板支架、筛板及破碎板连成一体。

转子是机体内部的核心部件，转子装置由主轴、平键、圆盘、摇臂、隔套、环轴、锤环及轴承支座等部件组成。转子的两摇臂呈十字交叉排列，中间用隔套分开，两端摇臂与圆盘也由隔套分开，并通过平键与主轴相配合。锤环、隔套与转子经良好的静平衡后，通过环轴把锤环串装在摇臂和圆盘中间，并将环轴由限位挡限位。为防止主轴上各部件的松动，在

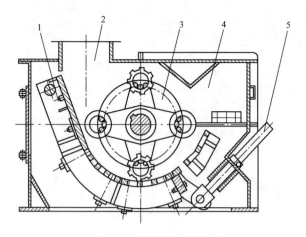

图 15 – 5　环锤式碎煤机

1—筛板架；2—机体部件；3—转子部件；
4—机盖部件；5—筛板调节装置

轴的两端用锁紧螺母紧固。

当煤进入碎机后，环锤式碎煤机利用高速回转的转子环锤冲击煤块，使煤在环锤与碎煤板、筛板之间，煤与煤之间，产生冲击力、劈力、剪切力、挤压力、滚碾力，这些力大于或超过煤的抗冲击载荷以及抗压、抗拉强度极限时，煤就会沿其裂隙或脆弱部分破碎。第一段是通过筛板架上部的碎煤板与环锤施加冲击力，破碎大块煤。第二段是小块煤在转子回转和环锤自转不断的运转下，继续在筛板弧面上破碎，并进一步完成滚碾，剪切和研磨的作用，使之达到破碎粒度，从筛板栅孔中落下排出。部分破碎不了的坚硬的杂物被抛甩到除铁室内。环锤式碎煤机的环锤与筛板的间隙一般为 20 ~ 25mm。

环锤式碎煤机分前后两盖，开盖机构由液压油缸来完成。

环锤式碎煤机的工作特点是：

（1）利用高速回转的环锤冲击煤块进行破碎的，与其他破碎机相比结构简单紧凑、破碎效率高、维护量小、能够自行排除一部分杂物及铁件、噪声小。

（2）装有风量控制板，使入料口呈微负压，出料口可成微正压，能形成机内循环风、鼓风量小、粉尘小。

（3）除铁室采用格栅式结构，不易堵煤，积铁效果好。每班要人工

第二篇　输煤值班员

及时清理。

（4）设备适应性强，可破碎各种原煤，对含水量超过 8% 的原煤或洗中煤，要降负荷运行，或注意改进排料斗的结构，以防堵塞。

（5）机盖液压开启，操作安全，检修方便。

（6）装有同调机构，能调整筛板支架与转子的相对位置，满足不同出煤粒径的要求。

根据破碎对象的不同，环锤式碎煤机又分为轻型环锤式碎煤机（HSQ系列）和重型环锤式碎煤机（HSZ 系列）两种，轻型环锤式碎煤机用于破碎入料粒度不大于 250mm、含杂物较少的煤和石膏等。重型环锤式碎煤机用于破碎入料粒度不大于 350mm、含杂物较多的原煤和中等硬度矿石等。

环锤式碎煤机的额定出力测定条件是指在进料粒度大于 30mm 的占90% 以上、表面水分小于 10%、密度为 $0.8 \sim 1.0t/m^3$、抗压强度小于 12MPa 的煤，且合格粒度不少于 95% 时的工况条件。

碎煤机的生产能力是指破碎褐煤时，入料中 400mm 的块煤占 10%，出料中粒度不大于 25mm 的煤占 85% ~90% 的条件下的设计值。出料粒度可随时适当地调整。

常用 800 ~1000t/h 的 KRC 系列环锤式碎煤机用以破碎煤等中等硬度脆性物料，一个环锤一般为 50 ~70kg，全机四排环锤，两排齿环锤、两排圆环锤对称布置，每排 8 ~9 个，可实现物料的粗碎，物料自上而下流动，连续破碎。铁、木等杂物被环锤拨入除铁室内，定期清除。壳体双侧液压开启，监控仪配套能数字显示主轴振动值及轴承温度值。KRC12 × 21 型环锤式碎煤机主要技术参数举例如表 15 – 1 所示。

表 15 – 1　　KRC12 × 21 型环锤式碎煤机主要技术参数

| 型号 | 出力 (t/h) | 转　子 | | 电　动　机 | | | | | 机器质量 (kg) |
		直径 (mm)	长度 (mm)	型号	功率 (kW)	转速 (r/min)	电压 (V)	质量 (kg)	
KRC12 × 21	800	1200	2100	Y450 – 8	450	740	6000	4700	24800

根据破碎要求的不同，环锤式碎煤机又分为环锤式粗碎机（HS 系列的普通碎煤机）和环锤式细碎机（HXS系列）：入料粒度不大于 100mm，出料粒度不大于 10mm 为细碎机，结构与 HS 系列的基本一样，只是筛板间隙更小。

碎煤机旁路落煤管作用是当原煤允许不经过破碎而进入原煤仓的,可通过旁路直接进入原煤仓。碎煤机故障时旁路可应急上煤。

HSP 系列环锤式碎煤机是将碎煤机与输煤系统的旁路装置设计成一个整体,如图 15 - 6 所示。使输煤系统布局合理,节省基建投资。正常运行时,煤经过碎煤机破碎后落入下方料斗,碎煤机因故停机时,煤通过旁路装置落入下方料斗,保证输煤系统正常运行。

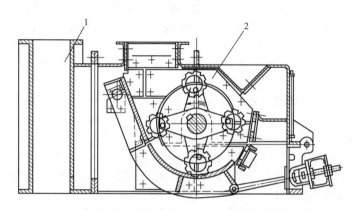

图 15 - 6　HSP 系列环锤式碎煤机
1—旁路装置;2—环锤式碎煤机

亦可在碎煤机上方安装筛煤机,正常运行时,筛下的小块煤直接通过旁路装置落入下方料斗;筛上的大块煤送入碎煤机破碎,提高破碎效率和使用寿命。设备因故停机时,将筛机移开或切换挡板,煤通过旁路装置落入下方料斗。

旁路装置为竖直空腔,煤由下端出料口落下。现场碎煤机改造时旁路装置为斜型空腔,煤通过碎煤机出料口落入料斗。

二、环锤式碎煤机的运行与维护

碎煤机运行状态监控仪主要监测轴承的振动和温度,轴承的水平和垂直振动不得超过 0.15mm,温度不得超过 90℃,超限异常时能自动报警或自动停机。

1. 环式碎煤机在启动前的检查内容

(1) 检查电动机地角螺栓、机体底座、轴承座、护板紧固螺栓以及联轴器柱销不能有松动和脱落;安全护罩扣盖应完好。

(2) 清理机体内的杂物和粘煤,禁止杂物与积煤搅入转子内,以防启动时转子卡住。

（3）检查环锤、护板、大小筛板的磨损程度，当环锤磨损过大，效率变低时，应更换环锤。

（4）大小筛板和碎煤板磨损到20mm时（成品厚度一般是50mm），必须更换。

（5）排料口四周不得粘煤过多以免影响正常出力；环锤的旋转轨迹与筛板之间的间隙应符合要求，一般为20～25mm，传动部分要保持良好的密封和润滑。

（6）检查完毕后，将所有检查门关好，并上好紧固销子锁定插牢。

（7）大修后启动前，要盘车2～3转，观察内部有无卡涩现象。

（8）每班应至少清理一次除铁室。煤质不好时每上完一趟煤清理一次。

2. 环式碎煤机运行中的检查内容与标准

（1）运行中经常监视电流变化不许超过额定电流。

（2）通过碎煤机的煤量不得超过设计出力，如煤中水分大，给煤量应适当减小。

（3）经常注意碎煤机内应无异常撞击声和摩擦声，如有应立即查明原因，并迅速汇报处理。如撞击声和摩擦声大，应立即停机处理。

（4）运行中检查门，人孔门插销不得松动和脱落，更不能打开检查门。

（5）碎煤机在任何情况下不得带负荷启动。

（6）运行中不得调整筛板，不得攀登或站在碎煤机上，须经常注意轴承温度，不得超过90℃。

（7）检查机体底座、轴承座及护板的紧固螺栓不能有松动和脱落。

3. 碎煤机的工作要求

不允许超过设计出力，煤量过大或不均匀时，容易堵塞碎煤机。严禁带负荷启动，否则烧毁电气动力设备。不允许有三大块进入，一般入料要求不得有400mm×400mm以上的大石块、大冻块和大泥块，不得有400mm以上的长木材和2kg以上的大铁块进入。煤的湿度不能太大，运输水分在8%以上的湿煤时，运行负荷应降到额定出力的60%以下。

4. 碎煤机堵煤时进行清理的注意事项

运行人员进入碎煤机捅煤，必须切断电源，挂好标示牌（禁止合闸，有人工作），并采取防止转子转动的措施，工作时应戴好安全帽，在一人监护下进行，捅上部积煤应先由上部检查孔向下捅，不允许进入机内向上捅，以防砸伤。清完煤后用链钳盘动转子几圈，方可送电试转。

三、环式碎煤机常见故障与原因

（1）机内产生连续敲击声的原因有：①不易破碎的杂物进入碎煤机内；②筛板等零件松动，环锤打击其上；③环轴窜动或磨损太大；④除铁室积满金属杂物，未能及时排除。

（2）环式碎煤机轴承温度过高的故障原因有：①轴承保持架、滚珠或锁套损坏；②轴承装配紧力过大；③轴承游隙过小；④润滑油脂污秽或不足。

（3）环式碎煤机振动大的故障原因有：①锤环及轴失去平衡或转子失去平衡；②铁块及其他坚硬杂物进入碎煤机未能及时排除；③轴承本身游隙大或装配过松；④联轴器与主轴、电动机轴的不同轴度过大；⑤给煤不均造成锤环不均匀磨损，失去平衡。

（4）环式碎煤机排料粒度大的原因有：①锤环与筛板间隙过大；②筛板栅孔有折断处；③锤环或筛板磨损过大；④旁路侧的筛煤机的筛条有断裂现象。

（5）环式碎煤机停机后惰走时间短的原因有：①机内阻塞或受卡；②轴承损坏或润滑脂严重硬化；③转子不平衡。

（6）环式碎煤机出力明显降低的故障原因有：①筛板栅孔部分堵塞，内部挂满炮线铁丝等杂物；②入料口部分堵塞；③给煤不足；④煤太湿，使下料斗蓬煤，环锤磨损太大，动能不足，效率降低。

四、碎煤机检查门的改进

上煤过程中，每班必须清理碎煤机内部，对检查门的安全要求比较高，除铁室侧的正面检查门应加有闭锁开关，防止开门检查当中误启，检查门的开闭机构应好用灵活，销子结构如图 15－7 所示。运行中碎煤机机体内的金属块、煤块，甚至被砸坏的锤环以很高的速度甩出，固定除铁室门的两个楔子及容易被打开，直接威胁周围的设备安全以及在其周围巡视检查工作人员的人身安全。因此很有必要进行改进，图 15－7（a）是原除铁室的紧固结构图，图 15－7（b）是改进后除铁室门的紧固结构图。

碎煤机除铁室门原固定方式是靠两个焊在机体上的楔座与楔块之间的摩擦力来固定的。如果除铁室门受到来自碎煤机内部较大的冲击力时，门就挤压楔子，把楔子挤出，门就会被打开。简单的改进方法有多种，一是在原楔块下部打一个直径 5mm 的通孔，见图 15－7（a），每次关好门后，在通孔里穿一个铁丝环，这些小部件应用铁链焊在门旁，以防使用时丢失。二是将门楔块改为门闩螺杆手轮形状，如图 15 - 7（b）所示。在距门轴 4/5 处安装楔座焊在除铁室门的上下侧机体上，楔座和门闩可根据门的大小现场而定。逆时针转动两个丝杠，丝杠即与门离开，向上提门闩的同时，把门闩的下端往外拉，门闩就取下。反之门闩就被紧固，操作方便。

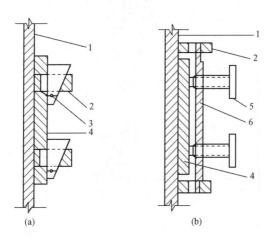

图 15 - 7　碎煤机检查门改进图
（a）原结构；（b）改进后结构
1—机体外壳；2—楔座；3—楔子；4—检查门；5—丝杠；6—门闩

第二节　锤击式碎煤机

一、锤击式细碎机结构原理和种类

在普通破碎工作中，环锤式碎煤机比锤击式碎煤机出力大、效率高；在细碎工作中，锤击式碎煤机更为高效，具有破碎比大、排料粒度均匀、过粉碎物少、能耗低等优点，但锤头磨损较快，在硬物料破碎的应用上受到了限制；另外由于算条怕堵塞，不宜于用其破碎湿度大和含黏土的物料。单向锤击式细碎机结构如图 15 - 8 所示，主要由机体外壳、转子、冲击板、出料算条筛和传动装置等组成。机器外壳的上盖有物料进口，物料进口与接受物料的落煤管即皮带机落煤装置之间用螺栓连接。转子是由主轴、摇臂、圆盘、锤头、隔套、销轴等组成。主轴是由高强度的合金钢或碳钢制成的，轴上用键配合有数排交叉对称的摇臂，其中间用隔套隔开，

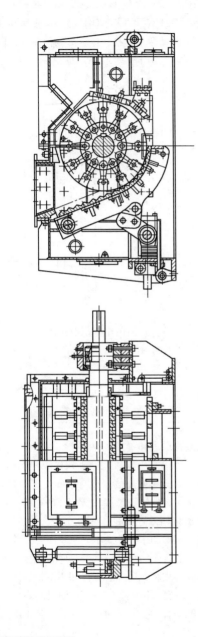

图 15 – 8 单向锤击式细碎机结构图

两侧用圆盘固定，在摇臂和圆盘上开有销孔，销轴在其中穿过，并且挂有数排可活动的锤头，有的锤头之间用垫圈相隔，锤头重量一般为 3 ~ 15kg，有的更重一些。转子用两个轴承座支撑安装在机壳内。

高速旋转的锤头由于离心力的作用，呈放射状张开。当煤切向进入机内时，一部分煤块在高速旋转的转子锤头打击下，被击碎；另一部分则是锤头所产生的冲击力传给煤块后，煤块在冲击力的作用下，被打到碎煤机的冲击板上击碎，而后，在锤头与筛板之间被碾磨成所需要的粒度，从算条筛缝隙间落下。锤击式碎煤机的破碎是击碎和磨碎的过程。

单向锤击式细碎机适用于火力发电厂对各种烟煤、无烟煤、褐煤，以及煤矸石的最大出料粒度小于 10mm 要求的细粒度破碎，是循环流化床锅炉细粒度燃煤理想的破碎设备，亦可用于冶金、矿山、炼焦等行业破碎焦炭、疏松石灰石以及中等硬度的矿石等脆性物料的破碎。

物料进入细碎机后，被高速旋转的锤头冲击破碎，破碎后的物料从锤头获得动能冲向反击板，再次破碎，而后受锤头和反击板的碾磨、挤压，经过反复破碎碾压，直至达到出料粒度后排出。

锤头组件采用螺旋线排列，能起到防堵、清堵的作用。下部无筛板，对物料水分适应性强。锤头和反击板采用特殊钢材，耐磨性好，冲击韧性高，使用寿命长。锤头组件与锤盘采用柔性连接，可对硬杂物避让，能有效避免机件的损伤。转子锤头的一侧磨损后，可将其旋转 180° 使用另一侧，其效果同新锤头。锤击式细碎机出料粒度方便可调，效率高，能耗低，环境污染小。对不同物料的适应性好，运行安全可靠。

双向锤击式细碎机的结构如图 15－9 所示。其工作特性与单向锤式细碎机相同，转子双向旋转，能够方便使用锤头的两个方向进行破碎。通过反击板与锤头间隙和转子转速的双重调节，可达到合理的出料粒度。

随着循环流化床锅炉的推广应用，对细粒破碎机械的需求不断增长。齿板锤击式细碎机采用齿板式破碎板，使破碎区更合理，破碎更充分。完全对称式的机体结构以及可双向旋转的转子，对提高锤头及设备的使用寿命很有益处。

二、锤击式碎煤机的运行与维护

在碎煤机启动前，首先对电气部分进行检查，电动机地脚螺栓应牢固，检查轴承座及机体各部护板螺栓应无松动现象，及时清理机内杂物，不要有堵塞；检查锤头完好无缺，筛板与锤头之间的间隙应符合要求，如果间隙较大或较小，及时利用调节器调整，锤头、筛板和护板磨损严重时应安排计划进行更换。检查完后，关好检查门。

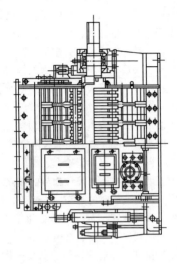

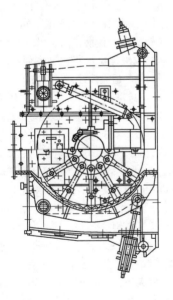

图 15 - 9 双向锤击式细碎机

第二篇 输煤值班员

锤击式碎煤机运行中应注意内容有：

（1）运行中经常监视电动机电流变化，不允许超过额定电流；电动机温升不允许超过要求值。

（2）通过碎煤机的煤量，不允许超过设计出力，不许带负荷启动，一定要在达到额定转速后，才可施加载荷工作。

（3）运行中要注意轴承温度不超过 80℃。每隔三个月加油一次，每年至少清洗 1～2 次，全部换注新油，所用润滑剂一般为二硫化钼锂基脂。

（4）经常注意运行中的不正常声音，碎煤过程中，不准带入较大的金属块、大木块等杂物，当发现机内有撞击声和摩擦声，应停机检查。

（5）经常检查、测定机组振动情况，最大振值不得超过 0.15mm，正常运行时应小于 0.07mm。

（6）给煤要均匀，布满整个转子上，并在使用中经常检查破碎后的产品粒度是否符合要求，如不符合应查明原因。

（7）注意煤种变化，如果煤种密度小、煤块多、黏度大，给煤量应适当减少。

（8）停机后注意惰走时间，转子在转动的过程中不准进行任何维护工作。

三、锤击式碎煤机常见故障和原因

锤击式碎煤机轴承温度超过 80℃ 时，应注意检查处理，原因及处理方法如下：

（1）原因有：①轴承保持架或锁套损坏；②润滑脂污秽；③滚动轴承游隙过小；④润滑脂不足。

（2）处理方法分别是：①更换轴承或锁套；②清洗轴承，换新油；③更换大游隙轴承；④填注润滑油。

锤击式碎煤机破碎粒度过大的原因及处理方法如下：

（1）原因有：①筛板栅孔有折断处；②锤头与筛板之间的间隙过大；③锤头与筛板磨损过大。

（2）处理方法分别是：①更换筛板；②调整间隙；③更换锤头或筛板。

四、锤击式碎煤机的检修质量要求

（1）外观整齐，结合面及检查门严密不漏粉尘。

（2）锤头与销轴应留有 1～2mm 的间隙，护板与锤头工作直径应有不小于 10mm 的间隙，筛板与锤头工作直径间隙一般为 25mm 左右。

（3）运动时锤头不打护板和筛板。

（4）轴承声音正常，连续工作时温度不超过70℃。

（5）机组振动不超过0.1mm。

<h2>第三节　反击式碎煤机</h2>

一、结构与工作原理

反击式碎煤机结构如图15－10所示，主要部件由机体、转子、板锤、反击板、风量调节装置、液压开启机构等组成。

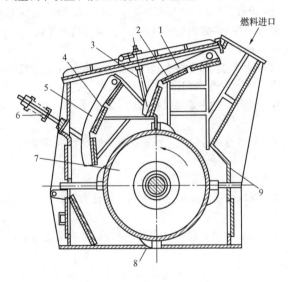

图 15－10　反击式碎煤机

1—第一级反击板；2—第一级反击板护板；3—第一级反击板螺栓拉杆；
4—第二级反击板护板；5—第二级反击板；6—第二级反击板
螺栓拉杆；7—转子；8—板锤；9—机体

（1）转子有整体式、组合式和焊接式三种。一般都采用整体铸钢结构，该结构重量较大，能满足工作要求，且坚固耐用，便于安装板锤。

（2）板锤也称锤头，形状很多。

（3）反击板的作用是承受板锤击出的煤，并将其碰撞破碎，同时又将碰撞破碎后的煤反弹回破碎区，再次进行冲击破碎。

（4）机体以转子体的轴中心线为界分为上下两部分，下机体承受整台机器的重量并借助于底部螺栓固定于基础上，上机体分为左右两部分，左上部装有液压开启机构，当更换或检修调整前、后反击板时，利用液压开启机构把其打开倾斜40°的位置就可进行工作。右上体与进料口衔接。机体的前后面设有检查孔门。

（5）根据实际情况，转动风量调节装置的手柄，就可在一定的范围内改变鼓风量。

（6）液压开启装置包括油箱、油缸、油泵等，其作用是更换或检修。

反击式破碎机是利用板锤的高速冲击和反击板的回弹作用，使物料受到反复冲击而破碎的机械。板锤固装在高速旋转的转子上，并沿着破碎腔按不同角度布置若干块反击板。

当煤从进料口进入板锤打击区时，先受到高速回转的板锤作用第一次冲击而初次破碎，并同时获得动能，高速冲向反击板。物料与反击板碰撞再次破碎后，被弹回到板锤的作用区，重新受到板锤的冲击。如此反复进行，直到被破碎成所需的粒度而排出机外。这时将会出现两种情况，一是小块煤受到板锤的冲击后沿板锤切线方向抛出，在这个过程中可以近似地认为冲击力通过煤块的重心；二是大块煤由于重力的作用，使煤块沿与切线方向成一定角度的偏斜方向抛出，即形成平抛运动，煤块被高速抛向反击板而再次受到冲击破碎。由于反击板的作用，使煤块反弹回到板锤打击区，使之再次重复上述过程。在上述过程中，煤颗粒之间也有相互碰撞的作用。这种多次性冲击以及相互间的碰撞作用，使煤块不断沿本身强度较低的界面产生裂缝、松散而破碎。当所碎的颗粒小于板锤与反击板的间隙时，即达到所要求粒度时，从机内下部落下，成为破碎产物。

与锤式破碎机相比，反击式破碎机的破碎比更大，并能更充分地利用整个转子的高速冲击能量。但由于板锤极易磨损，其在硬物料破碎的应用上也受到限制，通常用来粗碎、中碎或细碎石灰石、煤、电石等中硬以下的脆性物料。

二、反击式碎煤机的运行与维护

启动前首先要检查电动机地角螺栓、机体螺栓、轴承座、各处护板螺栓无松动、脱落，联轴节销子紧固良好，转子机腔内无严重积煤现象，板锤无严重磨损及脱落现象。当板锤、反击板衬板损坏或脱落时应及时更换。反击板上弹簧及拉杆螺栓无松动断裂现象，调整螺栓要拧紧，下煤筒无堵煤现象。检查完毕后关好检查门。检修后的碎煤机送电启动前最好能盘车 2~3 圈，观察机内有无异常响声，确认完好后，方可结票送电启动碎煤机。运行中应经常检查反击板吊挂螺栓不应有松动及脱落现象。严禁在机器转动中调整。运行中不准进行任何维护检修工作，发现异常要及时停机处理。

出料粒度的调整是通过调整前、后反击板与转子旋转直径的间隙来实现的。一般前反击板的最底部与转子旋转直径之间的间隙应调整至50mm左右，后反击板的最底部与转子旋转直径之间的间隙应调整至30～35mm左右，这些间隙的调整是通过调整反击板支座拉杆的螺母来实现的。反击板上的护板磨损一般不能超过原来的2/3。若需减少回风量则松开右边的调整螺母，旋紧左边的调整螺母即可。

三、反击式碎煤机的常见故障及原因

（1）破碎粒度过大：原因有板锤与反击板间隙过大，板锤或反击板磨损严重或损坏。

（2）机组振动过大：给煤不均，使板锤损坏程度不均，造成转子不平衡；板锤脱落；轴承在轴承座内间隙过大；联轴器中心不正。

（3）机内有异常响声：板锤与反击板间隙过小；内部有杂物。

（4）产量明显降低：转子破碎腔内积煤堵塞；板锤磨损严重，动能不足，效率降低。

第四节　其他碎煤机

一、选择性破碎机的工作原理和特点

选择性破碎机主要用于将煤中的杂物（如石头、木头、铁块等）排除。其工作原理是：电动机通过减速装置和链条驱动旋转滚筒，滚筒由筛板通过高强螺栓连接而成。煤从入料口进入，落到滚筒下部后，粒度比筛孔孔径小的煤被迅速筛分落入下部煤斗，大块煤则被一些固定在筛板上的短搁板随着滚筒的旋转而提升。当搁板向上旋转到一定高度后，大块煤滑落，冲击到滚筒底部筛板而被破碎，反复提升和下落使煤全部被破碎后筛分落入煤斗。提升搁板安装在筒体上有一定的轴向角度，使煤随着滚筒旋转的同时产生一定的轴向位移，从而使不易破碎的物料如石块、铁块（条、丝）和木块等能流向选择性破碎机尾端，最后被滚筒内部的废料犁犁出尾部。选择性破碎机的出力与煤的硬度、粒度、煤中三块的含量及所要求的煤的出口粒度等因素有关。也可根据实际情况调整滚筒的直径、长度，筛板孔径及提升搁板的数量和安装角度来满足出力要求。

选择性破碎机的主要特点是除三大块，同时也对煤进行预破碎。极大

改善后续碎煤机的运行工况，使其运行更加稳定，减少了磨损。除去煤中大块的铁及其他杂物，物料破碎后的最大尺寸由滚动筛板上的筛孔正确控制，均匀性好。无需任何备用及旁路保证措施，适应各种水分的给煤及其他工况，出力几乎不受影响。只需一个护罩即可安装在室外，护罩上部中间设有除尘点以抑尘，从而减少土建费用。

二、环锤反击式细粒破碎机

环锤反击式细粒破碎机结合了反击式破碎机和环锤式破碎机的优点，同时具有筛分和旁路的功能。适合于对中等硬度的物料进行破碎。尤其针对循环流化床锅炉对燃料细碎的要求，可获得 10mm 以下的出料粒度。工作原理如下：

环锤反击式细粒破碎机包括分料给煤筛板，反击板、破碎板、转子及机壳等部件组成的旁路通道，反击粗碎腔、打击细碎腔和研磨区等部分。待破碎的物料由入料口进入破碎机后，先经分料给煤筛板将一部分粒度合格的物料筛分，经旁路通道直接从出料口排出；需破碎的物料则被高速旋转的转子打击抛向反击板，被多次冲击破碎后，在转子的带动下进入破碎腔进一步破碎，随着进入研磨区，利用转子线速度大于物料下落速度的特点，在研磨区使粒度进一步缩减形成合格品，从排料口排出。排出物料的粒度是通过调节反击板、破碎板与转子之间的间隙控制的。当出料粒度调为 25mm 时，同等出力功率消耗可降低一倍或同等功耗出力可增大一倍。

环锤反击式细粒破碎机的特点是充分利用破碎空间，具有较大的破碎比。采用浮动锤，既有反击功能又可以退让缓冲。采用间隙控制粒度，去掉通常的底部筛板，排除了堵煤现象。采用分料给煤筛板，具有初级分离功能，提高了生产率，改善了破碎效果。分料给煤筛板浮动设置，可防止堵塞。分料给煤筛板可垂下，形成旁路通道。破碎板上的安全销可保障设备进入异物时不被损坏。

三、颚式破碎机

颚式破碎机是利用两颚板对物料的挤压和弯曲作用，粗碎或中碎各种硬度物料的破碎机械。其破碎机构由固定颚板和可动颚板组成，当两颚板靠近时物料即被破碎，当两颚板离开时小于排料口的料块由底部排出。其破碎动作是间歇进行的。这种破碎机因有结构简单、工作可靠和能破碎坚硬物料等优点而被广泛应用于选矿、建筑材料、硅酸盐和陶瓷等工业部门。

常用的颚式破碎机有双肘板的和单肘板的两种。前者在工作时动颚只做简单的圆弧摆动，故又称简单摆动颚式破碎机；后者在作圆弧摆动的同时还做上下运动，故又称复杂摆动颚式破碎机。

另外，为满足不同排料粒度的要求和补偿颚板的磨损，还增设了排料口调整装置，通常是在肘板座与后机架之间加放调整垫片或楔铁。但为了避免因更换断损零件而影响生产，也可采用液压装置来实现保险和调整。有的颚式破碎机还直接采用液压传动来驱动动颚板，以完成物料的破碎动作。这两类采用液压传动装置的颚式破碎机，常统称为液压颚式破碎机。

第五节　减　振　平　台

减振平台使用图如图 15 – 11 所示，减振平台主要与碎煤机配套使用，起减振作用，特别是高位布置的碎煤机，能有效减少碎煤机对机房的振动危害，改善检修工作条件。减振平台由上、下框架和减振弹簧组所组成，下框架固定在楼板上作为减振平台的基座，上框架同时与碎煤机和驱动碎煤机的电动机相连，使两者保持同一振动频率，上、下框架之间采用钢制的弹簧组连接。每组弹簧由三个钢制的弹簧构成，通过弹簧座与上、下框架相连，组成减振装置，用于吸收振动，达到减振作用。

提示　本章介绍了碎煤设备的种类、组成和运行技术要求，其中第一至三节中的前半部分各适合于输煤值班员的初级工掌握，中间部分各适合于输煤值班员的中级工掌握，后半部分各适合于输煤值班员的高级工掌握；第四至五节适合于输煤值班员的技师掌握。

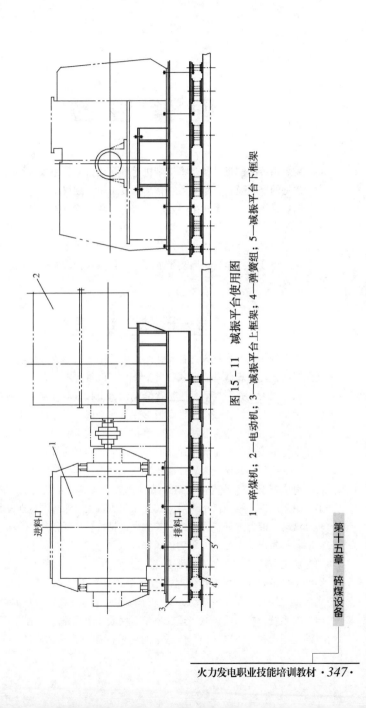

图 15 – 11 减振平台使用图

1—碎煤机; 2—电动机; 3—减振平台上框架; 4—弹簧组; 5—减振平台下框架

第十五章 碎煤设备

第十六章

配 煤 设 备

输煤系统的配煤设备是将皮带机等输送设备上的原煤送往锅炉的原煤斗。常见的配煤设备有犁煤器、移动式皮带机、配煤小车等。

输煤系统采用电动式犁煤器较为普遍，移动式皮带机及配煤小车主要用于原煤仓布置比较集中的配煤。对于中间储仓式制粉系统，原煤仓和煤粉仓交错布置，使用配煤小车及移动式皮带配煤不太方便，存在过煤粉仓时必须断煤或切换至另一路皮带输煤、运行操作比较麻烦的不足。犁煤器弥补了这一不足。

第一节 犁 煤 器

犁煤器的全称是犁式卸料器，用于电厂配煤时称为犁煤器，也称刮板式配煤装置。犁煤器有固定式和可变槽角式两种。

固定式为老式犁煤器，已被逐渐淘汰，由托板和托板支架等组成，胶带通过犁煤器时，托板将胶带由槽形变成水平段，通过刮板将煤从胶带上刮下，卸入料斗，犁煤器托板为一平钢板，对胶带磨损较为严重，改为平形托辊托平胶带，但是胶带通过时为平面段，容易撒煤。

可变槽角式犁煤器为现今通用形式，根据托辊构架的不同，分为摆架式和滑床框架式等结构，摆架式结构比较合理，无滑道摩擦，工作阻力小，耐用可靠，维护量小。滑床式工作阻力较大。犁煤器的驱动推杆有电动、汽动、液力推杆三种方式，其中电动推杆被广泛使用。

各种犁煤器又可分为单侧犁煤器和双侧犁煤器，单侧犁煤器又有左侧和右侧之分。其中双侧犁煤器卸料快，阻力小，犁头两个"人"字板倾斜贴于皮带表面，煤流作用时具有自动锁紧功效（如果犁头两板为垂直立板，上煤时容易发生抖动，带负荷落犁时容易过载），电动推杆具有双向保险系统，主犁后设有二道胶皮犁，使胶带磨损量小，延长了胶带输送机的使用寿命，所以这种犁煤器用的比较广泛，其结构紧凑、起落平稳、安装操作方便、卸料干净彻底，性能可靠，还能方便用于远距离操作，实现卸料自动化。

使用犁煤器要求胶带上胶层要厚，胶带采用硫化接头最好，冷黏接口更要顺茬交接，不可用机械接头。

一、滑床框架式电动犁煤器

滑床框架式电动组合犁卸料器结构如图16-1所示，主要由电动推杆机、驱动杆支架、主犁刀、副犁刀、门架、滑床框架、平形长托辊和槽形短托辊等机构组成。

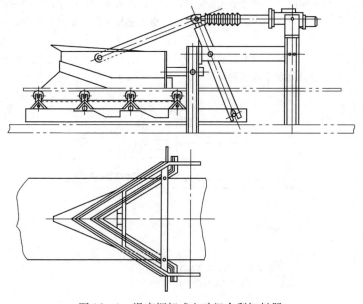

图 16-1　滑床框架式电动组合犁卸料器

工作状态：推杆伸出滑床框架后移，使边辊抬起，槽型活架托辊变成平行，犁头下落，使胶带平直，犁刀与胶带平面贴合紧密，来煤卸入斗内，不易漏煤。

非工作状态：推杆收回滑床框架前移拉回，使边辊落下，滑架托辊变成槽形，达到一致角度，物料通过，不易向外撒料。

犁刀不宜垂直于皮带平面直立设计，应沿人字板走向制成下凹形流线设计，工作时具有自锁紧效果，受到煤的冲击力时犁头不会抬起和抖动。

这种犁煤器的缺点是活床轮及轮辊易生锈，加大抬落阻力，使推杆易过负荷。

电动双（单）侧犁式卸料器是安装在胶带输送机上，执行中途卸料、控制物料输送流量和流向的通用机械。

此犁煤器属组合型，以一台电动推杆作动力源，也有的为了检修维护方便，将电动推杆安装在皮带机侧面，但由于增加了一级连杆传动，也进一步增加了机构运行的阻力。

二、连杆托架式电动犁煤器

托架式犁煤器结构如图 16－2 所示，由电动推杆收缩，使驱动臂摆动，压杆使犁落下，同时平托辊架被拉起，使槽形胶带变成平面，物料被犁切落，实现落煤动作。不需要落煤时，电动推杆伸出，推动臂摆动，压杆将犁拉起，同时平托辊落下，胶带又回复了原来槽形，胶带可以正常继续运送物料。犁煤器摆架的前后部位各装一组自带轴芯的槽型边托，能随摆架的抬落自动变平或变槽。

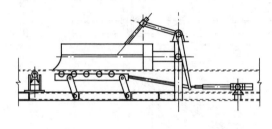

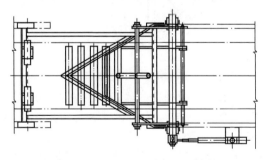

图 16－2　连杆托架式电动犁煤器

槽角可变式电动犁煤器主要特点有：

（1）由于非工作状态时前部短托辊仍恢复原来的槽形角度，中间平托辊与胶带分离，所以不易磨损胶带，延长胶带使用寿命。

（2）工作状态时，前部槽形托辊变成平形，犁头与胶带贴合紧密，无漏煤现象。

（3）犁头改进为双犁头，第一层犁头未刮净剩下的少量煤末到第二层犁头可将其刮下，减少了胶带的贴煤现象。

（4）既可就地操作，也可集中控制。

（5）犁头设有锁紧机构，工作时，受到煤的冲击力不会抬起和抖动，使犁刀始终紧贴胶面，卸料时不易漏料。

（6）犁刀磨损后可下落调节，直到不能使用。

（7）槽角可变式电动犁煤器是以电动推杆为动力源，通过推杆的往复运行，带动犁板及边辊子上下移动，使犁煤器在卸煤时托辊成平行，不卸煤时成槽角。通过行程控制机构控制电动推杆的工作行程，从而调节犁板的提升高度及犁板对胶带面的压力。

三、动态平衡犁煤器

动态平衡犁煤器结构如图 16 - 3 所示。

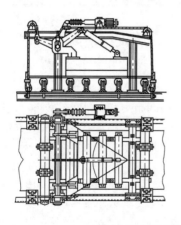
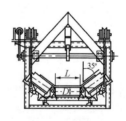

图 16 - 3　动态平衡犁煤器

动态平衡犁式卸料器具有四大特点：

（1）体积小、灵敏度高、柔性起放，不易卡死，安装调试方便。

（2）头刮板刀口耐磨强度高，经久耐用，柔软性好，刮板工作面与胶带之间结合较紧密，因而对物料清理特别干净。

（3）犁头设计采用动态平衡，犁头前后可自动调整胶带平行度，保持刮板与胶带面贴合紧密，确保胶带运行效果良好，犁头撑杆内设有缓冲装置。

四、刮水器

刮水器主要用在煤场露天皮带机上，其结构如图 16 – 4 所示，将停运的胶带机上积存的雨水或雪在启动时及时刮掉，这样就避免了积存在胶带机上的雨雪在运行时拥进转运站。

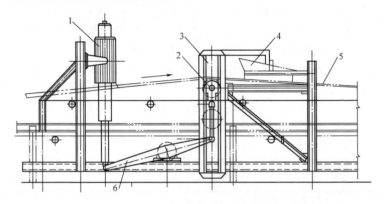

图 16 – 4　刮水器结构图

1—电动推杆；2—平托辊；3—滑槽；4—刮水犁板；5—皮带；6—联杆

刮水器主要由机架、刮水犁板、托辊、连杆、滑槽和电动推杆执行机构所组成。刮水器犁头固定不动，工作时电动推杆伸出，借助滑槽中的托辊上升将胶带托起与刮水犁板贴合在一起，启动皮带后能够迅速有效地刮掉皮带上的积水。这样就使运行时带过来的雨雪及时刮到室外。

五、电动推杆

电动推杆是犁煤器抬落工作的驱动部件，电动推杆结构如图 16 – 5 所示，以电动机为动力源，通过一对齿轮转动变速，带动一对丝杆，螺母转动。把电动机的旋转运动转化为直线运动。推动一组连杆机构来完成闸门、风门、挡板及犁煤器等的切换工作。电动推杆内设有过载保护开关，为了区别推杆完成全行程时切断电源，与故障过载时切断电源之差别，在实际使用时必须加限位开关，来承担完成全行程时断电的任务，确保整机的使用寿命。不得用过载开关来代替行程开关的作用，否则容易造成卡死过流或损坏机内高精度过载开关的故障发生。

推杆内的行程开关是在负荷过载后压缩内部弹簧，使内部限位块微动断开限位开关线路断电，电动机停转起到保护作用。

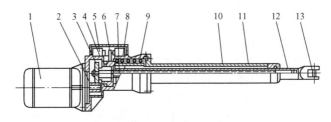

图16-5 电动推杆结构图

1—电动机；2—小齿轮；3—大齿轮；4—滑座；5—安全开关；

6—拨杆；7—螺杆；8—螺母；9—弹簧；10—导套；

11—导轨；12—推杆；13—接头

内部行程开关必须与外部限位开关及继电器串联使用，否则起不到过载保护性，也不能直接代替外部限位开关使用，否则每次停止都是超限位后过载断电，甚至卡死，耽误上煤时间，影响使用寿命。

推杆经长期使用检修后，齿轮腔内要更换润滑脂，充满度为40% ~70%。

电动杆的安装使用注意事项有：

（1）推杆内部的过载行程开关要与外部的限位开关一起接到继电器的跳闸回路当中，否则不能起自动保护作用。内部的行程开关只起过载保护作用，不得直接代替限位开关使用，否则将影响其使用寿命。

（2）推杆与被推物体连接后，连接部位应灵活自如时方可通电使用，以免损坏部件。

（3）工作环境温度在 - 10 ~ + 60℃之间，相对湿度在85%以下。

（4）必须装上防尘罩，以免污染机件的活动部分。要定期更换导套内轴承的油脂。

型号为 DT□30050 的电动推杆其各字段含义是：

DT——电动推杆；

□——普通型为Ⅰ，折弯型为Ⅱ，外行程可调为Ⅲ，带手动机构为Ⅳ；

300——额定推力 300kg；

50——最大行程 50cm。

六、电液推杆

电动液压推杆是一种机电液压一体化的推杆装置，由液压缸、电动机、油泵、油箱、滤油器、液压控制阀等组成。电动机、油泵、液压控制阀和液压缸装在同一轴线上，中间有油箱和安装支座。活塞杆来回位移运动的伸缩由电动机的正反向旋转控制。液压控制阀组合由调速阀、溢流阀、液控单向阀等组成。

电动液压推杆主要特点是：

（1）电动液压一体化，操纵系统简单，自保护性能好，推力大，可实现远距离控制，方便在高空、危险地区及远距离场所操纵使用。

（2）机组的推（拉）力及工作速度可按需要无级调整，这是电动推杆无法实现的。可带负荷启动，动作灵活，工作平稳，冲击力小，行程控制准确；能有效地吸收外负载冲击力。

（3）没有常规液压系统的管网，减少了泄漏和管道的压力损失。噪声小，寿命长。有双作用和单作用两种，结构紧凑，但比同额的电动推杆重。

电液推杆的维护保养内容是：

（1）每半年换一次液压油，冬季用 8 号机械油；夏季用 10 号机械油。

（2）每半年对电液推杆进行一次维护、保养，用煤油冲洗管路集成块等。

（3）加油必须过滤干净。

七、犁煤器的使用

1. 犁式卸煤器启动前的检查内容

（1）检查卸煤铁板或胶皮应完整，无过分磨损，与皮带接触平齐。

（2）检查机械传动部分应无卡涩现象。

（3）检查"升""降"限位应完好，电动机引线完好。

2. 犁煤器放不下或抬不起的原因

（1）失去电源。

（2）熔断器断开。

（3）限位卡死。

（4）机械故障。

八、综述

在用犁煤器方式上煤中，一般是在原煤仓上的双路皮带共设四台犁煤器，也有的是在原煤仓对角只设两台犁煤器的方式，如果用等边"人"字犁，皮带两侧的下煤量一样多，但远离煤仓中心在皮带外侧的落煤斗上满溢出时，靠近煤仓中心的落煤斗还有二三十吨或更多的上煤空间已不能加煤，所以有必要将人字犁改造成内侧边长外侧边短的偏人字犁，使靠近煤仓中心这侧的落煤斗能卸更多的煤量。

第二节 移动式皮带配煤机

移动皮带具有可逆性，移动式皮带配煤机结构如图16-6所示，当向原煤仓配煤时，移动皮带由行走车轮在轨道上行走，从第一个原煤仓至最后一个原煤仓依次移动，均匀地配煤。相反方向行走时，可逆行配煤。在煤仓之间有煤粉仓时，或当需要跨仓配煤的情况下，要采取措施。一般将皮带先逆行，将煤返回落入后面的煤仓，当过了煤粉仓（或需跨越的煤仓）后，再正向运行，恢复正常配煤；或者提前断煤，待皮带上的煤走完后再空皮带运转跨仓，跨过仓后再继续配煤，否则会造成倒换皮带运行方向时，皮带承受双重负荷，使皮带机过载。

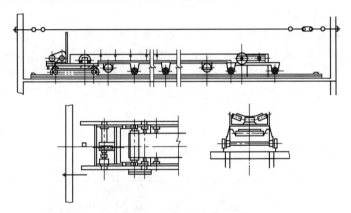

图 16-6 移动式皮带配煤机

1. 移动式皮带配煤机的优点

（1）移动式皮带配煤机结构简单，布置方便，配煤灵活，煤仓充满程度好。

（2）移动式皮带配煤机采用电动滚筒传动，结构简单可靠，占用面积小，外观整齐，操作安全，质量轻，消耗金属材料少，电动滚筒密封性能好，适用于粉尘浓度高的场合。

（3）易于实现集中控制和自动配煤。

（4）无论配煤线的长与短，只用一条移动皮带即可满足配煤的需要。

2. 移动式皮带配煤机的缺点

（1）采用移动式皮带配煤机需配备滑线，长距离的配煤线布置滑线较困难。

（2）在中间储仓式制粉系统中采用时，因两原煤仓中布置有煤粉仓，当移动式皮带配煤机行走至煤粉仓时，必须停止来煤或切换至另一路运行，控制复杂，运行操作频繁。

（3）当移动皮带单滚筒传动时，遇尾部传动向头部运行时，易造成皮带打滑。

（4）电动滚筒内电动机端盖的油封应随时保持完好，以免油冷滚筒的油液进入电动机，造成绝缘破坏电动机烧坏的故障。

第三节　配煤小车

一、结构与原理

配煤车的结构如图 16-7 所示，由金属架构、槽型托辊、调偏托辊、上下部改向滚筒、行走机构、车轮、车轮轴、链条及其驱动装置的电动机、减速机、用于向煤斗配煤的落煤筒、用于检查的梯子及皮带清扫器等组成。运动着的皮带绕过两个改向滚筒，形成一个 S 形，这样上部改向滚筒将皮带伸出，使煤沿其速度方向，做斜上抛运动，撞击在滚筒护罩端部的击板上，若向两侧煤仓配煤则将前后挡板推向滚筒侧，左右分流挡板放

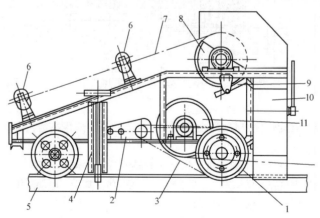

图 16-7　配煤小车

1—小车轮；2—驱动部分；3—链条；4—夹轨钳；5—轨道；6—上托辊；
7—运煤皮带；8—上改向滚筒；9—清扫器；10—落煤筒；11—下改向滚筒

在中间位置，则煤流向两侧煤筒；若需向一侧煤仓配煤，则将左右分流挡板置于另一侧，煤即流向一侧；若需使煤通过配煤车向尾仓配煤，则可将前后挡板置于滚筒护罩端部，将左右分流挡板置于中间，煤通过配煤车向尾仓流去，达到向尾仓配煤的目的。

配煤车控制方式有两种：一种是现场手动；另一种是自动配煤，自动配煤大都是通过改进后实现的，难度较大。

卸料车串连在皮带机上，根据不同物料的堆积角，使物料随卸料车角度提升一定高度，然后通过三通向单侧、两侧或中间卸料，物料的流向及流量通过各路的闸板（或翻板）控制。皮带通过前后滚筒改向，使其重回前方。卸料车在皮带机轨道上可以前后移动，实现多点卸料。物料的流向及流量可以通过 PLC 控制闸板（或翻板）的开闭得以实现。

配煤车的特点是：

(1) 配煤车配煤时，运输胶带从上下改向滚筒绕过，皮带的磨损较小。

(2) 皮带在配煤车上发生跑偏，摩擦力增大，同样会造成配煤车跑车问题。

(3) 无论配煤线长与短，只用一台配煤车可满足配煤的需要，并可满负荷往返行走。

(4) 配煤线较长时，驱动机构电源拖动困难。

(5) 运输胶带带速不宜过高，一般不超过 2.5m/s。

(6) 配煤车在运行中若抱闸松弛，会发生跑车现象。

(7) 在中间储仓式制粉系统中采用时，因两原煤仓中间布设有煤粉仓，当配煤车行走至煤粉仓时，必须停止来煤或切换至另一路输送机运行；控制系统复杂，运行操作频繁。

二、配煤车的使用

配煤车在运行中应特别注意以下问题：

(1) 启动前，应做好必要的检查工作。

(2) 清理配煤车积煤时，必须待皮带机停止后方可进行，绝对禁止在皮带机运行中清理积煤。

(3) 皮带在配煤车爬坡段跑偏时，要及时调整，防止皮带跑偏严重、摩擦护罩，而发生跑车的危险。

(4) 运行中要随时注意拖缆随配煤车移动，防止将拖缆挂住而拉断拖缆。

(5) 在使用中"跑车"是很危险的，运行发现抱闸松弛，发生溜车现象时，应停止皮带运行，及时调整。

提示 本章介绍了配煤设备的种类、组成和运行技术要求，各节前半部分适合于输煤值班员的中级工掌握，后半部分适合于输煤值班员的高级工掌握。

第十七章

除 铁 器

在运往火力发电厂的原煤中，常常含有各种形状、各种尺寸的金属物，其来源主要是煤中所夹带的杂物（如矿井下的铁丝、炮线、道钉、钻头、运输机部件及各种型钢等），铁路车辆的零件（如制动闸瓦、勾舌销子等），还有输煤系统的护板等结构零部件，如果这些金属物进入输煤系统或制粉系统，将造成设备损坏和故障。特别是装有中速磨煤机和风扇磨煤机及其链条给煤机的制粉系统，对金属物更是敏感。同时这些金属物沿输煤系统通过，极有可能对叶轮给煤机、皮带机、碎煤机等转动设备造成各种破坏，尤其是皮带的纵向撕裂，将给输煤系统造成重大故障。因此，从输煤系统中除去金属杂物，对于保证设备安全、稳定运行，是非常必要的，也是对输煤专业的重要考核指标之一。

按磁铁性质的不同可分为永磁除铁器和电磁式除铁器两种。电磁除铁器按冷却方式的不同可分为风冷式除铁器、油冷式除铁器和干式除铁器三种。电磁除铁器按弃铁方式的不同可分为带式除铁器和盘式除铁器两种。

磁化除铁的机理是：铁磁性物体进入磁场被磁化后，在物体两端便产生磁极，同时受到磁场力的作用。在匀强磁场中，由于各处的磁场强度相同，物体各点所受的两极方向上的磁力都是大小相等，方向相反，所以该物体所受的合外力为零，在此匀强磁场中某一位置处于平衡状态。

铁磁性物体进入非匀强磁场时，原磁场在不同位置所具有的场强值是不相等的，所以物体各点被磁化的强度也不同。在原磁场强度较强的一端，物体被磁化的强度大，所受的磁场力也大，反之亦然，物体两端在此非匀强磁场中所受的磁场力不相等，这时物体便向受磁力大的这一端移动，所以铁磁性物质在非匀强磁场中会作定向移动。除铁器就是根据这一原理制成的。

输煤系统中的除铁器一般在碎煤机前后各装一级，碎煤机以前的主要起保护碎煤机的作用，同时也保护磨煤机，在使用中速磨和风扇磨等要求严格的情况下，输煤系统应装设 3～4 级除铁器，以保护磨煤机的安全运转。为了防止漏过个别铁件，可在后级除铁器前，加装金属探测器，探测出大块铁件时，使相应除铁器投入强磁或使皮带机停车，人工拣出铁件。

输煤系统对除铁器的使用要求有：

（1）一般不应少于两级除铁。多级除铁应尽可能选用带式除铁器安装在皮带机头部与盘式除铁器安装在皮带机中部搭配使用。

（2）宽度1.4m以下的皮带机宜选用带式永磁除铁器，宽度1.6m以上皮带机推荐尽可能选用电磁除铁器。

（3）要求防爆的场合，推荐永磁除铁器。

（4）电力容量不足时，宜选用永磁除铁器。

（5）在除铁器正下方尽可能选用无磁托辊或无磁滚筒。

第一节 带式永磁除铁器

永磁除铁器的结构和安装方式如图17－1所示，由高性能永磁磁芯、弃铁皮带、减速电动机、框架、滚筒等组成。当皮带上的煤经过除铁器下方时，混杂在物料中的铁磁性杂物，在除铁器磁芯强大的磁场力作用下，被永磁磁芯吸起；由于弃铁皮带的不停运转，固定在皮带上的挡条不断地

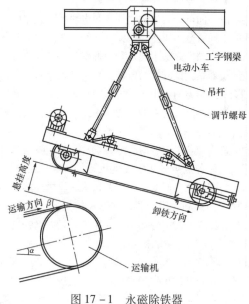

图 17－1　永磁除铁器

将吸附的铁件刮出，扔进集铁箱，从而达到自动除铁的目的。在有效工作范围内，0.1~35kg的杂铁大部分都能吸出。

除铁器安装在皮带头部，煤流的运动有助于吸出杂铁，当带速小于2m/s时，除铁器位置要尽量靠近滚筒，滚筒及煤斗宜采用非导磁材料。除铁器也可安装在输送带中部上方，自卸皮带的运行方向与大皮带运行方向垂直，在除铁器下方宜安装非导磁性托辊。

永磁材料的磁场均来源于运动的电子，所有物质的电子绕原子核的圆周运动都能形成磁场，一般非磁性材料由于内部电子运动的方向杂乱无序，产生的磁矩互相抵消，所以宏观上不显现磁性来。永磁材料经烧结磁化后电子运动有序排列，磁性不能互相抵消，而是互相叠加就能对外显出强大的磁场。所以说永磁材料的磁场是由原子内部电子的有序运动形成的。由于原子内部电子的运动是无摩擦的，这种磁性的保持并不消耗能量，所以永磁材料的磁场在磁性理论上来说永远不会消失。

铁磁物体放置在均匀磁场中，不论磁场强度多大，磁场对铁磁物体的总作用力为零；只有在非均匀磁场中，磁场对铁磁物的总作用力才能显示一定的数值，吸力与磁场和磁场梯度的乘积成正比。永磁铁在工作区域内磁路设计成为近似矩形的半球状高强度、高梯度的空间磁场，对铁磁性杂物具有很强吸力。

当永磁铁吸铁时，永磁铁对外做功，自身能量降低；而要把铁件从磁铁表面清除出去，外界需对磁铁做功，这个过程就返还了永磁芯吸引铁件所消耗的能量。所以，整个过程永磁芯能量并没有减少。

永磁除铁器的永磁体采用号称"磁王"的稀土钕铁硼永磁材料作为磁源，磁性能稳定可靠；在工作区域内组成近似矩形的半球状高强度、高梯度的空间磁场有更强的吸引力，对铁磁性杂物具有很强吸力，完善的双磁极结构可以保障工作距离内最大的吸力系数，磁场持久，稳定。无需电励磁，省电节能；自动卸铁，运行方便；不会因除铁器停电等突发故障造成漏铁。磁极吸附面积大，物料快速运行中也有足够时间吸起铁磁性杂物。可以在各种狭小、潮湿及高粉尘条件下工作。能与各型皮带输送机，振动输送机或溜槽配套使用，以清除各种厚层物料中的铁磁性杂物。如果永磁除铁器在弃铁皮带因故不能运行时吸上20kg以上的重铁块，因吸力很大，不能直接送电后启动皮带弃铁，否则会撕毁皮带或造成其他故障，人工也较难处理，此时可设法用铁丝或麻绳捆住铁块用力拉下，处理时要防止铁件被拉下后再掉入头部落煤斗中。

第二节 带式电磁除铁器

一、带式电磁除铁器

带式电磁除铁器结构主要由除铁器本体、卸铁部件和冷却部件组成。除铁器本体有自冷、风冷和油冷三种。卸铁机构由框架、摆线针轮减速机、滚筒及螺杆、链条链轮和装有刮板的自卸胶带组成。

带式电磁除铁器悬吊在皮带运输机头部或中部靠磁铁和旋转着的皮带将煤中铁物分离出来。其工作特性是：三相交流 380V 供电，常励直流 200～220V，强励直流 340V 或 500V，带速 2.5～3.15m/s，吸引距离 350～500mm，物料厚度小于 350mm，温升不高于 90℃。带式电磁除铁器可以单独使用，与金属探测器配套使用时除铁效果更佳。常用的带式电磁除铁器有：DDC－10 型（带宽 1m）；DDC－12 型（带宽 1.2m）；DDC－14 型（带宽 1.4m）；DDC－12A 型等。

在不停机状态下可调整从动滚筒两端轴承座上的螺杆来调节自卸胶带的松紧和跑偏。

新型电磁除铁器的冷却方式有：

（1）封闭结构冷却。这种结构虽然封闭性好，但在对温升控制仅依靠外壳表面散热，散热面积小，不能将热量有效扩散，因而多处于高温升状态，降低了励磁功率，以至于磁性不稳，性能不高。

（2）线圈暴露的开放式风冷结构。线圈直接暴露在空气中，由于受水分尘埃和有害气体影响，长期运行使线圈绝缘性能下降，加之部分死角尘埃堆积，极易造成线圈的烧毁。

（3）全封闭散热结构。使线圈彻底与外界隔绝，利用新型导热介质，将内部热量迅速导入波翅散热片，散热片大大增加了散热面积，可迅速将热量散去。

（4）膨胀散热器油冷式结构。是真正全封闭油冷式结构，取消了普通油冷式结构的油枕、呼吸器、卸压阀，实现了永久性全封闭。线圈、导热介质油与空气完全隔离，可以在户内、户外及粉尘严重和湿度较大的恶劣环境下工作。膨胀散热器提供了足够的散热面积，导热介质油使内外温差很小。

二、金属探测器

带式电磁除铁器一般与金属探测器配套使用，用于节约电能，减小除铁器长期高负荷运行的高温老化损失。一般运行情况下电磁除铁器在弱磁状态下小电流工作，当煤中有 5kg 以上在大铁时，投入强磁可立即吸出大铁块。

皮带机上安装金属探测器就是用来检测煤中的大块磁性金属，使电磁除铁器加大瞬时电流吸出磁性金属，或发出信号由机械装置截取含有磁性金属的煤流，或当皮带机上有大块磁性金属物且电磁除铁器不能将其吸出时，使皮带机停车由人工拣出，防止磁性物质进入碎煤机、磨煤机，以免损坏设备。金属探测器的环形或矩形导电线圈装于皮带机上，输送带从线圈的中心通过，当煤中混入的磁性金属通过线圈时，引起线圈中等效电阻的变化，发出信号，投入强磁或操纵执行机构，清除探测出的磁性金属物。

为了保证除铁器的安全运行，其本身的控制系统中有一套联锁保护装置，当电磁铁运行中温度过高时，装在铁芯中的热敏元件动作，自动切断控制回路电源，停止设备运行。当冷风机故障时，为了保证铁芯不超温，自动切断强磁回路控制电源。

当带式除铁器与金属探测器配套使用时，其工作过程是这样的：带式除铁器启动后，冷却风机电动机、卸铁皮带电动机同时启动运行，此时，电磁铁线圈接通 200V 直流电源，保持电磁铁在常磁状态，当输送的煤中混有较小的铁件时就将其吸出，当输送的煤中混有较大的铁件时就经金属探测器检测出并发出一个指令去控制电源开关，电磁铁切换至 340V 或 500V 直流电源，产生强磁，将大铁件吸出。电磁铁在强磁状态下保持 6s 后自动退出，恢复至 200V 电源的常磁。如果金属探测器连续发出有较大铁件的指令，电磁铁将始终保持在强磁状态，直到将最后一块较大铁件吸出后才退出强磁。无论是在常磁或强磁状态下吸出来的铁物，都经卸铁皮带自动排至接铁装置中，定期清除。

金属探测器探头应装于除铁器前的距离为 8 倍于皮带速度，其中 6s 为强磁保持时间；2s 为发现金属至投上强磁所需的时间。

三、带式电磁除铁器的使用

1. 除铁器启动前的检查内容

（1）悬吊机架及紧固螺栓无松动。

（2）除铁器应位于皮带中心位置，磁掌与皮带垂直距离应小于 300mm。

（3）引线及电缆应无破损或接触不良现象。

（4）检查机架本体卫生，如有灰尘杂物，要及时清理。

（5）检查小皮带的松紧及跑偏情况，减速机及链条各润滑点的润滑情况。

（6）除铁器与弃铁皮带之间有铁时要及时停电除铁，并拧紧电磁箱体底部的紧钉螺栓，以防线圈串动。

（7）弃铁箱内应无杂物，弃铁栏杆应齐全牢固。

2. 带式电磁除铁器运行中的检查内容与标准

（1）不得有湿煤粘在除铁皮带上，除铁器铁芯温度不得超过70℃（风机必须启动）。

（2）运行中发现大件危及设备安全时，要立即停机处理。

（3）收铁箱护栏完好无断裂。

（4）除铁器二层皮带内不应吸入铁块，如有应及时处理。

（5）运行中发现异常噪声和撞击声或电磁线圈有臭味冒烟时应立即切断电源进行检查。

（6）运行中要经常检查，当电磁铁上吸附磁性物质时，应及时卸铁，防止铁钉扎穿弃铁皮带。

3. 带式电磁除铁器的运行与维护注意事项

（1）框架全部用螺栓连接，应经常检查是否松动，如有松动应拧紧。自卸胶带刮板为不锈钢制造，因吸铁碰撞而损坏的，应立即更换。

（2）减速机第一次加油运转半个月后，应将机内油污彻底排净，全部换新油。以后每季换油一次，可采用40～50号机油，油面不低于油镜的1/3，正常运转油温不超过40℃。

（3）其余各部轴承用2号工业锂基润滑脂，每月加润滑脂一次。

（4）为避免铁件漏过，启动时先启动除铁器，后启动皮带运输机，停止时则相反。

（5）除铁器工作时，周围均有较强磁场，不要持锐利铁器靠近。手表和各种仪表也勿靠近。

（6）除铁器励磁绕组冷却方式为自然冷却，在尘埃多的环境中工作，应经常清扫，有利散热。

（7）除铁器启动前弃铁箱内应无杂物，弃铁栏杆应齐全牢固。

4. 带式电磁除铁器的检修质量标准

（1）各部连接螺栓、螺母应紧固，无松动现象。

（2）各托辊及滚筒应转动灵活。

（3）主动滚筒、改向滚筒的轴线应在同一平面内；滚筒中间横截面距机体中心面的距离误差不大于1mm。

（4）改向滚筒支座张紧灵活，弃铁胶带无跑偏现象。

（5）单级蜗轮减速机空载及 25% 负荷跑合试车不得少于 2h，跑合时应转动平稳、无冲击、无振动、无异常噪声，各密封处不得有漏油现象，工作时油温不得大于 65~70℃。

（6）风机经 30min 试运转，叶轮径向跳动不大于 0.06mm，风机满载运行时，风量不低于 4800m³/h，风压不低于 265Pa。

（7）整机运行驱动功率及温升不得超过规定值。

（8）励磁切换要准确无误，动作灵活。

（9）弃铁胶带的旋向应正确。

5. 带式电磁除铁器常见的故障及原因

（1）接通电源后启动除铁器既不转动又无励磁：原因有分段开关未合上；热继电器动作后未恢复；控制回路熔断器熔断。

（2）接通电源后启动除铁器转动，但给上励磁后自动控制开关跳闸：原因有硅整流器击穿，电压表指示不正常；直流侧断路，电流指示不正常。

（3）接通电源后，启动除铁器转动，但励磁给不上：原因有温控继电器动作；冷却风机故障；励磁绕组超温。

（4）常励和强励切换不正常：原因有金属探测器不动作；金属探测器误动作；时间继电器定值不好；时间继电器故障。

（5）电动机减速机温升高，声音异常：原因有电动机过载或轴承损坏；减速机内部件严重磨损；减速机无油。

第三节　其他电磁除铁器

一、盘式电磁除铁器

1. 使用特点

盘式电磁除铁器的吸铁机理与带式电磁除铁器的完全相同，只是弃铁方式不同，这种除铁器没有弃铁皮带，直接悬挂在皮带输送机的上方手动单轨行车上，当吸上铁块或交接班皮带机停止运行时，用悬吊小车上的手拉葫芦或电动葫芦将除铁器移至金属料斗的上方后断开励磁电源，使积铁自动脱落后再恢复到原位。将铁件卸到料斗里集中清除。

电磁除铁器也可挂在电动单轨行车上定时移动，以便离开皮带机卸下吸出的铁件。也可用气缸推动，定时做往复移动，使铁件卸入挡板旁侧的落铁管中。盘式悬吊电磁除铁器一般用于胶带速度不超过 2m/s 的输送机上使用，其规格有 CF-60、CF-90、CF-130 等三种型式。

2. 盘式电磁除铁器启动前的检查

（1）检查悬吊机架及紧固螺栓完整无松动。

（2）除铁器应位于皮带中心位置，磁掌与皮带垂直距离应小于300mm。

（3）引线及电缆应无破损或接触不良现象。

（4）检查机架本体卫生，如有灰尘杂物，要及时清理。

（5）及时停机除铁，并拧紧电磁箱体底部的紧钉螺栓，以防线圈串动。

二、滚筒式除铁器

滚筒式除铁器也分为电磁滚筒除铁器和永磁滚筒除铁器，结构如图17-2所示，滚筒式除铁器是旋转式除铁装置兼作传动滚筒使用，能连续不断地自动分离出输送带上非磁性物料中夹杂的杂铁。磁滚筒与悬挂式除铁器联合使用，即使料层较厚也能达到很理想的除铁效果。特点是磁力强、透磁深度大，磁场稳定，可作为皮带运输机的传动轮或改向导轮使用。滚筒除铁器的工作图如图17-3所示。

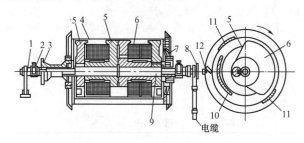

图 17-2　滚筒式除铁器结构图

1—手柄；2—轴承；3—链轮；4—圆筒体；5—扇形磁极；6—绕组；

7—滚筒端盖；8—出线盒；9—固定轴；10—磁分路器；

11—卸料板；12—非磁性不锈钢清扫器

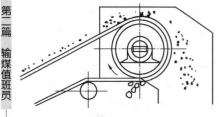

图 17-3　滚筒式除铁器工作图

滚筒式除铁器容易将铁件吸入输送带内侧，碾入滚筒和输送带之间而损坏输送带。头部不宜装刮煤清扫器，以免将吸附于皮带机上的铁件被刮下，仍落入落煤管中。

滚筒式除铁器滚筒转速一般

不超过 35r/min，滚筒式及悬吊式电磁除铁器均采用直流电源，电源容量应比额定容量大 35%。由于除铁器激磁线圈有很大的自感，为避免断开电路时产生的过电压引起电弧和绝缘层损坏，必须设泄流回路。

悬吊式及滚筒式电磁除铁器应在符合下列条件下使用：

（1）海拔高度不超过 1000m。

（2）环境温度 0～40℃，相对湿度不超过 85%。

（3）无爆炸危险的介质，且介质中无足以腐蚀金属和破坏绝缘的气体。

（4）电源电压变化不大于 ±3%。

提示　本章介绍了除铁器的种类、结构和运行技术要求，各节前半部分各适合于输煤值班员的初级工掌握，后半部分各适合于输煤值班员的中级工掌握。

第十八章

大块分离和筛煤设备

火电厂燃煤中的木块、碎布、草袋等杂物进入输煤和制粉系统时，往往引起制粉系统堵塞、着火或造成设备卡堵甚至损坏。由于入厂煤中杂质大块多，在输煤的过程中必须对杂质大块逐级分离，以达到应有的生产工艺要求。一般输煤系统要求碎煤机的入料粒度为 300mm × 300mm 以下，出料粒度为 30mm × 30mm。入厂煤中大于 300mm × 300mm 的大块杂质应首先由除大块装置去除，余料再经筛碎设备加工后运输到原煤仓。

筛分效率是指通过筛网的小颗粒煤的含量与进入煤筛同一级粒度煤的含量之比。进入煤筛的煤经过筛分后仍有一部分小颗粒煤，要留在筛网上，与大颗粒煤一起进入到碎煤机。筛网上的物料称为筛上物（即通过筛网上部进入碎煤机的部分）。通过筛网而直接进入下一级皮带的煤料称为筛下物。

影响筛分效率的主要因素有筛网长度、筛网倾角、物料特性、物料层厚度、煤筛出力、筛网结构等。

（1）筛网长度。从理论上讲，筛网长宽比值愈大，筛分效率就愈高。但实际上却不可能把筛网设计成很细长的结构。

（2）筛网倾角。筛网的布置形式有水平安装和倾斜安装，当筛网倾斜安装时，可适当增大筛分量（单位时间内物料通过筛网的量相对增多）。

（3）物料特性。当物料的水分大时，筛分效率会降低。但是物料含水百分比超过煤筛的许可极限后，筛分效率又有所提高。当物料的小颗粒（小于筛孔尺寸的颗粒）含量增多时，筛分效率会随之提高。当物料中大颗粒（大于筛孔尺寸的颗粒）的含量增多时，煤筛的筛分效率会随之降低。

（4）物料层厚度。当进入煤筛的物料层厚度太大或不均匀时，会降低煤筛的筛分效率。所以，进入筛网的物料层厚度应适中，并应沿筛网的表面均匀摊开为宜。

（5）煤筛出力。当煤筛的出力小于额定值时，随着煤筛出力的增大，筛分效率不变。当超过额定值时，随着煤筛出力的增大，筛分效率会降低。

(6) 筛网结构。当煤筛筛网的结构形式和尺寸大小发生变化时，筛分效率也会随之改变。

除了专用的除大块装置以外，输煤系统常用的煤筛有固定筛、滚轴筛、概率筛、振动筛、共振筛和滚筒筛等，筛下物经旁路直接进下一级皮带，留下的少部分筛上物进碎煤机以减小碎煤机的工作负荷。

第一节　除大块装置

一、除大木器

煤流中的长条形木块（木板、圆木）进入输煤系统时可能造成堵塞下煤筒、使皮带跑偏、划破皮带等后果。所以不允许木材进入制粉系统，这也是对输煤质量的考核指标之一。为了从煤中除去这些杂物，在筛碎设备前的皮带头部或其他合适部位应设除大木器。除大木器结构如图18－1所示，除大木器的工作机构是三根装有齿形盘的主轴，各轴按同一方向旋转，使物料在三根主轴上受到搅动，煤在自重及齿形盘旋转力的作用下，沿齿形盘之间的间隙落下。较大的木块被留在齿形盘上面被甩出。除大木器的传动机构由电动机、减速机、传动齿轮箱组成。由电动机经减速机带动传动齿轮箱中的齿轮转动，三根主轴分别与传动齿轮箱中的三个齿轮装配，使其按同一方向旋转。除大木器应装在筛碎设备之前，其筛分粒度不大于300mm，将尺寸大于300mm的大块废料排到室外料斗内被清除，300mm以下的进入筛碎设备。一般除大木器应用在来煤粒度较小（小于300mm）时，其除木效果较为理想。当来煤粒度较大（大于300mm）时，不但将大于300mm的木块分离出来，同时也将大于300mm的煤块分离出来。常用的CDM型除大木器装在给煤机或带式输送机的头部卸料处，除大木器的工作图如图18－2所示。

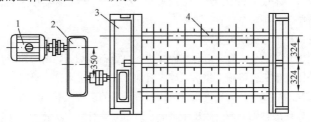

图18－1　除大木器结构图

1—电动机；2—减速机；3—传动齿轮箱；4—装有齿形盘的主轴

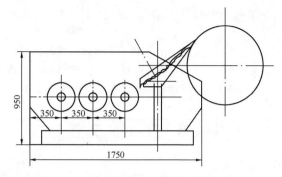

图 18-2 除大木器的工作图（单位：mm）

振动式除大木器结构如图 18-3 所示，这种除木装置的工作机理是将筛条隔行分为两组，交替作向前摆动，完成大块前移动作。

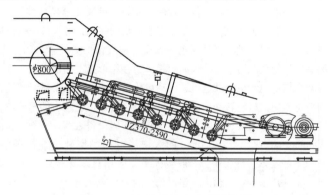

图 18-3 振动式除大木器结构图

二、改进型木块分离器

改进型木块分离器的结构如图 18-4 所示，这种除木器在滚轴的上面又平行装了一排长条筛算，更有利于去除木条。

三、犁形除大块装置

滚轴筛等筛分装置一般装在碎煤机入口处，将筛下物由旁路管直接进入下一级皮带机，将筛上物送入碎煤机加工破碎；进入这一级时是不会滤除特大块的，如果特大块进入这一级将对沿线的皮带机和碎煤机造成很大的损坏。在滚轴筛的前一级皮带机的头部一般装有除大块装置，此装置将大于 300mm 的特大块滤除到系统之外另行排除，传统的除大块装置大多是滤除细长的木条，对大石块的滤除能力也比较有限，而且也容易造成堵

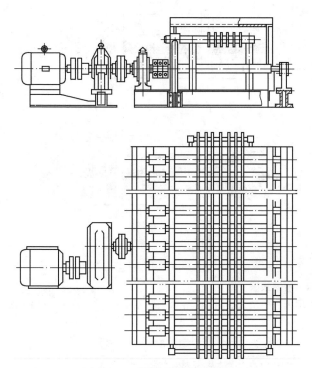

图 18 – 4　改进型木块分离器

塞和自损，同时对煤源至除木器之间的设备还是起不到保护作用。为了尽量把特大块处理在靠近煤源的地方，可在斗轮机上料皮带上或接近煤源的其他合适的皮带机上安装一台犁形除大块装置，此装置可用普通的"人"字形犁煤器平行于皮带机固定在离皮带 200～280mm 左右的高度，要略高于正常的煤流厚度，其结构如图 18 –5 所示，刮除器正下方安装五六组平行托辊使此处皮带平展，运行时正常煤流和小于这一粒度的物料会正常通过，当煤中有大于 200mm 的大块过来时，便会被此犁挡住并立即排到两侧的料斗内，实践证明这种装置很少会因卡块而撕坏皮带，必要时犁的后部可略高于犁头前部 30mm 左右以便于更好地排料。

犁形除大块装置一般安装在斗轮机的悬臂皮带上或其他容易排料和检查的地方，可将煤场取上来的大石块直接排到煤场边沿表面，然后人工清除。犁形除大块装置结构简单，排料快，同滚轴型除木器的配合作业，能有效清除各种形状的大块杂物，适应于在带速为 3.15m/s 以下的皮带机上安装使用。

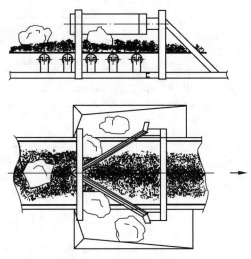

图 18 - 5　犁形除大块装置

四、除细木器

除细木器的结构如图 18 - 6 所示，安装在碎煤机后，是用来捕集小木

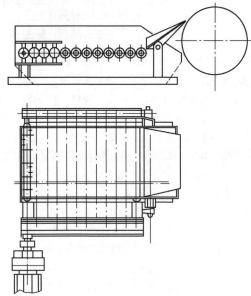

图 18 - 6　除细木器

块的设备。因为经破碎后的煤中仍混有一定数量的小木块，这些小木块如进入锅炉的制粉系统，很容易造成制粉系统故障，影响安全运行。除细木器的结构和工作原理均与除大木器相同，只是筛分粒度较小。

第二节　固　定　筛

一、固定筛的结构特点

固定筛主要由一个固定式倾斜布置的筛箅组成。其中包括筛框、箅条和护罩等。筛框由钢板和型钢焊接而成。箅条由圆钢、扁钢或特制的箅条焊接而成。筛框的上方有护罩封闭，筛箅的下方有落煤斗，将筛下的煤连续不断地送入下一级皮带，留在箅子上面的大煤块送入碎煤机破碎。筛分原理是靠煤落在筛箅上后自然流动，小于筛箅缝隙尺寸的煤漏入筛子下面的料斗，大于筛箅缝隙尺寸的煤进入碎煤机。

固定筛倾斜布置在固定支架上，筛框周围有法兰与护罩连接，要求如下：

（1）为防止粉尘溢出，法兰间用橡胶等柔性材料进行密封。

（2）两筛条间的缝隙通常是下宽上窄或做成上下缝隙相等和格状筛孔。

（3）筛面通常按 $L = 2B$ 考虑（L 为筛箅长度，B 为筛箅宽度）。当大块煤多时，至少应满足筛箅宽度 $B = 3d$（d 为煤块的最大尺寸）；若大块煤不多时；按最大煤块直径的二倍加 100mm。在一般情况下，固定筛的长度 L 为 3.5m~6m。

（4）固定筛的倾斜角度一般在 45°~55° 范围内选取。当落差小、煤的水分大和松散性较差时，应采用较大的角度；反之，选用较小的角度。给煤与受料设备的方位也是影响选取角度值的因素，在布置固定筛时应予以考虑。

（5）筛箅子筛孔尺寸应为筛下物粒度尺寸的 1.2~1.3 倍。

固定筛的特点是：

（1）结构简单、坚固，造价低。

（2）操作维护方便，检修工作量小。

（3）安装方便，工作可靠性较高。

（4）不耗用动力，节能。

（5）筛分效率低，出力小。

（6）煤湿时容易造成黏煤、堵煤现象，值班员必须定期清理固定筛。

常用的固定筛筛分效率只有30%～50%。缝隙宽度在20～30mm时，筛分效率为15%～35%。若缝隙宽度减至12～15mm，同时煤中含有大量黏土和水分时，筛箅将全部堵塞，此时筛子只能起到溜槽的作用。

在火电厂中使用固定筛的要求是，煤的表面水分小于8%，筛缝尺寸为25～40mm。从实际情况来看，采用过小的筛孔是没有必要的。来煤大块较多的电厂，为进一步避免大块对碎煤机等设备的冲击磨损，可利用固定筛处的下料筒空间，在原固定筛的上侧再加装一层开孔为300mm×500mm的固定斜箅，如同多层概率筛一样来煤先经过这层大孔箅将大块滤除排到筒外废弃堆。此法简单实用，因开孔较大，倾角与原筛差不多，所以对原系统下料没有影响。

二、固定筛运行与维护

由于固定筛的筛下物经筛网缓冲减速后流速慢，而且粒度小，所以容易在筛下斗出口转向处发生粘煤、堵煤现象，导线、铁丝杂物也容易挂堵在筛网上。使用中要做到以下几点：

（1）应定期清理筛网上下的杂物和粘煤等，在固定筛前应布置除铁器和除木装置。

（2）控制煤的水分在6%以下，以防止煤的粘堵。

（3）有条件时，可在筛子上安装振动器，及时消除煤的粘堵。

由于结构简单，其主要磨损部位是筛网。因此，在平常的检修维护中，应重点检查筛网、箅条的磨损及其他损坏情况，必要时更换部分箅条或大修时更换整个筛网。另外，对护罩有磨损或漏煤粉时，也应检修处理。

第三节　滚　轴　筛

一、普通滚轴筛

除木器的作用是将煤中木块或特大石块滤除外排，滚轴筛煤机是将300mm×300mm以下的原煤筛分后，将30mm×30mm以下的合格原煤直接运到下一级皮带，将筛上的大块煤运到碎煤机，其结构如图18-7所示，是利用多轴旋转推动物料前移，并同时进行筛分的一种机械。电动机经减速机减速后，通过传动轴上的伞齿轮分另传动各个筛轴，其筛轴的转速为95r/min。并且可以根据需要，在滚轴筛入口端增装电动挡板，煤流既可以经筛面筛分，又可以经旁路通过。

滚轴筛煤机的结构特点是：

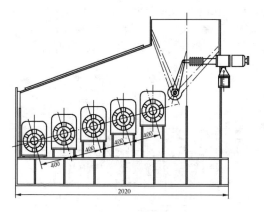

图 18-7 单轴式滚轴筛

（1）每根筛轴上均装有耐磨性梅花形筛片数片，相邻两筛轴上的筛片位置交错排列形成滚动筛面。

（2）筛轴与减速机用过载联轴器连接，起过载保护作用，又便于维修。

（3）前六根轴的下端设有清理筛孔的装置，不论筛分含有多大水分的煤料，筛分过程中均不易产生堵筛现象。

（4）筛轴两侧均用活动插板连接，当更换筛片时，只需拆下筛轴两侧的活动插板就可以顺利地抽出筛轴，便于维护和检修。

（5）减速机可以串联成 6 轴、9 轴、12 轴、15 轴和 18 轴滚轴筛。

（6）电动机与减速机同轴传动，安装在同一个底座上，整体性好，占地面积小，便于运输及安装。

（7）对煤的适应性广，尤其对高水分的褐煤更具有优越性，不易堵塞。具有结构简单、运行平稳、振动小、噪声低、粉尘少、出力大的特点。若需改变筛分粒度及筛分量大小，只需把筛轴上的梅花形筛片的距离及大小适当更换就可以了。

滚轴筛的筛轴主要用辊道电动减速机作为传动设备，辊道电动减速机由 Y 系列辊道专用电动机与两级圆柱齿轮减速机组成，结构紧凑，用工业齿轮油 N200 润滑，油池浸油润滑，工作温度不得超过 90°。

二、波动式滚轴筛

波动式滚轴筛（又称为香蕉式滚轴筛）每根筛轴上的耐磨筛片做成伞状结构，一组一组的筛片交错分布，有利于提高筛分效率。波动式的筛轴上每组筛片是桃形结构，交错分布，各筛轴以同向等速的波动形式向前旋转，这种滚轴筛的筛分效果更为合理，煤流在运动中由于受筛片向两侧的波动力的作用，能在筛轴面上平坦分布，减小了煤流厚度，提高了筛分效率。其结构如图18-8所示。

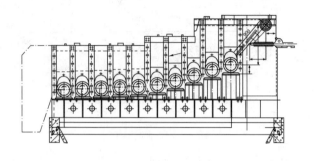

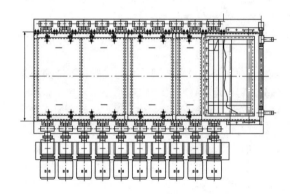

图18-8　波动式滚轴筛

三、滚轴筛的运行与维护

（1）运行启动前检查筛轴底座、主电动机减速机、轴承齿轮箱各地角螺栓齐全紧固，油面高度合乎要求。不允许带负荷启动，启停筛煤机要按工艺流程联锁顺序进行。筛机投入运行后，要监视并检查运行工况，电动机的电流及振动、响声、接合面的严密性等。

（2）一般故障有圆柱齿轮减速机与电动机直接相联，电动机的保护采用过热继电保护。筛机与轴承齿轮箱有过载保护装置，当筛轴因被铁件、木块等杂物卡住超过允许扭矩时，联轴器上的过载保护即被剪断，筛轴停止转动，起到保护机械的作用。运行中电流、响声、温度如有异常，则应停机处理。

振动筛的型式有自定中心振动筛、偏心振动筛、惯性振动筛、直线共振筛和惯性共振概率筛等多种。现分别介绍如下。

一、自定中心和偏心轴振动筛

（1）自定中心振动筛的结构如图18－9所示，电动机通过三角带带动偏心轴转动，使筛箱在垂直平面内作纵向振动，完成筛分动作。

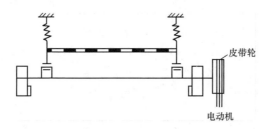

图18－9　自定中心振动筛

（2）偏心振动筛的结构如图18－10所示，是电动机通过三角带带动偏心轴转动，由轴颈的偏转运动，使筛板产生振动，迫使筛网上的煤跳动，完成筛分的。筛轴的偏心距是 $e = 1.5 \sim 3.0\text{mm}$。

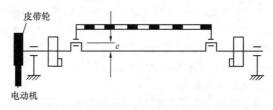

图18－10　偏心振动筛

二、惯性振动筛和直线共振筛

（1）惯性振动筛的结构如图18－11所示，图中弹簧支撑筛板及轴承座，筛轴转动时，由于偏心块的离心力的作用迫使筛板振动。这种筛机偏心块产生的离心力是全方向的，振动力比较分散，而且结构不算紧凑，属于较传统的振动筛。

第十八章　大块分离和筛煤设备

（2）惯性直线共振筛结构如图 18-12 所示，是靠一对重心 180°对称分布的双旋转偏心轴的相对转动产生振动力的，从图可以看出这个振动方向是使筛网沿 45°单一方向直线振动的，所以为直线共振筛，其振动机原理如图 13-12（b）所示。如果两偏心块的相对角度变化，将明显改变激振力的方向和大小，进而影响筛分效率。

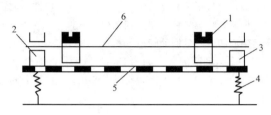

图 18-11　惯性振动筛

1—偏心块；2、3—轴承座；4—弹簧；5—筛板；6—筛轴

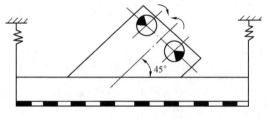

图 18-12　直线共振筛

以上这几种筛煤机械的一个共同点就是筛条之间的距离相对固定，不像滚轴筛那样在筛条运动中筛分，所以这些机械的筛分效率和防堵塞性能都不算太好，而且振动频率高，噪声大，驱动功率大，相对出力小，在电力系统逐渐被滚轴筛等其他形式的筛机设备取代。

三、惯性共振概率筛

惯性共振概率筛（GGS 系列）的结构如图 18-13 所示，其振动特性比惯性直线共振筛进一步完善，筛分结构是大筛孔、大倾角和分层筛网，一般根据煤的颗粒组成来确定筛网的层数（常分为 3 ~ 6 层）和筛孔尺寸，自上而下，筛孔尺寸逐层减小，筛面倾角逐层加大。筛机驱动方式也是强迫定向振动，采用双质体振动系统，在近共振状态下工作，利用两台同步振动电动机或惯性激振器做振源，运行轨迹是接近于直线的椭圆，工作平稳，振幅大；主振动弹簧选用剪切橡胶弹簧，工作频率为隔振系统固有频率的三倍以上，所以有良好的隔振效果。

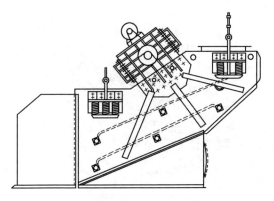

图 18 – 13　共振式概率筛

随着筛网的机械振动，物料与筛网之间呈现跳动和滑动两种相对运动形式。在每次跳动和滑动过程中，将有部分细小颗粒物料以很快的速度，穿过筛孔成为筛下物，大颗粒成为筛上物分离出来。而每次穿过筛孔的百分数，则称为某一级别煤的穿筛概率。

常用的惯性共振概率筛技术参数举例如表 18 – 1 所示。

表 18 – 1　　　　　　惯性共振概率筛技术参数举例

型号	筛下粒度(mm)	生产率(t/h)	双振幅(mm)	振动频率(Hz)	激振力(kN)	筛分效率(%)	筛面倾角度 第一层	第二层	电动机型号	电动机功率(kW)	电动机转速(r/min)
GGS – 1335	≤30	1000	9	12.8	43.00	85	25	28	Y160M – 4	11	1460
GGS – 1535	≤30	1200	9	13.3	52.00	85	25	28	Y160M – 4	11	1460
GGS – 2035	≤30	1600	9	13.3	67.00	85	25	28	Y160L – 4	15	1460

四、琴弦细筛

琴弦细筛是一种适用于黏湿物料的分级单轴椭圆形振动筛，其结构如图 18 – 14 所示，下层筛面采用纵向张紧的物料钢丝绳作为筛网，透网率高，且在落煤端有承料板，可耐物料的冲击。筛机采用电动机直接传动，偏心块激振器可方便调整激振力。该筛面具有特有的二次高频振动使物料不易粘在筛网上。适用于供应循环流化床锅炉的细粒度煤的筛分。琴弦细筛技术参数举例如表 18 – 2 所示。

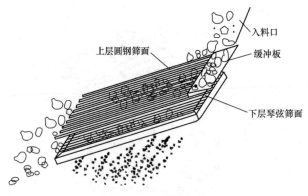

上层圆钢筛面
入料口
缓冲板
下层琴弦筛面

图 18 – 14 琴弦细筛

表 18 – 2 琴弦细筛技术参数举例

型号	处理能力 (t/h)	分级粒 (mm)	双振幅 (mm)	振动频率 (r/min)	入料粒度 (mm)	筛分效率 (%)	筛面倾角 (°)	电动机功率 (kW)	整机质量 (kg)
QXS1030	150 ~ 200	7 ~ 10	8 ~ 15	900 ~ 1100	<150	85 ±5	10 ~25	5.5	4100

五、振动给煤筛分机

振动给煤筛分机是集给煤与筛分功能于一体的设备，使用方式如图 18 – 15 所示，由双轴直线激振器产生的激振力，使机箱内给煤段的散状物料均匀前进，当物料进入筛分段时，大于箅条筛缝的物料进入破碎机，小于箅条筛缝的物料将被筛下，进行了物料分级。适用于煤炭的分级筛选和其他需要伴随筛分而进行给煤的散状物料输送系统。可通过改变前后弹簧支承的高度，使机箱产生不同倾角来达到给煤量的调整。在自动定量和自动调整的生产系统中，为了适应自动控制的需要，可增设调频装置，将变频电流输入电动机，改变振频，进而达到自动控制的目的。分级粒度可通过更换筛面而改变，亦可根据需要制成双层筛面，进行两次分级。对特殊不易筛分的物料，可制成使物料具有翻转功能的筛面。安装方式是以座式弹簧支承为主，对小型机，可制成吊挂方式或半座半吊方式。

振动给煤筛分机随着筛网的机械振动，物料与筛网之间呈现跳动和滑

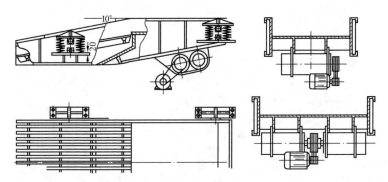

图 18 - 15 振动给煤筛分机

动两种相对运动形式。在每次跳动和滑动过程中，将有部分细小颗粒物料以很快的速度，穿过筛孔成为筛下物，大颗粒成为筛上物分离出来。而每次穿过筛孔的百分数，则称为某一级别煤的穿筛概率。

以上这些惯性振动筛煤设备所用的振动电动机或激振器与振动给煤机的结构是完全相同的。

六、滚筒筛

滚筒筛的结构如图 18 - 16 所示，工作机构是把一个倾斜布置的圆筒，装在中间轴上，轴两端有轴承座支持，筒壁由按筛孔尺寸间隔排列的圆形算条所组成。滚筒筛算条可采用平行于回转中心轴纵向排列的方式。当煤中含水量高时，就会发生算条堵塞现象，使电动机过流，所以应设筛下料

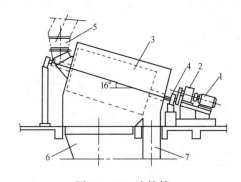

图 18 - 16 滚筒筛

1—电动机；2—减速机；3—圆形算条；4—支持轴承；
5—进料管；6—筛下物落煤斗；7—碎煤机进料管

斗设置堵煤信号，以便及时发现堵煤现象。输煤值班员接班前应认真检查，交班前应将积煤清理干净。这种筛煤机适合于中小型电厂使用。

提示 本章介绍了筛煤设备的种类、结构和运行技术要求，其中二、三、四节的前半部分适合于输煤值班员的中级工掌握，后半部分及第一节适合于输煤值班员的高级工和技师掌握。

第二篇 输煤值班员

第十九章

计 量 设 备

第一节 电子皮带秤

一、结构原理

电子皮带秤由称重秤架、测速传感器、称重传感器积算仪（包括微机）三个主要部件组成。其结构如图19-1所示，装有称重传感器的称重秤架，装于运输机的纵梁上，上煤时由称重传感器产生一个正比于皮带载荷的电气输出信号；测速传感器检测皮带运行的速度，能传输抗干扰度很高的正比于皮带速度脉冲的信号；积算器从称重传感器和测速器接收输出信号，用电子方法把皮带负荷和皮带速度相乘，并进一步积算出通过输送机的物料总量，将其转换成选定的工程单位，同时产生一个瞬时流量值。累计总量与瞬时流量分别在显示器上显示出来，精确度为0.05%。外接打印机，可打印重量信息。称重积算仪可将实时数据上传到计算机，进行微机管理。可选配流量模拟信号接口，输出流量电压信号或电流信号。

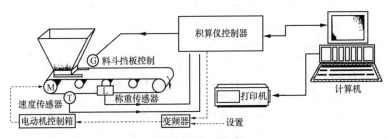

图19-1 电子皮带秤的组成示意图

称重传感器的工作原理是：金属弹性体受力后产生弹性变形，其变形的大小与所受外力成正比例。应用粘贴在其表面特定位置的应变片组成有源测量电桥。弹性体受到外力作用后，应变片随着弹性体变形的大小而产生阻值的变化，使测量电桥有信号输出。一旦外力撤销，金属弹性体恢复原状，测量电桥输出信号为零。称重传感器为直压式，其弹性体有单剪切梁式、双剪切梁式、轮辐式、板环式等结构形式。其只能承受垂直的压力，如果有较大的水平分力冲击，则可能使弹性体损坏。在实际中，为了防止水平分力对传感器的破坏，应装设传感器水平保持器。

电子皮带秤有单托辊电子皮带秤、双托辊电子皮带秤和四托辊电子皮带秤三种结构形式。常用的四托辊重秤架有四只称重传感器型，称重秤架可以直接装在不同宽度的皮带输送机机架内，位于上下皮带之间，不占用空间高度，称重秤架的支点采用无摩擦耳轴支承，这种密封装置可以防震、防潮、防腐蚀及防止物料堆积，因而在恶劣环境中不会发生使用刀口装置和轴承带来的问题。称重传感器和测速传感器均安装在秤架与皮带机之间。四个称重传感器由 10VDC 电源供电。一个测速传感器由 24VDC 供电。

电子皮带秤是动态计量，可测量带式输送机上煤的连续通过的瞬时量和累计量，具有自动调零，自动调间隔、自动诊断故障、停电保持数据等功能，能配合自动化生产进行远距离测量（监视仪表可装于集控室），能输出正比于流量的 0 ~ 20mA 或 4 ~ 20mA 电流，具有远传输出计数功能，可外接机械或电子式计数器，可在不同地点观察同一皮带秤运行状况。电子皮带秤可全数字化操作，在处理积分与累加方面具有最佳的无漂移稳定性。所有的数据、指令均用按键简单输入、操作简捷方便。

电子皮带秤的校准方式有挂码校验、实物校验、链码校验和电子校验四种。校验时不改变量程系数，只是称量出一个实际值同理论值进行比较，计算出误差加以调整。皮带秤每月用料斗秤实煤校验 2 ~ 4 次，校验的煤量不小于皮带出力的 2%，料斗秤的最大误码率应小于 ±0.1%，校验后的弃煤应处理方便。校验时应在 90%、60%、30% 三个点上进行，以保证各种负荷下都能符合要求。皮带秤计量误差应小于 ±0.5%。

一般情况下皮带秤多用于称量上煤量，现在有的电厂还将皮带秤用于自动定量上煤的调节，配料皮带秤积算控制器带 PID 调节，输出电压或电流信号，控制变频器，达到电动机调速，实现皮带机调速配料、给料，配料精度可达 0.5% ~ 1.0%。

二、电子皮带秤运行时的使用与维护

1. 日常检查与运行

（1）经常检查称重传感器和测速传感器外观完好，无歪扭变形，引线无松动，不能和转动设备相碰撞，传感头灵活。

（2）检查测重架应无杂物，支托衬垫，并与皮带保持垂直或平行。

（3）各测量构件完整，无变形，缺损，无杂物堆积。

（4）经常检查皮带的接头应胶接平滑，不可用金属卡子连接皮带，刮煤器和拉紧装置完好有效。

（5）检查电子皮带秤引线及电缆线应完好无损，接触良好。

（6）检查电子皮带秤的计数器走字应稳定，并与运行记录走字相同。

（7）皮带秤应安装于皮带机水平段，避免倾斜安装，使用中要防止物料回滚，避免皮带打滑。上煤时要均匀，尽量使皮带不跑偏，跑偏要及时调整。要经常检查清扫称重托辊，及时清除皮带上的粘煤，严禁用水冲洗测重传感器，定期进行加油润滑。检修工作时，严禁工作人员在称重段上行走。皮带的张力应保持恒定。

2. 每周维护要求

为保证电子皮带秤的使用精度，不但需要认真、仔细、正确地安装、调试和标定，还需对皮带秤进行正确的使用和维护，环境愈恶劣，维护工作愈显得重要。

（1）每周应清理称量框架一次（如秤框位于多尘地区，则应经常地进行清扫），以阻止物料或灰尘的堆积，而影响称量精度。以压缩空气或其他方法清理主杠杆刀口。对称重传感器应保证在上面无堆积的灰尘或物质。

（2）如果皮带秤遇有严重过载，则皮带秤必须重新校准和标定。

（3）每周进行一次试码或链码标定或标定系数试验，有条件的情况下进行一次实物标定。

3. 每月维护要求

（1）检查所有的支承范围，必须清理悬框架上的支承轴承和主杠杆刀口的支承点。

（2）校验秤框的直线性及秤框与输送机的纵梁的平行。

（3）检查各吊臂绳索的拉力，拉力必须相等，并要求吊壁绳索必须与悬框纵梁和主杠杆成直角。

（4）检查主杠杆支架必须水平与纵梁平行，刀口必须垂直于纵梁。如果称量悬框直线性做过修正，则秤必须重新校正。

（5）清洗并以润滑脂（2号钙基脂）装以弯曲托辊轴承和速度传感器的轴承内。

（6）如有链码试验装置，则在使用后，必须要以油脂保护。

（7）每月必须进行一次实物标定，以确保称量精度。

4. 每六个月的维护要求

（1）抬起主杠杆，检查刀口和刀承座是否有损坏或磨损痕迹。①刀口应保持锋利，不应呈现圆形痕迹；②检查支承轴承磨损情况。也可以通过皮带空载或试码、链码标定后，检查零点位置是否偏移，即零点的重复性是否好，如发现零点重复性差，应检查上述二项。

（2）如有链码卷轮装置，则应对齿条或滚筒上的减速机要清洗和填满润滑脂。

第二节　核　子　秤

核子秤是核技术与计算机相结合，多用于自动配煤系统中，其安装示意图与图 21 - 5 类似，核子秤利用装在皮带下方铅罐中的 Cs 137 辐射源发出的 γ 射线经过不同的物料而发生变化的规律进行测量。射源发出的 γ 射线穿过皮带上的物料后，被安装在皮带上方支架上的电离室感应器吸收，由于物料的厚度、质量及堆积密度不同，其衰减程度也不同，电离室感应器内惰性气体被激励的程度及电离产生的电流大小发生变化，此电位信号经过前置放大，输入微机处理，得到被测物料的质量、流量。若其值偏离给定值所要求的范围，经过反馈系统经微机传送至变频调速器，变频调速器控制给煤系统电动机的转速快慢，以达到下料量始终保持在给定值所要求的范围内。

核子秤配煤系统感应器不与皮带直接接触，因而在测量时不受皮带颠簸、跑偏及张力变化的影响，其操作环境要求低，对粉尘大的环境也可使用。在每个料仓后的主皮带上安装核子秤，其每个料仓的下料量由后一核子秤的计量减去前一核子秤的计量得到，其下料量采用电动机变频调速控制。系统采用模块方式，由操作台控制站和变频柜组成；控制站由一个开关模量和多个控制模块组成，每个控制模块对应一台秤。控制模块、变频柜、执行给煤机构和核子秤构成一闭环系统。在计算机发生故障时，不会影响自动配料，参数可在模块上直接改且有数据显示，各秤之间和各控制模块之间相互独立，可单独检修台秤或更换控制模块就可排除故障，这样就确保了整个配煤系统工作的稳定性。在操作方面操作员只需对开关量模块进行操作，在开关量面板上可进行各仓的启停、手/自动转换、流量、配比、水分的选择修改等操作，在系统启动时，按选定的仓位实现顺序启停，这样确保了系统在启停时都是混合料，提高了配料质量。

系统具有齐全的数据设定和查询功能，界面动态表格中的每班每斗的水分含量和给定配比等应由人工输入；能够查阅班报、日报生产运行报表，有故障分析表格及每班每个斗槽的动态，配比准确度趋势图和历时趋势图。有斗槽下料量过多或断流时的报警装置，操作工可从报警提示上判断哪个斗槽下料超出标准。

为保证下料均匀和稳定，必须做到：①保持一定料位，以确保均恒给料压力；②防止料口附近挂料，以防断料；③减少煤料中杂物，防止堵塞出料口；④给料口的大小适中（套筒提起高度合适），使变频调速器在 $25\sim35\,\mathrm{Hz}$ 波动，以便具有均匀的给料外形，同时使电动机处在最佳工作状态，流量调节灵敏；⑤控制各单种煤水分应小于 10%，出料均匀稳定。

第三节　料　斗　秤

料斗秤是电子皮带秤的实物校验装置，质量标准由砝码传递给料斗秤，料斗秤传递给标准煤，标准煤传递给皮带秤。只有安装了料斗秤的煤耗计量装置才具有真正的质量含义。用实物校验皮带秤的称量精度可以使检测工作变得简单快速，是实现皮带秤计量管理现代化不可缺少的配套设施。其工作原理如下：

当被称量的物料经过输送设备进入称重料斗后，称重传感器产生与物料重量值成正比的电信号输入微处理机，经处理后显示出物料的重量值，经过称量后的物料通过装有皮带秤的输送设备返回到系统中去。将料斗秤和皮带秤所显示的物料重量进行比较，从而达到对皮带秤进行校验的目的。为保证料斗秤的准确性，配有若干个标准砝码（每个砝码 1t），用电动推杆全自动加卸载，简便快速，便于检验其自身精度；也有采用液压加压方式完成校验的，这对 30t 以上大型秤的校验将显得更为简单快速。

料斗秤的使用与维护注意事项有：

（1）料斗秤的计算机及仪表部分应有护罩遮盖，工作结束后放好护罩，以防尘土进入设备内部。

（2）传感器附近严禁有积尘，禁止用水冲洗其表面，特别是传感器引出线的接口部分。防止传感器的引线有断开现象。

（3）液压系统的油管上不准堆放物品，防止压坏油管。

（4）砝码要放在干燥的垫块上，禁止用水冲洗其表面，如有必要清除上面的积尘时，应用吹风机将尘土吹掉。

（5）液压自校系统工作完毕后要将自校传感器脱离工作位，防止该系统对料斗施加附加力。

（6）料斗本体均应处在自由悬浮状态，应经常检查斗体上有无被卡涩的地方并修理。

（7）将斗内的煤全部拉空后，及时把闸板门关闭到位。

第四节　电子汽车衡

一、电子汽车衡的结构原理与特性

电子汽车衡（汽车磅）控制原理如图19-2所示，电子汽车衡主要由秤台、称重传感器及连接件、称重显示仪表、计算机及打印机等零部件组成。载重汽车置于秤台上，秤台将重力传递至称重支承头，使称重传感器弹性体产生形变，使应变梁上的应变计桥路失去平衡，输出与重量值成比例的电信号，经线性放大器将信号放大，再经A/D转换为数字信号，由仪表的微处理机（CPU）对重量信号进行处理后直接显示重量数据。配置打印机后，即可打印记录称重数据，如果配置计算机可将计量数据输入计算机管理系统进行综合管理。

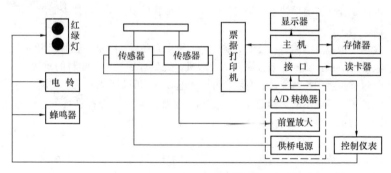

图19-2　电子汽车衡控制原理图

常用电子汽车衡的典型配置部件有秤体、桥式称重传感器（20t、25t、30t等规格）、防高压涌浪传感器接线盒、微机称重仪（具有称重管理、磅单与统计表打印输出功能）、打印机、1000W UPS电源等。

打卡式智能型电子汽车衡采用微机控制，对汽车进行动、静态称重的自动化计量设备，有自动除皮、自动制表打印（打印多联单）的功能和防止人为作假改数的功能。汽车衡计量后人为作假（一辆车计量多次，空车皮按固定值计算，人为采集数据不准，人为修改计量结果等）是很多电厂难以预防的问题。打卡式汽车衡是由微机控制的衡器，是专为防止在计量过程中人为作假设计的。同一般汽车衡相比，增加了 IC 卡读写器、信号灯、电铃、控制仪表等有关设备。计量时，司机根据红绿灯和电铃的指示完成上衡、读卡、下衡、取票等过程，自动计量。计量中和计量后禁止人工操作。所有信息均在卡中对应自动查找，自动对应打印表格，计量后自动存储每辆车的普通数值和加密数据（不能改写和直观阅读）。如人为改动了数据，在打表时将给出提示，可用加密值进行对照、检查。系统中存有每辆车最小计量间隔时间，以防止重复计量。

网络电子汽车衡，由计算机进行控制，可实现多台汽车衡联网，数据综合显示和处理等功能。

电子汽车衡特点是：①特制结构秤体抗压强度高，抗扭和抗侧向载荷能力强；②可靠性高、计量准确，标定调校方便；③防雷效果更好，可避免或减少间接雷击；④具有防作弊的效果。

电子汽车衡产品规格型号列举如表 19 - 1 所示。

表 19 - 1　　　　　　　电子汽车衡产品规格型号

型号 性能参数	SCS - 20	SCS - 30	SCS - 40	SCS - 50	SCS - 60	SCS - 80	SCS - 100
最大称量（t）	20	30	40	50	60	80	100
分度值（kg）	5、10	5、10	10、20	10、20	20	20	20、50
传感器容量 × 只数	20t × 4	20t × 4/6	20t × 4/6	30t × 4/6	30t × 4/6	30t × 4/6 50t × 4/6	50t × 4/6
台面尺寸 （长 × 宽）	长度有 7、8、9、10、12m 等，宽度有 3、3.2、3.4m 等； 秤总长 ≤10m，一般采用 1 个秤台、4 个传感器结构方式； 秤总长 ≥12m，一般采用双秤台、6 个传感器结构方式						

二、电子汽车衡的使用注意事项

秤台四周间隙内不得卡存有异物。限位器的固定螺栓与秤台不应有碰撞和接触。若必须在秤台上进行电弧焊作业时，必须断开仪表装置与秤台的各种连接电缆线。电弧焊的地线必须设置在被焊部位的附近，并要牢固地接触秤体。传感器不得成为电弧焊回路的一部分。传感器插头非专业人员不得取下，安装时要对号入座。非称重车辆不允许通过秤台。严禁汽车或其他重物撞击秤体。汽车在称重是应按规定速度平稳地通过秤台，严禁在称重过程中突然加速和制动。

第五节　动态电子轨道衡

机械式轨道衡因结构和精度等问题已逐渐被电子轨道衡取代，电子轨道衡是以电阻应变式称重传感器作为力电转换元件，采用微处理机控制进行计量的，是对列车进行动态或静态称重的自动化计量设备，计量自动化程度高，性能可靠，精度准确，操作简便，结构稳定，是目前广泛使用的陆路运输称重设备。

实用中有静态电子轨道衡和动态电子轨道衡两种。火电厂使用的大多是动态电子轨道衡，动态电子轨道衡是进厂列车快速动态自动化计量的重要设备，适用于标准轨距四轴货车的称重，可对整列列车进行动态连续称重，可实现自动称量、自动运算、自动显示，可对称重结果进行时间、车号、毛、皮、净重等记录打印。

一、结构与原理

动态电子轨道衡由称量台面、传感器及电气部分组成，结构如图19-3所示。根据其对地形及气温条件的要求，可分为深基坑、浅基坑及无基坑式。称量台面主要由计量台、过渡器、纵横向限位器，覆盖板等组成。称量台面由四支压式传感器支承，四支传感器分别固定在基础预埋件上。秤梁上面铺设台面轨与电子轨道衡两侧的整体道床线路联通供列车通行。为使计量台面在动态下减小位移，在计量台面纵横两个方向均安装限位器。为减少车轮经过引线轨与台面轨接缝处产生的冲击振动，在四个轨缝处分别安装一个随动桥式过渡器，过渡器中部有一个高于轨缝处轨顶高的圆弧面。车轮经过过渡器时，自然会绕过横向轨缝，从而减小冲击振动。电气部分以微处理系统为中心。加温装置是用于高寒地区保证传感器各项性能指标的一个保护装置，在年最低温度不低于-20℃的地区可以不采用该加温装量。动态轨道衡的型号有100、150t和200t等规格，显示分度值为50kg（或100kg），车速要求小于30km/h。

当被称车辆以一定速度通过秤台时，载荷由秤台轨、主梁体传至称重传感器，称重传感器将被称载荷及车辆进入、退出秤台的变化信息，转换为模拟电信号送至处理器内，将信号放大整理，A/D转换后，输送给微机，在预定程序下微机进行信息判断和数据处理，把称量结果从显示器和打印机输出。

电子轨道衡的计量方式分类为：

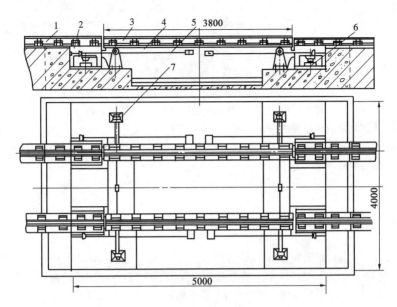

图 19 – 3　动态电子轨道衡结构组成图

1—引线轨；2—过渡桥；3—台面轨；4—秤梁；

5—纵向拉杆；6—传感器；7—横向拉杆

（1）轴计量式：以每辆被称四轴车分四次称量，累加得到的总重量即为每节被称车辆的重量。

（2）转向架计量式：每辆被称车辆的四个轴分两次称量，每次称量一个转向架的重量，累加得到的总重量即为每节被称车辆的重量。

（3）整车计量式：整节车在称量台面上进行一次称量，这时得到的重量即为此被称车辆的重量。

二、运行与维护

在运行维护中须注意下列事项：

（1）每星期检查一次过渡器、台面板等部件上的固定螺栓。每班清扫台面，经常擦拭限位装置等各部零件。基坑内要保持干燥不得有积水和煤灰。

（2）台面的高度和水平不得有较大的下沉量，以保证过渡器的正常位置。各滑支点应润滑良好。

（3）轨道接近开关和光电开关，应保持正常位置和清洁良好的工作状态。

（4）称量时，列车应按规定速度匀速地通过台面，尽量不要在通过台面时加速或减速，尤其要避免刹车，不允许列车在轨道衡的线路上进行调车作业，不称量的车辆不要从台面上通过或限速通过。

（5）传感器及其恒温装置应保持长期供电。传感器的供桥电源必须班班检查、调整。模/数（A/D）转换器在使用前要提前接通电源，以保证在测量前有足够的预热时间。

（6）称量前无荷重时台面重量指示应为零位。每次称重后须检查空秤指示是否仍为零，避免零点漂移造成的称量误差。

（7）操作人员长时间离开操作室时，应将轨道衡的电源切断。

第六节　激光盘煤装置

激光盘煤装置适用于火电厂、煤矿、码头等装有门式堆取料机（或门抓）的大型煤场煤堆体积的测量，也可用于其他散碎体积的测量。采用激光扫描测距原理，将激光脉冲扫描单元安装在堆取料机门架上，通过堆取料机的行走实现三维体积测量。系统各种信号（包括堆取料机行走位置、姿态、测量数据、通信等）由主控单元进行实时处理并计算出存料体积，同时根据物料密度计算出物料重量。不要求对煤堆进行人工整形，就可实施测量，与传统人工测量方法相比，操作简单、准确、高效。只需一个人在机房内通过微机键盘简单操作就能自动完成测量，煤堆体积数值和三维立体图形，可一次打印出来。200m×50m煤堆测量一遍只需30min。装置测量零位可调，相对误差小于1%，同一煤场堆放两种煤时，可以分别给出各自测量结果。

激光盘煤是利用激光三角测距原理和三维成像技术，采用CCD摄像和微机控制技术，把整个煤堆划分成若干个底面积相等的小柱体，测出每个小柱体的高度，求出每个小柱体体积，再通过运算得到整个煤堆体积。

1. 激光盘煤系统的组成

激光盘煤系统由机械扫描系统、光电探测系统、控制系统（运行控制、数据采集和数据处理系统）三部分组成。

（1）机械扫描系统。在煤场门抓或门式堆取料机大车横梁上设有单轨，单轨上的小车上装有激光扫描部件，单轨随大车作纵向运行时，小车同时在轨上做横向往复运行，以实现对整个煤场的两维机械扫描。

（2）光电探测系统。由线光源激光器，CCD摄像机和光学三角组成，这些装置都装在小车上，并使激光束垂直向下照射在煤堆表面，同时用 CCD 摄像机对激光点探测成像，根据光点在线阵 CCD 上的位置计算出煤堆各点高度，进而求出煤堆体积。

（3）运行控制、数据采集和数据处理系统。是由以 PC 机为核心的微机系统、电子线路和相关软件组成，装有数据采集单片机，CCD 驱动脉冲单片机和执行电路及各种电源的电气箱挂在小车上，PC 机运行应用软件和键盘操作实现数据传输和对小车运行的控制，数据采集是由小车上的光电探测头和两个单片机完成的，PC 机通过串行通信的数据，进行数据处理计算体积；而小车运行控制则是 PC 机运行应用软件通过串行通信传输指令实现的。

2. 激光盘煤系统的功能

（1）可对煤堆任意点高度进行测量。

（2）可对煤堆任意截面进行测量，实时显示截面各点高度，可打印截面二维图形。

（3）可连续自动测量整个煤堆体积，实时显示测量状态，一次打印出测量结果数据和煤堆三维立体图形，测量中间允许任意停车，再启动后接续测量，不丢数据。

（4）同一煤场堆放两种煤堆时，可分别给出各自的测量结果。

（5）测量零位可调，标定方便。

3. 激光盘煤系统的特点

（1）激光扫描单元无死区、抗强光、测程长、测量精度高。

（2）激光扫描单元体积小、耐冲击，环境适应性强。

（3）光学扫描设备无机械运动，经久耐用，无须维护。

（4）输出报表图文可连接 MIS 网系统，供厂内局域网查询。

（5）采用嵌入式计算机系统的主控单元，接口及控制方便灵活，手提电脑串口通信或无线扩频方式可随时盘煤。

4. 激光盘煤系统主要技术指标

相对误差小于 1%（相对整个煤场）。

供电电压 220V。

重复性误差小于 1%（相对整个煤场）。

激光器功率 127mW。

行走电动机功率 150W。

CCD 摄像机 2048 像素。

测点密度每平方米不少于 100 点。

工作温度 - 30 ~ + 50℃（低温地区需加专用加热箱）。

测量速度与堆取料机行进速度一致。

测量精度 5‰。

激光扫描单元防护等级 IP65/IP67。

激光防护等级 ClassI 类激光（对人眼无害）。

第七节　无人机盘煤技术

无人机盘煤是一种基于航空摄影测绘原理的新型的盘煤系统，其盘煤过程是通过无人机搭载一个测绘相机在煤场上方自动巡航并正摄（保持相机与水平线垂直向下 90°）拍照，每个照片保证一定的重复度，最后使用专业的摄影测量软件重建煤场三维模型计算煤场料堆体积。

无人机煤场盘点系统组成包括：监控装置、无人机测量平台。

监控装置包括无人机地面站软件、测量软件等后台监控系统。无人机地面站软件连接数据电台 A，测量软件通过路由器与户外大功率无线 AP 连接。数据电台 A 通过无线网与无人机测量平台内部的数据电台 B 连接，户外大功率无线 AP 通过无线网与 WLAN 通信模块连接。

无人机测量平台包括运动控制系统、测量系统。运动控制系统内的遥控器接收模块分别与飞行控制模块、自稳云台连接。飞行控制模块分别与 GPS 定位模块、气压高度计、无刷电机动力系统、数据电台 B 连接。遥控器接收模块通过无线网与手动遥控器连接。

测量系统的 WLAN 通信模块与 DSP 控制器连接，DSP 控制器分别与激光雷达、GPS 定位模块连接。

无人机煤场盘点系统及盘煤方法包括如下步骤：

（1）后台监控系统，发出信息和处理接收到的信息，无人机地面站软件给飞行器设定飞行航线，测量软件用于综合无人机传输回的位置、距离数据拟合出煤堆的轮廓曲面，通过激光扫描所得离散点的三维坐标积分生成煤堆的三维图，求得煤堆体积。

（2）无人机测量平台，以无人机为载体，依靠差分全球定位系统 GPS 进行准确定位，通过陀螺仪惯性导航系统完成自主导航，按照航线绕煤场飞行开展盘煤工作，然后自动飞回起飞点，自动降落。

（3）数据传输系统，用于后台监控系统和无人机测量平台间的指令传递和信息传输，包括路由器，户外大功率无线 AP 和数传电台。

（4）将激光雷达测距仪和定位模块的标签安装在无人机上，通过定位模块的基站，对无人机进行定位，并通过上位机对其进行航线规划。无人机搭载激光雷达按照航线对煤堆进行打点扫描，将得到的无人机飞行信息和激光雷达扫描所得的信息传输到单片机中进行处理，并储存到 SD 卡上，然后将 SD 卡中的文件导入 Matlab 端，将煤堆表面有限个轮廓点进行曲线拟合，生成三维图，还原煤堆的形状，并通过编写的积分程序来求解煤堆的体积和质量。

提示 本章介绍了计量设备的种类、结构和运行技术要求，其中第一、二节适合于输煤值班员的高级工掌握。第三、四节适合于输煤值班员的技师掌握。

第二十章

自动采制样设备

自动机械采制样装置主要是由采样头、破碎机和缩分器等部件构成的。制样是指对采集到的具有代表性的样本，按规定方法通过破碎和缩分以减少数量的过程。制备出的煤样不但符合试验要求，而且还要保持原样本的代表性。

第一节 自动采样装置

一、结构和工作原理

自动采样装置是用于火车、汽车和轮船等处的样品采集，根据采样机的活动方式分为固定式和悬臂移动式两种。采样装置有插铲采样头和螺旋采样头等几种，采样头可用液压或电动控制，其采样深度可以调节，悬臂式采样系统较固定式采样增加了水平范围的调节功能，可对同一载体的一个或几个具有代表性的采样点进行采样。螺旋采样头将采集的具有代表性的试样释放到料斗中，经由封闭小皮带给煤机匀速输送到破碎机中，破碎机按要求的粒度将样品破碎后，再由缩分器按预量的缩分比将样品分离出来，储存在密闭的样品收集器中，最后将余料返回到原系统中去。

螺旋采样装置，主要是由液压螺旋钻、接收煤斗、初级皮带给煤机、碎煤机、二次皮带给煤机、刮板式采样机（缩分器）、样品收集器、余料返回设备、液压站、电气控制系统等组成。螺旋钻液压操纵机构根据需要可分为固定垂直移动式和任意旋转吊臂式。

液压螺旋钻采样头，一边旋转一边全断面切入煤堆，采取样品；装在螺旋钻上部的煤箱被充满后，螺旋钻提起，移动到接收煤斗上，样品箱料门打开，样品被放出；初级给煤机将煤送入碎煤机，碎煤机将煤破碎到所要求的粒度，煤流入二次皮带给煤机，在输送过程中用刮板采样机进行缩分。缩分后的样品进入样品收集器，多余的煤通过余料返回设备排弃。

二、汽车煤采样机

汽车煤采样机的结构如图 20 – 1 所示，主要由样品采集部分、破碎部分和缩分集样部分组成，余煤处理按需要配置。汽车煤采样机一般固定安装于运煤汽车经过的路旁。首先由钻取式采样头提取煤样，主臂抬起后所采得的煤样沿主臂内部通道进入制样部分。经细粒破碎机破碎后再进入缩分器缩分，有用的煤样进入集样瓶。

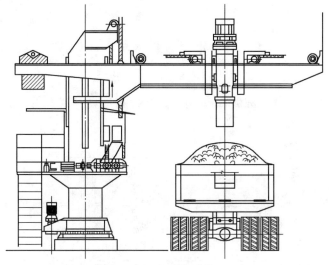

图 20-1　汽车煤采样机

三、火车煤采样机

火车煤采样机的样式如图 20-2 所示，能连续完成煤样的采取、破

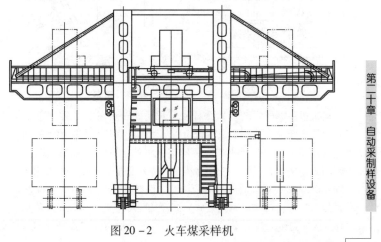

图 20-2　火车煤采样机

碎、缩分和集样，制成工业分析用煤样，余煤返排回车厢。火车采样机主要由采样小车、给煤机、破碎机、缩分器、集样器、余煤处理系统及大小行走机构组成。首先由钻取式采样头提取煤样，通过密闭式皮带给煤机送入破碎机，破碎后进入缩分器，缩分后的煤样进入集样器，多余的煤样由余煤处理系统排入原煤车厢。

第二节　皮带机机械采制样设备

一、皮带机头部机械采制样设备

皮带机头部采样机布置结构如图 20 - 3 所示，包括采样头、给煤机、破碎机、缩分器、余煤处理几部分。

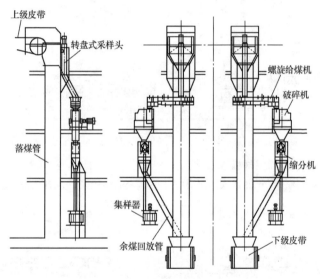

图 20 - 3　皮带机头采样机布置

皮带机头部配置转盘式采样头，开孔的转盘在 PLC 控制下定期旋转切割煤流全断面，快速截取皮带机头部下落的煤流，截取的煤样通过落煤管进入给煤机。皮带（或螺旋）给煤机将样品煤均匀地输入破碎机，采用密闭式输送机，可防止粉尘污染，减少水分损失。破碎机采用环锤反击式细粒破碎机（或其他小型破碎机），使煤样粒度进一步缩减形成合格品，然后从排料口排出，经破碎后煤样从粒度不大于 30mm 破碎到不大于6mm，煤样粒度与煤样重量成等级关系。缩分器有刮扫式缩分器、移动料斗式缩分器、摆斗式缩分器、旋鼓式缩分器等，缩分比为 1 ~ 1/80 可调。集样器备有 1 ~ 6 个样罐，并能实现电动换罐。斗提机或螺旋输送机，把弃煤送回皮带机。专人定期取送集样器中的煤样，便完成了采制样工序。

按照设定的时间间隔，采样头旋转一周，从运动的皮带输送上取得了一个完整的横截面的样品。样品直接通过斜槽落入初级皮带给煤机，将物料送入破碎机，破碎机将物料破碎到所要求的粒度，且不损失物料，并将水分损失保持在预定并可重复的范围内，再由缩分器缩分样品。可以选择不同的采样机以满足每一种采样的要求。最后样品被收集到防水、防尘的容器中。采样系统中的余料返回到主物料流中，据需要可以选择几种方式：自由落下，螺旋输送机，圆管带式输送机或斗式提升机等。

二、皮带中部采制样设备

皮带机中部采样机主要是由采样头、破碎机和缩分器等部件构成的，其结构如图 20 - 4 所示，采样头刮扫器杠杆定期以最快的速度贴近皮带旋转对煤流进行刮扫取样，刮取的煤样通过落煤管进入碎煤机中进行破碎后使样品煤粒度达到 3 ~ 4mm，破碎后的样品再经过缩分后进入样品煤收集器内采样制样工作即告完成。

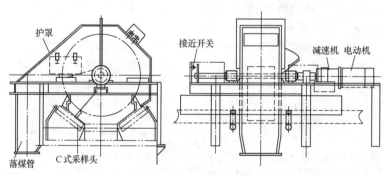

护罩   传动   接近开关   减速机 电动机

落煤管   C式采样头

图 20 - 4   皮带机中部采样机

不锈钢采样头刮扫器由电动机驱动，当一个采样周期开始时，电动机驱动刮扫以最快的速度旋转贴近皮带对煤流进行刮扫取样，到一定程度后阻旋开关跳动电动机刹车，刮扫器返回原位待领。同时把煤卸到落煤管头部的落煤斗里。刮扫器保证在旋转过程中不接触皮带，回到起始位置后不接触煤流。刮扫器带电磁刹车，有缓冲功能。

1. 这种采样机的特点

（1）采样时间间隔按采样规程可调。

（2）能较好地取得全断面子样，样品代表性好。

（3）系统密闭性好，系统水分损失小。

（4）采用专用破碎机，不易堵塞。

（5）采用二次刮扫式缩分器，缩分精度高，系统布置灵活。

2. 对采样过程的工作要求

（1）在燃煤水分达到12%时（褐煤除外）仍能正常工作。

（2）系统密闭性好，整机水分损失应达到最小程度，如小于1.5%。

（3）采样头工作时移动的弧度应与皮带载煤时的弧度相一致，以消除留底煤，掠过皮带的速度以不丢煤为原则，又要保证能采到煤流整个横截面而且不接触皮带，保证在旋转过程中回到起始位置后不接触煤流。采样头动作时间一般在0~10min内可调，以满足不同均匀度煤的需要。

（4）破碎机的工作面应耐磨，当破碎湿煤时，不发生堵煤现象。破碎机工作时无强烈的气流产生，以减少水分损失。出料粒度中大于3mm的煤不超过5%。应能自动排出煤中金属异物，碎煤机被卡时保护装置动作，碎煤自停延时反转后可将异物从排出孔排出，以保护破碎机。

（5）缩分器缩分出的煤样量要符合最小留样质量与粒度关系。余煤回送系统要简易可行，能将余煤返回到采样皮带下游。

3. 皮带机中部机械取样装置的日常维护内容

在日常工作中要经常检查取样装置的结构部件和工作时的工作状态，发现取样不净或向侧面漏煤等时要及时调整，对取样器和机械杠杆要经常检查，发现磨损和变形松动的构件时要及时修复或更换，对电气限位开关要每班检查一次，保证其动作可靠，对碎煤机、缩分器等要经常清理检查，保证机械内无异物，缩分器畅通，对碎煤机运行中排出的异物要及时清理，对于碎煤机因保护动作而停运时，首先要查明原因，必要时可以调整保护装置的整定值，对电气控制箱要定期进行清扫、吹灰。对保护装置应定期进行整定校验。采样器的工作频率要满足要求。

第三节　煤质在线监测仪

原煤中碳、氢、硫等组成的有机物及碳都是可燃烧性物质，这些物质的原子量虽然不同，但是原子序数都比较低，平均值为6左右。煤灰中硅、铝、钙、铁的氧化物及盐类物质是代表着不可燃烧的物质，即灰分，这些元素的原子序数都比较大，灰分的平均原子序数大于12。可燃烧物质与灰分之间的平均原子序数相差大于6左右，可以利用这个差异值的物

质特性通过 γ 射线来检测灰分含量及热值。

煤质在线监测仪用双源 γ 射线穿透法来测试灰分值。根据穿透皮带煤层后探头获得射线剂量的大小，来计量确定煤中灰分值的大小，进而转换运算出煤的发热量数值。射源中低能 Am 源用来监测煤质灰分，中能 Cs 源用来消除厚度密度带来的影响。射源装于上下层皮带中间，探头正对准射源装于皮带上约 300mm 的高度。

煤质在线监测仪的安装示意图如图 20 - 5 所示，工作时对皮带煤流实时不间断监测，并运用微积分原理提高精确度，测量时间为 10 次/s、1 次/s 或 10 次/min 可选，煤流厚度为 100～300mm。其特点是：①属非接触测量，快速高效；②连续全扫描监测，实时性强，误差小；③每 6s 内给出一次测试结果，可连续显示灰分和热值曲线，及时准确地反映煤质变化情况。

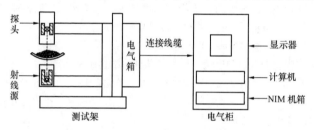

图 20 - 5 煤质在线监测仪示意图

来煤比较杂的电厂，应根据经验，将供货方按地质情况大致划分为几个煤种。在使用中由于不同煤层所含元素有所差异，特别是硫元素、铁元素对测试的影响显著，所以要根据不同的校验值分煤种监测。

使用中应加强对放射源的防护和管理，防止丢失。若长期不用，要先关闭射线源，若探头影响检修等工作，可通过远程控制按钮或现场按钮将探头转出皮带。

监测仪辐射水平低于国家规定值，水平方向 0.8m 外射线强度接近房间本底的辐射水平。在工作状态下，冲洗皮带或检修时，可能接触射线，水平方向尽可能和测试探头保持大于 0.5m 的距离。垂直方向不得将手或身体其他部位伸进探头与放射源之间。如果伸进探头与放射源之间，应随即用水冲洗。

提示 本章介绍了采样设备的种类、结构和运行技术要求，其中第一节适合于卸储煤值班员的中级工掌握，第二节适合于输煤值班员的中级工掌握。第三节适合于输煤值班员的高级工和技师掌握。

第二十一章

燃料现场防尘抑尘措施

第一节 概　述

一、输煤现场粉尘的性质和危害

输煤现场煤粉的性质主要有：

（1）粉尘的成分，与产生粉尘的物料成分基本相似，但各种成分的含量并非完全相同，一般是物料中轻质易碎的成分散出来要多些，质重难碎的成分散出来的要少些，但相差不大。

（2）尘粒的大小和形状，与粉尘本身的结构组成、产生的原因有关。例如由于物料破碎而生成的粉尘多有棱角，在各转运点由于落差等原因产生的粉尘多为片状和条状。粉尘的大小和形状结构决定了粉尘比其原料有更强的物理化学活泼性。

（3）粉尘的润湿性，粉尘粒子能否被液体润湿和被润湿的难易性称为粉尘的润湿性。其取决于粉尘的成分、粒度、生成条件、温度等因素。悬浮在空气中粒度小于 $5\mu m$ 的尘粒，很难被水润湿或与水滴凝聚。因为微小尘粒与水滴在空气中均存在环绕气膜现象，尘粒与水滴在空气中必须冲破环绕气膜才能接触凝聚。为了冲破环绕气膜，尘粒与水滴须有足够的相对速度。

（4）煤尘的爆炸性，悬浮于空气中的煤尘属于可燃粉尘。当其浓度达到一定范围时，在外界的高温火源等作用下，能引起爆炸，因此，煤尘是具有爆炸危险性的粉尘。煤尘只有在一定的浓度范围才能发生爆炸。一般煤尘的爆炸下限为 $114g/m^3$，挥发分大于 25% 的煤粉，爆炸下限可达 $35g/m^3$。煤尘的爆炸性不仅与其浓度有关，同时与粉尘的粒度和湿度等也有关系。

输煤皮带粉尘超标，对人危害很大。大于 $10\mu m$ 的粉尘，几乎全部被鼻腔内的鼻毛、黏液所截留；$5\sim10\mu m$ 的粉尘，绝大部分也能被鼻腔、喉头器官、支气管等呼吸道的纤毛，分泌黏液所截留，这部分粉尘会由咳嗽、打喷嚏等保护性条件反射而排出体外；$0.5\sim5\mu m$ 的粉尘，容易穿透肺叶，深入肺泡中，粘附在肺叶上使人患职业病。除 $0.4\mu m$ 左右的一部分能在呼气时排出之外，绝大部分都滞留在肺泡中形成纤维组织。导致呼吸机能障碍等各种疾病。硅肺（矽肺）就是其中之一，还能引起消化系统、皮肤、眼睛以及神经系统的疾病。有人研究硅肺（矽肺）死者肺中尘粒的百分比。发现 $1.6\mu m$ 以下的占 86%；$3.2\mu m$ 以下的占 100%。

粉尘越细在空气中停留时间越长，被人们吸入的机会就越多。故小于 $5\mu m$ 的粉尘就叫"吸入性粉尘"因其比表面积（m^2/g）大，表面活性强，能吸附二氧化硫等有害气体和金属离子，1952 年英国伦敦烟雾事件中，二氧化硫就是以 $5\mu m$ 以下粉尘为载体，吸入肺泡而造成灾害的。

二、输煤系统防尘抑尘的技术措施

从经济实用性来讲，输煤系统煤尘综合治理应贯彻以抑尘为主和七分防三分治的方针。在近几年的综合治理当中大都是依靠防尘、除尘和清扫等手段降低空气中粉尘含量。采用 DTⅡ型输煤槽上盖及挡尘帘等防尘措施、配以合适的除尘机组和全自动水喷雾装置，有的电厂增设了粉尘在线程控操作，无需增加运行人员，并且地面采用防水胶处理，墙裙贴瓷砖，甚至加上自动水冲洗，均取得了很好的效果。

由于输煤系统多数是转动设备，扬尘点十分分散，因此给煤尘治理工作增加了难度，但如果措施得当，效果是比较明显的。在已有的输煤设备上主要防尘措施如下：

（1）应用格栅式导流挡板。煤的冲击部位（如头部的落煤点及尾部煤管内的折转处冲击点）安装导流挡板，可以减小诱导气流，降低噪声。由于格栅内经常充满着煤，煤在冲击该部位时产生了煤磨煤的现象，缓冲了煤流速度，也从根本上解决了这个部分的磨损问题。格栅可以用 50mm 的扁钢制成 $100mm \times 100mm$ 的方格，但在布置时应考虑倾斜角度的调整，避免发生堵塞现象。

（2）为了保证落煤管系统的密封性能，应安装可靠灵活的锁气器，落差不高的落煤管入口处也应加挡尘帘（可垂直吊在管内倾斜段）。为了防止泄漏和堵塞造成尾部滚筒卷煤扬尘，落煤管的角度应尽量垂直和加大落煤管的直径，落煤管出口顺皮带方向做成扁方口结构，在保证通流面积的前提下，使煤聚中，防止跑偏撒煤。

（3）采用新型的多功能导煤槽。输煤系统在运行中，在落煤管内所产生的正压气流，会从导煤槽出口排出。当导煤槽密封不严或皮带出现跑偏时，都会造成大量的煤尘飞扬和外逸。多功能导煤槽具有料流聚中，密封性能好和防尘、降压的功能，而且大大减小了维护工作，基本上消除了因料流不正造成的皮带跑偏撒煤现象。

（4）在皮带机头部转向托辊下部向皮带工作面中部喷水，可有效地防止回程皮带表面粉尘的飞扬。安全自调型皮带清扫器不会伤及皮带、摩擦系数低、清煤净。

（5）由于犁煤器的锁气器挡板大部分不能使用，煤下落到原煤斗时产生较大量的含尘气流外溢是煤仓层的主要尘点，解决办法是在犁煤器落煤斗的下方安装导流挡板，其结构如图 21-6 所示。导流挡板的作用有两个，一是降低煤流的下落速度并将煤流导向煤斗的中部；二是用导流挡板和吊皮能够自动封闭落煤口，把冲上煤斗的含尘气流尽量避免从落煤斗冒出。

（6）密闭式带式输送机能有效地防止撒煤和煤尘飞扬问题，该机实现全封闭，对在煤尘飞扬较大的部位（如煤仓层）可以加以改进后选用。

（7）为了防止尾部滚筒卷煤扬尘，应首先保证空段清扫器有效。还可在滚筒表面抛料的位置斜装一个"人"形排料板进行排料。为防止打滑，此处一般不要设置固定喷头。尾部自排粉改向滚筒圆柱面两侧翘边，中部柱面开有网筛孔，芯轴做成鼓型轴，能起到较好的防尘效果。

（8）煤源喷水加湿，使水分达到 4% ~8%，扬尘会明显减少。

第二节　输煤系统防尘抑尘及综合治理

一、落煤管和输煤槽的防尘结构

输煤皮带落煤点产生的煤尘，首先被封闭在弧形输煤槽内，然后再在煤尘速度较小的地方设置吸尘罩。为降低落煤点产生的诱导风压，在输煤槽上可设置循环风管，其结构如图 21-1 所示，把输煤槽中风压最大的地方与落煤管中空气最稀薄的地方连接起来，循环风管的截面积根据输煤量估算，每 100t/h 输煤量取截面面积 $0.05m^2$。

为切实保证尾部输煤槽上除尘器的工作效果，输煤槽必须有很好的密封性，特别是在有三通落煤管的交叉转运站，除了要在输煤槽出料口加双层装挡料及喷水和改用迷宫式输煤槽皮子外、在每个落煤管出口处加装缓冲锁气器也是很必要的。如果落煤管落差小于 3m，空间有限或其他条件所限不宜安装锁气器，可在落煤管倾斜段加装吊皮挡尘帘，其结构示意图如图 21-2 所示，都可以加强皮带机尾部落煤点的密封性，使输煤槽少冒粉尘 20% ~30%，使除尘器吸尘风量可减小 50%，极大地提高除尘器的使用效果。一般不必与循环引流风管一起使用。

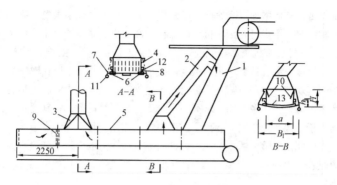

图 21 – 1　输煤槽循环风管示意图

1—落煤管；2—循环风管；3—吸尘罩；4—内侧板；5—输煤槽；
6—台板；7—外侧板；8—密封条；9—双重挡帘；10—导煤板；
11—重物；12—楔子；13—输送带

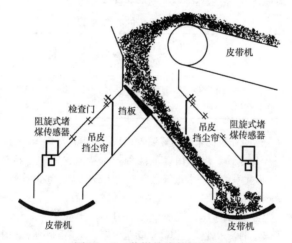

图 21 – 2　落煤管附件示意图

二、输煤现场喷水抑尘的机理与要求

来煤的含水量对粉尘的大小有决定性的作用，水分大于 8% 时粉尘不大，须停止喷水，否则容易堵煤；水分在 4%～8% 时，一般除尘效果很明显；水分低于 4% 时粉尘较大，不好控制，需要从煤源点开始进行喷水和加湿控制。

喷水除尘与加湿物料抑尘意义不同，加湿物料可使尘粒黏结，增大粒径及重量，进而增加沉降速度，或黏附在大块煤上，减小煤尘飞扬。因此加湿物料对于干煤可在翻车机、卸煤机、卸船机、储煤场、斗轮机、叶轮给煤机、1 号皮带机头部等靠近煤源的设备上，重点采用湿式抑尘法大量喷水，使煤水混合达到一定的湿度。喷水除尘的意义偏重于在输煤槽出口或头部落煤口等尘源点喷成水雾封堵粉尘外溢，喷水除尘的原理是利用喷头产生水雾，将尘源封闭。水雾与煤尘高速、反复碰撞，将其捕集，并一起黏附于原煤表面，同时起到了加湿原煤的作用；每个尘源点加水量一般不大，以能消除该处粉尘为主，设计时靠近煤源点的皮带多装喷水头，靠近原煤仓的尘源点可少装喷头，使用时要合理投运，以免造成燃煤含水量太高。

喷头用水不应含有 1.5mm 以上的固体颗粒。一个出口直径为 4mm（管径为 3/4in）喷头，额定水压是 0.25MPa，流量是 $0.1 \sim 0.5 \text{m}^3/\text{h}$，每个尘源点安装的喷头数量推荐如表 21－1 所示，喷头投入量的多少，可根据煤中含水量和上煤量的大小人工调整或自动调整。

表 21－1　　　　　　主要尘源点喷头的布置数量

一条皮带机	一套翻车机	螺旋卸车机	叶轮给煤机	概率筛	碎煤机	悬臂斗轮	门式斗轮
头部 1~3 个 尾槽 5~12 个	50~70 个	40~50 个	10~18 个	3~5 个	10~20 个	15~20 个	40~60 个

有时在扬尘点布置的常规喷雾装置，只能抑制部分煤尘，为了提高抑尘效率，减少用水量，可采用以下两种技术措施：一种是超音芯喷嘴（干雾装置）雾化系统，耗水量仅为常规的十分之一，除尘效率可以达到 90%；二是磁化水喷雾装置，把水经过磁化处理后，由于磁场能量的作用，使聚合大分子团的 H_2O 变成单散的 H_2O，比重变轻，表面积增大，从而提高了煤尘的亲水性能，提高了除尘效率，减少了用水。以上两种方式的喷雾装置可以布置在头部和导煤槽的出口。其水雾可覆盖全部扬尘面。

有的小电厂在输煤皮带不大的现场，将蒸汽通入运煤皮带的输煤槽内，其抑尘效果也是可以的。

喷头应与防尘罩配套使用，罩壳可以根据现场情况制作，以防外溅，喷头安装前，必须先通水把管路中的杂质冲干净，长期停用也应拆下喷头冲管。连续使用每三个月拆下喷头清洗一次。

喷头应与电磁阀配套使用，以实现自动控制。

三、自动喷淋系统的控制

在皮带机头尾部的喷头有以下几种自动控制方式：

（1）与煤流信号联锁，有煤时喷水，无煤时停水。煤流信号装置和喷头不能在皮带机上一头一尾离的太远，一般在5m之内，以免空皮带喷水或有煤时不能立即开喷。这种装置不是根据粉尘浓度来自动喷水，所以要注意下雨天或煤较湿（水分大于4%）时，应关闭皮带喷水装置阀门。当需要喷淋时，打开皮带喷淋水系统的总门，随着煤流信号的动作，电磁阀打开，进行自动喷淋。上煤结束时，电磁阀自动关闭，喷淋停止。喷淋系统旁路门应处于常关闭状态，当喷淋系统电磁阀故障自动失灵时可以手动投停，打开喷淋水系统总门及旁路门，进行人工操作喷淋，上煤结束时，关闭旁路门，停止喷淋。

（2）用带压轮式水门自控器直接控制喷水管路的开闭，有煤时皮带压紧转轮，靠旋转力打开水门，其自动喷淋系统结构如图21-3所示。这种装置也是根据煤的干湿情况人工开关喷水总门。带压轮式水门自控器结构如图21-4所示，这种自控器的转轮一旦转动，内部所装的给水阀即自动打开，转轮停止转动，给水阀门自动关闭。液压操作用的自控器由皮带或其他运输设备带动，不需要传动电源，给水阀门的打开大小与运输设备的负荷情况一致。带压式水门的安装高低可以调整，所以只有皮带"载重"运行时，自控器工作，水才喷到运行物料上，若皮带停止运转或"空载"运转自控器立即切断水源。安装时将自控器安装在上皮带下面，自控器上所示的箭头方向应与上皮带运行方向一致；安装点应选在二组

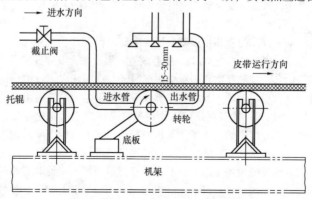

图21-3　带压式水门自动喷淋系统图

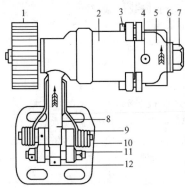

图 21 – 4　带压轮式水门自控器结构图
1—转轮；2—外壳；3—外壳螺栓；
4—加油孔螺栓；5—阀门；6—密
封圈；7—阀门盖；8—支架弹簧；
9—弹簧接头；10—底板；11—调
节螺丝；12—旋转臂

托辊之间，并使转轮正好处于皮带下垂度最大之处；安装底板时，使转轮和皮带（空载状态）的间隙约为4mm；底板安装后可调整间隙。自控器在使用期间，对阀门内部过滤器需勤清洗，冲洗时先拿掉阀门盖、密封盖、内部弹簧，就可取出过滤器，清洗后依次装上即可。自控器使用20号机械油或齿轮油作机内液压油，每隔八个月更换一次（首次三个月）。打开加油孔螺栓，先将旧油排净，再加入润滑油，将自控器晃动数次，然后排净，用此办法清洗数次，清洗完毕后加满新油，装上拧紧油孔螺栓即可。

（3）用粉尘测试仪实时测试尘源点的粉尘浓度。"粉尘快速测试仪"是利用激光作为测量光源，采用微电脑控制和数据处理技术，对作业环境同时进行粉尘浓度和分散度的在线快速监测和控制。现场粉尘超过 $8mg/m^3$ 时，通过电脑控制系统开启相应的喷头电磁阀，通过对现场粉尘浓度的在线监测，可以根据现场粉尘浓度的大小决定是否打开电磁阀喷水或打开系统中的几个位置的电磁阀喷水除尘，避免了手动控制时有无煤全皮带喷水，以及常规自动控制时干湿煤都喷水等的种种弊端，节约了用水，减少了蓬煤堵煤现象。水雾自动系统是集自动监测、自动控制、雾化等技术于一体的智能化控制系统，主要由粉尘自动监测仪、煤流传感器、可编程序控制器（PLC）、执行装置、雾化装置等部分组成。在某个现场粉尘自动监测仪监测到粉尘超标时，在确实获取煤流信号的情况下，打开该段现场尘源点的自动喷雾装置开始抑尘。系统运用"恒压供水系统"，可以根据输煤系统的工作情况自动控制水的雾化除尘工作时间，既减少了原煤中的含水量，又达到节约用水的目的，同时也减轻了操作人员的工作量。该系统能与上位机等设备进行通信，从上层监控网络及时获取现场的设备信息，提高自动控制过程的可视性和直观性，实现全局的数据管理。系统还设有手动装置，可满足就地启动、检修等特殊需要。

（4）用红外线光电式自动喷水控制器安装在皮带头部监测煤流。这种情况下光电开关需要每班清理，否则容易误发信号。

四、配煤皮带及原煤仓的除尘与防尘特点

犁煤器配煤间主要扬尘点是导煤槽的出口、尾部滚筒、犁煤器下料时从原煤斗内溢出的煤尘。

导煤槽的出口可安装除尘器装置。

尾部滚筒可加装空段清扫器和滚筒切向清煤板或改用算形自排粉滚筒，滚筒切向清煤板斜架在上下皮带之间切向贴在滚筒前，其上用角钢焊一个"人"字形排料楞条可将甩上来的煤排到皮带两侧。自排粉滚筒圆柱面上有圆孔或长条孔，将尾部滚筒与皮带之间的积煤流入滚筒内部，煤粉沿筒内的鼓形轴逐渐排到滚筒两侧外边，自动清除卷在尾部滚筒与皮带之间的积煤。

一般每个原煤仓有四台犁煤器（共八个落煤口），煤太干时一台犁上煤会从其他料口由内向外上翻煤粉，一般每个原煤仓配置一台除尘器与犁煤器联动，甲、乙皮带两侧各设置一个吸风口，当该仓有犁煤器落下皮带运转上煤时，相应的除尘器启动。有的电厂原煤仓上不安除尘器，用风机直接把仓内的尘气抽送到锅炉的一次风机入风口系统，这种办法更为简单，但注意系统间的工作协调性影响。

为了提高原煤仓的密封性，锁气漏斗在原煤仓落料口与犁煤器配合使用，使煤仓落煤口无煤时自动封闭，防止同仓的其他犁煤器上煤时煤粉外溢。其结构如图21-5所示，工作时将犁煤器连续卸下的煤由锁气挡板截住，当煤重达到一定值克服重锤块的压力时，压开锁气挡板将煤卸到煤斗里，无煤时挡板自封避免煤斗内大量煤粉溢出。但由于这种缓冲锁气板贴近地面安装，现场水冲地面极易使锁气斗的轴承锈死，其维护工作量较大。实际应用

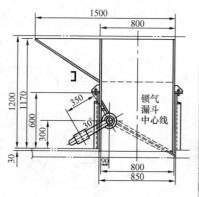

图21-5　锁气漏斗

中可将落煤斗的外侧板下半部分向内倾斜，改为如图21-6所示的弯形结构，在斗内侧板的拐点部位挂一吊皮挡尘帘封住料口，在保证密封效果的同时，大大减少了基建投资和日常维护工作量。

第二十一章　燃料现场防尘抑尘措施

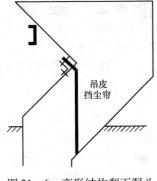

吊皮
挡尘帘

图 21 - 6　弯形结构犁下漏斗

五、减小碎煤机鼓风量的措施

碎煤机室因鼓风量大，破碎粉尘多。首先应尽量调整碎煤机的挡风板，使其内部循环良好，鼓风量尽可能最小；第二要在出口落煤斗内加装挡帘或循环风管，在碎煤机入料口的斜落煤管也可加装吊皮帘以减少诱导风量；第三要确保下层皮带的密封性，可在输煤槽前后加2~3道挡帘；第四下料皮带除尘器的风量应足够大，一般出力 1000t/h 的碎煤机配备 14000m³/h 的除尘器效果良好，不足时可以在一个输煤槽设置两台除尘器；第五在输煤槽出口应加2~3道喷雾封尘。

从碎煤机结构上看，排放口的鼓风量是由于转子在机体内旋转产生的，机体内转子旋转的空间与排放口的鼓风量有直接的关系，从如图 21 -7 所示可看出，转子在旋转时外缘与机体前顶盖上可调挡风板的距离为 350mm 左右，转子在旋转时顶盖挡风板处起着阻挡旋转风流通的作用，如果间距太小，一部分风被阻挡后，返回到碎煤机排料口流到外面，就增大了鼓风量，所以要把调整挡风板的厚度，沿径向向外延伸使转子环锤之间的间隙在 350mm 左右，这样使气流流畅，碎煤机排放口的鼓风量能明

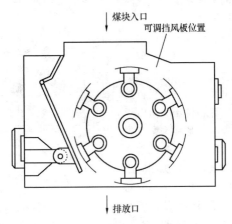

煤块入口

可调挡风板位置

排放口

图 21 -7　碎煤机挡风板调节示意图

显减小，甚至呈负压状态。此处挡风斜板应调整方便，在碎煤机空负荷时，将排放口的鼓风量调整为微负压最好，达到理想的运行工况后将顶盖板焊接牢固。

六、长缝隙煤槽的防尘措施

为了防尘，有的电厂将长缝煤槽沿线出料口吊上一排活动门，形成缝隙煤沟的密封挡扳，其结构如图21-8所示，给煤机走到哪里，就用托架滑轮将哪里的活门支起来，起到封尘作用。另外还可配备除尘系统和喷水系统排除叶轮拨煤过程中产生的粉尘，将除尘器和水泵安装在叶轮给煤机上，在缝隙煤槽下部的梁上安装水槽，除尘器和水泵随着叶轮给煤机的移动而移动，从而实现了在缝隙煤槽全段范围内的除尘和水喷雾，使其粉尘浓度大大降低，改善了工作环境。

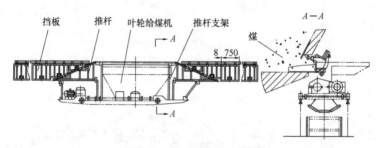

图21-8　缝隙煤沟密封挡板

七、输煤系统防止煤尘二次飞扬的措施

清除输煤系统地面的撒煤和设备表面上的煤尘，是十分辛苦的劳动。当前清扫的方式主要有两种：一种是湿式清扫法，即水力冲洗；另一种是干式清扫，即真空吸尘。从这二种清扫方式的应用效果来看，水冲洗清扫方式已为各电厂更多地采用。有不少电厂在煤仓层也成功地采用了水冲洗措施。而干式清扫正处于兴起阶段，其与水力清扫相比，主机设备初投资略高，管路系统设计、施工安装的要求较高，尤其是对那些不宜水冲洗的部位有着不可替代的作用。从使用情况看，干式清扫所花费的时间较水力清扫长，然而对于缺水地区或对污水排放要求严格的地区来说，仍然是一种可取的措施。目前正在使用的水冲洗系统和设备十分简单，主要是水源管道和用人工拖动的胶管，有的在胶管上装设了带开关的喷枪。正常清扫一个输煤段（100m长，5m宽左右的面积）一般都在1h左右。

为提高水冲洗的效率，在转运站、栈桥内、皮带机下面及其他经常需要水冲洗的部位，安装固定式喷头并实行分段顺序控制。对提高水冲洗的效率是有益的。比如在每个输煤段的水冲洗水源母管上从皮带机头部到尾部分别引出几条支管，在支管上安装电动门和布置喷头。电动门受安装在皮带机头部的控制箱控制。当水冲洗开始时，控制箱内的 PLC 开始工作，首先打开头部支管的电动门，布置在该支管上的喷头开始喷水冲洗，冲洗一段时间后（时间可调），头部支管关闭，第二条支管的电动门打开，当第二条支管上的喷头冲洗 2min 后，第二条支管的电动门关闭，第三个支管的电动门打开…，一直到尾部支管的喷头冲洗结束为止。一般输煤段（约 100m 长，6m 宽左右）在 10min 内可以冲洗完。个别部分还需人工配合。

为了保证室内卫生，防止煤尘二次飞扬，对运煤设备每班应清扫干净。室内地面应用水冲洗干净，污水经下水管排入沉淀池，然后用泥浆泵打入煤场，或经过沉淀后捞出煤泥回放输送带燃用，废水可以重复使用。

八、恒压供水系统

恒压供水系统采用了 PLC 控制技术，通过压力传感器将管网出口的水压信号反馈到可编程序控制器，经控制器运算处理后，控制变频器输出频率，调节电动机转速，使系统管网压力保持恒定，以适应用水量的变化。同时对系统具有欠压、过压、过流、短路、失速、缺相等保护功能和自诊断功能。避免了启动电流对电网的冲击，节能可达 30% ～50%。

以两台水泵为例运行情况如下：开始时系统用水量不多，只有 1 号泵在运行，用水量增加时，变频器频率增加，1 号泵电动机转速增加，当频率增加到 50Hz 最高转速运行时，如果还满足不了用水量的需要，这时在控制器的作用下，1 号泵电动机从变频器电源切换到工频电源，而变频器启动 2 号泵电动机，在这之后若用水量减少时，变频器频率下降，若降到设定的下限频率时，即表明一台水泵就可以满足要求，此时在控制器的作用下，1 号泵工频电动机停机；当用水量又增加，变频器频率增加到 50Hz 时，2 号泵又按以上方式与 1 号泵协同作用，如此循环往复，使出口恒压运行。系统供水压力调节范围从零至泵组最大工作压力连续可调，适用于输煤生产集中时间冲洗和喷水的场合。

第三节　喷淋洒水部件

一、煤场洒水器

煤场洒水器的零配件采用铝合金、不锈钢、铜等材质，使用可靠寿命长，利用自身水压进行自动换向回转，煤场洒水器应转速稳定、抗震、抗风性能好、洒水雾化效果好。常用煤场洒水器的主要技术参数如表 21 - 2 所示。

表 21 - 2 　　　　　　　　　　　　**煤场洒水器的技术参数**

项目	工作压力（kg/cm²）	喷嘴直径（mm）	喷水量（t/h）	射程半径（m）	喷射仰角	120°回转时间（s）	旋转角度	洒水状况（连续）	管头连接直径（mm）
数据	5～6	21	36	50	45°	58	0°～360°	雾状	80

常用煤场洒水器的样式如图 21 - 9（a）所示，洒水喷枪主要由喷枪主体、旋转密封机构、驱动机构和换向机构四大部分组成。喷枪主体包括回转轴、喷枪体、喷管和主要喷嘴等。高压水进入喷枪体弯头所造成的紊流和涡体，经喷管内的稳流器，紊流和涡体被消除，使水流成层流状态，经主喷嘴喷出，同时，在空气阻隔力的作用下，水流逐步裂散成细小滴形成一个以射程为半径的雾状喷洒范围。

支承体和回转轴的旋转密封采用减磨密封垫片、垫圈和弹簧组成端面密封机构，洒水器利用自身水压进行自动换向回转，洒水器旋转速度取决于水轮上承受水压、流量的大小。洒水器的另一种驱动机构是没有水轮，由摇臂、摇臂轴、摇臂弹簧和副喷嘴等组成，如图 21 - 9（b）所示。当水流由副喷嘴喷出，冲击摇臂头部由偏流板和导水板组成的导流器将摇臂冲出，并且旋紧摇臂弹簧，被冲出一定角度的摇臂在弹簧的作用下返回，并使偏流板以一定的初速度切入水流，由于偏流板上有一个适宜的倾角，使返回速度增加，因此，冲向偏流板的水流使摇臂获得了很大的动能撞击喷枪体，使喷枪主体在喷洒过程中不断自动旋转。

换向机构由限位销、换向摆杆、换向架、换向体、换向杆和弹簧等组成。当喷枪主体旋转到顶点的限位销位置时，换向摆杆碰到限位销，通过换向装置拨动换向架尾部凸起，限制了摇臂冲开的幅度，同时，从中获得了反转的能量，使喷枪主体快速反向旋转到另一个限位的位置，当换向摆杆碰撞到限位销，又通过换向装置拨动换向架，尾部下落，恢复到原来的位置，从而实现了洒水旋转角度任意可调。

安装使用注意事项如下：

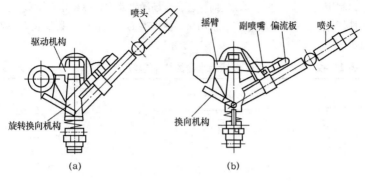

图 21 - 9 煤场洒水器

（a）式样一；（b）式样二

（1）洒水器安装前应清除水道内泥沙等杂质。

（2）洒水器拧入管道接头时严禁利用枪筒拧紧。使用管钳拧紧洒水器时注意不要损坏定位环。安装后各注油嘴处注入润滑油。

（3）洒水供水压力约 0.5MPa，低于 0.3MPa 时，回转速度缓慢且洒水距离短。洒水器旋转速度取决于水轮或摆杆上承受水压流量的大小，当水压为 0.5MPa 时转速为 3min 转一周，借助于手柄改变水轮或摆杆的偏转角度，从而改变喷头旋转速度。

（4）改变两定位环上定位杆之间的夹角，从而改变洒水器旋转范围，调整好之后拧紧螺栓，固定定位环，可完成旋转角度调整。

（5）洒水水滴大小及喷射距离调节方法是将喷嘴端部的螺钉（射流销）拧入，则洒水距离短，水滴细小，反之，拧出螺钉，则洒水距离远，水滴大，特别是在煤场洒水时，风大采用大水滴喷洒效果好，调整好之后防松螺母将螺钉固定住。

（6）洒水操作时，阀的开启应缓。

（7）长期不使用时，应用防尘尼龙布将洒水器包扎起来。冬季使用后，洒水器中残留余水应放尽防止冻坏设备。

二、喷头

喷头用于带式输煤机转运点、叶轮给煤机、螺旋（链斗）卸车机、翻车机、给煤机、犁煤器、碎煤机、斗轮堆取机等局部尘源的消除。各种喷头应水雾锥角度大，出水口及内流断面大，不易堵塞，利于封堵尘源，材料耐腐蚀。常用喷头的使用性能见表 21 - 3 所示。

表 21 - 3					常用喷头的使用性能	
型号	喷嘴 直径 (mm)	理论 锥度 (°)	实际 锥度 (°)	额定 水压 (MPa)	额定 流量 (m³/h)	适 用 场 合
PCL20 - 4 - 120°	4	120	100	0.15	0.18	带 宽 B = 1200、 1400mm 的输煤机头尾部 以及各种给煤机、卸煤 机、翻车机、斗轮机等
PCL20 - 6 - 120°	6	120	100	0.15	0.45	干煤棚、斗轮机头部

三、电磁水阀

常用的先导式电磁水阀将先导阀、手动阀和节流阀组合于一体，先导
阀接受电信号后带动主阀动作，主
阀动作时间可调，磨损后也可通过
调整进行补偿。这种电磁阀主要优
点是开关时不产生水锤，动作可靠，
阀体上有手动装置，不需增设旁通
管路。该阀可平装、立装或斜装，
是喷水除尘自动控制的执行器。

四、过滤器

常用 Y 形螺纹连接过滤器结构
如图 21 - 10 所示。其组成部分包括
阀体、过滤器盖、过滤网。这种过
滤器常用规格如表 21 - 4 所示。

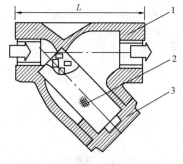

图 21 - 10　Y 形螺纹连接
过滤器结构图

1—阀体；2—过滤网；3—过滤网盖

表 21 - 4	过滤器常用规格		
工作压力 （MPa）	1.0	1.6	2.5
滤网面积	通径面积的 2.5 ~ 4 倍		
有效过滤面积	大于滤网面积的 40%		
用途	工业、生活给水及采暖、空调水及消防水系统		

五、煤场喷淋作业要求

首先根据季节和天气情况确定煤场喷水作业，当煤场存煤比较干燥，
表面水分低于 4% 时，开启喷水系统来水总门，然后依次打开高压喷枪阀

门对煤场存煤喷洒湿润。每次洒水要均匀，注意防止局部聚水使煤泥自流。水分大于8%时禁止洒水加湿。

因煤干燥使斗轮机取煤扬尘太大时，应开启斗轮机机头的喷水系统（斗轮机上可设置一个大水箱定点加水，运行时由自用泵喷洒；也可用水缆供水）。效果不大时可由地面水管装上快速接头消防带喷枪，开启阀门，向扬尘处喷洒，加大水量能有效防止扬尘。当汽车卸煤或斗轮堆煤时，如煤太干，可用此法对卸料点人工伴水。涸雨季节每天将煤场及周围喷洒一至二遍。

冬季停用前，要将水源总门关闭，各段余水放尽，阀门头包好。

六、翻车机系统的喷淋

翻车机卸煤时，根据煤的干湿情况确定是否投运喷淋水系统。当需要喷淋时，打开相应喷淋水系统的总门，电磁阀将自动打开，进行喷淋。喷淋水系统旁路门处于常关闭状态。翻车结束，电磁阀自动关闭。当喷淋系统电磁阀故障时，打开相应喷淋水系统总门及喷淋系统的旁路门进行喷淋。翻车结束，关闭喷淋水总门和旁路门。

第四节　干雾抑尘装置

干雾抑尘装置是利用干雾喷雾器产生的 $10\mu m$ 以下的微细水雾颗粒（直径 $10\mu m$ 以下的雾称干雾），使粉尘颗粒相互黏结、聚结增大，并在自身重力作用下沉降。

一、干雾抑尘装置流程

干雾抑尘装置流程图如图 21-11 所示，当被抑尘设备作业时，干雾机同步工作，使气、水经过干雾机，进入喷雾器组件实现喷雾。

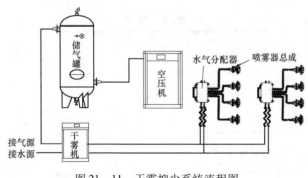

图 21-11　干雾抑尘系统流程图

二、干雾印尘装置的组成

干雾抑尘装置采用模块化设计技术。由干雾抑尘主机、干雾抑尘空压机、储气罐、配电箱、水气分配器、方向节喷雾器总成、水气连接管线、电拌热和控制信号组成。

三、干雾抑尘装置的常见故障

"气欠压"指示：干雾机进口气压不正常时，文本显示"气欠压"同时发出蜂鸣，设备停止工作。

"水欠压"指示：干雾机进口水压不正常时，文本显示"水欠压"同时发出蜂鸣，设备停止工作。

"过滤器堵"指示：当过滤器堵塞时，文本显示"过滤器堵"同时发出蜂鸣，如在自动运行状态，干雾机运行自动清洗程序。

四、运行过程

（1）自动运行过程：干雾机选择在自动运行状态下工作，接收到中控室传来的和现场传感器测得的运行信号，开始喷雾；在喷雾过程中如出现报警，将按相应报警进行动作，当中控室的运行信号消失一定的时间后，认为干雾机的此次工作周期结束，进入自动吹扫程序，吹扫时间在就地主机中设定。

（2）手动运行过程：手动运行在就地主机中操作，按相应的键实现所需的动作，按复位键复位所有的动作。

五、使用前的检查

（1）检查电源是否正常，应为交流 380V 与 220V。

（2）检查水压是否正常，应为 $0.4 \sim 0.6MPa$。

（3）检查气压是否正常，应为 $0.6 \sim 0.8MPa$。

（4）检查空气压缩机的工作时间，是否该更换机油。

六、干雾抑尘装置急停

当遇有紧急情况，需要干雾抑尘装置立即停止工作时，可按下"急停"按钮，系统电源被切断；当"停止"按钮被按下后，需要恢复系统的供电时，可右旋紧急开关（紧急开关弹起），先关闭电源，再打开电源，此时系统恢复供电。

提示 本章介绍了燃料现场防尘抑尘的设施设备种类和运行技术要求，其中第一节适合于输煤值班员的中级工掌握；第二节适合于输煤值班员的技师掌握；第三节适合于卸储煤值班员和输煤值班员的高级工掌握。

第二十二章

除 尘 器

输煤系统常用的除尘设备有：湿法除尘、干法除尘、组合除尘三类。

（1）湿法除尘：水浴式除尘器、水激式除尘器、水膜式除尘器、喷水式除尘器、喷蒸汽式除尘器、泡沫式除尘器。

（2）干法除尘：袋式除尘器、高压静电式除尘器、旋风式除尘器。

（3）组合除尘：灰水风离式除尘器、旋风水膜式除尘器。

除尘通风管道应力求简洁，吸尘点不宜过多，一般不超过 4 个。为防止煤尘在管道内积聚，除尘系统的管道应避免水平敷设，管道与水平面应有 45°～60°的倾角。若不可避免地要敷设水平管时，应在水平段加装检查口。管道一般采用 3mm 的钢板制作。

一般落差较小，诱导风量小于 5000m³ 的转运站，建议不设机械除尘装置，采用湿式抑尘的措施来解决，使系统更简化、更经济、更实用，也降低了治理的投资费用。对煤尘污染较大又没人值班的场所，如碎煤机室、煤仓层及其他扬尘较大的部位，可以考虑设置除尘装置。

第一节 水激式除尘器

传统的电磁阀水激式除尘器由通风机、除尘器、排灰机构等部分组成。工作时打开总供水阀后，自动充水至工作水位，启动风机。含尘气体由入口经水幕进入除尘器，气流转弯向下冲击于水面，部分较大的尘粒落入水中，然后含尘气体携带大量水滴以 18～35m/s 的速度通过上下叶片间"S"形通道时，激起大量的水花，使水气充分接触，绝大部分微细的尘粒混入水中，使含尘气体得到充分净化。净化后的气体由分雾室挡水板除掉水滴后，经净气出口由风机排出。由于重力的作用，获得尘粒的水返回漏斗，混入水中的粉尘，靠尘粒的自重自然沉降，泥浆则由漏斗的排浆阀定期或连续排出，新水则由供水管路补充。入口水幕除起除尘作用外兼有补水作用。这种除尘器水位高低对除尘效率影响较大，水位太高，阻力加大，使风量减小；水位太低，水花减少，尘汽直排，使除尘效率下降；水位高出"S"通道上叶片下沿50mm高为最佳。

电磁阀水位自控方式是设在负压腔这侧的溢流箱上部装有水位电极，控制供水电磁阀开闭，以保证水面在工作水面的3～10mm范围内变动，溢流箱内的溢流管高出"S"通道上叶片下沿50mm以确保除尘效果，为防止溢流管漏风，在溢流箱下部又设水封箱，以确保负压腔的密封性。

这种除尘器的除尘效果比较好，但操作及维护量比较大，由于水质和污泥的原因，水位电极易脏，水封箱易堵，主供水阀、水位调节电磁阀、排污电动门等容易生锈卡死，故障率较高，人工操作又繁琐，作为输煤现场的附属设备，不好确保生产现场的及时净化效果，这种水位控制方式已逐渐被浮球阀供水方式所代替。

这种除尘器的排污系统用电动控制，每隔半小时排污一次，很易发生电气故障或卡门现象，有的电厂改为刮板链条提升排污，也一样加大了维护工作量，所以这种排污方式已逐渐被虹吸自排水方式所代替。

一、虹吸水激式除尘器的结构原理与工作过程

改进型水激式除尘器，在普通水激式除尘器的基础上做了较大的改进，一是将经常发生堵塞的直流式排污，改进为虹吸方法；二是将电极式水位控制改为浮球式自动控制水位，简化了电气系统；三是将S通道改为不锈钢材质；四是在入口增加了磁化水喷雾装置以进一步提高除尘效率；五是对处理风量较大的风机配备了软启动开关，并向智能型发展，基本上可以实现免操作、免维护。

虹吸水激式除尘器的结构原理如图22-1所示，这种除尘器用浮球阀控制水位，虹吸管自动排水，简化了大量的控制元件和电动执行机构，解决了电控水位除尘器的种种弊端，进一步接近了无人操作和免维护运行，其工作过程如下：

（1）打开除尘机组的水源阀门，通过过滤器、磁化管和浮球阀往机内自动充水。水源总阀门与供水阀门常开，正常情况下不得关闭。

（2）当水位达到要求的高度时（图中的中间虚线位置），浮球阀自动关闭水源，停止供水。

（3）启动风机（自动或手动），除尘器开始运行，净气出口及负压腔在风力的作用下形成负压，"S"形通道右侧的负压腔水位升高到图中右侧的上虚线位置，同时"S"形通道左侧的进风腔水位下降到下虚线位置，左右两侧水位相差约20cm多，这时与进风腔相连的浮球阀液位控制阀开始补水，直到达到原来水位线的高度（中间虚线位置）则停止补水，

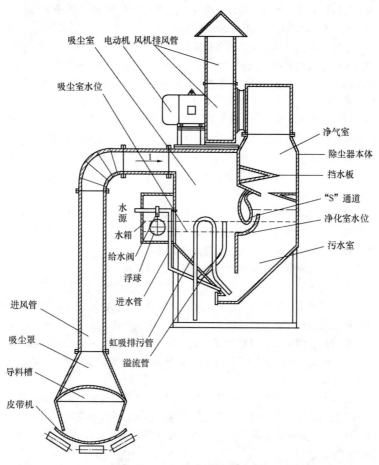

图 22-1 虹吸水激式除尘器

并由溢流管来控制水位不再升高。除尘器进入稳定运行阶段，负压腔比进风腔的水位始终高出约 10~15cm 的高度。

（4）当除尘器停机时（自动或手动），负压腔的水位自然回落，以求与进风腔的水位达到一致，最终两侧水位相平衡，回落的 10~15cm 的水使新水位比原水位高出 5~8cm，这个水位正好将虹吸排污管的制高点下弯段淹没，虹吸排污管自动开始快速虹吸排污。

（5）随着水位的下降，浮球阀同时开始从箱底补水，同时能对箱斗中沉淀的煤泥起到反冲洗的作用，由于排污管较粗，所以排水速度大于供

图中标注文字：
吸尘室　电动机　风机排风管
吸尘室水位
净气室
除尘器本体
挡水板
"S" 通道
净化室水位
污水室
水源
水箱
给水阀
浮球
进水管
虹吸排污管
溢流管
进风管
吸尘罩
导料槽
皮带机

水速度，水位将继续下降，直到箱底虹吸管的进水口露出水面后进入空气为止，虹吸被破坏后便自然停止排水。

（6）排水停止后，供水继续进行，直到达到原有水位（溢流管的管口高度，即中间虚线），供水自停等待下次启动做好准备。

普通电控水激式除尘器耗水量如表 22-1 所示，改用虹吸水激式除尘器后由于风机停时才排水，所以根据上煤情况用水量将降到原用水量的 1/3 以下。

表 22-1   普通电控水激式除尘器耗水量

型　号	处理气量（m³/h）		耗水量（kg/h）	除尘机组重量（kg）
	额　定	适用范围		
CCJ/A-5	5000	4300~6000	600	791
CCJ/A-7	7000	6000~8450	840	956
CCJ/A-10	10000	8100~12000	1200	1196
CCJ/A-14	14000	12000~17000	1670	2426
CCJ/A-20	20000	17000~25000	2375	3277

二、水激式除尘器的运行与维护

1. 水激式除尘器启动前的检查

（1）水箱内的污水应在交班前检查清理，并自动补入清水，以免泄水管受堵。

（2）进风管过滤器滤网上的纸绳塑料等被吸上来的杂物在交班前清理，以免堵塞。运行前应检查通风管道上的过滤网，如有杂物，及时清理，保证气流畅通。如发现叶片由于磨损或腐蚀等原因有所损坏时，应及时修理或更换。

（3）进水管断水时，打到停机位置，不得自动投运，以免干抽堵塞。

2. 水激式除尘器的运行要求

（1）除尘系统工作时，应使通过机组的风量保持在给定的范围内，且尽量减少风量的波动。应经常注意观察孔和各检查门的严密性。

（2）根据机组的运行经验，定期冲洗机组内部，消除积尘及杂物。

（3）除尘工作时，不允许在水位不足的条件下运转，更不允许无水运转，以免自动投运后干抽堵塞。

（4）应经常保持水位自动控制装置的清洁，发现自动控制系统失灵时应及时检修。当发现溢流箱底部淤积堵塞时，可打开溢流箱下部的管帽，并由截止阀接入压力水配合清洗。

（5）当风机停止运行后，吸尘管路上的蝶阀也随之关闭（电动或手动）；如果吸风管上没有安装蝶阀，除尘机组停运一个星期以上，再运行时，将煤尘用水清理干净再投入运行。

（6）除尘器长时间停运时，在风机停运前，关闭除尘器供水阀门。

（7）当浮球水箱内有积物，打开反冲洗门进行冲洗，干净后关闭冲洗阀门。

（8）每班风机停运后及时检查排水情况，如有沉淀不能自排，应人工加水搅拌或打开排污阀盖处理。水箱内的污水应在就地自动换新。

（9）运行时每小时检查一次风机电动机的温度及振动，温度不得超过65℃，振动不得超过0.08mm。各地脚螺栓无松动，各指示灯显示正确。水箱、各吸风管和排灰管不得有堵塞漏水现象。

第二节　其他湿式除尘器

一、水膜式除尘器

水膜式除尘器是在离心旋风除尘筒内加入喷头喷水，完成对尘气的净化，是最简单的湿式除尘器，喷头喷水切向喷向筒，使筒体内壁始终覆盖一层很薄的水膜向下流动。含尘空气由筒体下部切向引入，旋转上升，由于离心力作用而分离下来的粉尘甩向器壁，为水膜所黏附，然后随排污口排出。净化了的空气经设在筒体上部的挡水板，消除水雾后排出。

水膜式除尘器运行的过程与要求是：

（1）打开除尘器水源总阀门和除尘器供水总阀门，关闭供水电磁阀旁路阀门。

（2）启动风机后（自动或手动），电磁阀自动喷水，除尘器进入运行状态。

（3）风机停运后（自动或手动），电磁阀自动停止喷水，无电磁阀的除尘器人工关水，具备下次工作的条件。

（4）运行时每小时检查一次风机电动机的温度及振动。

（5）除尘器长时间停运时，将除尘器水源总阀门关闭。

（6）各班清理一次滤网上的塑料纸杂物。

（7）各班检查清理一次本体内腔顶部的喷头，使其保持畅通。

（8）停水时禁止投运除尘器。

水膜除尘器应经常注意观察供水系统的稳定性，注意除尘器进口含尘空气的速度，应保证水膜合理的厚度，水量太小除尘效率低，水量过大则排气湿度太大，压力损失增加。

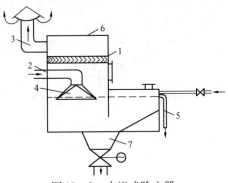

二、水浴式除尘器

水浴式除尘器的结构简图如图 22 - 2 所示，是一种结构简单、价格低廉的湿式除尘器，可用砖石砌成或钢板制成。尘气从进气口高速过水后，净化效率可达 93%。这种除尘器一般自动化水平较低，已逐渐被水激式除尘器取代。

图 22 - 2　水浴式除尘器
1—挡水板；2—进气管；3—出风管；4—喷头；
5—溢流管；6—盖板；7—煤泥斗

第三节　袋式除尘器

一、袋式除尘器的结构与原理

袋式除尘器是属于干过滤式除尘器，又称为布袋除尘器，除尘器对收集小颗粒粉尘的性能较好，除尘效率高（因滤料而异），可达到 98% ~ 99%。广泛应用于水泥、冶金、电厂输煤系统的净化中，但是对温度较高、湿度较大，带黏性粉尘和有腐蚀性的烟尘不宜使用。

袋式除尘器是利用气体通过布袋对气体进行过滤的一种除尘设备。由主风机、反吹风机、摆线针轮减速机、顶盖、反吹风回转装置、过滤筒体、花板、滤袋装置、灰斗、卸灰装置等组成。按其过滤方式可分为内滤和外滤两种；按清灰方式可分为机械振打式和压缩空气冲击式。

袋式除尘器的工作种类示意图如图 22 - 3 所示，常用的是下进外滤式袋式除尘器，回转反吹灰袋式除尘器结构原理如图 22 - 4 所示，含尘气流经除尘器入口切线方向进入壳体的过滤室上部空间，大颗粒及凝聚尘粒在离心力作用下沿筒壁旋入灰斗，小颗粒尘悬浮于气体之中，弥漫于过滤室内的滤袋之间，从而被滤袋阻留。净化气体经滤袋内径花板汇集于上部清洁气体室，由主风机排出。随着过滤工况的进行，滤袋外表面积尘越积越厚，滤袋阻力逐渐增加，当达到反吹风控制阻力上限时，由差压变送器发出信号，自动启动反风机及反吹旋臂传动机构，反吹气流由旋臂喷口吹入滤袋，阻挡过滤气流，并改变袋内压力工况，引起滤袋实质性振击，抖落积尘。旋臂转动时滤袋逐个反吹，当滤袋阻力降到下限时，反吹清灰系统自动停止工作。

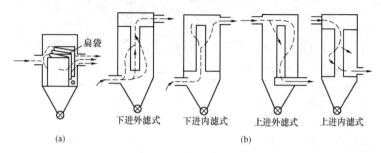

扁袋

下进外滤式   下进内滤式   上进外滤式   上进内滤式

(a)   (b)

图 22-3　袋式除尘器工作示意图

（a）扁袋外滤式示意图；（b）圆袋上进风、下进风示意图

袋式除尘器常见的清灰方式还有以下几种：

（1）袋式除尘器机械脉冲清灰方式清灰时，反吹风机连续供高压风，由回转脉动吹振阀控制，反吹风脉动式地进入反吹管到滤袋，使滤袋突然扩张，由于反吹气流脉动式进入滤袋，兼有反吹和气振的作用，反吹气流既对滤袋进行反吹，又使滤袋产生振动，保证有效地吹洗滤袋。采用梯形扁袋在圆筒内布置，结构简单、紧凑，过滤面积指标高，在反吹作用下，梯形扁袋振幅大，只需一次振击即可抖落积尘，有利于提高滤袋寿命。用除尘器的阻力作为信号，自动控制回转反吹清灰，视入口浓度高低调整吹灰周期，较定时脉冲控制方式更为合理可靠。

脉冲袋式除尘器按其不同规格，装有几排至几十排滤袋，每排滤袋有一个执行喷吹清灰的脉冲阀，由控制元件控制脉冲阀，按程序自动进行喷吹，每对滤袋进行一次喷吹清灰就为一个脉冲；每次喷吹时间为一个脉冲宽度，约 0.1s，一条滤袋上两次脉冲的间隔时间称为脉冲周期，约为 30～60s，喷吹压力约为 0.6～0.7MPa。从喷嘴瞬间喷出压缩空气通过喇叭管时，从周围吸引几倍于喷出空气量的二次气体与之混合，而后冲进滤袋，使滤袋急剧膨胀，引起一次振幅不大的冲击振动，同时瞬间内产生由里向外的逆向气流，将积附在滤袋外侧的粉末抖落下来。

（2）袋式除尘器的拍打清灰方式，多用于直接装在皮带机输煤槽出口的顶部的小型滤袋式除尘器，采用小型集成 PLC 控制，当电脑接到除

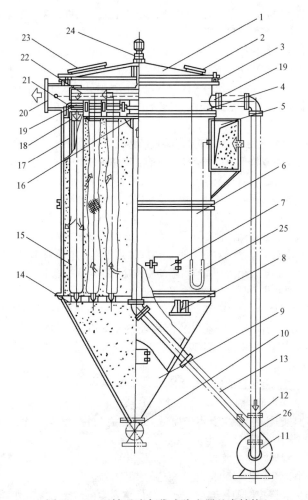

图 22 - 4 回转反吹灰袋式除尘器基本结构

1—除尘器盖；2—观察孔；3—旋转揭盖装置；4—清洁室；5—进气口；6—过滤室筒体；7—入孔门；8—支座；9—灰斗；10—星形卸灰阀；11—反吹风机；12—循环风管；13—反吹风管；14—定位支承架；15—滤袋；16—花板；17—滤袋框架；18—滤袋导口；19—喷口；20—出气口；21—分圈反吹机构；22—旋臂；23—换袋入孔；24—旋臂减速机构；25—U 形压力计；26—密闭式斜插板阀

尘工作指令时，即自动开启锁气室风门，然后启动风机，含尘气体经除尘器底部开启的锁气室风门吸入中部的过滤室，经滤袋过滤得到净化，净化后的清洁空气经风机出口调节风阀排至室外。当电脑接到停机指令后，风机延时停转→首次拍打清灰→关闭锁气室风门→电热干燥滤袋→开启锁气室风门→第二次拍打清灰→关闭锁气室风门，做好下次除尘作业的准备。被滤袋捕集而拍打下来的粉尘，经开启的锁气室风门落入除尘器底部，得到回收。

（3）双杆往复差动拍打清灰装置，将机组内的滤袋以奇、偶数分为二组，分别由双杆上的拍子夹持。驱动装置使双杆以中频的速率及恰当的直线位移量连续相对往复运动，使被拍子夹持的相邻袋产生相对往复运动，相邻滤袋布面时分时合，除了依靠因往复运动使滤袋内不锈钢网框弹簧产生振动抖落面上的积尘外，还因相邻布面间产生高气压、分离布面间产生低气压，各布面两侧产生剥离粉尘的脉冲气流，使积尘彻底剥离布面。滤袋电热干燥系统对滤袋进行热风加热干燥，电热效率高、升温迅速、无明火、抗震耐用且具有可靠的温控功能，能有效地干燥板结在布面上的湿、黏粉尘。

通过调整箱内的 BCD 码开关，就能调整加热时间，加热系统具有自动温控功能，当滤室内的滤袋加热至 85℃ 时，自动停止加热。加热时间长短需求视实际工况自定（如：粉尘的浓度、环境温度、湿度等）。

二、袋式除尘器的运行与维护

1. 袋式除尘器在应用时的注意事项

（1）袋式除尘器主要用于控制 $1\mu m$ 左右的粉尘，当含尘浓度超过 $5g/m^3$ 时，应采用二级除尘。

（2）根据处理尘量的大小，选择适当的过滤面积。过大，增加设备费；过小，压力损失增大，会缩短滤袋使用寿命。

（3）严格控制使用温度，要充分注意粉尘的粒度、酸碱性、湿度、吸湿性、带电性、爆炸性、腐蚀性等性质。不能用于含油烟或黏性的粉尘。

（4）袋式除尘器应每班开机进行检查，严防易燃煤粉在腔内积尘，引起自燃。

袋式除尘系统的运行包括启动、维护管理和停止。除尘风机的电源控制，一般采用集中和就地两种控制方法。除尘风机的启动应与发生尘源的带式输送机、碎煤机、翻车机等机械联锁启动。除尘风机应比发生尘源的机械转动部分滞后 10~15min 停机。

2. 袋式除尘器启动前的检查

启动前应做如下工作：检查除尘风机、电动机和其他所有转动部分的地脚螺栓和连接螺栓是否松动，如有异常应及时修理；检查除尘风机、电动机和其他转动部分的润滑情况，防止磨损；检查除尘风机、除尘器与风管连接处、调节门，检查孔、入孔等的气密性是否良好，以防止漏气降低除尘效率；检查卸尘阀的气密性和灵活性，检查袋式除尘器是否有损坏，各调节门是否在合适位置；启动后逐渐开启风机调节阀，使系统正常运行。

3. 袋式除尘器的停运

除尘系统的停车，一般比尘源的机械转动部分滞后 10~15min。停车后应及时检查除尘器本体，排尘风机、卸尘装置等内部的煤尘黏附和堵塞情况，以及它们磨损和腐蚀情况。检查电动机，各种电气设备的动作，如有异常应及时修理。检查除尘系统的气密性，对于长期使用的手孔、入孔应更换新的填料。检查和校正压力、温度和其他自动量测仪表的精确度。

4. 袋式除尘器的常见故障与维护

袋式除尘装置在运行过程中，常常会由于多种因素的影响破坏原有的除尘性能，如磨损、腐蚀会引起设备穿孔漏气等，排尘系统因管理不善会发生堵塞漏气等。维护管理包括对除尘系统的经常观察和对运煤系统的清扫、冲洗等。除尘系统在运行中的常见故障及原因有：

（1）排尘风机的常见故障。①轴承振动剧烈是机壳或进风口与叶轮摩擦、基础的刚度不够、叶轮铆钉松动、叶轮轴盘与轴松动、机壳与支架连接螺栓松动或转子不平衡等所造成的。②轴承温升过高产生的原因是润滑脂质量不良或变质；轴承盖和座连接螺栓的紧力过大或过小，轴与轴承安装歪斜，易造成滚动轴承损坏。③电动机温升过高产生的原因是输入电压过低或单相断电，联轴器连接不正等。④皮带滑下的原因是两皮带轮位置不在同一条中心线上；皮带跳动是因为皮带过长。

（2）对旋风除尘器注意观察排气的颜色和压力损失。由于除尘器内表面一般不设耐磨衬里层，含尘空气流速高，除尘器磨损较为厉害，最严重的部位是含尘空气高速冲击的外筒内壁，即以进口处气流作旋转运动的始点与含尘浓度较大流速较高的锥体部分。磨损、黏附和腐蚀都会使旋风产生穿孔或增加内表面粗糙度，使除尘效率下降，排尘颜色变黑，压力损失发生变化。当排尘颜色变得浓黑，压力损失增加时，一般是由于旋风子外筒下部堆积煤尘引起内部气流混乱；当排尘颜色变得浓黑，压力损失减少时，是由于旋风子内筒被磨损出现了孔洞，含尘气流被短路或导流叶片被磨损，使得气流运动减弱造成除尘效率下降以及排气管，卸尘阀气密性不好。

（3）当采用间歇清尘袋式除尘器时，如果经过抖落，排尘空气仍达不到规定的压差，其原因是清尘装置失灵或滤布的孔隙被堵塞；如果出现压力损失减小而排气恶化，则必然是滤布或连接滤布的支撑损坏，使含尘空气不经过滤而短路；如果除尘器中有异常响声，则是清尘装置的连接部分或花板等有故障。

（4）对于卸尘装置，当排气颜色变黑时，首先检查卸尘装置的气密性和堵塞情况，对于不同类型的卸尘装置检查方法不同。杠杆式锁气器，若排气变黑，含尘空气阻力增加，排尘口无尘排出，但打开排尘阀时则有大量煤泄出，这是由于配重太重，造成尘柱太高而引起气流混乱。如果打开排尘阀无尘泄下，这是煤尘柱在锁气器前搭桥造成排尘堵塞。若排气变黑，而含尘空气阻力减小，排尘口无尘排出，打开排尘阀仍无煤尘排出，而有吸风现象，这是由于结合面气密性不良，而引起空气漏入造成除尘效率下降。

第四节　高压静电式除尘器

一、结构与原理

静电除尘器的工作原理如图 22－5 所示，是含有粉尘颗粒的气体，在接有高压直流电源的阴极（又称电晕极）和接地的阳极之间所形成的高压电场通过时，由于阴极发生电晕放电，气体被电离。带负电的气体离子，在电场力的作用下，向阳极运动，在运动中与粉尘颗粒相碰，使尘粒带以负电荷，在电场力的作用下，所有尘粒向阳极运动，尘粒到达阳极后，放出所带电子，

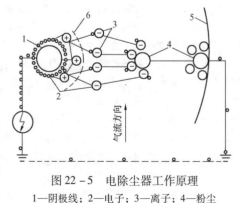

图 22－5　电除尘器工作原理

1—阴极线；2—电子；3—离子；4—粉尘颗粒；5—极板；6—电晕图

沉积于阳极板上，得到净化的气体排出除尘器外。

静电除尘器按气流方向可分为立式和卧式两种，立式静电除尘器应用如图 22 - 6 所示。卧式静电除尘器可直接装在输煤槽内，其结构方式如图 22 - 7 所示，槽体外表是阴极，中心拉一阳极接线。

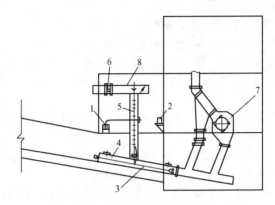

图 22 - 6　静电除尘装置图

1—高压硅整流器；2—CGD 控制器；3—星形电晕线；4—双拱沉
降电极；5—芒刺线；6—排风机；7—碎煤机；8—风管

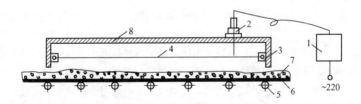

图 22 - 7　卧式电除尘器结构示意图

1—高压发生器；2—高压引入装置；3—绝缘板；4—电晕线；
5—托辊；6—胶带；7—煤层；8—外壳

静电除尘器的主要优点是：除尘效率高，特别是对 $5\mu m$ 以下的尘粒更有效。还具有压力损失小、能耗低、安装容易、占地面积小、维护量小的特点。目前投入率低的原因是在产品质量结构设计上问题较大，其控制部分为落后的分立原件，芒刺线要一年一换。竖管内壁易腐蚀和结垢，从而产生反电晕，降低除尘效率。近几年已生产的新一代电除尘装置，由分立元件改为微电脑控制，电场部分改为不锈钢结构，绝缘子备有干燥用的热风机，基本上克服了原有的弊端。

静电除尘器的日常检查主要是电除尘的绝缘子和绝缘管是否有煤尘和水分，并将其擦干净，以防漏电和短路；检查电除尘器的电器设备地线是否接地，以防发生漏电伤人事故；电除尘会因煤尘比电阻的变化而改变荷电的性能。

二、电除尘器的常见故障及原因

输煤系统静电除尘器最常见的故障是绝缘故障。绝缘故障分为绝缘套管故障和绝缘子故障两类。其他常见故障有闪络时冒灰、电源故障、清灰不利和二次飞扬、振打时闪络、除尘器水平段积灰、电晕线上挂有杂物等。

（1）除尘器外部的所有高压引线都须套上聚四氟乙烯绝缘套管，而内部的高压引线视具体情况而定。如果该高压引线离开收尘极板的距离不大于极距或不兼作电晕线时，也应套聚四氟乙烯绝缘套管。高压引线的绝缘套管一旦被击穿，就会发生闪络或短路跳闸。

（2）诱发绝缘子故障的主要因素是水分，即绝缘子的潮湿。另一个原因是由于绝缘子长度不够，其端部的高压导线与收尘极板之间的空气被击穿。实验表明，干燥的煤尘绝缘性能良好，堆积在绝缘子上一般不会引起短路。但是一旦绝缘子上沾水、积有湿灰、结露、结霜，就会使绝缘性能大大下降，引起闪络或短路。

（3）闪络时排放口冒灰，这种现象比较普遍，因为从闪络到电场恢复正常工作需要几秒钟时间。目前还没有较理想的消除办法。但可以设法提高除尘器的闪络电压，以减少闪络。清灰不利是由于没有安装合适的振打电磁铁或控制回路故障，应安装足够数量的振打电磁铁并保持电源回路良好。克服回收粉尘的二次飞扬，一般可在拱形密闭罩出口安装雾化喷水以增加回收粉尘的湿度。防止电晕线上挂有杂物的方法是将除尘器的拱形罩及其电晕线位置提高。

（4）运行掉闸一般是由于绝缘管集尘或结露而造成短路，一次电压较低，二次电流过大时，多半是由于非金属或金属材料残留于高压部分使极间距变狭，或高压部分绝缘不良；电流指针超限是由于放电极断线造成短路所致；二次电流周期性振动，是因为放电极支撑网振动；二次电流不规则振动，是由于煤尘粘附于极板上，使极间距变狭造成电火花所致，二次电流激烈振动，一般是由于电极弯曲，造成局部短路；如果电压升高到正常位置，仍不能产生电晕，这是由于放电极表面生成了氧化膜，一旦引起了电晕，则电晕会急速增加。

第五节 其他除尘器

一、旋风式除尘器

含尘空气从入口进入后，沿蜗壳旋转180°，气流获得旋转运动的同时上下分开，形成双蜗旋运动，组成上下两个尘环，并经上部缝洞口切向进入煤尘隔离室。同样，下旋涡气流在中部形成较粗、较重的尘粒组成的尘环，浓度大的含尘空气集中在器壁附近，部分含尘空气经由中部的洞口也进入煤尘隔离室。其余尘粒沿外壁由向下气流带向尘斗。煤尘隔离室内的含尘空气和尘粒，经除尘器外壁的回风口引入气体，尘粒被带向尘斗。含尘空气在回风附近流向排风口时，又遇到新进入的含尘空气的冲击，再次进行分离，使除尘器达到较高的除尘效率。

二、凝聚湿式除尘器原理

在风机的作用下，含尘气体由除尘器上部进入凝聚器，在渐缩管内随气流势能的转化，气流加速，到喉部灰尘与水滴在高速下碰撞，在高速下尘粒与水滴更易结合为灰滴。然后灰滴气流进入扩散器，气流速度降低静压上升，并以切线方向进入捕滴器，在捕滴器内离心力将灰滴甩向筒壁，灰滴与筒壁水膜汇合流向下部水封而排走。旋转下降的外旋气流到达锥体某一位置，即以同样的旋转方向从捕滴器中部由下反转而上，即内旋气流。最后净化排至捕滴器出口。

三、荷电水雾除尘器

荷电水雾除尘技术克服静电除尘和喷水除尘的弊端，消除了静电除尘器煤尘爆炸隐患及处理高浓度粉尘可能出现的高压电晕闭塞，反电晕及高压电绝缘易遭破坏和喷水除尘不能彻底治理输煤系统的大量粉尘等问题。采用水电结合的办法更有效地进行除尘。这是一种以荷电水雾除尘为主，以静电除尘为辅的综合除尘技术，设置有荷电水雾收尘区和静电场收尘区，含尘气体通过各收尘区进行净化。

尘气进入该除尘器首先处于荷电水雾区。粉尘在此被捕集沉降到输送皮带表面上可使物料表面湿润，同时成为下级电场的良好尘极。虽有少量粉尘未接触水雾但由于设备本体内充满水雾粒子，湿度大，可充分避免煤尘爆炸。进入除尘器的粉尘粒子处于水雾粒子包围之中，只要接触水雾粒子的球形电场即被吸附，且粉尘粒子在进入除尘器的过程中，由于摩擦等因素带有微量异性电荷，进一步克服了环流现象和水滴表面张力大，难以湿润粉尘的不利因素。

荷电水雾除尘器高压电源为小型化全封闭式，高压输出电缆插接引出，无高压接点暴露可在高潮湿度、高尘埃的恶劣环境中连续运行。

荷电水雾除尘器全部电荷、收尘场均采用超高压宽极距设计。随着电极间距的加宽，施加电压的升高、粒子驱进速度迅速增长、电晕外区空间增大，加强对微细粉尘的凝聚作用，增强了捕集能力，并使电场与电流分布更均匀，对克服电晕电极大量积尘也有一定的好处。

荷电水雾除尘器高压电源控制系统由主回路和控制回路组成。主回路包括双向晶闸管元件等；控制回路包括电流跟踪及过流保护等，将取样电阻接在高压电场的总回路中，由其压降的变化，直接反映电场电流的变化，并将这一信号引入控制系统，形成闭环控制，从而达到根据电场情况调节电压的目的。当发生火花放电时控制脉冲快速后移，降低输出电压，避免由火花放电过度引发弧光放电。在特殊情况下若发生拉弧现象，则控制信号迫使晶闸管关闭，待介质完全恢复给定工作值。当一次电流超过规定值时，通过晶闸管控制继电器动作彻底切断电源。

四、灰水分离式除尘器

灰水分离式除尘器结构如图 22-8 所示，主要由除尘器本体、除尘器支架、储水式溢水箱、水泵、过滤器、手动水阀、电磁阀、调节风阀、管路系统、风机电动机、防尘罩和电气控制柜等组成。含尘气体由除尘器进口吸入，较大粒径的粉尘经高效离心分离后落入灰斗，下喷嘴喷雾并形成水膜，进一步控制气流

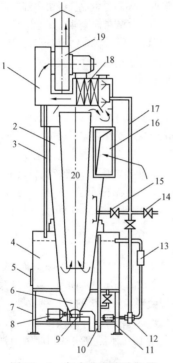

图 22-8　灰水分离式除尘器

1—净气出口；2—旋风筒本体；3—回水管；4—水箱；5—清灰孔；6—灰斗；7—支架；8—排灰电动机；9—排灰机；10—溢流排水管；11—水泵电动机；12—水泵；13—水过滤器；14—供水阀；15—下喷嘴供水阀；16—尘气入口；17—上喷嘴供水管；18—挡水板；19—风机；20—中心排气筒

中的粉尘，含尘气流再经过上层喷嘴的大流量喷雾除尘和冲击，惯性碰撞后 97% 以上的粉尘被除去，内筒的水膜发生器安装在防水器（挡水板）下部。经过旋流器和挡水板净化后的空气由风机排出室外。上喷嘴与水泵、管路组成水循环系统，小粒径的粉尘进入循环水中。灰斗中的积灰由排灰系统排出，水箱中的积灰定期清理，一般为 15 天清一次。根据使用场合粉尘浓度的大小，水箱中的水每隔 3 天更换一次。水箱中的水可排入厂区循环水系统，以便回用。溢水箱也可选择自动排渣系统，安装螺旋输送机、电动门或其他自动化机构，但这些机械因生锈等原因也给维护带来一定的工作量。

常用灰水分离式除尘器主要技术参数有：处理风量 $10000m^3/h$；除尘效率大于 99.8%；除尘器内部阻力约 1000Pa；耗水量小于 1t/h；储水箱容量 1t；吸尘管的理论风速大于 22m/s；风机功率 7.5kW；转速 2900r/min；风压 3000Pa。

这种除尘器工作时直接灰水分离排出煤泥，无二次污染，根据工艺需要关闭下喷嘴供水阀时也可以排出干粉尘。喷嘴按除尘要求自动喷水，可与工艺联锁控制；排灰装置连续排灰。

五、无动力除尘器

近年来，无动力除尘器运用越来越广，它利用空气动力学原理，使粉尘在负压气流的引导下，在密闭空间内循环运动，在重力作用下沉降下来，无需附加其他任何动力设施。无动力除尘器通过对粉尘进行阻尼、减压、过滤、封闭等逐级作用，从而达到降尘效果。

无动力除尘器可提高整个转运系统的密封性，降低进入转运系统的诱导风量，减少物料的撞击，减少扬尘，降低导料槽出口风的风速和粉尘浓度。无动力降尘器具有除尘效率高，安装简便，能源消耗少，不存在二次污染，运维费用低，占地少的特点，在各行业广泛应用。

在实际使用中，无动力除尘器通常与干雾抑尘装置配合使用，从而提高除尘效率。

1. 主要结构

如图 22 - 9 所示，无动力除尘器主要由控制柜、全封闭导料槽、降尘室、自动循环装置、分离减压装置、阻尼装置等构成。自动循环装置由气流导向罩、引流筒、折射筒构成，分别与落料漏斗、皮带机导料栏板连接，形成循环通道。分流减压装置由减压器壳体，橡胶胶帘组成，安装在落料筒前部的导料栏板内，通过组合使用，达到逐级减弱粉尘气流压力的目的。阻尘装置由壳体、橡胶胶帘、橡胶板组成，安装在导料板内，阻止粉尘气流在皮带机导料板泄漏。

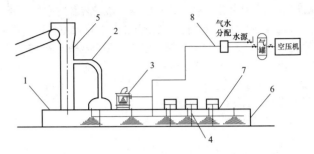

图 22－9　无动力除尘器结构

1—全封闭导料槽；2—自动循环装置；3—分离减压装置；4—防尘帘；
5—落煤筒；6—出口挡尘帘；7—喷雾装置；8—气水系统

自动循环装置使落料管和落料点导流槽的压力平衡，有效消除煤流下落时的诱导风量，并在涡流的作用下增加煤尘颗粒的碰撞机会，使封尘颗粒的动能转变为势能落到输煤皮带上，实现除尘的目的。

设在导料槽上各隔离区的多道挡尘帘，将通过的粉尘吸附在胶条上并抖落在皮带上，从而加强了无动力自降尘的作用。

全封闭导料槽利用挡煤板和挡煤皮子，将整个导料槽密封。可防止煤粉通过皮带与挡煤板之间的缝隙外泄及皮带跑偏。落料管的入口较大，物料流速较慢，所以将自动循环装置的回流管接至落料管中间偏上位置。回流的含尘气体在循环的过程中，煤尘浓度随着上煤时间的延长也在不断增加，尘粒之间碰撞的几率也在不断增加，使得较大的颗粒逐渐减速直至沉降。

经过自动循环、阻尼抑尘和喷雾降尘后的较为清洁的混合气体进入分离减压装置，经分离减压装置上方布置的气雾喷头进行再次降尘后，干净的气体从排气口排出。

2. 工作原理

无动力除尘装置是运用空气动力学原理，采用压力平衡和闭环流通方式，将气流引致物料的通道，形成正压与负压的平衡空间。由于落料点为密闭空间，物料降落产生的扬尘大部积聚在降尘室，使降尘室内压力增高。一部分粉尘在降尘室内通过干雾系统进行降尘；一部分粉尘在负压气流的引导下，通过自动循环装置引流至落料筒，与煤流混合，通过煤流进行压制降尘；另一部分粉尘通过分离减压装置上方布置的干雾抑尘系统进行再次降尘后排出。通过阻尼、减压、滤尘逐级作用，达到抑尘的效果。

3. 常见故障及处理方法

无动力除尘器常见故障及处理方法见表 22 - 2。

表 22 - 2　　　　　　　常见故障及处理方法

故障现象	故障原因	处理方法
空压机无法启动	主电源失电（MCC 间）	恢复主电源
	控制柜或空压机电源失电	合上控制柜或空压机断路器
	空压机传动带太松或断裂	调整或更换传动带
	空压机压力旋钮开关打至"OFF"位	压力开关旋钮打至"AUTO"位
	电动机故障	检修电动机
	空压机故障	检修空压机
	控制程序出错	检查恢复控制程序
空压机异音	机体螺栓松动或脱落	紧固螺栓
	润滑油缺失	加注润滑油
	V 形带不正或飞轮松动	重新调整
	排气阀漏气	拆修排气阀
除尘效果差	空压机未启动	参照第 1 项
	空压机出口供气阀关闭	打开空压机出口供气阀
	无水源	恢复水源供应
	喷头堵塞	检查清理喷头
	汽水管路堵塞或泄漏	检查汽水管路消除堵塞或泄漏
	挡尘帘磨损或缺失	更换或恢复挡尘帘
	导料槽破损或密封不好	修补更换导料槽或恢复密封
	煤流开关缺失或传感器损坏	恢复煤流开关或更换煤流传感器
	煤速感应块缺失或煤速传感器损坏	恢复煤速感应块会更换煤速传感器
	安装煤速感应块的托辊不转	更换托辊
	电磁阀故障	更换电磁阀

故障现象	故障原因	处理方法
除尘器喷头持续喷水，无法停止	电磁阀内部有空气	（1）手动逆时针轻微旋转外放水手动操作旋钮排气后恢复，恢复时不可拧得过紧。 （2）手动逆时针旋转电磁头排气后恢复，恢复时不可拧得过紧

六、综述

一些电厂输煤转运站除尘系统因设计不当、设备选型不合适或使用维护不到位，达不到应有的除尘效果，多点、多级负压除尘系统采用的是多点（设多个吸尘点）、多级混合式负压除尘（在一台除尘器内同时采用旋风、水浴、水膜三种型式）。除尘系统在输煤皮带转运点加装特殊的双层多腔隔离式防尘罩，利用风机抽双层多腔隔离式防尘罩内的含尘空气，使罩内四周形成一定的负压，而不是整个罩内形成负压，以防罩内飞扬的粉尘外逸。被抽出的含尘气流，经多级混合式除尘器净化后，排出室外。除尘器启动先于皮带启动 0～3min，皮带停止运行 3～5min 后除尘系统自动停止工作。

提示 本章介绍了燃料现场除尘设备的种类和运行技术要求，各节前半部分各适合于输煤值班员的中级工掌握；后半部分各适合于输煤值班员的高级工掌握。

第二十三章

排污系统

输煤系统产生的煤尘散落在输煤走廊及转运栈桥等处的设备、地板、墙壁上，每班需要清扫。大多数的电厂均采用水冲洗，这种方法既能得到较好的清扫效果，又能减轻值班人员的劳动强度。因污水中含有大量的煤泥和煤渣块，所以各处的排污净化设施应注意以下要求：

（1）被冲洗的地面必须有不小于 1:100 的坡度，以便及时排水，减少地面余积和二次清扫工作量。

（2）各个排水地漏管的入口必须有完好合格箅子，以防大量煤泥落入。

（3）各处排水管都应倾斜布置，尽量少用水平走向，以防沉积煤泥堵管。

（4）各段集水坑的污水用离心渣浆泵排到输煤综合泵房沉煤池，沉煤池可用磁化污水、机械净化或加药净化等方法加速煤泥的沉淀与脱水，并可使污水二次利用。沉煤池应设置三个，有二个池轮换沉淀净化，一个池作为净化后的储水池。

（5）污水泵的选型及泵坑沉煤池的容积和结构，应适合现状。当沉煤池内水位达到高水位时，应及时自动或手动启动渣浆泵，完成污水处理或循环利用。室外管道及设备应有冬天防冻裂措施，要定期清挖沉淀池内的淤泥。

输煤系统常用的离心泥浆泵有卧式和立式两种，其中立式泥浆泵是高杆泵，其电动机在水面以上，泵体在水中，工作可靠，适应性强，扬尘高，故障少。潜水泵只能应急使用，不宜长期固定使用。

一、卧式泥浆泵

（一）结构原理

离心卧式排水泵的结构原理如图 23－1 所示，工作时泵壳中充满水，当叶轮转动时，液体在叶轮的作用下，作高速旋转运动。因受离心力的作用，使内腔外缘处的液体压力上升，利用此压力将水压向出水管。与此同

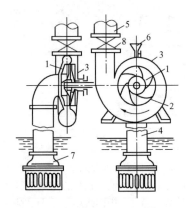

图 23 - 1　离心卧式排水泵
1—叶轮；2—叶片；3—泵壳；
4—吸水管；5—出水管；6—引
水漏斗；7—底阀；8—出口阀门

时，叶轮中心位置液体的压力降低，形成真空，在大气压的作用下使坑水迅速自然流入填补，这样离心水泵就源源不断地将水吸入并压出。底阀严密与否是排污泵能否正常投入运行的关键。

泥浆泵一般适用于泥沙重量比小于 50% 的混浊液体。使用泥浆泵应注意：因其所输送的介质含有泥沙，对机件的磨损较大，所以在泵壳内装有防磨护板，叶轮选用优质耐磨材料制成，并且将易损件加厚。现场使用泥浆泵时，为了减小泵的磨损，避免较大的煤块和杂物以及过多的煤粒进入泵中或堵塞管道，在集水坑污水进口处应装有可靠有效的算子，以便使颗粒沉入池底，池内较浑浊的水用泥浆泵排出。

（二）常见故障及原因

（1）启动后不排水的原因有水泵转向不对、吸水管道漏气、泵内有空气、进水口堵塞、排水门未开或故障卡死、排水管道堵死、叶轮脱落或损坏等。

（2）异常振动的原因有轴弯曲或叶轮严重磨损、转动部分零件松动或损坏、轴承故障、地脚螺栓松动等。

（三）检查内容与要求

（1）污水泵泵体应不倾斜，基础螺栓及结合螺栓应紧固无松动。运行中轴承温度不应大于 75℃。

（2）如污水泵开启后不吸水，应检查泵管入口处，有无杂物堵塞并清理。

（3）各种水泵启动后应无摩擦声或其他不正常声音，抽水应正常。

（4）电动机引线及电缆线无破损，无接触不良现象。

（5）水管接头部位有水泄漏时应随时紧固处理。

二、液下泵

（一）结构原理

液下泵（又称立式泥浆泵或高杆泵）的结构如图 23 - 2 所示，立式泥浆泵是由电动机、底座、轴承箱、泵体、叶轮、护罩、出水管等部件组成，其泵体、叶轮和护板均用耐磨材料制造。液下泵结构简单，安装方便，泵体用螺栓固定在支架上，支架上端安放轴承体，轴承体靠泵端采用双列圆锥滚子轴承，驱动端采用单列圆柱滚子轴承，能承受较大的最大轴向负荷。轴承体上安装有电动机座或电动机支架，可以采用直联传动或三角皮带传动，而且可以方便地更换皮带轮，以改变泵的转速，满足工况变化或泵磨损后性能的变化。支架上带有对开的安装板，安装板可以方便地架在钢架基础或混凝土基础上，泵应浸入渣浆池内工作，泵体吸入口带有滤网，可防止大颗粒进入泵内。

泵轴在电动机驱动下带动叶轮旋转，当泵体内充满水的情况下，叶轮的旋转产生离心力，叶轮槽道中的水在离心力的作用下，甩向外围，经出水管排出。当叶

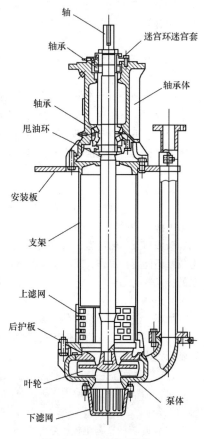

图 23－2　液下泵结构

轮中心压力降低到低于吸水管内的压力时，水就在这个压力差的作用下，由进水管处流入叶轮。泵就可以不断地吸水和排水。为了保证叶轮正常工作，可以通过螺母的松紧来调整叶轮与护板和叶轮槽下侧之间有一个适当的间隙。

（二）运行与检查

1. 启动

启动前应按下列步骤检查整个机组。

（1）泵应安放在牢固的基础上，以承受泵的全部重量消除振动，拧紧全部地脚螺栓。

（2）管路和阀门应分别支撑。泵法兰处有密封垫、拧紧连接螺栓时应注意有的泵金属内衬高出法兰，此时螺栓不应拧的过紧，以免损坏密封垫。

（3）用手按泵转动方向转动轴、轴应能带动叶轮转动、不应有摩擦，否则应调叶轮间隙。

（4）检查电动机转向，要保证泵按泵体上所标出的箭头方向转，注意泵不允许反向转动，否则叶轮螺纹会脱扣，以致造成泵的损坏。

（5）直联传动时，泵轴和电机轴应精确对中，皮带传动时泵轴和电机轴应平行，并调整槽轮位置、使其与槽带垂直，以免引起剧烈的振动和磨损。

2. 运转

运转中注意观察各种仪表，检查泵流速、流量和电流，若运转中发生流量下降、功率降低、出口压力减少或不出水，均可能是有大颗粒堵塞滤网、吸入口或叶轮流道，当粗颗粒大量集中在吐出管时也可能发生堵塞，造成泵不能正常工作，要注意及时清理堵塞物，泵如安装不平稳则会引起泵的振动。

3. 停泵

如有可能，在停泵前使泵输送一会儿清水，以清除泵及管路中的渣浆，先停泵然后关阀门。使用过程中，液面高度不得超过安装板位置，以防轴承进水。

（三）维护保养

泵结构坚固，安装使用正确，泵的寿命会很长，要注意以下几方面的维护保养：

（1）叶轮调整与更换，泵叶轮与泵体之间的间隙应保持在 $0.5 \sim 1\mathrm{mm}$ 范围（可通过调整轴承座与支架之间的垫片）使泵高效运行。当叶轮和泵体磨损到泵的性能和效率严重下降，以至于不能满足使用要求时则应更换磨损的零件。

（2）轴承在组装时，已加入适量的润滑脂，在运转中可定期通过轴承体上的两个油嘴加入润滑脂，过多会引起轴承发热，加润滑脂的周期和量随运转工况不同，变化较大，在使用中须逐步积累经验。轴承用锂基 2 号或 3 号润滑脂。

三、污水处理

在输煤污水处理当中，一般应经过三级沉淀池进行常规处理后污水即可循环利用，水泵装在第三级沉淀池内，而且要有两套系统交替使用。一般清挖沉淀池的办法是在池上挂一个单轨抓斗定期挖泥，但抓斗长期工作在水上水下，其绳轮和其他转动部分极易生锈，人工清挖的工作量也较大。为了简化劳动量，可将沉淀的一侧做成行车坡道，泥满后可用铲车开进去定期处理，这种结构设施简单，工作量小，比较实用。

污水煤泥量比较大的生产现场，首先要治理输煤系统主设备的撒漏煤问题，其次可在综合泵房加装一台离心煤水分离机或其他机械过滤设备，可将滤出的煤泥用小皮带直接排向煤场晾干。

输煤系统中现场水冲洗后的污水和煤泥集中在沉淀池中进行回收再利用，可实现自动排污控制，其高低水位的一次传感器应实用可靠，当泵池中的液位达到检测高度时，传感器探头电极中有微弱电流通过，控制电路驱动继电器吸合，排污泵启动，排污开始。液位低于检测高度时，电动机断电，排污结束。还可以在控制部分设置定时继电器，运行超过设定的排污时间泵可自停，以防堵泵空转。

要求控制箱安装在水泵附近墙壁上容易操作的部位，水位传感器固定在泵池顶部，不影响其他操作，不允许电极碰触其他导电部位。

污水综合泵房的运行要求如下：

（1）当综合泵房水池内水位达到高水位时，启动（自动或手动）污泥泵。

（2）水泵运行时，每 20min 检查一次其振动和温度，发现异常做好记录。

（3）定期清挖沉淀池内的淤泥。

四、负压吸尘清扫系统

负压吸尘清扫系统主要用于粉尘较多和电气设备较多的车间室内清扫和专用设备，并回收散料，采用风机吸尘、分离及集尘系统，效率高、无二次扬尘、操作方便。根据需要其机型有手推式、车辆式和高负压固定式三种。其中手推式的工作宽度 600mm，清扫能力 250m²/h、电动机功率 4.5kW。车辆式的工作宽度 1200mm，清扫能力 500m²/h，电动机功率 9.5kW。

高负压固定式车间卫生清扫设备适用于粉尘污染较严重的车间环境卫生清扫及大型公共场所的卫生清扫，其系统结构如图 23-3 所示。在车间的墙角或墙壁上布置负压吸尘固定管道，尾部连接专用的高负压布袋式除尘器和高负压吸尘风机，当风机启动后会在管道中形成高负压，用吸尘软管与固定吸尘管路连接，用人力操纵吸头，实现对车间各部吸尘清扫的目的，吸入除尘器内的杂物及粉尘分离下来后，储存在杂物箱内，待吸尘结束后，用车运走，尾气排入大气。

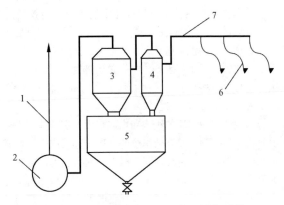

图 23 - 3 固定式车间卫生负压清扫系统

1—净气出口；2—高负压风机；3—二级除尘器；4——级除
尘器；5—储灰斗；6—吸尘头软管；7—吸尘总风管

主要性能指标有：吸入风量 $1000m^3/h$；风机全压 $30000Pa$；吸入杂物及粉尘的能力 $1 \sim 3t/h$（与主设备选型有关）；排污方式为停机排放；最远吸尘距离 200m；软管吸尘半径 $R = 25m$。

提示 本章介绍了燃料现场排污设备、设施的种类和运行技术要求，适合于输煤值班员的中级工和高级工掌握。

第二篇 输煤值班员

第三篇

集控值班员

第二十四章

主要专用设备的控制

第一节 "O"形转子式翻车机的控制

一、"O"形转子式翻车机系统控制介绍

"O"形转子式翻车机卸煤系统主要由重车铁牛、摘钩平台、翻车机本体、迁车台和空车铁牛五部分设备组成，在卸车过程中整个系统各设备之间能够协作运行，全自动完成卸车任务。

翻车机卸车系统的控制方式有三种：

（1）程序自动控制，是指卸车系统全线按工艺要求自动完成接车、摘钩、翻车、推车、迁车、退车等各项动作过程。程序控制方式下的控制回路为 PLC 软件编程，修改起来方便，配以限位开关或光电开关等动作可靠、精度高的传感设施，并在现场各关键部位装有探头，对设备进行监视。

（2）集中手动控制，是为了设备的检修、调整和设备自动控制时恢复初始状态，由操作员分别操作单元设备的方式。集中控制方式下的电路为一般电气电路，并有相应的保护限位装置。

（3）机旁操作，由操作员在各单元设备附近的操作箱操作单一设备，一般机旁操作仅作为调试设备时使用，不作为正式生产的一种控制方式。

投入全自动卸车时，整列车辆能够在无人操作的情况自动全部卸完，翻车机系统投入自动时应具备的条件是：

（1）翻车机在原位，翻车机内无车，推车器在原位，定位器升起，光电开关亮。

（2）重车铁牛油泵启动，重牛在原位，重牛低头到位，钩舌打开。

（3）重车推车器在原位。

（4）摘钩平台在原位，摘钩平台上无车，油泵启动。

（5）迁车台重车线对轨，推车器在原位，光电开关亮。

（6）空车铁牛在原位，油泵启动。

以上条件完全具备后按下启动按钮，便可开始自动卸车作业。其卸车

工艺流程参见本书第二章第三节。

翻车机系统各单机之间的联锁条件如下：

（1）前牵地沟式重牛接车和牵车的联锁条件：

1）重牛接车：钩舌打开，摘钩平台在原位，重车推车器在原位，重牛抬头，启动油泵。

2）重牛牵车：摘钩平台在原位，重车推车器在原位，重牛油泵启动，重牛抬头，钩舌闭合。

（2）前牵地沟式重牛抬头和低头的联锁条件：摘钩平台在原位，重车推车器在原位，重牛在原位。

（3）摘钩平台升起的联锁条件：重牛低头，重车推车器在原位，翻车机在原位，翻车机推车器在原位，翻车机定位器升起，翻车机内无车，摘钩平台油泵启动，迁车台对准重车线、摘钩台始端的记四开关动作、光电开关不挡。

（4）翻车机本体倾翻的联锁条件：翻车机内的推车器在原位，定位器升起，翻车机的入口光电开关不挡，出口的光电开关不挡。

（5）翻车机内推车器推车的联锁条件：翻车机在原位，翻车机内定位器落下，迁车台对准重车线，迁车台上无车，迁车台上的推车器在原位，迁车台上光电开关不挡。

（6）迁车台迁车和返回的联锁条件：

1）迁车台迁车：迁车台上的记四开关动作、迁车台上光电开关不挡、迁车台侧边的定位钩销打开。

2）迁车台返回：迁车台上对轨处的记四开关动作、光电开关不挡、迁车台侧边的定位钩销打开。

（7）迁车台推车器推车的联锁条件：空牛在原位，空牛坑前光电开关不挡，迁车台与空牛线对准。

（8）空牛推车的联锁条件：空牛坑记四开关动作（坑上无车），空牛坑前光电开关不挡，空牛油泵启动。

二、改善设备启停性能的方案

翻车机系统的设备都是重型机械设备，启动电流很大，为了改善其启停特性，早期的"O"形翻车机系统的重牛、空牛、翻车机本体、迁车台等多用绕线式电动机串接频敏变阻器的办法或逐级切除电阻的办法减小启动电流对电网的冲击。用涡流制动器进行能耗制动，以缩短停机时间。

频敏变阻器是一种铁芯损耗很大的三相电抗器，铁芯由一定厚度的几块铁板叠成，使用时串接在绕线式电动机的转子回路中，电动机启动时频敏变阻器线圈中通过转子电流，使其铁芯中产生很大的涡流发热，增加了启动阻抗，限制了启动电流，同时也提高了转子的功率因素，增大了启动转矩。随着转速的上升，转子频率逐渐下降，使频敏变阻器的阻抗逐渐减小，最终相当于转子被短路，完成平滑启动过程。

频敏变阻器的优点就是能对频率的敏感达到自动变阻的程度，具有接近恒转矩的机械特性，减小了机械和电流的冲击，实现电动机平稳无级启动，而且其结构和控制系统均简单；价格低，体积小，耐振，运行可靠，维护方便。其缺点是功率因数低，需要消耗无功功率，启动转矩较小，启动电流偏大。

随着电力电子技术的发展，原来的翻车机系统的这些调速设备已逐渐被变频器和软启动开关所代替。

三、"O"形转子式翻车机的电气部分的常见故障及处理

翻车机电气部分的常见故障及处理方法见表 24 – 1。

表 24 – 1　　　　　　翻车机的常见故障及处理方法

故障现象	产 生 原 因	处 理 方 法
电动机停止转动，电压、电流到零	总电源开关跳闸	检查开关无异常、设备无损坏时，送上电源
	过流保护动作	恢复过流保护继电器
电动机电流升高、温度升高或冒烟，电动机嗡嗡响，不转动	电动机转静部分相碰	解体检修
	线圈层间短路	停止运行
	通风不良	加强通风
	两相运行	检查电源消除异常
平台对位不准	主令控制器动作不正确	调整主令控制器
	制动器失灵	恢复制动器
	液压缓冲器缺油或回位弹簧故障	液压缓冲器加油或检修回位弹簧
	月牙槽内有杂物	清除杂物

为了使翻车机运行时，监护人员能随时根据情况停止运转，在控制电源中串接一个紧停开关。另外，还应有以下几方面的电气保护措施：

（1）为了防止因重车溜放速度过快，而使重车在翻车机内越位或脱

轨的情况下翻车，设有重车越位保护环节，保护环节的构成采用计数的方法。在正常位置时，越位计数器只计 1，越位计数器不发继电信号，并在每次翻车机倾翻完毕，推车器开始推车时将越位计数器清零；如果重车在翻车机内越位或脱轨则越位计数器必须动作并发出继电信号，使主接触器断电，即翻车机不能倾翻。

（2）为了防止翻车机受料仓满时翻车机翻车，控制线路中备有受料仓满检测信号及灯光指示。当受料仓满时，黄色信号灯亮，此刻不允许翻车机翻车。

（3）为了防止倾翻电动机和推车器电动机过载，用过电流继电器保护相应电动机，使其在过载时自动切断相应的电源回路。

（4）露天工作或外露的电动机、制动器、电气元件、设备等均应有便于拆卸的防雨罩等装置，所有外露的电气设备及元件在特定工作环境下均应考虑防水、防晒、防尘、防潮等措施。

第二节 "C"形转子式翻车机的控制

一、"C"形转子式翻车机的控制特点

"C"形转子式翻车机系统是比较先进的卸车系统，与"O"形转子式翻车机相比，"C"形转子式翻车机及其调车系统各设备（机构）之间不但有可靠的机械或电气安全联锁措施，而且控制部分也更为完善合理。在现代控制系统中全部工艺流程采用微机控制系统，只有软手动操作，不设硬手动操作，并设防止误操作措施。系统控制方式分为程序自动控制和单台设备手动控制两种，其中自动分为单机自动和全系统自动，手动分为单机就地手动和远程集中手动，手动和自动两种方式均由 PLC 控制，这两种控制方式可任选，控制台上设系统紧急停机按钮，控制室设事故预告信号和警铃装置。系统还留有和输煤系统程控的接口。

各设备机旁设有就地控制箱，并设远方就地选择开关。为防止翻车机突然启动危及人身安全，在机旁装设事故停机按钮和启动预告警铃。所有40kW 及以上电动机可以在 CRT 上显示电流。

每套控制系统的机柜留有 10% 插槽备用位置，I/O 点设有 10% 的余量。

PLC 全部取代了原由继电线路完成的组合逻辑和时序逻辑，具有控制准确、逻辑性强、调整方便等特点，从而大大提高了控制系统的可靠性、可修改性和可扩充性，使控制系统的维修工作量降到最低。同时还配置有

工业电视监视系统，完成对现场情况的实时监视。

工控机CRT（彩色显示器）监控系统与PLC进行全双工异步串行通信，通过PLC采集翻车机系统的工况及各种参数，并进行运算处理，将各设备工况实时显示在屏幕上，以便于监控和操作。使运行人员和维修人员随时了解设备的运行状况，能及时发现和处理设备故障。提高了翻车机系统的技术性能、自动化程度和运行可靠性，使翻车机系统的作业效率得到保证，同时大幅度降低了工人的劳动强度和维护工作量。工控机监控系统的功能如下：

能与PLC直接通信，并通过PLC采集到各种数据，能很方便地在工控机显示器上显示出反映现场各设备实际运行状态的全部作业过程。可直接对PLC程序进行编制、修改和监测、可直接通过操作键盘或鼠标对现场设备进行控制操作。

能对各种故障进行显示、报警，对故障类型、故障原因及处理方法可通过打印接口直接打印输出，对故障的检寻和处理提供了极大的便利。对现场设备的各种运行工况能进行自动记录，且可通过打印机输出，对建立设备运行档案提供了良好的条件。

能自动记录翻车数量，可分别按班、日、周、月统计，统计结果可按需要打印输出。翻车机可加装静态电子称量装置，其称量精度可达1‰～2‰，比动态轨道衡精度高，投资省。该装置具有称量、统计、打印等功能，与翻车机有可靠的联锁与保护。

可以异地对翻车机系统进行监控，这样为技术人员对设备实行远程服务咨询提供了可能。可以异地对PLC进行程序编写与修改、调试。

二、"C"形翻车机系统各设备之间联锁与保护

翻车机系统一次传感元件（特别是极限开关及各安全开关）应能确保其工作可靠。翻车机系统工作时应设有声光信号发至输煤系统集中控制室。允许接车信号送至铁路声光信号回路。卸车时各设备之间的联锁与保护条件如下：

（1）翻车机控制系统与料斗的高料位信号实现联锁。

（2）夹轮器与重车调车机之间实现联锁，夹轮器打开，允许重车调车机启动。

（3）翻车机与重车调车机之间实现联锁，翻车机在"0"位，且压车梁抬起，靠车梁收回，允许重车调车机将重车推送到翻车机内就位。

（4）迁车台与重车调车机实现联锁，翻车机在"0"位，迁车台对准重车线后且涨轮器打开、液压插销到位，允许重车调车机将空车推送到迁

车台上。

（5）摘钩平台与重车调车机实现联锁，摘钩平台起升到位，第一、二节重车车钩脱开，允许重车调车机牵车。

（6）迁车台与空车调车机实现联锁，空车调车机回原位后允许迁车台向空车线迁车；迁车台对准空车线后，允许空车调车机推送空车。

（7）翻车机与除尘装置实现联锁，当翻转到30°时，喷水，140°时，停水。

（8）振动斜算可单独操作，根据实际情况进行。

（9）翻车机自身联锁与保护：压、靠信号到位后，翻车机才能翻转；翻车机翻转到位及回零到位均有机械止挡保护，防止过位；翻转时，有主令控制器（或光电编码器）与接近开关双重保护；物料翻卸后，有液压释能装置，释放车辆弹簧恢复时的能量。

（10）重车调车机自身联锁与保护：牵车臂前后钩闭合或打开到位，允许重车调车机前行或后退；重车调车机定位车辆的动作由主令控制器或光电编码器、接近开关控制，极限定位有双重控制保护；为防止重车调车机越位，有地面缓冲止挡器限制极限位置；各传动单元之间有摩擦离合器均衡载荷，液压制动器开启到位，允许重车调车机行走。

（11）迁车台自身联锁与保护：车架两侧有缓冲器，防止因意外情况下，迁车台撞基础；液压定位插销拔出后迁车台允许迁车。

（12）空车调车机自身联锁与保护：空车调车机定位由主令控制器或光电编码器、接近开关控制，极限定位有双重保护；行程两端有地面缓冲止挡限位；制动器开启后允许空车调车机行走，各传动单元间载荷由摩擦离合器均衡。

三、设备调速方案

1. 变频调速

由于工作对象为列车车辆，质量大，翻车机系统在适应工况的同时还要满足效率，因此对设备的调速运行提出了很高的要求。随着变频调速技术的日益完善和变频器价格的下调，设备实现全变频成为可能。变频调速是一种先进的交流调速方式，通过调整电动机的定子电压和频率达到调速目的。与其他调速方式相比，变频调速具有明显的优势，如开关频率高、调制波形好、保护功能全（如防失速、过流、过压、欠压、瞬时停电、变频器过载、过热、电动机过载、输出端子短路、变频器接地故障等）。触摸式面板控制器可方便地进行各种参数设定和修改，标准的外部接线端子可方便地与外部控制设备连接，实现手动和自动控制。多步速度设定和无级调速，可使设备加、减速方便，运行平稳。通过转矩提升和外接制动电阻使运行可靠。大的频率控制范围（0.5~400Hz）使设备的调速范围宽，超强的过载能力（15%反时限）能适应设备各种异常工况；LED面板显示，可方便地监视输出频率、电动机同步速度、输出电流电压、机械速度等；故障自动显示功能可自动显示故障类型存储，让维修人员能方便地处理故障。使用变频调速，使得设备更加平稳、可靠和完善。

2. 直流调速

近几年来利用微处理器技术的全数字式直流调速装置得到广泛应用。这种调速装置结构合理紧凑，应用于重车调车机的调速上能使重车调车机设备运行平稳，起制动力矩可调，冲击小，动作可靠。可设定调速装置各种参数。装置本身还配有串行接口以供和PLC之间的数据通信。装置软件存储于直插式EPROM中，更换简单方便。高效能的16位双微处理器分别承担电枢和励磁回路所有的调节控制功能和保护功能，采用软件模块形式，功能强大，使用灵活。装置本身不仅有全面可靠的保护功能，而且有许多辅助功能（如电动机接口板）。整套装置硬件采用模块式结构，使得装置的每一部分都更加便于维护。

3. 双速电动机

新型绕线式无滑环双速异步电动机，解决了传统绕线式电动机需在转子回路串电阻的缺点，转子绕组采用专有复合绕组技术，将传统的外接频敏变阻器设计在转子绕组内且能随定子绕组自动变级，省去了转子滑环。启动电流小，启动力矩大，调速范围为1:4，采用双速电动机调速后，控制原理简单、可靠、维护工作量小、检修方便，制动方式为再生制动，制动效果好，且安全可靠。采用双速电动机调速后能使翻车机启停平稳，减小设备冲击和碰撞，延长设备使用寿命。从经济、适用、简捷的角度看，目前新生产的翻车机多采用双速电动机调速，而且大量的老翻车机也可进行双速电动机调速改造。

第三节　悬臂式斗轮机堆取料机的控制

一、悬臂式斗轮机的工作特点与要求

输煤系统的斗轮堆取料机属于煤场设备，用于堆料或取料，因其作业时不定因素太多，所以现在多采用人工集中控制方式，部分来煤比较好的电厂在三大块很少、煤堆形状良好的情况下可实现PLC机全自动程控作业。

斗轮堆取料机的电源授电有拖缆形式和安全内触式滑触线等几种方式，随着技术的进步其安全性也在提高，维护量在减小。现各火电厂的斗轮机电源多采用三相380V50Hz的交流电，滑线供电有三根相线、二根联锁线、一根中性线。采用6kV50Hz供电的斗轮机，多用专用电缆卷筒供电，各机构间的工作联锁依靠机械限位或力矩开关来实现。悬臂式斗轮机的工作特点如下。

（1）斗轮机的行走一般采用双速电动机，调车时采用快速，堆取料时采用慢速，在行走的终点设有限位开关防止出轨。

（2）悬臂皮带架构及平台的回转、俯仰采用液压传动由电磁换向阀控制左右回转和上、下俯仰，在回转的极限位置堆料±95°和取料±165°时由回转限位对其进行控制；在垂直方向设有俯仰机构的限位开关对其上下极限位置进行保护。

（3）斗轮机的斗子驱动有二种形式：一种是采用径向柱塞式油马达驱动，一种是采用电动机、减速机驱动，第一种驱动斗轮斗子转动前，控制油泵先行转动，过载时，油马达自动卸油，对驱动机械损伤较小，但液压机构维护工作较大；第二种驱动机构过载能力强，但过载时机构机械保护性差，多靠电气保护工作，如果电气部分调整不当，会对机械部分造成损伤。

（4）各液压泵运行前，必须运行补油泵，以对液压回路中的液压进行补充。

（5）尾车变幅机架分为堆料和取料两种状态，机架工作由尾车油泵驱动，堆料取料由尾车调整的电磁换向阀控制。堆料时尾车机架与水平成15°，取料时尾车机架与水平成 –13.5°。

（6）所有动作机构到限位后除自动停止外，还发信号。

（7）补给泵、回转泵、斗轮泵等液压系统中装有堵油装置，当油路中的油发生堵塞时产生压差，接通压差继电器，会对应停止补给泵、回转泵、斗轮泵等电动机，并同时发出信号。

（8）由于斗轮机为大型露天设备，为防止大风吹击，装有夹轨器和风向仪，当有大风时会自动夹紧，在斗轮开始行走前，必先放松大车行走机构。

（9）皮带机可正反向运行，堆料时头部运行，取料时向尾部运行。

（10）主油箱内有加热器和油位报警器，根据油温自动投入或停止运行，因漏油等故障使油位降低时会立即报警或停机。

（11）斗轮机机构较多，动作频繁，为减少开关数量，一些有关联关系的动作用一个主令开关控制。

（12）为及时反应电路中的电流、电压，在操作台上装有电压表、电流表。

（13）斗轮机的控制系统自成系统，相对独立；各机构协调运行，同台设备控制对象多；电气设备工作在振动大、粉尘多的环境下。

二、悬臂式斗轮堆取料机的控制内容

悬臂式斗轮堆取料机主要控制对象有：悬臂皮带的正反转控制、尾车堆料皮带的控制、尾车升降的控制、悬臂俯仰的控制、悬臂回转的控制、取料斗轮的控制及辅助设备的控制。

现代斗轮机程序控制系统实现了用 PLC 机取代继电器的逻辑控制，其控制方式有两种：一是自动控制，是将斗轮堆取料机的所有与工作顺序有关的设备，按工作方式编好程序，通过选择运行方式开关，确定堆料还是取料，然后进行自动启动。二是手动控制，是将斗轮堆取料机的所有电气控制开关，集中到斗轮堆取料机的操作台上，由斗轮司机按照其工作方式以一定的启动顺序对设备进行单一的启动控制。手动集中操作和自动 PLC 机操作全部通过 PLC 执行，有的个别部件装有机旁控制箱，机侧操作不通过 PLC，只保留很少的继电器控制，供设备检修及试车用。全机有 I/O 口近 200 点。机上和集中控制室经滑环通过 I/O 模块进行通信联系。

悬臂式斗轮堆取料机各单机之间的联锁条件如下：

（1）大车走动与夹轨器联锁，大车行走前，夹轨器必须松开。

（2）辅助油泵与回转油泵联锁，辅助油泵启动后油系统压力未达到 0.5MPa 时，回转油泵不能启动。

（3）斗轮电动机与悬臂皮带取料联锁，悬臂皮带启动后，斗轮电动机才允许启动；悬臂皮带停止运行，斗轮电动机立即联锁停止。

（4）悬臂皮带与堆料皮带联锁，堆煤时，悬臂皮带启动后，联锁堆料皮带启动；悬臂皮带停止运行时，联锁堆料皮带停止。

（5）堆料皮带与煤场皮带联锁，堆煤时，堆料皮带启动后，联锁煤场皮带启动；堆料皮带停止运行时，煤场皮带联锁停止。无堆料皮带的斗轮机，由悬臂皮带和煤场皮带直接联锁。

（6）煤场皮带与悬臂皮带联锁，取煤时，煤场皮带启动后，联锁悬臂皮带启动；煤场皮带停止运行时，联锁悬臂皮带停止。

（7）斗轮事故联锁，斗轮机运行中系统发生异常时，发出事故声响，断开主控制回路。

斗轮机有堆料、取料两种工作状态，操作时应首先调整尾车的工作位置，尾车架要放在相应的工作位置上。例如 DQ8030 斗轮机堆料位置时机架上升与水平呈 15°角，取料位置时机架下降与水平呈 −13.5°，各类斗轮机的控制各有特点，可以根据具体结构具体掌握。

根据工艺要求，自动堆取料时一样可以选择回转堆料法、定点堆料法、行走堆料法、旋转分层取料法和定点斜坡取料法等多种工艺方式，在堆取料前要通过操作台上的拨码开关进行有关数据设定，如前进终点、后退终点、走行点动距离、回转点动距离和俯仰点动距离的设定等。

在斗轮机的保护方面，各电路部分应设有零位保护（万能转换开关的零位）、过载保护（热继电器保护）、短路保护（各种保险及空气开关）等，操作台上应有急停按钮。如遇紧急情况可按急停按钮全机停电。

第四节　给煤机的控制

给煤机的控制一般与其下部的皮带机启停相联锁，即在其启动回路中串入一个皮带已启动的触点，皮带启动后此触点闭合，才允许给煤机启动；皮带停止时，给煤机启动不了；皮带运行中跳闸，则给煤机自动跳闸。

叶轮给煤机应用于长缝隙煤槽，行走移动拨煤，比振动及其他给煤机动作复杂，现主要将其自动控制方式简要介绍如下。

一、叶轮给煤机涡流离合器的工作原理

叶轮给煤机由主电动机和行车电动机分别带动叶轮和车轮转动，行车电动机通过正反转动以固定转速实现叶轮给煤机的前进或后退；为了调整给煤量，主电动机有两种调速方式，新型叶轮给煤机多用变频器配鼠笼式异步电动机调速，这种调速方式在机械上结构简单，电气上控制方便。传统的调速方式是主电动机通过涡流离合器（合称电磁调速电动机）带动叶轮旋转，并在一定转速范围内进行无级调速。有关变频器的应用已在上文做了介绍，下面主要以 QYG−600 型叶轮给煤机为例介绍涡流离合器系统的调速原理。

涡流离合器又称电磁转差离合器，用于电动机与叶轮之间的传动调速，在电动机与机械之间同轴心相联，卧式安装，无滑环结构，空气自冷。涡流离合器结构如图 24−1 所示，其中各主要部件在整机中的作用是：导磁体既是结构件又是磁路的一部分；机座是结构件；电枢直接固定在拖动电动机的轴上作恒速运转，运行时电枢中有感应电势并产生涡流；齿极固定在离合器的输出轴上，作变速运转；激磁绕组固定在导磁体上，

作用是绕组通电后，产生激磁。测速发电机的作用是随着转速的变化引起感应电势的变化。

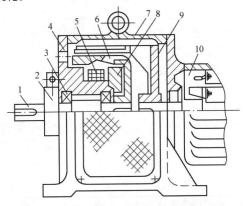

图 24 - 1　叶轮给煤机的涡流离合器结构图

1—输出轴；2—测速发电机；3—轴承；4—导磁体；5—激磁绕组；
6—齿极；7—机座；8—磁轮；9—电枢；10—拖动电动机

　　涡流离合器的工作原理如图 24 - 2 所示，图中激励绕组通电时产生的磁力线通过机座→气隙→电枢→气隙→齿极→气隙→导磁体→机座形成一个闭合回路，在这个磁场中，由于磁力线在齿极的凸极部分分布较密，而在齿间分布较稀，所以随着电枢与齿极的相对运动，电枢各点的磁通就处于不断地重复变化之中，根据电磁感应定律，电枢中就感应电势并产生涡

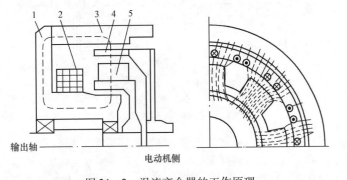

图 24 - 2　涡流离合器的工作原理

1—导磁体；2—激磁绕组；3—机座；4—电枢；5—齿极

流，涡流和磁场相互作用而产生电磁力，使齿极和电枢作同一方向旋转（但始终保持一定的转速差）从而输出转矩。改变激磁电流的大小，就可以按需要调节输出转速。

涡流离合器机械侧的输出轴上装有测速同步发电机与晶闸管触发电路共同构成调速电气回路，通过调节激磁电流的大小来改变叶轮的转速。测速发电机是三相交流同步永磁式，与离合器输出轴共轴，转子是永久磁钢制成，定子绕组功率 5W，转速在 1200r/min 时额定输出 24V、频率为 160Hz。

控制器是与调速电动机相配套的控制设备，涡流离合器控制环路原理图如图 24-3 所示，其组成包括晶闸管主回路、给定电路、触发电路（采用单结晶体管触发电路）、测速负反馈电路及微分反馈电路等环节。主回路采用晶闸管半波整流电路；负反馈电路是指测速发电机的三相电压经桥式整流和电容滤波后加到反馈电位器两端，该直流电压随调速电动机的转速变化而成线性变化，作为速度反馈信号与给定信号比较，因为其极性是与给定信号电压相反的，故其增加即起着减小综合信号的作用，该信号作为控制信号加至晶体管的基极和发射极之间以改变晶体管的内阻，也就改变了电容的充放电时间，使单结晶体管产生的触发脉冲能进行自动移相，从而改变晶闸管的导通角达到改变涡流离合器的激磁电压而实现控制电动机转速的目的。

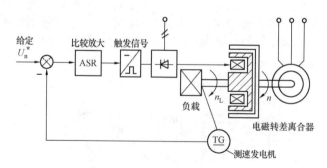

图 24-3 涡流离合器控制原理图

叶轮给煤机给煤量就是通过这种专用控制器改变调速电动机中涡流离合器上激磁绕组的直流电压大小使叶轮转速改变而实现煤量控制的，可在就地控制，也可实现远方控制。由于这种调速系统结构复杂，通用性不强，已逐渐被变频器直接驱动鼠笼式异步电动机的方式

第三篇 集控值班员

取代。

二、YGZ – 2000 型载波控制系统

1. 概述

载波通信是一种把电力线路通信技术、网络、控制器相结合，以电力线为物理媒介，传输控制信号的技术。其优点是：电力线和信号线合二为一，无需布设信号线，运行可靠性高。采用叶轮给煤机载波控制系统替代拖缆，完成了对叶轮给煤机的远方控制，解决了原来控制拖缆很容易损坏的问题。在系统的远程站内安装了一个控制柜，内设整套载波主机、载波器、载波耦合、隔离继电器等，在叶轮给煤机本体上安装了1个变频柜和1个就地控制柜，就地控制功能由继电器回路完成，和远程站主机的通信采用动力拖缆的 A、B、C 相电源线传输开关量和模拟量信号。

2. 系统组成及原理

YGZ – 2000 载波控制系统主要由主机 YGZ – 2000/Z，从机 YGZ – 2000/C 以及控制软件 YGZ – 2005 等组成，YGZ – 2000 载波系统工作原理是载波主机 YGZ – 2000/Z 把输煤 PLC 传来的开关量和模拟量经微处理器（MCU）处理成数据信号，然后调制到 50Hz 的 380V 电源线上传递，载波从机 YGZ – 2000/C 接到数据信号后又还原成开关量和模拟量发给叶轮给煤机的执行元件，完成控制命令。载波部分采用了扩频（Chirp 方式）调制解调技术、现代 DSP 技术、CSMA（网络载波侦听）技术及软件容错技术，可根据电源线上负载的变化而自动调整输出的频率和阻抗，从而具有很强的抗干扰特性和网络适应能力。

载波控制系统组成见图 24 – 4。

3. 载波控制系统工作原理

在输煤程控的上位机画面上，点一下叶轮给煤机"启动"按钮，程控 PLC 就输出一个空触点，此信号加到 YGZ – 2000/C 型载波控制主机的"给煤机控制单元"，经主机 CPU 处理成一串带加密码的数据，由载波单元调制到 380V 电源上，通过"滑触线"或"电源拖缆"传给就地给煤机 YGZ – 2000/C 从机，从机上输出一个闭合的信号，启动叶轮给煤机。当叶轮给煤机走到右边返回后，就发给主机一个"左行"信号，传输原理和"启动"信号相同，这样达到叶轮给煤机的远程监控。

4. 常见故障及处理

载波控制系统常见故障及处理见表 24 – 2。

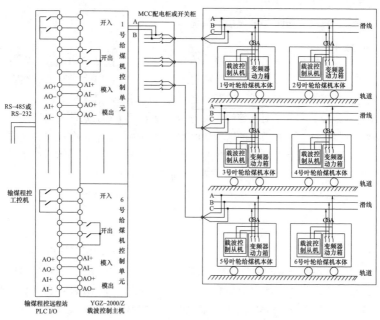

图 24 - 4　YGZ - 2000 型载波控制系统组成

表 24 - 2　　YGZ - 2000 型载波控制系统常见故障及处理

故障现象	故障原因	处理方法
主机 I15 故障灯亮（主机发了 10 包数据没有回复）	（1）载波器失电或故障。 （2）就地从机失电或故障。 （3）载波线断线或失电	（1）检查载波器或恢复电源。 （2）更换载波器或从机。 （3）检查载波线供电情况
主机输出状态、信号和实际不符	（1）通信无故中断，主机输出保持。 （2）从机失电。 （3）通道故障	（1）排除通信故障。 （2）把主机断电重新上电，信号便会自动恢复。 （3）更换新的从机或主机
从机或主机 TX 接收灯不亮	（1）主机没有发送数据。 （2）从机没有给主机回复。 （3）载波器故障	（1）检查供电是否正常。 （2）更换新的主机、从机或载波器

故障现象	故障原因	处理方法
从机或主机 RX 发送灯不亮	主机、从机或载波器故障	更换主机、从机或载波器
从机模拟量没有输出或与实际不符	（1）主机模拟量没有输入。 （2）主机模拟量输入模块坏。 （3）从机模拟量输出模块坏	（1）检查上位机模拟量输出是否正常。 （2）更换主机上的 I/O 板。 （3）更换从机
主机模拟量没有输出或与实际不符	（1）从机模拟量没有输入。 （2）主机模拟量输出模块坏。 （3）从机模拟量输入模块坏。 （4）变送器坏。 （5）变频器频率输出故障	（1）检查从机模拟量输入是否正常。 （2）更换主机上的 I/O 板。 （3）更换从机。 （4）更换新变送器。 （5）检查变频器频率输出信号是否正常

三、AYWM - 2350 无线控制简介

1. 概述

AYWM - 2350/G 型无线模块是采用最先进的数字无线技术传输 RS232 数据，数字无线技术是近几年才发展起来的高科技技术，前几年一直是军事通讯研究的保密技术，无线发射和接收均为数字信号，低功耗，抗干扰能力强，通信可靠，特别适合在工业高干扰场合使用。

技术参数：

频率范围　　2400MHz

工作类型　　半双工

供电电源　　10～30，VDC

接收电流　　75mA（13.8V，DC）

发射电流　　480mA（13.8V，DC）

电路保护　　0.9A 自恢复熔断器，内置极性相反保护电流输入保护

数据接口　　RS - 232

端口速率　　　　1200～384000bit/s

数据延时　　　　16ms

发射单元：

频率设置　　　　5.25kHz

发射功率　　　　1W 可调

占空比　　　　　50%

信道间隔　　　　25kHz

邻道辐射　　　　65dB

发射启动　　　　数据直接启动，启动时间 2ms

灵敏度　　　　　-116dBm@ 12dB Sinad

数据性能　　　　-108dBm@ 10 -6BER

交调抑制　　　　-70dB 最小

邻道选择性　　　55dB

温度范围　　　　-30 ～ +60℃

湿度范围　　　　0% ～95% 非冷凝

机壳材料　　　　铝合金

2. 无线控制系统组成和特点

无线控制系统由无线地面站和无线机上站两部分组成，每部分都由两套控制单元组成，使用方式为一用一备，可以自动相互切换。

（1）无线替代方式：采用无线控制系统替代原有的控制托缆，所有命令及反馈信号都通过无线信号传输，无物理损耗，传输稳定可靠。

（2）传输过程：程控计算机发出命令，PLC 的开关量输出端子就输出一个闭合的信号，该信号经继电器隔离后加给无线地面站 PLC，无线地面站 PLC 把开关信号处理成 32 位的数字信号，经加 16 位密后，通过 RS -485/232 隔离转换模块，转换成 RS -232 信号输入到数字无线模块，该模块把数字信号变成无线电波，通过馈线及天线发射给无线机上站，该机上站收到无线信号后，经过解密计算，还原出数字信号，驱动相应的继电器闭合。

（3）故障时应急方案：当 A 无线控制系统出现故障无法使用时，可以在 26s 内切换到 B 备用无线控制系统并投入正常使用，在 B 无线控制系统运行期间可对 A 无线控制系统进行检修。工作稳定可靠，全部采用工业级芯片和进口元器件，专门针对电厂输煤环境下进行设计优化，满足发电厂不间断工作制的需求。

3. 机上站和地面站程序说明

机上站配置：西门子 cpu226，EM222（8 路输出扩展模块）

地面站配置：西门子 cpu226，EM222（8 路输出扩展模块）

通信参数：9600bit/s 8N1

机上站 PLC 使用端口 port1 通信，地面站 PLC 使用端口 prot0 通信（机上站只能用端口 1 作为 MODBUS 主端口，地面站可以用端口 1 和端口 0）。

4. 使用注意事项

（1）无线地面站和机上站在总电源断电从新送电后，此时需按下无线地面站和机上站柜体面板上的 A 启或 B 启按钮，选择是使用 A 路还是使用 B 路进行通信，地面站 A 路和机上站 A 路必须对应，否则将会通信不上。

（2）当 A 路或 B 路启动后，面板上对应的 A 通信指示灯或 B 通信指示灯会亮。

5. 常见故障及处理

无线控制系统常见故障及处理见表 24-3。

表 24-3　　AYWM-2350 无线控制系统常见故障及处理

故障现象	故障原因	处理方法
地面站信号发不到机上站或机上站信号发不到地面站	检查柜内电源是否正常	恢复供电
	检查给无线模块供电的 12V 电源是否正常	如不正常，及时更换新的
	检查给隔离继电器线圈供电的 24V 电源是否正常	
	检查柜内熔断管端子内熔断管是否完好	
	检查 MOXA 信号隔离转换器是否正常	
	检查 PLC 及 MOXA 信号隔离转换器上的 9 针插头是否插好	将插头插牢固并拧紧
	检查 PLC 到 MOXA 信号隔离转换器的 RS-485 通信线是否正常	如不正常，及时更换新的

故障现象	故障原因	处理方法
地面站信号发不到机上站或机上站信号发不到地面站	检查无线模块上的12V电源插头是否插好，注意插头方向	将插头插牢固并拧紧
	检查无线模块上的25针插头是否插好	
	检查无线模块上的天线插头是否插好以及天线馈线和天线是否完好	插好天线，如馈线有破损的及时更换
	检查信号输出的插拔端子是否有松动	插好并固定牢固
	如果上述环节都正常完好，此时应检查无线模块及PLC和程序是否正常	更换新的无线模块或PLC

四、叶轮给煤机行程位置的监测方案

为了在集控室远方控制及时掌握叶轮给煤机在煤沟纵向行走的位置，较早期的监视方法有两种方法：一种是用自整角机；另一种是沿叶轮给煤机道轨全长每隔一定距离设置一个行程开关（或干簧管），在机上安装挡块（或永久磁铁），在集控室的模拟屏上装信号灯，当叶轮给煤机行走到行程开关位置时接点吸合，通过信号继电器，点亮集控室的信号灯，用以表示叶轮给煤机的所在位置。目前常用的监视方法有：

（1）电子限位开关断续显示式。由可靠耐用的非接触式电子限位开关代替了道轨沿线的机械式行程开关，叶轮给煤机行走时，其上的感应体接近到电子限位开关（第一个开关）的检测距离范围后，限位开关即可动作并送出一个开关量，使集控室模拟屏上相应的对象灯亮，从而给出了叶轮给煤机的行走位置。

（2）超声波测距式。叶轮给煤机上装有超声波发射装置，在叶轮给煤机行走区间的另一端处装有超声波接收装置，如果将行走区间的一端作为始步，则叶轮给煤机与零点之间的距离就反映了叶轮给煤机的相对位置。超声波测距系统可用变送器输出的4～20mA模拟量连续地显示叶轮给煤机的相对位置，较前面第一种用电子接近开关断续的单点显示更为逼真，而且维护量小，是一种较好的方式。

　　提示　本章对卸储煤和输煤系统中的几个主要大型机械和专用机械单元的控制原理进行了介绍，适用于集控值班员的中级工和卸储煤值班员的中级工和高级工掌握。

第二十五章

输煤设备控制与保护

　　火电厂输煤系统的控制方式可以分为就地手动控制、集中手动控制和集中程序控制三种。就地手动控制一般只作为检修调整或应急启停使用，大多数火电厂均采用程序自动控制，辅助以集中手动控制。

　　未进行程控改造的一些小型火电厂的输煤系统中仍采用继电器逻辑控制系统，在集中控制室控制台上设置操作按钮，通过启、停及联锁按钮对设备进行"一对一"的控制，设备的联锁靠继电器逻辑执行，这就是集中手动控制的控制方式。这种集中控制回路大多采用220V强电控制，事故联锁大多通过电动机的接触器辅助接点来实现。

　　输煤设备程控是指输煤设备按照事先编好的程序，在操作人员的提示和监视下，自动启动、自动配煤、自动停止、自动报警、自动保护停机的上煤方式。在程控系统中，运行操作人员如果要选择程控运行设备，必须根据设备状况，首先选择设备流程（不能间隔），然后发出启、停命令，设备才能正常运行。输煤系统采用程序控制，增加了一系列的自诊断、报警功能，大大降低了值班人员的劳动强度，提高了劳动生产率，同时也提高了设备运行的可靠性。

　　根据PLC可编程序控制系统的配置分为两种类型的组成方式，一种是较初级的程控系统，在集控室操作台上设有就地、手动、自动转换开关和设备单独控制按钮，将转换开关设置在手动位置时对设备进行"一对一"的单独的操作，设置在自动位置时对设备通过PLC机进行程控操作；另一种是较高级的程控系统，在集控室操作台上不设控制按钮和转换开关，只保留急停按钮。正常情况下设备进行程控运行，设备的单独启停操作是通过CRT操作画面软手操作器对设备进行"一对一"的控制操作，设备单独操作时各设备间的联锁及保护均已投入。程控系统有采用AC 220V强电控制的，也有采用DC 36V、24V等弱电控制的，可通过继电器触点和PLC内部程序来实现联锁，也可通过PLC输出模块的逻辑触点进行联锁控制。集中单独控制时，各设备之间的联锁关系必须按整个系统的工艺流程逆煤流方向顺序设置。

输煤设备大多为重型转动机械，其可控性较差，运行状态随时都可能发生变化。因此要想实现自动控制，首先要有比较成熟的生产工艺流程，基础机械设备的健康水平要有一定的保证，例如所有转动设备转动要灵活、动作要可靠，皮带不能严重跑偏，犁煤器等配煤设备动作要灵活、误差要小，煤中的三大块不能太多等，机械设备的可靠运行，可以减少控制系统的元器件，减小检修、运行人员的维护、监视工作量，提高控制系统的运行速度；其次控制系统要有一定的灵活性和可靠性，以适应火电厂的不间断上煤的工作性质。

输煤系统程序控制的基本功能要求如下：

（1）输煤系统必须按逆煤流方向启动设备，按顺煤流方向停止设备。

（2）设备启动后，在集中监视、操作的值班员微机模拟图中应有明显的显示。

（3）在自动启动设备中，当任何一台设备启动不成功时，按逆煤流方向靠煤源侧的设备均不能启动，并发出报警信号。

（4）在正常运行过程中，任一设备发生故障停机时，也应按照联锁跳闸的原则中断有关设备的运行。

（5）要有一整套运行可靠的传感器，能将现场设备的运行状态传送到集中控制室，以供值班人员掌握。

（6）在自动配煤的控制方式中，锅炉的每个原煤仓必须有可靠的高低煤位指示装置，每个原煤仓都可以设置为检修仓，以便跳仓配煤。各原煤仓上犁煤器的抬落信号均应准确可靠。

（7）配备一定数量的现场设备保护装置。

为保证电气元器件能可靠工作，大多输煤现场已不再安装电气控制箱，只在现场安装一些简单的转换开关，可以进行程控（或集控）与就地运行转换。使用中一般 PLC 主机部分及软件部分的故障率是比较少的，程控系统要可靠运行，除了要有可靠的机械设备基础外，输煤现场传感器的选用与安装布置对程控的正常投运也是至关重要的。

第一节　输煤现场传感器

皮带机沿线保护装置是保证皮带正常运行和人员安全、提高输煤自动化水平的重要设施，而传感器的好坏是保护装置能否正常工作的主要因素。现输煤现场用的传感器主要有拉线开关、跑偏开关、阻旋式料位计、堵煤检测装置、煤流检测装置、速度检测装置和限位开关（又称接近开关），某配煤间皮带机系统的现场传感器分布情况如图 25-1 所示，其中限位开关是拉线、跑偏等其他数字量检测装置中机电信号转换的核心元件。

根据输煤现场的实际情况，要求各类保护和检测装置密封性要高，能在潮湿、粉尘大的环境中长期工作；动作要可靠，以便于输煤程控系统能正常投入使用。

一、电子式限位开关

电子式限位开关是机械式行程开关的替代品，一般用来控制运动设备的极限位置或运动方向、速度，是一种依靠磁电或光电感应将设备的位置信号变成电信号来控制设备启停的低压传感元件。电子限位开关是固化密封结构，开关内无触点，开关与运动体不接触，耐粉尘、水、汽及防锈防误能力比一般机械行程开关更好，而且其调整距离比较灵活，易于安装，接线方便，限位开关工作稳定可靠、寿命长、重复定位精度高、动作迅速、操作频率高，因此在控制系统中大部分场合取代了机械式行程开关。

电子式限位开关的种类有电感式限位开关、电容式限位开关和光电开关等。

1. 电感式限位开关

常用的电感式限位开关的种类有高频振荡型（有源式）和磁铁型（无源式）等几种。高频振荡型限位开关的工作原理图如图 25-2 所示，是利用磁电感应原理，来完成移动设备位置信号的传输，当装在运动部件上的金属体接近高频振荡器的感应头（即振荡器线圈）时，由于金属体内部产生涡流损耗，使振荡变弱，直至停止，于是开关就在无接触、无压力、无火花的情况下迅速发出控制信号，准确反映出运动机构的位置和行程。有源式开关接近体是普通铁块构架即可，无源限位开关使用时移动设备上应安装磁性块，感应距离都是 5~10mm。

限位开关有两种接线方式：即串联和并联。接线时一定注意确定限位开关必须先经负载再接至电源，若直接将开关接至电源会使开关内部元件受损。

2. 电容式限位开关

电容式限位开关由两个同轴金属电极构成，很像打开的电容器电极，该电极串接在 RC 振荡回路内。当检测物体接近检测面时，电极的容量产生变化，使振荡器起振，通过后级整形放大转换成开关信号，从而达到检

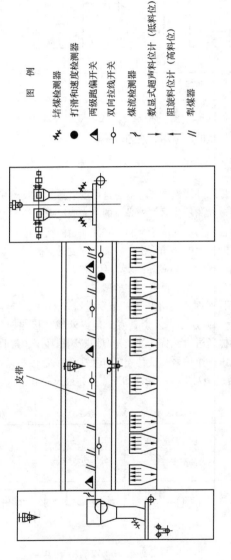

图 25-1 某配煤间皮带系统现场传感器分布图

图 例

〰〰 堵煤检测器
● 打滑和速度检测器
▲ 两级跑偏开关
—○— 双向拉线开关
ʃ 煤流检测器
→ 数显式超声料位计（低料位）
← 阻旋料位计（高料位）
‖ 犁煤器

皮带

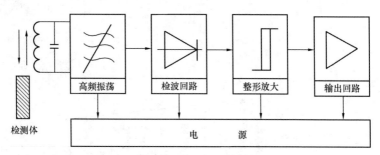

图 25 - 2　振荡型限位开关等效电路原理图

测有无物体存在的目的。适用于液态、粉状、粒状原料料位测量，机器定位及监控机器程序执行。

3. 光电开关

光电开关又称红外线光电传感器，是由发射器、接收器和检测电路三部分组成，利用被检测物体对红外光束的遮光或反射来检测出物体的有或无，光电传感器检测物不局限于金属，对其他物体均可检测，而且检测距离是限位开关不能相比的。随着生产自动化程度的提高，光电开关的功能在不断完善，现已成为与 PLC 相配套的系列产品。

光电开关分为透射型、反射型和槽型三类。

透射型（又称对射式光电开关）是发射器（光源）与接收器相对放置，如图 25 - 3（a）所示，发射器发射的红外线直接照射到接收器上，当生产线上有物体通过时，将红外线光源切断遮挡住了，接收器收不到红外光，于是就发出一个信号。这种光电开关工作稳定性高，检测距离长，常用的有 60m 透过型对射式投光器和受光器，最长的可达 100m。

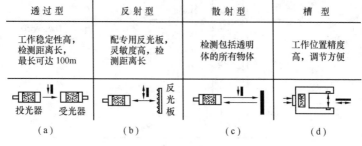

透　过　型	反　射　型	散　射　型	槽　　型
工作稳定性高，检测距离长，最长可达 100m	配专用反光板，灵敏度高，检测距离长	检测包括透明体的所有物体	工作位置精度高，调节方便
投光器　受光器	反光板		
（a）	（b）	（c）	（d）

图 25 - 3　光电传感器的种类图

反射型根据红外光反射方式的不同，又分为镜反射（简称反射型）

第三篇　集控值班员

和被测物体反射（简称散射型）两种，如图 25 - 3（b）和 25 - 3（c）所示。反射型的接收部分和发射部分合作在一起，发射部分发射的红外光，由反射镜反射回来，被接收部分接收，当生产线上的物体通过时，接收部分接收不到红外光，于是就发出一个信号。散射型是依靠被测物体对光的反射，接收器接收到物体反射的红外线时给出信号。

反射型与透射型相比，反射型单侧安装，安装和调试简单，并且还可以用于检测半透明的物体。散射型是三种中安装最简单的一种，不仅可以检测物体的有无，还可以检测物体的颜色，但检测距离最小。透射型能检测距离较大，但调整较繁。

槽型光电开关如图 25 - 3（d）所示，适合于测量高精度场合与物体的速度测量，安装简单，不需调节，

另外根据分类的不同光电开关有常开型和常闭型、NPN 型和 PNP 型、两线型和大电流型、交流型和直流型等，其使用指标列举如下：

电源电压：24V（10～30VDC）、220V、380V、110V。

负荷电流：50mA。

电压降（U_D）：指当在规定的条件下，电流流过限位开关时，在其实际输出端测量的电压值，2 端子 $U_D \leq 8V$（DC 型）、$U_D \leq 10V$（AC 型）、3 端子或 4 端子 $U_D \leq 3.5V$（DC 型）。

漏电流［截止状态电流（I_r）］：在限位开关截止状态下通过其负载电路的最大电流。2 线 $I_r \leq 1.5mA$（DC 型）、$I_r \leq 3mA$（AC 型）、3、4 线 $I_r \leq 0.5mA$（DC 型）。

使用光电开关的注意事项有：

（1）高压线、动力线与光电传感器的配线若在同一配管或用同一线槽进行配线，则传感器会受到感应，有时会造成误动作或损坏，所以原则上传感器要另行配线或使用单独的配线管。

（2）电源电压必须符合要求。

（3）使用的环境温度在规定的范围内。

（4）要防止因振动、冲击产生误差。

（5）安装光电传感器时不得用锤子敲打，否则会损坏防水结构。

（6）在户外或有太阳光直接照射的地方容易产生误动作。

（7）在灰尘较多，腐蚀气体较多，水、油、药直接溅散的场所会造成误动作。

（8）光电传感器不能直接和电源连接。

（9）原则上不能并联连接。

二、拉线开关

拉线开关又称拉绳开关，是当皮带发生事故，需要紧急制动时的紧停设备，一般安装在皮带输送机的两侧。常用拉线开关的两种外形如图 25 - 4 (a)、(b) 所示，拉线开关是双向动作，开关两端各挂一条拉绳向左右平行与机架布置，任意拉动一侧绳或同时拉动两侧绳时均可发出停机信号，对人身和设备实现保护；拉杆旁边有复位装置，复位后设备方可再行启动。一般有效控制距离是 100m，开关每侧 50m，超过 50m 就存在不可靠动作的可能。对倾斜皮带应适当缩短绳子的长度。拉线开关的拉绳应采用钢丝绳，与皮带平行布置，钢丝绳的周围不得有妨碍其拉动的杂物和死角。

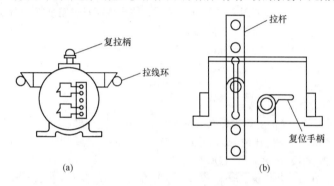

图 25 - 4　常用拉线开关的外形图
(a) 形式一；(b) 形式二

三、防跑偏开关

防跑偏开关基本电气工作原理与按钮相同，是在皮带严重跑偏的情况下发出跑偏信号报警或停机，防止由此而引起的撒煤撕皮带等故障，常用防跑偏开关的结构及其安装方式如图 25 - 5 所示，当输送带在运行中跑偏时，输送带推动防跑偏开关的挡辊，当挡辊偏到一定角度时，一级（轻跑偏）开关先动作，发出报警信号，警示值班人员及时检查调整；如果皮带继续跑偏则二级（重跑偏）开关动作，切断电源，使输送机停止运转。有的开关体侧面有一用来短接二级停机触点的按钮，使皮带机控制回路瞬间接通，便于调整皮带机恢复到正常工作位置。防跑偏开关安装在带式输送机的头部和尾部两侧，距离头轮或尾轮 1～2m 处，也可安装在输煤槽出口、重锤处或其他易跑偏的部位。对于较短的带式输送机，仅在头部或尾部安装一对即可。跑偏开关的挡辊与皮带边沿的距离应符合机械要求。

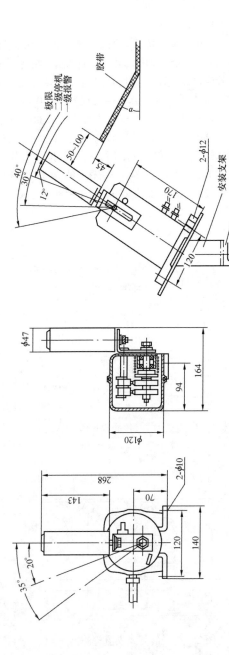

图 25－5 常用防跑偏开关结构及其安装方式

四、煤流信号传感器

传统的煤流信号传感器的安装方式如图 25 – 6（a）所示，该种煤流信号传感器是利用杠杆原理进行工作的。当带式输送机空载运行时，摆杆处于垂直位置，此时检测器碰撞杆处于 0 位，其上的微动开关（无触点电子限位开关或水银接点开关等）未动作，不发信号；有煤时，摆杆抬起并触动微动开关发出有煤信号（触点闭合）。如图 25 – 6（b）所示是改进型的煤流信号传感器，这种结构组成更为合理，传感器内用三级微动开关可根据摆角的不同测出轻载、满载和超载的情况，用钢丝绳和钢球棒分别代替摆杆和摆臂板既耐磨，弹性冲击又小。还有一种负荷式煤流检测器结构如图 25 – 7 所示，这种开关结构安装简单，当皮带机在轻载、满载和超载时分别输出一个开关量，以显示输送量的多少。在实际应用中，皮带秤的称重传感器信号也可以用作煤流的监测信号，可经与称重系统隔离后对某些设备进行控制。

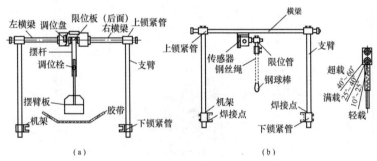

图 25 – 6　煤流信号传感器的安装图

（a）传统方式；（b）改进方式

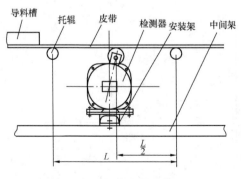

图 25 – 7　负荷式煤流检测器

五、纵向撕裂信号传感器

在煤源点到碎煤机落差较高的皮带机尾部，极易发生大块杂物撕裂皮带的现象，在这些落料点应该安装带缓冲钢板的专用缓冲架。大块多时，为进一步防止皮带纵向撕裂，可把落煤管出口前臂做成活门，其结构如图 25 - 8 所示，当有异物卡住时能及时顶开活门，推动限位开关发出信号。

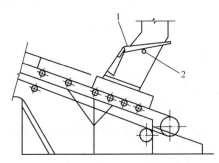

图 25 - 8　活门式皮带纵向撕裂保护装置图
1—活门；2—限位开关

常用的纵向撕裂信号传感器是在输煤槽出口一层皮带下横向装一条拉线微动开关（如图 25 - 9 所示）或弹性橡胶感应棒条（如图 25 - 10 所示），当皮带纵向撕裂后有漏物触碰拉线开关或压动橡胶棒内的电结条使其连通时，带动继电器动作，立即停机。

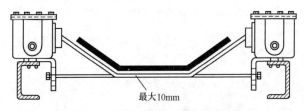

最大10mm

图 25 - 9　拉线式纵向撕裂信号传感器

六、皮带速度检测器

皮带速度检测器检测输送机的实际速度，当输送带启动并达到正常速度时，监测器开始动作，可用于多机联锁顺序启动或停机。当输送带速度过慢或停运时，监测器停止输出，切断本机电气回路，同时通过联锁系统停止其余设备运行。可防止煤堆积压皮带及堵落煤筒现象的发生。

胶带打滑监测器是一个测速开关，当胶带速度降低至设计速度的80%时，发出信号并切断电路。胶带打滑监测器主要有触轮型、平托辊型

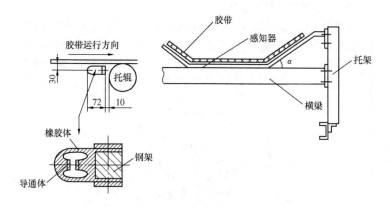

图 25 - 10 橡胶棒式纵向撕裂信号传感器

及轴头安装型等几种型式。

1. 触轮型胶带打滑监测器

触轮型胶带打滑监测器如图 25 - 11 所示，监测器感应方式有两种，一种是磁力式传感器，触轮随胶带运行时，永久磁铁随之旋转而产生诱导转矩，达到额定速度时，转臂推动触头动作，输出开关信号；另一种是磁感应式发生器，是由永久磁头、绕组、开槽托辊、机体等组成，带式输送机启动后产生感生电动势，当胶带过载打滑时感生电势也变小，小到规定值时，速度继电器控制带式输送机停机。

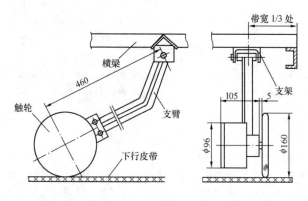

图 25 - 11 触轮型胶带打滑监测器

2. 齿轮式速度传感器

由压带轮、齿轮叶片、限位开关等组成。皮带的运动经压带轮带动齿轮叶片转动依次通过限位开关，使限位开关交替通断动作，发出脉冲信号。另一种检测方式是在从动滚筒轴头装一个齿轮叶片（或金属块），其安装示意图如图 25 – 12 所示，皮带正常转动时带动从动滚筒端头的金属叶片每通过限位开关一次，产生一个脉冲信号，若速度降低时脉冲次数减小。

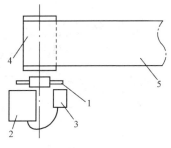

图 25 – 12　从动滚筒齿轮式
速度传感器安装示意图
1—叶片；2—控制器；3—限位开关；
4—滚筒；5—皮带

一般将带速动作值整定为带速降到 90% 时发轻度打滑信号，带速降到 80% 时发联锁停机信号，当转速降低到整定值后 5s 切断主电动机电源。

这种速度传感器也是一种非接触式转速开关，由无触点限位开关和控制箱组成。传感器输出的电信号与控制箱设定的振荡频率进入比较器，当被测物体的振荡频率小于速度开关设定频率时开关为打开状态；当被测物体的振荡频率大于速度开关设定频率时开关为闭合状态。转速开关与被测对象（设备）不接触，不受灰尘、油污、光线、天气等环境因素影响，动作安全可靠，功耗低，使用寿命长。

3. 轴头安装型打滑监测器

轴头安装型打滑监测器的安装形式结构如图 25 – 13 所示。其磁电感应传感器一样是通过感生电动势检测皮带速度的。

七、落煤筒堵煤监测器

落煤筒堵煤监测器安装在带式输送机头部或尾部漏斗壁上，用以监测漏斗内料流情况。当漏斗堵塞时，料位上升，监测器发出信号并切断输送机电源，从而避免故障扩大。常用的堵煤监测器型式有阻旋型、侧压型、探棒型和漏损型等多种型式。使用中送煤管的堵塞主要是因为下级皮带慢转、尾部输煤槽内卡上大块或因煤太湿在落煤管的斜面承载段开始粘煤，在落煤管的立面段和头部煤斗是不容易堵塞的，所以一般不要把堵煤监测器装的太高，落差不高时可以装在头部煤斗背面，转运站有 5m 以上的落差时如果煤堵到头部再发信号就会显得系统反应太迟钝。堵煤监测器宜装在易堵点以上 1～2m 处的非承载面或侧立面。而且探棒

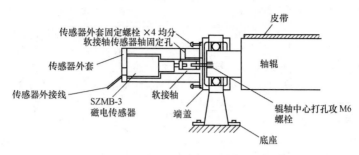

图 25 - 13　轴头安装型打滑监测器结构图

不能伸入落煤管内以免被煤流冲击打坏，安装孔隙也不得有容易积煤的死角。

对于来煤比较湿的电厂，落煤管内挡板以下的斜承载面全段都容易粘煤，有时可能在探头以上发生堵塞现象，这种工况最好在承载面内衬高分子复合耐磨护板，这种护板不易生锈，光滑耐用。有的输煤自动系统中在易堵点承载面装有振动电动机与堵煤监测器联锁使用，这种装备的实用性在于振动力要足够、筒体结构要牢固和日常维护量要到位。

落煤筒阻旋型堵煤传感器的安装方式如图 21 - 2 所示，这种安装方式能有效地保护探头，提高其使用可靠性。

探棒型监测器是带有探测棒的电容式监测器，由探测棒是否接触物料来判断落煤筒是否堵煤。为了防止大煤块落下时损伤探测棒，应在探测棒的上方加设防冲击板，安装形式如图 25 - 14 所示。

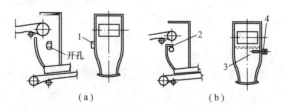

图 25 - 14　落煤筒堵煤监测器安装示意图
(a) 侧压型；(b) 探棒型
1—侧压型落煤筒堵煤监测器；2—防冲板；
3—探测棒；4—探棒型落煤筒堵煤监测器

早期的堵煤监测器还有橡皮膜式和侧压型活门式等多种，其结构示意图如图 25 - 15 和图 25 - 16 所示，是在落煤筒侧壁上开一窗口安设监测器，当煤斗堵塞时，物料通过开口直接压迫监测器，使监测器动作。每一种监测器使用，都需要很好的维护工作才能使其长久地发挥功效。

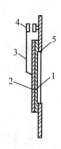

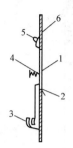

图 25 – 15　橡皮膜式堵煤信号示意图　　图 25 – 16　活门式堵煤信号示意图
1—橡皮膜；2—承力板；3—杠杆；　　　1—活门；2—橡皮条；3—限位开关；
4—限位开关；5—落煤管壁　　　　　　4—弹簧；5—支点；6—落煤管壁

堵煤监测器发出信号时，应首先联停靠近煤源方向的上一级皮带机，下一级皮带机继续运行，可同时启动相应落煤筒上的消堵振动电动机以消除堵煤。

八、煤仓煤位传感器

煤仓煤位传感器的种类有超声波式、电容式、光电式、射线式、射频导纳式、声纳式和称重式等多种，现分别介绍如下：

（一）超声波煤位传感器

超声波物位传感器多用于危险场所非接触检测物位，可以测量所有液体和固体的物位，是原煤仓中常用的模拟量传感器，不仅可以定点和连续测量，而且能够很方便地提供遥控所需要的信号；测量精度高、换能器寿命长、不受光线、粒度的影响，其传播速度并不与被测物的介电常数、电导率、热导率和腐蚀性等有关。

1. 工作原理

超声波物位传感器利用超声波在气体、液体和固体介质中传播的反射回声测距原理检测物位，根据被测距离内发出声波和接收声波的时间差，计算出目标物位的距离，以此来确定煤位的高低。超声波探头是实现声电转换的装置，按其作用原理可分为压电式、磁致伸缩式、电磁式等多种，其中压电式最为常见，其核心部分是压电晶片，利用压电效应实现声电转换，其探头有单探头和双探头两种形式，双探头形式发射和接收超声波各由一个探头承担。原煤仓中用的超声波传感器是单探头传感器，探头安装

图 25 - 17　单探头超声波
传感器外形图

在煤仓顶部，单探头形式的探头（换能器）既发射又接收超声波，妙生力 PL - 521 型单探头超声波传感器外形图如图 25 - 17 所示。

声发射换能器的压电晶片上粘一半球面音膜，用螺钉和压环将音膜和晶片固定在外壳上，音膜起改善辐射阻抗匹配，提高辐射功率的作用。声接收换能器压电晶片背面用弹簧压紧。换能器的结构对电 - 声、声 - 电转换效率、作用距离及声束的方向性有较大影响。

煤位高度计算方法如下：设待测物面的高度为 H，超声波在该介质中的传播速度为 v，超声波从探头发射到物面又由物面反射到探头共需时间为 t，则物面高度计算公式为：$H = vt/2$。

2. 安装与使用要求

超声波煤位仪探头反射面要对正料面，发射的超声波声柱要避开进料口的物料流线和料仓内的横梁等固定构件，安装位置不能靠近仓壁，最好装在煤仓顶部中心位置。煤位仪探头不必加盖调整，使用时可根据料仓的实际情况调整显示箱里的电位器或设定开关，也可用编程器进行软调整。超声波煤位仪探头安装时离最高料位点至少要有 0.8m 的距离，否则煤位太高时将无法测准。

3. 维护保养

超声波料位仪探头的发射面上应定期用软刷清除灰尘杂物。一般小故障主要有电源指示灯不亮，可检查保险供电是否良好，显示料位值不正确，可检查调整该定值，如有其他故障可找专业人员修理。

（二）阻旋式料位控制器

阻旋式料位控制器的外形结构和安装示意图如图 25 - 18 所示，其旋翼由一个小力矩低速同步电动机驱动。旋翼未触及物料时，以 1r/min 的速度不停地转动，一旦触及物料时，旋翼的转动受到阻挡（连续堵转将不影响同步电动机的性能），于是电动机机壳产生转动并驱动微动开关发出报警信号或参与其他控制。当旋翼阻力解除后，自行恢复运转。

阻旋料位器相对于超声波料位计、射频/导纳料位计而言，更适用于简单的、中小料仓的点位控制。但这种装置不能用于对连续料位的动态检测，所以在对大型料仓的料位检测上又有一定的局限性。一般原煤仓当中

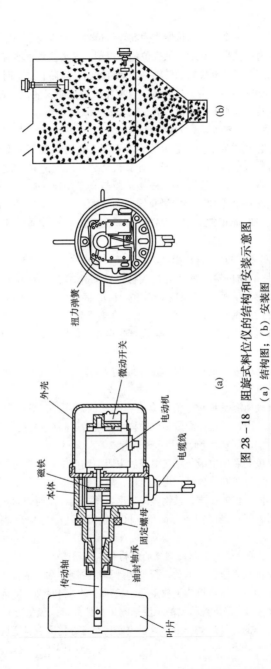

图 28-18 阻旋式料位仪的结构和安装示意图
(a) 结构图;(b) 安装图

每个犁煤器下用一个阻旋料位器作为高煤位信号，原煤仓中心用一个超声波料位计作为料位高低显示和低煤位信号控制。安装注意事项有：物料必须能自由地流向或流开旋翼和转轴，不应有冲击。应防止加料时使旋翼和转轴受到块状物料的冲击。必要时，应加保护罩或使安装位置偏离料流。尽量下垂安装，水平安装可能造成旋轴变形。

（三）电容式料位仪探头工作原理

根据电容介质的不同，显示的容量不同，仓内煤位高度变化，使探头的介质常数发生线性变化，经过计算机运算系统完成料位监测。电容式料位仪一端是长形探头，另一端接地板与仓壁相连，如果被测介质为导体，则应在探针上加一层绝缘套管，电容式料位仪仅对水状液体或不黏性介质测量时能正常工作，对探针容易黏附的物料介质，其测结果偏差较大。

（四）射频/导纳物位检测仪工作原理

射频/导纳物位检测是从电容式物位检测技术上发展起来的。同时测量阻抗和容抗，而不受挂料的影响。在测量料位时，射频/导纳技术检测被测介质的两种基本特性，一个是介电常数，另一个是电导率。电容式由于被测介质粘附在传感器上而产生误差。但导纳式产品通过同时检测电容和电阻可以消除这种误差。

导纳的物理意义是阻抗的倒数，实际过程中很少有电感，因而导纳实际上就是指电容与电阻。

为了准确地测量料位，需要有适当频率的射频，其频率范围一般为$15 \sim 400 \mathrm{kHz}$。因此，这种测量物位的技术称之为射频/导纳技术。

（五）电阻式煤位计的结构原理及特点

煤位电极是利用电极与煤接触前后电阻值的改变来测煤位的，有煤时发送信号，无煤时断开信号，煤位电极一般用钢丝绳加一小重锤吊在煤仓内，根据不同煤位的要求，其钢丝绳长度各不相同，从而较为直观地显示出煤位高低，特点是结构原理简单，价格便宜，一个电极只能显示一个煤位。

（六）移动重锤式煤位检测仪的结构和工作原理

移动重锤式煤位仪由电动执行机构计算机控制器和显示仪组成，工作时计算机控制电动执行机构下放重锤，重锤碰到物料时又立即返回，测量周期小于$20 \mathrm{s}$，根据重锤落放的长度来测量料位高低，测量分辨率$30 \mathrm{mm}$。其特点是重锤的各种运动全由计算机控制，对意外情况有自适应和自恢复功能。

九、温度和振动传感器

温度和振动传感器主要用于碎煤机等重要设备的监控，用来监测碎煤机两端轴承处的温度和振动，当温度值或振动值超限时仪器会自动发出报警或断电信号，并能在液晶显示屏上或电脑上显示轴承温度值和振动位移值。

碎煤机监控仪的核心部件也是一个微型计算机，将温度和振动传感器的信号引入电脑经过处理后，可在现场控制箱内配以液晶显示器或将信号直接引入程控系统由集控室远程监控，通过装在碎煤机两端轴承座上的温度和振动组合传感器，能同时监测显示两个轴承的垂直振动、水平振动和轴承温度等六个参数。其应用举例如表 25 - 1 所示。

碎煤机监控仪控制面板上有各种功能按钮，可通过这些按钮设置数据，根据实际工作情况，改变各变量的警告值和断电值。随着碎煤机的运行，各项参数实测值随时在变，反应碎煤机的振动位移和轴承的温度变化。为了防止破碎大块时的干扰，可设置为参数超过断电限连续 3s 后才有效。

表 25 - 1　　　SCJ - 2 型碎煤机监控仪测量参数和精度

	测量参数	测量范围	分辨率	精度	警告限	断电限
机　侧 （有电动机侧）	垂直方向振动位移	$0 \sim 500\mu m$	$1\mu m$	$\pm 5\%$		
	水平方向振动位移	$0 \sim 500\mu m$	$1\mu m$	$\pm 5\%$	$180\mu m$	$300\mu m$
端　侧 （无电动机侧）	垂直方向振动位移	$0 \sim 500\mu m$	$1\mu m$	$\pm 5\%$		
	水平方向振动位移	$0 \sim 500\mu m$	$1\mu m$	$\pm 5\%$		
机　侧	轴承温度	$0 \sim 100℃$	$1℃$	$\pm 1\%$	$60℃$	$80℃$
端　侧	轴承温度	$0 \sim 100℃$	$1℃$	$\pm 1\%$		

碎煤机监控仪运行注意事项有：

（1）现场监控仪为防尘结构，平时要盖好，以防灰尘进入仪器。

（2）温度和振动组合式传感器不得随意打开。

（3）声音报警装置不得拆除。

（4）液晶对比度保护盖板使用后要盖好。

（5）写保护开关在不用时必须保持在 OFF 状态。

第二节 输煤系统集中控制

一、集中控制的任务与要求

输煤系统的生产工艺流程有卸煤、上煤、配煤和储煤四部分。

卸煤部分为系统的首端，主要作用是接卸外来煤。卸煤机械有水路来煤的卸船机，铁路来煤的翻车机、螺旋卸车机、链斗卸车机、底开门车，以及汽车卸煤机、装卸桥等。

上煤部分是系统的中间环节，主要作用是完成煤的输送、筛分、破碎和除铁等。上煤机械一般有带式输送机、筛煤机、碎煤机、磁铁分离器、给煤机和除尘器等。

配煤部分为系统的末端，主要作用是按运行要求配煤。配煤机械有犁式卸料机、配煤车、可逆配仓皮带机等。

储煤部分为系统的缓冲环节，其作用是掺配煤种并且调节煤量的供需关系，储煤机械一般为斗轮堆取料机、装卸桥、储煤罐（筒仓）等。

对卸煤和储煤两部分，因机械动作程序复杂，又能自成一体，故一般是单独设置控制室进行集中控制，这在上文已做了专门介绍。而上煤和配煤是由输煤集中控制室直接控制，又是输煤程控自动化控制的重要组成部分。

集中控制是指在集控室对输煤系统各设备进行一对一的远方操作或简单的电气联锁操作。集中程序控制是指运行方式选定后，在集控室只发出启、停指令，被选中的设备按已经编好的工艺流程要求成组启停。

输煤系统的三种控制中，就地手动控制方式是在就地单机启停设备的运行方式，常用于设备检修后的调整、设备程序控制启动前的复位及集中控制、程控自动控制发生故障时的操作，就地方式时设备的集控程控无效，设备互不联锁。集中控制方式一般作为程序控制的后备控制手段，当因部分信号失效，程序控制不能正常运行时，采用集中控制方式进行设备的启停运行控制，集中控制系统中有完善的事故联锁功能和各种正确的保护措施，也可解除联锁单独控制。集控软手操控制方式是运行值班员在集控室操作台上位机上对部分设备联动操作或一对一操作。

输煤系统各设备之间设置联锁的基本原则是：在正常情况下，按逆煤流方向启动设备，按顺煤流方向停止设备。单机故障情况下，按逆煤流方向立即停止相应设备的运行。以后的设备仍继续运转，从而避免或减轻了系统中堵煤和事故扩大的可能性。

输煤系统的安全性联锁设置有：

（1）设置音响联锁。输煤皮带机音响信号没有接通或没有响够程序设定的时间，则不能启动相应的设备。

（2）设置防误联锁。输煤皮带启动的顺序错误时不能启动相应的设备。

（3）设置事故联锁。当系统中任何一台机械设备发生事故紧急停机时，自动停止事故点至煤源区间的皮带机。

二、集中控制的操作要点

1. 输煤系统的集中控制信号

包括工作状态信号、位置信号、预告信号、事故信号和联系信号等。为了对这些信号能及时监视掌握，所有集中控制系统中都装有输煤系统模拟显示屏，有的还配备有工业电视监视系统，运行中一定要注意对这些信号的监视与反应处理，其具体内容如下。

（1）工作状态信号是反映设备工作状态，如设备的正常启动、停机、事故停机等状态，一般用灯光显示，事故状态可加音响。

（2）位置信号是反映行走机械所处的空间位置，如移动皮带、叶轮给煤机行走所处位置、挡板切换位置、犁式卸料器起落位置等，一般用灯光显示。

（3）预告信号是反映系统发生异常状态；如煤斗低煤位、落煤管堵煤等，一般用光显示。

（4）事故信号是现场设备发生故障时的报警信号。

（5）联系信号是集控室与值班室之间的通信联系，如启动时集控室向运煤系统各处发出的警铃信号等。

2. 集控室监盘操作的注意事项

（1）根据煤位信号确定需要上煤的原煤仓。

（2）按照上煤的顺序调整犁煤器。

（3）通知各岗位准备启动，检查相应部位是否具备启动条件。

（4）得到各岗位的回话后，发出启动预告信号。

（5）按照运行方式逆煤流启动设备。

（6）如运行方式为煤场→煤仓或翻车机→煤场，应同时通知斗轮司机对设备检查，并将斗轮联锁开关投入相应位置。

（7）启动过程中，应监视所启动设备的电流表，电流指示应在正常时间内由启动电流返回空载电流，如启动不成功或启动电流超时不返回，则应立即按"停止"按钮，未查明原因前不可再启动。

（8）整个启动过程中监视电流变化，信号指示等均应正常，发现异常应做相应处理，必要时应停止操作，待异常处理完毕后，重新启动。

（9）紧急启动时，如果联锁不能启动，可将启动开关打到"手动"位置，按启动按钮启动，确认拉线、跑偏均已复位后还启动不起来，立即通知电工处理。

3. 输煤设备保护跳闸的情况

输煤设备保护跳闸的情况有：设备过载保护跳闸；落煤筒堵煤保护跳闸；皮带撕裂或皮带打滑保护跳闸；现场运行值班人员发现故障时操作事故按钮（或拉线开关）停机；除铁器保护跳闸；操作保险熔断跳闸；系统突然全部失电跳闸；皮带严重跑偏跳闸；电气设备接地跳闸。

在运行设备中，当任一设备发生事故跳闸时，立即联跳逆煤流方向的设备，碎煤机不跳闸，当全线紧急跳闸时，碎煤机也不停。当碎煤机跳闸时，立即联停靠煤源方向的皮带。

皮带发生重跑偏时，延时5s停运本皮带，并联跳逆煤流方向的设备，而碎煤机不停。

皮带发生慢转时，立即停止逆煤流方向以下皮带机的供煤，慢转的皮带机及其以上的皮带机继续运转，以便将该皮带上因慢转而聚积的超负荷煤流运走，以减小皮带再启动时的过载量。

遇到上述情况时，集控室值班人员应首先判断故障点发生在哪一部分，并将程序控制方式退出，通知现场值班人员进行全面检查，消除故障，而后操作正常的启动程序，恢复运行。

4. 集控值班员在设备运行当中的注意事项

集控值班员在设备运行当中应重点监视以下事项：

（1）皮带电动机运行电流的监视，掌握系统出力，电流不应超过"红线"，可以在红线上下短暂摆动，但超红线时要紧停检查。

（2）各种取煤设备及给煤设备的监视。

（3）原煤仓煤位及犁煤器抬落信号及位置的监视。

（4）碎煤机运行电流的监视。

（5）碎煤机振动值及轴承温度值的监视。

（6）系统出力的监视。

（7）除铁器和除尘器投运情况的监视。

（8）挡板位置的监视。

（9）皮带各种报警信号的监视。

（10）锅炉磨煤机运行信号的监视，应优先给正在运行的磨煤机配煤。

指针式电流表用来监测皮带机或其他设备的负荷量，其指示值应与实际运行值相符（可与钳形表就地实测值比较），双电动机驱动的设备负荷分配应正常，如发现电流差异常时，应检查负载情况和液力耦合器、摩擦片离合器等的缺油情况。电流表指针应摆动平稳，复位良好，电流表应定期校验。

在启动皮带时，各皮带不能同时启动，各皮带的启动间隔以其他皮带的电流已由启动电流下降到正常电流后 4~6s 为好。

在正常情况下，鼠笼电动机在冷态下允许启动 2~3 次，每次启动间隔不小于 5min。鼠笼电动机在热态下允许启动 1 次。启动电流是其额定电流的 4~7 倍，时间不超过 8s。正常运行时，电流不超过其额定电流。

5. 输煤设备运行工况与常见故障

（1）输煤设备在运行中温度和振动的典型工况标准：

1）输煤机械的轴承应有充足良好的润滑油，在运行中振动一般在 0.05~0.15mm、滚动轴承温度不超过 80℃、滑动轴承不超过 60℃，无异声、无轴向窜动。

2）减速机运行时齿轮啮合应平稳、无杂声，振动应不超过 0.1mm，窜轴不超过 2mm，减速机的油温应不超过 60℃。

3）碎煤机运行中应无明显振动，振动值不应超过 0.1mm。如有强烈振动应查明原因消除振动。

4）液压系统的各液压件及各管路连接处不漏油，油泵转动无噪声，振动值不超过 0.03~0.06mm。

（2）皮带机启动失灵原因有：联锁错位；停止按钮、拉线开关按下后未复位；开关触点接触不良；热偶动作后未复位；电气回路故障等等。

第三节　输煤程序控制

输煤系统计算机程序控制方式是正常上煤和配煤工作的主要控制方式，在程序控制时，由运行值班员发出控制指令，系统按预先编制好的上煤、配煤程序自动启动、运行或停止设备。

影响输煤系统自动控制的因素之一是被控对象的稳定性，要想保证控制系统的稳定性则必须保证机械设备的完好。电厂输煤系统战线长、环境差，由于对关键部位的温度、转速、振动及皮带设备的跑偏、堵煤、撒煤、撕裂和慢转等情况监测不及时，造成的设备故障较多，要实现输煤系统的自动化控制，对这些关键部位机械完善与实时的状态监测是非常必要的，但是在机械设备完好的情况下，一般不要在控制系统中重复或过多地设置保护装置。在控制系统中装设的信号和保护装置过多，会使整个控制系统很复杂，不仅给运行值班员的监护增加负担，同时会给检修维护人员带来大量的检修或维护工作量，有的甚至引起系统的误动作。所以，在保证机械稳定的情况下，控制系统的信号越少越好。这样既能达到降低员工劳动强度，又能保证设备安全可靠经济运行的目的，同时也为"点检工程师制"提供方便的监控条件。

当今的输煤程控系统工控机运行在 Windows 多媒体界面，人机对话更为直观，全部生产工艺系统模拟图已经形象地显示在多媒体工控机 CRT 操作界面上，既能监视又能操作，可完全取代集中控制方式下的工业模拟屏装置，取而代之的是更为直观的电视墙屏幕。

输煤程控系统通过传感器对设备状态进行实时采集，在 PLC 的 CPU 中进行数据处理，通过人机接口和操作员终端，操作人员能够在显示器上跟踪过程活动、编辑实际值、控制设备运行，也可形成对设备的闭环控制，同时可以得到报警提示。系统可将所有状态（正常、非正常、故障）信息报告给操作人员，同时被加入到状态列表档案中，当设备超出正常工作状态时形成报警。

现场模块全部采用接插件连接，可以做到现场设备的无故障连接更换，便于在现场直观地发现故障设备，并可将此故障信息传送给上位机，从而使系统的故障停机时间大幅度减少。总线可以根据实际需要（站数、距离、性能、兼容性等）设计相应的拓扑结构。在传输中可采用抗干扰、传输距离长、保护性强的光缆；也可以采用成本较低、连接方便的双绞屏蔽电缆。由于 PLC 系统具有很高的可靠性，所以发生故障的部位大多集中在输入输出部件上。当 PLC 系统自身发生故障时，维修人员可根据自诊断功能快速判断故障部位，大大减少维修时间；同时利用 PLC 的通信功能可以对远程 I/O 控制，为远程诊断提供了便利，使维修工作更加及时、准确、快捷，提高了系统的可靠性。

输煤程控正常投运的先决条件主要取决于以下几方面：

（1）主设备（被控对象）的可靠性。机械设备都必须达到一定的健康水平，机械故障要很少。皮带不能严重跑偏，上料应均匀，移动行走设备（如叶轮给煤机、配煤小车等）和犁煤器等配煤设备应灵活准确，煤中三大块不能太多、太大，落煤筒不能严重粘煤，三通挡板能准确到位等。

（2）外部设备的完善性，执行机构的灵活性。传感元件要可靠，重要部位的传感器要双备份，抗干扰能力要强，特别是犁煤器的抬、落信号及原煤仓的高、低煤位信号均应准确可靠，能将现场被控设备的运行状况和受控物质（煤）的各种状况，准确地传送到集中控制室，供值班人员掌握。堵煤、跑偏、撕裂、拉线等保护信号应准确可靠。

（3）PLC 主机功能，程控装置的可靠性。

（4）输煤系统尽可能简单、明了、清晰，系统过于复杂，交叉点过多，形象上体现为上煤方式灵活多样，实际上对自动控制非常不利，反而使电气故障处理更为复杂。

程控的正常投运，要有良好的检修运行管理体制，领导层要重视在运行中对一些薄弱点的不断的改进与完善，提高可控性和完善性，而不应随便退出某些保护与联动。

目前 PLC 在机电设备控制中，大中小型种类繁多，在上位机功能的支持下编辑软件也发展很快，已从原来编程器助记符输入监控方式和梯形图直接输入监控方式等发展成更为简单的 Windows 多媒体界面下的组态模块编辑器。输煤程控系统包括现场传感器采集单元、计算机编程设备、PLC 控制系统、人机接口、通信网络等，从计算机技术、控制过程到可视化监测，保证了自动化控制的统一性和及时性。系统软件组成包括运行平台系统 Microsoft NT4.0、专业版的 Microsoft Office97 或其更高版本以及Modicon Concept 的 PLC 组态生成程序。有关 Modicon Concept 编程器的原理，已在上文做了简要的介绍，下面着重介绍其应用知识。

一、输煤程控系统的组成

（一）程控系统的类型与配置

根据控制规模和发展时代的不同，输煤程控一般分为三种类型。

第一种类型，是由一个单独的可编程控制器组成的系统，作为单元控制器，受控设备常常是一台设备或者少数几台设备的集中控制，可编程控制器和输入输出设备的接口，集中在一个机架或十分邻近的几个机架中，少量几个扩展机架是通过底板网络方式扩展的，输入与输出信号的点数，数量有限，输入与输出端口到现场采用电源线，信号线连接到设备上，其控制方式的输入指令皆为开关、按钮，输出执行机构接触器、指示灯等。通过转换开关及按钮对设备进行手动和自动控制，监视设备为常规仪表、发光模拟屏。例如个别除尘器的控制中自动给排水及启停风机，可用一个小型的 PLC 完成。有几条皮带机组成的小型输煤系统的简单控制及联锁，也可用这种控制方式。

第二种类型，是基于可编程序逻辑控制器的计算机监控系统。这种PLC都配备有计算机上位通信接口，通过总线将一台或多台PLC相连接，将PLC的高控制性能与个人计算机的人机界面相结合，进行全系统的监控和管理。计算机与PLC、PLC与PLC之间通过通信网络实现信息的传送和交换。所有的现场控制都是由PLC完成的，上位机只是作为程序编制、数据采集、过程监视、参数设定和修改等用处。因此，即使是上位机出了故障，也不会影响生产过程的正常进行，这就大大地提高了系统的可靠性。

第三种类型，是基于可编程序逻辑控制器的计算机网络集散控制系统。随着生产设备或被监控系统规模的不断扩大，生产技术及工艺过程变得复杂，从而对实现过程自动化的监控系统提出了更高的要求，监控系统必须满足：①人机界面好，便于集中操作、监视现代化的大型系统。②为了安全可靠的需要，应将系统的监控功能分散以化解系统出现故障的风险。③在高度安全可靠的前提下，按预定的工艺流程指标来控制被监控对象。除了完成一般单参数、单回路的监视和控制外，还能实现对非线性、多变量、大滞后、分布参数等复杂系统的控制。④能采集并记录各类重要的数据供操作人员监控系统时使用。还能整理和打印报表或上传报表供管理层使用。⑤系统构成方便灵活，易于扩展，维护简单。组成系统的设备不但要求模块化，而且模块化的种类还应尽可能地少。⑥能与常规模拟仪表兼容。

集散控制系统的典型结构配置如图 25 - 19 所示，其组成图框如图 25 - 20 所示。由工程师站、操作员站、远程站（现场控制站）及集散系统的主干网络等组成。

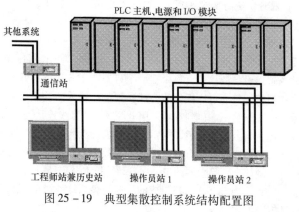

图 25 - 19　典型集散控制系统结构配置图

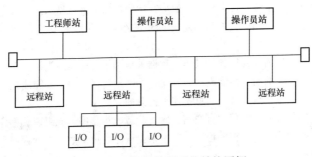

图 25 – 20   集散控制系统结构图框

为简化程序、加快运行速度，减少设备费用，除 PLC 主站外，在被控设备比较集中的地方，可设立几个远程站来完成设备数据的采集与传送。其硬件组成还包括有：工程师站（兼历史站）、操作员站（兼数据采集和语音报警）和通讯站等上位主控或分控链接单元。各站功能如下。

1. 工程师站

工程师站主要是由工程浏览器对系统进行离线和在线系统组态（即系统配置）、控制组态、显示组态和报警组态等功能的统一管理。工程师站把与工程有关的文件和组态生成程序通过工程浏览器构架组合到一起，主要用于对应用系统进行功能编程、组态、组态数据下装，也可作为操作员站起到运行监视的作用，使系统面对用户更规范、更清晰。运行过程中工程师站还有以下一些功能：

（1）系统和网络管理。系统和网络管理包括故障诊断、数据的采集、其他各种类型的站的重装、数据广播和处理、统一时基以及其他网络管理功能。

（2）文件请求管理。由于工程师站往往是一台存储容量比较大的个人计算机或工作站，因此，可以用来管理其他所有与其大容量有关的文件请求。同时，还可以支持本站中的任务，存取其他站中的文件。

（3）数据库管理。作为集散控制系统由于其数据比较多，往往会配备有数据库文件，用于对系统中的数据进行存储以及各种操作。

（4）控制功能。工程师站的功能往往会比现场控制站的功能要强。因此，当集散控制系统存在高级控制应用时，可以将工程师站作为服务器，现场控制站作为客户。服务器为客户机进行高级计算服务。

2. 操作员站

操作员站主要作为操作人员与系统的人机界面，往往配备大屏幕显示器。组态后的系统的各类显示画面均在操作员站中进行显示。经过工程师站授权也可以在操作员站进行部分简单的组态，例如修改某个 PLC 的回路参数。

操作员站的主要任务是操作、数据采集和报警提示。提供给操作人员丰富的人机界面窗口，能灵活、方便、准确地监视过程量并完成相应的操作，版面编排注重美观、信息量注重覆盖面大。

操作员站的主要程序有通信程序、趋势收集程序、成组装载程序、命令行状态程序、语音报警程序、数据采集程序、历史数据处理程序和制表程序等。

操作员站主要有以下三个特点：

（1）充分利用画面空间，将所有有关的信息量反映其中。模拟图画面中的设备及其连线都是活的，按其规定的颜色或文字提示所处的状态和环境。画面四周有程控用的操作按钮和指示灯等，鼠标点击要操作的设备或按钮，弹出窗口图可对控制对象进行操作。

（2）按设备分类制作报警一览。可配备多媒体语音报警系统，不但能及时地播出报警信息，还可以根据自选的报警优先级进行报警。全部报警采用当前报警及历史报警显示，并可按报警优先级、数据类型、特征字进行筛选。当前报警还可以使用点确认和页确认使语音报警消失。对信息量较大的一类设备报警，为了集中在一个画面，采用版面编排及简洁的动态文字来分门别类。

（3）按设备分类制作记忆一览。用户可以调出相应记忆画面，可以从操作员界面上直接调出各测点或人工输入测点名称，来显示其状态和工程值的趋势或历史曲线。可自动记录模拟量点、开关量 I/O 点，通过 PLC 程控判断的设备故障测点、操作事件和报警事件等都可打印成表格，并自动保存一个月的信息，以备查询。如果用户希望保留多于 1 个月的信息，可以在操作记录路径下，自建各月目录，在每月结束时，将各天记录拷入到月目录。可对于重要的模拟量采用棒图显示。

3. 数据采集站

主要完成与 PLC 接口信息的数据交换工作。定时扫描，将 PLC 输入输出信息数据经过分析及时地写入到系统实时数据库中。为监控系统提供最实时的信息，保证监控系统的正常运行，该程序同时嵌入到操作员站，被称为虚拟 DPU 站，两个站的程序互为备用。按照设置一个作为主站，一个作为备用站，主站意外退出运行状态，备用站会自动作为主站运行。主站还作为时钟站定时向其他站发布时间，校正系统时钟。

4. 历史站

可记录规定的工程测点状态及工程值，记录报警事件，记录时间为一个月。历史站上保存了整个系统的历史数据，可完成对历史数据的收集、存储和发送。当操作员站通过网络向历史站发出历史数据申请时，历史站将历史数据发送给操作员站。

历史站制表程序也同时运行，并按生成的定义进行记录。系统制表主要包括一天中各班的各炉上煤量、总上煤量及翻车机情况的日报表及月报表和各班主要运行设备的时间累计日报表等。

5. 通信站

通信站可以双向通信，接收或发送外系统的实时数据，实现和远程计算机的数据交换。将远程外系统服务器中的数据库引入本系统，比如可以及时将系统发出的设备异常信号，送到远程电视监视系统，可由摄像机自动跟踪监视。

6. 现场远程控制站

现场远程控制站主要用于对现场信号进行检测以及对相应的回路进行控制，一般现场远程控制站与其所挂接的各类组件本身就构成了一个小型的实时测控网络。由于集散控制系统将各种控制分散至各个现场远程控制站，即使是上层的工程师站或操作员站出现了故障，下面的现场远程控制站仍然能保持正常工作，从而大大地提高了监控系统的安全性和可靠性。另外开发者可以根据被监控对象规模选择各种类型的站的数目，因此集散控制系统的构成有很大的灵活性。

（二）控制内容与信号要求

输煤程控的控制内容有：自动启停设备；自动上煤；自动起振消堵；自动除铁；自动调节给煤量；自动进行入炉煤的采样；自动配煤；自动切换运行方式和自动计量煤量等。

输煤程控系统对皮带机、挡板、碎煤机、除铁器、除尘器、给煤机、皮带抱闸、犁煤器等设备进行控制，各设备相关的主要信号有以下三种：

（1）保护信号有拉线、重跑偏、纵向撕裂、堵煤、打滑、控制电源消失、电动机过负荷、皮带停电等。

（2）监测报警信号有运行信号、高低煤位信号、煤位模拟量信号、皮带轻跑偏信号，挡板 A 位、B 位、犁煤器抬位、犁煤器落位、煤仓高位、低煤位、控制电源消失信号、振动模拟量、温度模拟量等。

（3）控制信号有主系统启动信号、停止信号、音响信号，除尘器启停、除铁器启停、给煤机启停、犁煤器抬起和落下信号等。

输煤设备程控操作的正常投运要求以上信号必须准确可靠。

操作信号是指某一程序动作之前，所应具备的各种先决条件，当各操作信号满足后，就发出指令执行。

回报信号是指被控对象完成该项目动作之后，返回控制装置的信号。

失效信号是指程序指令发出后该返回信号时未返回和不该返回时误返回的信号。

（三）输煤程控配煤优先级设置的原则

自动配煤的优先级顺序原则是强制配煤、低煤位优先配、高煤位顺序配和余煤配。

（1）强制配煤。煤位信号发生故障或煤斗蓬煤时，人工干预 PLC 发出"强配"命令后，此原煤仓上的对应方式下的犁煤器落下，其他犁煤器均不下落。无论正在向哪一个原煤斗配煤，都将立即转向"强制"仓配煤，此仓出现高煤位时，犁煤器不会自动抬起，需人工抬犁，再回到被中断程序处，继续向其他仓配煤，程序按原设置继续执行。

（2）低煤位优先配。在原煤仓没有强配设置的情况下，先给出现低煤位的仓配一定量的煤，消除低煤位信号后，延长 1min（此时间可调），再转移至下一个出现低煤位的仓，直至消除所有的低煤位信号后，转为按高煤位顺序配煤。

（3）高煤位顺序配。在无强配、低煤位的情况下，按煤流方向顺序给各仓配煤，对每个犁煤器，配至高煤位后，转至下一个犁煤器。高煤位顺序配煤的过程中，若某仓出现低煤位信号，则立即给该仓优先配煤，消除低煤位信号后再延长 1min 后，再返回高煤位配的煤仓顺序配煤，依次顺序配完所有仓。若有仓为"强制配煤"则配煤将无条件转向该仓配煤，时间没有限制，由操作员控制。

（4）余煤配。在无强配和低煤位的情况下，程序对本次方式的各高煤位都出现过以后，转为余煤配。余煤配时先按煤流顺序再将各仓回填至高煤位出现，然后停止煤源，将皮带沿线的所有余煤平均配给各仓，每个犁煤器配煤 20s（可调），依次向下进行。直到走空皮带，该段配煤自动结束。

（5）设置"跳仓"是指程序执行过程中可人为设置一个或多个检修煤斗"跳仓"，PLC 发出"跳仓"命令后，此原煤仓上的所有犁煤器均强制抬起，以便空仓或检修。

（6）设置"跳步"是指对于"低煤位"信号或"高煤位"信号失灵后的一种干预手段，为避免煤位信号故障后出现死锁使程控配煤中途失灵而溢煤，是从该仓持续配煤中跳出的一种补偿措施。在按"跳步"前应把该仓置为"跳仓"标志，否则跳出后仍会对该仓配煤。

（7）程序执行过程中可人为设置尾犁，运行中某一犁煤器发生抬犁故障后，程序自动定其为尾犁，并给故障犁以前的各犁按优先级顺序进行配煤。若犁煤器有落犁报警信号时，程序将自动不给其配煤。

二、输煤程控系统的功能

（一）系统启停功能

操作人员使用设备进行上煤时，只需选定所用的皮带，然后发出程序启动或程序停止的命令，则系统会自动倒挡板、顺序启停皮带，而不需一个一个地操作每一条皮带、倒每一个挡板。程控操作的主要功能有：

（1）程序运煤。程序运煤是指从给煤设备开始到配煤设备为止的输煤设备的程序运行，是输煤系统的主体，包括了皮带机系统、除尘、除铁、计量设备的启停工作。程控启停操作要求设备在启动前，要先选择给、输、配煤设备（包括各交叉点的挡板位置），根据这一选定的程序运行方式，设备即可按所发出的启动指令按程序进行启动。在启动前，可通过监视程序流程或模拟屏上颜色的显示来确定程序正确与否，如有误可及时更改。需要停止设备时，将控制开关打在停机的位置，运行的设备经过一定的延时之后，便可按顺煤流的顺序逐一停止。

（2）程序配煤。程序配煤是指配煤设备（主要是犁煤器等设备），按照事先编制好的程序，使所有的犁煤器按程序要求抬犁或落犁，依次给需要上煤的煤仓进行配煤。程序根据值班员的要求和原煤仓的煤位，自动地给每个原煤配煤。值班员的要求是指程控值班员可以根据原煤仓的检修情况、原煤仓的缺煤情况设置先配煤仓或不配煤仓，自动配煤是指原煤仓上的犁煤器根据分析煤仓的高低煤位信号和值班员的设置，自动从前向后配煤。

（3）自动跳仓和停煤源。当遇机组锅炉检修、输煤设备检修、个别仓停运时，程序控制按照设置的"跳仓"功能自动跳仓，犁煤器将自动抬起、自动停止配煤。所有仓满后将自动停止煤源设备。

（二）监视查询功能

程控系统能对设备状态进行监视，主要对皮带机的运行状态、原煤仓煤位和犁煤器的工作位置进行监视；较高级的监视功能包括模拟图显示、标准趋势显示、报警显示、通用览目显示、测点显示、历史记录显示和制表显示等七种。各功能分别对应系统任务调度栏的一个按钮，操作人员可以通过点击鼠标，打开相应的显示功能。可以利用 Excel 电子表格等不同的软件根据要求进行制表。

程控系统可将每台设备的电流值定期取样记忆，形成历史曲线，保存一个月或更长时间随时调用，特别是设备过流启停故障分析时特别有用。

（三）报警功能

程控系统根据发生情况的不同，报警可分以下两种类型：

（1）过程报警。过程报警是指在自动过程中发生的事件，如过程信号超出极限，根据超限的多少还分成警告与报警，包括上限警告/下限警告和上限报警/下限报警等。各标准值可按使用要求设定也可按所列经验值加以修正。具体内容包括原煤仓煤位高低限煤位报警、电流超限报警、皮带跑偏报警、皮带拉线开关动作报警、皮带沿线下煤筒堵塞报警、设备故障跳闸失电报警、皮带撕裂报警、设备过载报警等等。例如电动挡板和犁煤器操作后到规定时间而机械设备未到位时，就会发报警信号。现场故障停机时，程控 CRT 发出事故报警信号，模拟系统图上对应的设备发出故障颜色闪烁警示和语音提示报警等，同时电笛发出事故音响信号。

（2）硬件报警。硬件报警是指由于自身的元器件上发生的故障。自动化部分的大多数设备都具有先进的故障自诊断功能，工业现场总线产品甚至可以对每一个输入/输出设备进行检测，并有相应的故障指示，可以准确地发现故障位置，使非专业人员进行现场维护成为可能。这些报警信息通过系统总线传送到操作员终端，即中央报警。上层的监控网络可以随时获取现场的设备信息，进行监视和控制。

程控系统的各种模块上设有运行和故障指示装置，可自诊断 PLC 的各种运行错误，一旦电源或其他软、硬件发生异常情况，故障状态可在模块表面上的发光二极管显示出自诊断的状态，也可使特殊继电器、特殊寄存器置位，并可对用户程序作出停止运行等程序的处理。

（四）网络监视与远控功能

程控系统可以与工业电视系统连接，以便及时发出报警信号或对故障点进行跟踪监视。程控系统还可以与局域网 MIS 系统相联，实现多级远程监视、控制与故障诊断。

三、输煤程控系统的运行与操作

运行操作规程是针对设备的状况，从安全的角度出发，根据实际工作经验和设计要求，对设备的操作步骤所做的规定，每个生产单位的设备不同其具体的操作过程也不尽相同，但总体方式是一致的。

程序自动控制是在上位机模拟图中的操作面板上进行的正常的运行方式；手动控制是在设备的手操器窗口图上进行操作，是集中控制方式，通过 PLC 机实现联锁保护；就地方式是在就地操作箱上操作，所有计算机操作无效，设备之间失去联锁关系，只做检修设备及试运行之用，不作为正常运行方式，在紧急情况下，可以打到"就地"操作，此时集控人员将对设备不能控制。正常情况下，现场所有皮带的程控转换开关均应打到"程控"位置上。

现场的除尘器、除铁器就地启动盘上也有"联锁—非联锁"转换开关，正常运行时，此开关均应打到联锁位置，此时除铁器与本皮带联锁启、停；除尘器与下一条吸风管相应的皮带机联锁，因为现场大部分的除尘器本体安装在转运站的皮带机头部，但其入口风管吸的是下一级皮带机尾部输煤槽内的粉尘，所以除尘器应与其风管相应的下一条皮带机联锁，才能有效除尘，这一点在实际生产中应特别注意。一般这些辅助设备的联锁可在现场直接与皮带主设备硬联锁，但这将不便于集控人员对其进行实时监控与操作。

（一）工程师站的使用

工程师站肩负着整个系统的组态工作，组态程序被看作独立的组件，通过工程浏览器把其构架到一起，形成统一的一体化界面。操作员可以完全根据系统的规模裁剪系统。把常用的快捷图标放在视窗桌面上。工程浏览器的功能是，使用者根据功能分类将有关的程序归结到自行定义的文件夹下，即可以把不同路径下的文件组合到同一文件夹下；还可以把常用路径下的文档、程序或目录定义到某一文件夹下。各组态程序使用如下。

1. 图形组态

画面文件夹下定义了系统使用的主图、窗口图、图符目录等。点击图形文件，将调出相应图形，操作员可以根据需要进行更改。直接选择"生成程序"，将可以画新的图形。

在图形上可以定义按钮或活区打开主图或窗口图，经常使用的设备图形可以定义为图符。很多图符存储在图符目录下的图符库中。

输煤程控的模拟图画面动态颜色没有统一规定，选用时一要注重色彩反差明显，二要注重习惯形象统一，以便能更直观地反映设备的状态，比如皮带、挡板及辅助设备等的颜色选用如下：

静态停——青、蓝或灰（是图形所画原色）；

皮带等设备停电检修——绿色；

皮带等设备选中待命——红色；

皮带等设备预启——红色全闪；

空载运行——红色流水闪亮；

负荷运行（有煤流信号）——红色流水加快闪亮；

故障报警（如设备过负荷卡死、电源消失、皮带跑偏、打滑、拉绳、堵煤等等）——黄色整条闪亮（解除报警后黄色不闪）；

犁煤器正在落下——绿闪烁，到位后变红；

犁煤器正在抬起——红闪烁，到位后变绿。

程控画面的模拟图可以充分利用图形和字体颜色的变化来表示生产设备实际中各种各样的状态，这也是程控功能的优越所在。

2. 数据库组态

"数据库"文件夹下定义系统生成的测点文件。测点表使用的是 Excel 数据表格，表头为固定格式，工作表必须有"模拟量测点""开关量测点"。操作员可以按照表头提示，参照已生成的内容进行修改。修改完后，打开目录下的"测点组态"文件，选择菜单栏"组态输出"下的"重建系统数据库"。

3. 成组定义

操作员站可以根据工程功能的需要定制各种成组。这样，一张图可以调出不同的组，节约了做图的工作量。可以利用其他工程已做好的模拟量、开关量的现成的图形，完成需要的显示功能。

实时趋势和历史曲线也可采用成组点显示。

4. 制表生成

"制表"文件夹下有生成的制表文件，用户打开此 Excel 文件，可进行组态修改。

5. 下载文件

系统中各种成组定义如果被改写，也需重新下载到各站的相应目录下。图形下载也类似。

（二）操作员站的使用

操作员站是系统与用户进行交流的最直接窗口。一个系统组织策划的好坏、功能是否完备、使用是否运用自如，完全可以通过操作员站的使用来进行考核。操作员站主要由工具栏、显示区、任务栏三个部分组成。

1. 工具栏

工具栏的主要工作是调用各种画面的。用户可以通过工具栏调出系统所有画面。画面分为系统画面和用户画面。系统画面有实时趋势、报警（当前报警、历史报警）、分类测点、历史曲线、点记录、制表；用户画面有模拟图菜单总画面，通过此图可调出为适用该工程的各种模拟图等。工具栏上还实时推出最新的报警，操作人员下拉组合框可看到最新的报警。系统显示的当前时间，由系统时钟站定时调整，以保证系统时钟的一致性。

2. 显示区

显示区是用于显示系统图和用户图的，图形上的活参数和动态图形变换一秒更新一次。用户图形在工程师站由图形生成程序生成，在图形上可以定义按钮或在活区打开主图或窗口图；可以定义条件进行图形或文字的动态变换；可以在图形中定义趋势或棒图增加监视数据的直观性。

3. 任务栏

任务栏是操作员站启动后，后台程序运行时的任务图标。点击这些图标，在图标上将出现一个提示窗口，提示系统运行状态是否正常。例如程控系统的报警，不仅能直观地看到操作员站工具栏推出的最新报警，而且可以听到多媒体有源音箱播放出的最新报警，若想分析和确认报警，可以打开当前报警一览；若想回顾和分析事故原因可以打开历史报警一览或查看历史曲线。

4. 系统画面操作

系统画面是独立的程序。在系统工具栏上选择，可以调出相应画面。

实时趋势一般能够最长保存 60min 数据，同时显示 8 条曲线或更多。调用数据的方式有三种：一是直接写点定义名称（英文名称）；二是从有活参数的系统图或模拟图拖拽；三是定义成组从该画面直接调出。周期选择有四种：12s 采样一次，可显时长为 60min；6s 采样一次，可显时长为 30min；2s 采样一次，可显时长为 10min 及 1s 采样一次，可显时长为 5min。

当前报警按时间排序，显示最新的报警，自动过滤掉已退出的报警和增加新的报警，可以通过特征字、测点类型、优先级进行检索，有点确认和页确认功能。并具有记忆设置功能和打印报警信息。

历史报警可以选择最近一个月内的报警信息，可选择起始时间、优先级、类型、点名称进行检索。具有打印历史报警信息的功能。

分类可以查看到所有生成的工程测点主要记录及实时信息。选择检索模拟量、开关量、传感器、退出扫描、人工输入、停止报警、通信超时测点。还可以选择开始点序号、站号、特征字筛选测点。

历史曲线可以选择一个月内的工程值，同时显示 8 条曲线或更多。调用数据的方式首先应选择起始时间，曲线时间长度，同样可用三种方法调用点名，最后按"刷新"按钮，调出历史曲线，操作人员用鼠标在曲线上移动时间光轴，可以看到某一刻的工程值。还可以通过"上时刻""下时刻"改变时间坐标,观看更长的历史曲线。还可以打印历史曲线。

工程测点记录可以看到更完全的测点信息,主要记录有模拟量、开关量、传感器、退出扫描、人工输入、停止报警、通信超时测点、硬件地址、采样值、工程值、状态值、中文描述等。

5. 用户画面操作

用户画面通过总画面调出,主要操作画面有输煤系统图、模拟量成组、皮带报警、辅助设备报警成组、皮带程控保护记忆、辅助设备保护记忆、电流棒图、煤位棒图、远方就地切换成组、计算机系统配置图等。操作人员用鼠标点击主菜单图形的索引图,即可调出相应画面。

6. 软手动操作器的使用

当流程选择某一皮带时,弹出一窗口图,有"选择"和"取消"供操作员选择,可以采取多种流程组合。

系统采用两种控制方式:①程序控制,是在模拟图中的操作面板上进行操作;②手动控制,是在设备的手操器窗口图上进行操作。

设备集控单独软手动操作是指在系统模拟图上单独进行设备的启停操作,是在设备的手动操作器窗口图上进行的。所有设备进行一对一操作,内容包括有变频器电源、给煤机变频器调节、皮带、挡板、除尘器、除铁器、碎煤机、犁煤器、喷水等等。每个窗口图中标有该设备实际工作的中文描述,单独软手动操作时要注意以下几点:

(1) 集控单独软手动操作启动设备前,首先应进一步确认运行方式,倒顺挡板并确认各挡板的位置信号与实际是否相符,确认犁煤器应无报警(主要是无过负荷信号);无就地、检修标记;无控制电源消失标记;无拉绳、过负荷标记;各原煤仓无检修标记。一切正常,方可启动。

(2) 所有皮带在发出单操"启动"命令前必须响铃30s以上。

(3) 根据所选的运行方式启动碎煤机,选中确认后点击碎煤机启动运行。

(4) 启动配煤皮带,并按逆煤流方向依次启动各输煤皮带。

(5) 每次启动皮带前必须等上一皮带电流正常后方可启动下一级皮带。

(6) 等皮带全部转起来后,通知煤源上煤。

(7) 根据煤仓煤位对各原煤仓上犁煤器进行抬落操作,用鼠标指向犁煤器,鼠标变为手掌,点击左键,弹出操作画面和要操作的犁煤器名称,点相应的操作键可抬落犁煤器。

系统中的总流程图包括了全部的程控操作面板和动态显示信息。图中设备、皮带连线、挡板位置、犁煤器抬落等状态，均按定义的颜色表示。所有的模拟量参数也按运行定义颜色显示。

设备中的提示字符，在图中的条件判断有信号时会自动显示。提示字符包括：设备的检修、就地，煤仓还有跳仓、强配；煤仓所处的低配、顺配、余配；煤位的高、低等。

为了最有效地显示报警信息，所有的皮带报警显示在一个图中，采用简洁的文字，报警时变为红色。辅设报警做成了成组报警，图中按钮可调出其他报警成组。

PLC 程控编程中对皮带报警及辅设报警做有记忆功能，使用者可以对发生过的报警进行分析，同时用确认按钮清除报警记忆，当然如果要确定报警时间，可以通过当前报警或历史报警来查看。

对于当前不需要观察的显示任务应予以关闭，以保证其他任务的顺畅迅速地执行。

7. 输煤程控操作

输煤程控操作的过程如下：

（1）预选设备。左击鼠标选中设备，预选时要对原煤仓上的犁煤器进行设置，对不需要配煤的原煤仓设置为"跳仓"（对应仓上的所有犁煤器强制抬起）、对需要立即配煤的原煤仓设置为"强配"（对应仓上的犁煤器强制落下）、对需要进行正常配煤的原煤仓"取消"以前的设置命令（即取消原有的"跳仓"或"强配"命令）。PLC 发出"跳仓"命令后，此原煤仓上的所有犁煤器均不能下落，PLC 发出"强配"命令后，此原煤仓上的对应方式下的犁煤器发出落令，其他犁煤器均不得下落。煤仓的操作窗口仅对程控配煤方式有效，当选择"跳仓"后，程控配煤将不对该仓配煤，选择"强配"后将强制向该仓配煤至取消为止，以上煤仓的操作，不禁止该仓犁煤器的"单操"进行。从流程组态中选设备流程，以三通挡板为界分段选取所用皮带，依次选择所需要的上煤路线。并列的两条皮带不能同时选中，设备在就地、检修和保护动作状态下不能选上。

（2）预启开始。选择预启后，PLC 主机启动响铃，将所选流程中的挡板倒到位，尾仓犁煤器落下，其余犁煤器抬起。所选方式的配煤皮带上最少落下一个犁煤器，因个别犁煤器不严，可最多同时落下三个犁煤器，不能太多，以防配煤皮带过早磨损。预启成功后，预启指示灯变色，表示可以启车，预启过程中执行对象可闪变颜色，已启的设备流线闪变。若程控预起指示灯不亮，则应检查所选流程是否有中断。

（3）顺启开始。PLC 依所选流程按逆煤流方向逐台延时启动各皮带。

（4）顺启跳步。顺启过程中，程控采用按顺序配煤、低煤位优先配煤的方式运行，可通过跳步，解决设备不正常而出现的死锁。跳步按钮的作用是对"低煤位"信号或"高煤位"信号失灵后，从对该仓持续配煤中跳出的一种补偿措施，注意在按跳步前应把该仓置为"跳仓"标志，否则跳出后几秒仍会对该仓配煤。

（5）皮带顺停。PLC 依所选流程按煤流方向逐台延时停各皮带。

程控预启的任务是确认上煤流程方式、倒挡板、响电铃、检查各仓煤位并放下相应的犁煤器。点击"程控预启"键，则 PLC 根据所选流程执行以上任务，一切正常后，则"程控预启"的红色指示灯亮，表示程控预启成功。若程控预启指示灯不亮，则应检查所选流程是否有中断，如选2 号、4 号皮带而没有选 3 号皮带，应补全流程。

程控配煤的优先级顺序为强配、低配、顺配、余配。

顺序配煤是在无强配、低煤位的情况下，同等级别下各仓的优先级别为 1 号仓、2 号仓、……的顺序。配煤过程：首先对第一个没有高煤位信号的仓配煤，直到该仓高煤位信号出现时，后一个无高煤位信号的犁煤器落下，60s（可调）后前犁抬起，给这个仓配煤，依次按顺序配完所有仓。在这过程中，若有低煤位的仓出现，配煤程序将跳到该仓配煤，消除低煤位后再接着顺序往后配。

程控选中有原煤仓设置"强制配煤"时，程序将无条件转向该仓配煤，除尾犁外，其他犁煤器抬起，此仓上犁煤器落下，配煤时间没有限制，出现高煤位时，犁煤器不会自动抬起，需操作员根据煤位抬犁煤器，若犁煤器有报警信号时，程序将自动不给此仓落犁配煤。

在原煤仓没有"强配"设置的情况下，哪个仓出现低煤位，先给哪个仓配煤，消除低煤位后，再按顺序配。

余煤配程序对所选方式的犁煤器原煤仓均在本次配煤时间内出现过高煤位，且无强配、低煤位后，停止煤源，将皮带上的余煤进行平均分配，每个犁煤器配煤 20s，依次向下进行。直到最后一个犁完成后，该段配煤自动结束。

顺序停机是输煤皮带将各原煤仓配满煤后需要停止皮带。首先值班员要断定各皮带上没有煤后，方可按下顺序停止按钮或点击程控配煤系统图中的"顺序停止"键，给煤皮带或煤场皮带首先立即停止，10s（可调）后靠原煤仓方向的上一级皮带停止，以此类推，直到配煤间皮带停止，一次配煤完成。全自动顺序停机是所有仓满后自动发出停煤源指令，按顺序煤流方向逐一延时自动停机。

事故联锁停机是在输煤皮带运行中，若某条皮带不论什么原因由运行状态转为停止状态，该皮带以下靠煤源方向的皮带将根据挡板的位置立即向下停止各皮带的运行。该皮带以上将不受影响，其他无关联的皮带也不受影响。在输煤程控系统的远程控制中，联锁停机能正常投入，打到机旁就地操作时，联锁失效。程控操作台上应设二个急停按钮，为防止误碰动作，只按一个急停无效，只有二个全部按下时，急停才有效。拍"急停"按钮后，现场所有运行的皮带将全部停止，但碎煤机不停止。要恢复设备运行必须先把急停按钮恢复，方法是反时针旋转按钮，则按钮弹起后设备可恢复操作。

自动调节给煤量，是通过远程调节变频器的频率来改变给煤机的转数或给煤机的振动频率来完成的。可以集控值班员人工调整，也可以由 PLC 根据皮带电流或皮带秤的煤量完成给煤量的自动调节。

程控操作时应选择设备流程，以三通挡板为界分段选取所用皮带，方法是：当光标指向相应设备块时，光标将变为"手掌"形状，按鼠标左键就弹出操作窗口。点击"选择"按钮，则此设备被选中，相应设备块变色，点击"取消"则设备不被选择，相应设备块恢复原色，依次可选择所需要的上煤路线。

皮带启动响铃，包括一个总铃、各皮带头尾各有一个电铃，要求在皮带预启当中响铃持续30s或由操作人员用鼠标点击响铃，通知现场人员，即将启动，同时响铃图标变色。

除指示灯外，为了保证安全操作，选择按钮后，均有窗口图弹出，来确认操作或取消操作。

(三) 输煤设备停机方式

1. 正常程序停机

运行人员进行程序停止操作后，则输煤程序自动先断煤源，然后按煤流方向逐个自动延时停机，模拟屏上相应的信号也逐个消失，除尘装置在原程序停运后延时 2~5min 自动停止，相应信号灯灭。

值班员断定各皮带上没有煤后，方可进行皮带顺序停止。点击"顺序停止"键，"顺序停止"键变色，煤源皮带首先立即停止，10s后第二级皮带停止，直到最后一级皮带停止，一次配煤完备。

联锁在正常情况下总是投入的。

2. 原煤仓满煤自动停机

所选配煤程序原煤仓满煤，则相应上煤（从地煤沟上煤）或取煤（从斗轮堆取料机取煤）程序自动先停煤源，然后按顺煤流方向逐个自动延时停机。

3. 故障紧急停机

在皮带运行中，若某条皮带不论什么原因由运行状态转为停止状态，该皮带逆煤流方向的皮带将根据挡板立即停机，即故障设备至煤源的设备（连启不连跳设备除外，如碎煤机等）全部重载停机，同时模拟屏上故障设备模拟灯闪光，光字牌亮，蜂鸣器响，设备模拟灯灭，其他无关联的皮带将不受影响。

在程控台上设有事故紧急停机按钮，若因输煤系统发生突然事故，则按下此按钮实行紧急停机操作。若此按钮失效，则马上将"程控—单控"切换开关置于单控位，并停止最后一条皮带将系统实现联锁停机。

4. 设备故障停止后的检查

设备故障停止后首先要根据程控台上报警光字牌进行故障设备的定位并及时迅速了解异常情况的实质，尽快限制事态发展，解除对人身、设备的威胁，改变运行方式，及时向有关人员汇报，待原因查明故障排除后方可启动运行。

四、程控系统的日常维护与常见故障

1. 程控系统启动前的检查项目

（1）所要投用的设备都必须具备启动条件，程控值班员应根据现场值班员的反映，确定能否进行启动操作。

（2）检查 PLC 机上 CPU 的运行指示灯是否亮，如不亮应停止操作进行处理。

（3）程控台、单控台上所有的弱电按钮、强电按钮均应复位。

（4）将程控台上检修仓和备用仓的假想高煤位切换开关置上位，对应高煤位信号灯亮，其余仓的煤仓煤位切换开关均应置下位。

（5）将程控台上"程控—单控"切换开关全部打到"程控"位置。

（6）将各种给料设备的调量旋钮调至零位。

（7）选择好程序运行方式（堆煤或取煤、上煤）。

2. 程控系统挡板报警的原因

挡板报警的可能原因有：①挡板操作控制电源消失；②挡板电动机过负荷动作；③挡板甲或乙侧有堵煤信号；④挡板停电。

3. 程控系统犁煤器报警的原因

犁煤器报警的可能原因有：①犁煤器操作控制电源消失；②犁煤器过负荷动作；③犁煤器停电。

4. 程控计算机系统死机应急措施

程控系统的 PLC 一般最少有两套电源，一套运行，一套备用。

突然断电或非正常关机，多数情况下开机后仍可正常工作；如遇微机工作当中因任务太多而发生冲突死机，可按微机面板上的"RESET"键重启计算机，一般均可解决。

操作员站的正常关机方式与普通计算机相同，从"开始"菜单中调"关闭系统"，按提示进行。

第四节 综 述

一、输煤系统冬季作业措施

冬季由于气候寒冷，易使皮带及滚筒严重粘煤，或使室外滚筒与胶带或机架冻结在一起，引起皮带磨损、打滑、过载、跑偏等故障发生，所以要求输煤栈桥内必须有稳定的供暖系统。对容易冻结和粘煤的地方应及时检查清理。

值班员必须熟悉输煤系统的采暖及供水系统，在冬季运行时要及时注意掌握各有关现场供暖系统的压力变化和温度的变化，以便及时调整，使栈桥温度维持在较为稳定的范围内；同时要注意暖气不足的部分区域内的供水系统，低温时应提前切断其供水并尽量排空管内积水，严防管道大面积冻裂。

室外储煤场有冻层时，斗轮机取煤时司机要及时将其上的大块击碎或处理。冻煤层增大了斗轮的取煤阻力，司机必须严防过载或斗子损伤。翻车机车底冻煤应有妥善的处理措施，可用暖房解冻或整列卸完人工清底后再进行二次翻卸。

室外液压系统和润滑部件要提前换油并完善加热保温装置。栈桥地面及收缩缝不得有漏水结冰现象，否则要及时处理并做好防护措施。

各下煤筒和原煤仓容易蓬煤影响出力，每班必须及时检查并处理，发现大块或异常堵煤应立即停机。室外皮带上的积雪在上煤前必须刮扫干净，严防堵塞头部下煤斗。

二、输煤系统夏秋季作业措施

夏秋季是多雨季节，值班员应注意建筑物不得有漏水淋在电气设备之上；现场各处的防洪退水设施应完好有效；露天设备的电气部分及就地开关必须有防止雨水进入的有效措施；每班必须及时检查并处理各下煤筒和碎煤机内的积煤，严防湿煤堵塞；煤场取煤时要注意避开底凹积水部位，推煤机要合理引渠退水，不得将一层一层的湿煤推到取料范围内。

夏季时值班员要注意设备的温升，严防设备过热损坏。

提示　本章对输煤程控系统的组成与使用操作进行了介绍，其中第一、二节适用于集控值班员的初级工掌握；第三节适用于集控值班员的中级工和高级工掌握；第四节适用于集控值班员的高级工掌握。

参 考 文 献

[1] 山西省电力工业局. 燃料设备运行（初级工、中级工、高级工）. 北京：中国电力出版社，1997.

[2] 山西省电力工业局. 燃料设备检修（初级工、中级工、高级工）. 北京：中国电力出版社，1997.

[3] 方文沐，李天荣，杜惠敏. 燃料分析技术问答. 北京：中国电力出版社，2001.

[4] 邓金福，燃料设备运行与检修技术问答. 北京：中国电力出版社，2003.

[5] 江秀汉，李萍，薄保中. 可编程序控制器原理与应用. 西安：西安电子科技大学出版社，1999.

[6] 邓星钟. 机电传动控制. 武汉：华中科技大学出版社，2001.